西门子 PLC S7-300/400 工程实例

罗 萍 林海波 岂兴明◎编著

人 民 邮 电 出 版 社
北 京

图书在版编目（CIP）数据

西门子PLC S7-300/400工程实例 / 罗萍，林海波，岂兴明编著. -- 北京 : 人民邮电出版社，2018.10
ISBN 978-7-115-49316-3

Ⅰ. ①西… Ⅱ. ①罗… ②林… ③岂… Ⅲ. ①PLC技术 Ⅳ. ①TM571.61

中国版本图书馆CIP数据核字(2018)第206167号

内容提要

本书主要介绍了西门子S7系列PLC的概念、基本原理、指令系统和硬件结构等相关知识，其中重点介绍了S7-300/400 PLC在工程上的实际应用方法和控制系统软硬件设计方法。本书的特点是通过实例向读者讲解相应的知识点，使读者能够通过完整的工程实例快速、有效地掌握S7-300/400 PLC控制系统的设计步骤和编程方法。

本书可作为PLC相关专业技术人员的实践参考资料，也可作为自动化、机电一体化、电气工程等相关专业的工程实训教材。

◆ 编　　著　罗　萍　林海波　岂兴明
　责任编辑　黄汉兵
　责任印制　彭志环

◆ 人民邮电出版社出版发行　　北京市丰台区成寿寺路11号
　邮编　100164　　电子邮件　315@ptpress.com.cn
　网址　http://www.ptpress.com.cn
　固安县铭成印刷有限公司印刷

◆ 开本：787×1092　1/16
　印张：19.75　　　　2018年10月第1版
　字数：484千字　　　2018年10月河北第1次印刷

定价：69.00元

读者服务热线：(010)81055488　印装质量热线：(010)81055316
反盗版热线：(010)81055315

前　言

随着工业自动化和通信技术的飞速发展，可编程控制器（PLC）应用领域大大拓展。西门子公司是最早生产 PLC 的厂家之一，其产品在工业领域运用广泛，并得到了用户和市场的认可。

为了满足广大工程技术人员对 PLC 系统设计的需要，本书以工程应用为目的，以知识点为主线，选择典型工程实例进行讲解。通过分析系统工艺要求，进行硬件配置和软件编程，由浅入深、循序渐进地对知识点进行讲解，使读者能全面、系统、深入地掌握 PLC 的应用与设计方法。

全书共 12 章，以西门子 S7 系列 PLC 为对象，从工程应用和实训出发，针对具体实例进行分析和讲解。章节按照从简单到复杂、由一般到特殊的顺序编排如下。

第 1 章为西门子 PLC 概述，简要介绍了 PLC 的概念、发展历史和工作原理、硬件结构和组成，同时介绍了 PLC 指令系统的概念、原理和组成分类等。

第 2 章为 PLC 控制系统设计，详细阐述 PLC 控制系统的设计原理和设计原则，概述了 PLC 控制系统的设计流程，并指出设计过程中各阶段的注意事项。

第 3 章为 PLC 运料小车控制系统，重点阐述了 PLC 控制系统的设计方法、西门子 PLC 基本逻辑控制指令和编程方法。

第 4 章为 PLC 全自动洗衣机控制系统，深入探讨了计数器、定时器的应用，以及功能块（FB）和功能（FC）的使用，并总结了 PLC 程序设计中应注意的问题，同时利用顺序功能图思想，以梯形图方式实现洗衣机顺序控制。

第 5 章为 PLC 聚料架控制系统，重点介绍了顺序功能图的绘制原则及 S7-GRAPH 编程语言，并利用顺序功能图的梯形图实现了 PLC 聚料架的控制，利用 S7-PLCSIM 进行仿真调试。

第 6 章为 PLC 切断机定长切断控制系统，重点介绍了高速计数功能在定长切断中的运用。

第 7 章为 PLC 机械手控制系统，重点阐述了如何利用西门子 PLC 集成脉宽调制模块 SFB49、位置控制模块 FM353 实现步进电动机的控制。

第 8 章为 PLC 污水处理控制系统，重点讲解了 WinCC Flexible 的项目建立、界面设计和脚本编程。

第 9 章为 PLC 挤出机控制系统，重点介绍了利用 WinCC 组态软件实现上位机与 PLC 进行通信，以及组态界面的建立、归档、报警等。

第 10 章为 PLC 橡胶制品生产线控制系统，重点讲述了西门子 PLC 的 PROFIBUS、MPI 通信。

第 11 章为 PLC 三轴运动控制系统，简要介绍了三轴运动控制系统的组成及控制工艺，详细讲解了三轴运动控制系统的硬件和软件控制系统的设计，并重点阐述了 PLC 控制步进电动机的方法以及 S7-1200 的脉冲发生器功能指令的组态及应用方法。

第 12 章为西门子连铸机二冷水控制系统，介绍连铸机二冷水控制系统设计方法，FC105、FC106 的参数设置，PID 参数整定等。

本书第 1～11 章由罗萍、岂兴明编写，第 12 章由林海波编写。另外龚晓光、钦政、任春旺、高奇峰等也参与了本书的编写工作，在此一并感谢。由于编者水平有限，书中难免有错误和不妥之处，敬请读者批评指正。

编者
2018 年 6 月

目　　录

第 1 章　西门子 PLC 概述

可编程逻辑控制器（Programmable Logic Controller，简称 PLC）始于 20 世纪 60 年代美国通用汽车公司提出的“通用十条”要求，最初的目的是替代机械开关装置（继电模块），用于逻辑控制。随着技术的发展，到 20 世纪 70 年代后期，可编程逻辑控制器具有了计算机的功能，因而被称为可编程控制器（Programmable Controller，简称 PC），为了避免与个人计算机的简称 PC 相互混淆，通常人们仍习惯地用 PLC 作为可编程逻辑控制器的缩写。PLC 在传统电气控制技术的基础上，融合了电子技术、计算机技术、自动化技术和通信技术，具有编程简单、使用方便、功能强大、配置灵活、可靠性高、易于维护等优点，因而得以在石化、电力、纺织、食品、机械乃至航空航天等领域获得广泛应用。

1.1　PLC 概念及工作原理

根据国际电工委员会(IEC)于 1987 年颁布的 PLC 标准草案第三稿,PLC 的定义是:“PLC 是一种数字运算操作的电子系统，专门为在工业环境下应用而设计。它采用可编程序的存储器，用来在其内部存储执行逻辑运算、顺序控制、定时、计数和算术运算等操作的指令，并通过数字式和模拟式的输入输出，控制各种类型的机械设备或生产过程。PLC 及其有关外围设备，都应按易于与工业系统联成一个整体、易于扩充其功能的原则来设计。”

1.1.1　PLC 的产生与发展

美国的汽车工业的发展促进了 PLC 的产生，20 世纪 60 年代，美国通用汽车公司（GM）发现继电器和接触器体积大、噪声大、维护复杂并且可靠性不强，于是提出了著名的“通用十条指标”，即：

1）编程方便，可在现场修改程序；

2）维护方便，最好是插件式；

3）可靠性高于继电器控制柜；

4）体积小于继电器控制柜；

5）可将数据直接送入管理计算机；

6）在成本上可与继电器控制柜竞争；

7）输入为交流 115V；

8）输出为交流 115V/2A 以上，能直接驱动电磁阀、接触器等；

9）在扩展时原有系统改变最少；

10）用户程序存储器至少可扩展到 4KB。

按照“通用十条指标”，美国设备公司（DEC）于 1969 年研制出了第一台控制器，PDP-14。随后，20 世纪 70 年代日本研发出第一台可编程控制器。20 世纪 70 年代末期，可编程逻辑控制器进入了实用化的阶段，人们敏锐地意识到计算机能够引入可编程逻辑控制器，从而使得可编程逻辑控制器的功能大大地加强。20 世纪 80 年代初，西方发达国家在工业生产中广泛应用可编程逻辑控制器。20 世纪 80 年代到 90 年代这一阶段是可编程逻辑控制器发展最快的时期，年增长率保持在 30%～40%。20 世纪末期，可编程逻辑控制器发展了大型机和超小型机，诞生了许多特殊功能。

1.1.2 PLC 的工作原理

PLC 是一种存储程序的控制器，需要根据用户的要求，将编制好的程序通过计算机下载到 PLC 的用户程序存储器中寄存。PLC 的控制功能就是通过运行用户程序实现的。

PLC 和微型计算机的运行程序不同，微型计算机运行程序时，是从开始执行到 END 指令。但是 PLC 从 0 号存储地址所存放的第一条用户程序开始，如果没有中断或者跳转的情况下，按存储地址递增的方向顺序逐条执行用户程序，直到结束。当程序执行完一遍后，然后再从头开始执行，并且循环重复，直到停机。PLC 的这种工作方式我们称为扫描工作方式。每执行完一遍就是一个扫描周期，即顺序扫描，不断循环。

PLC 扫描工作方式分为 3 个阶段，即输入扫描、程序执行和输出刷新 3 个阶段。完成上述 3 个阶段称作一个扫描周期，如图 1-1 所示。在整个运行期间，可编程逻辑控制器的 CPU 以一定的扫描速度重复上述 3 个阶段。

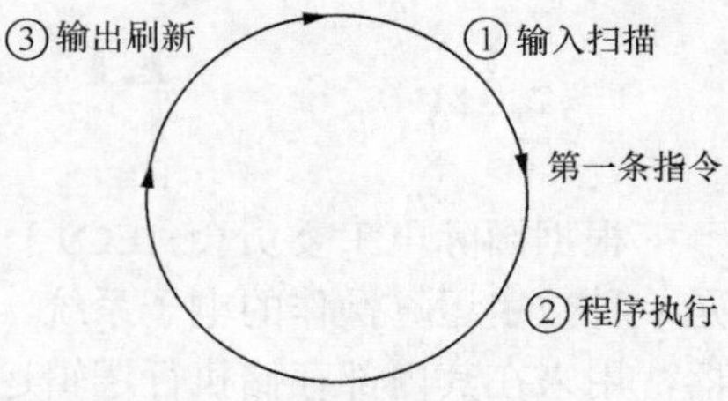

图 1-1　PLC 内部运行图

1．输入扫描

PLC 在开始执行程序时，会按顺序将所有输入信号读入输入映像寄存器，这个阶段称为输入扫描，也称为输入采样阶段。PLC 在运行程序时，处理输入映像寄存器中的信息。在每一个周期内采样结果不会改变，只有在下一个周期输入扫描阶段才会被刷新。

2．程序执行

PLC 将所有输入状态采集完毕后即开始执行程序，在系统程序的指示下，CPU 从用户程序存储区逐条读取用户指令，进行运算处理，把处理结果写入输出映像寄存器中保存。经解释后执行相应动作，产生相应结果，刷新相应的输出映像寄存器，期间需要用到输入映像寄存器、输出映像寄存器的响应状态。

当 CPU 在系统程序的管理下扫描用户程序时，按照先下后上、先左后右的顺序依次读取梯形图中的指令。当用户程序被完全扫描一遍后，所有的输出映像都被依次刷新，系统将进入下一个阶段，即输出刷新。

3．输出刷新

在这个阶段，系统程序将输出映像寄存器中的内容传送到输出锁存器中，经过输出接口或输出端子输出，驱动外部负载。输出锁存器一直将状态保持到下一个循环周期，而输出映

像寄存器的状态在程序执行阶段是动态的。

PLC 信号处理过程如图 1-2 所示。

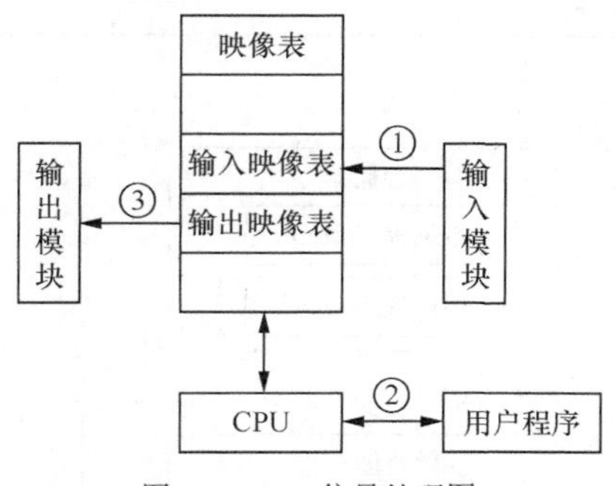

图 1-2　PLC 信号处理图

1.2　西门子 PLC 简介

西门子公司从 1958 年开始发布 SIMATIC 系列 PLC。到 1975 年，西门子公司发布了投入市场的第一代产品，带有简单操作接口的二进制控制器的 SIMATIC S3。1994 年，西门子公司发布了 S7 系列产品，该系列产品具有高性能、高稳定性能、用户界面良好等优点。

从最初的 C3、S3、S5 到 S7 系列，西门子公司的每一代产品都带来了新的功能，逐渐成为应用非常广泛的可编程逻辑控制器。西门子公司早期发布的产品 S3、S5 系列 PLC 已经退出市场，现阶段，市场上较为常用的西门子 PLC 产品有 SIMATIC S7、M7 和 C7 等几大系列。其中传统意义上的 PLC 产品——S7 系列 PLC 则成为了西门子公司核心的可编程逻辑控制器。

其中 S7-200 系列属于整体式小型 PLC，用于替代继电器的简单场合，也可以用于复杂的自动控制系统。S7-300 系列是模块化的中小型 PLC，最多可扩展 32 个模块，适用于中等性能的控制要求。S7-400 是具有中高性能的 PLC，采用模块化无风扇设计，可以扩展 200 多个模块，适用于对可靠性要求极高的大型复杂控制系统。S7-300/400 可以组成 MPI（多点接口）、PROFIBUS 网络和工业以太网等。

总体而言，西门子 PLC 具有很强的操作性，不仅编程简单，而且可以直接显示输入程序，能方便地调试程序；同时维修方便、快捷，模块化强，采用了一系列可靠性设计的方法，如断电保护、故障诊断、信息恢复等；一般不容易发生操作错误。若出现故障，可使用 PLC 自诊断功能通过软硬件寻找故障位，因此对专业的维修人员技能要求降低。

1.3　PLC 系统硬件结构

PLC 的硬件主要由中央处理器（CPU）、存储器、输入单元、输出单元、通信接口、扩展接口、电源等部分组成。其中，CPU 是 PLC 的核心，输入单元与输出单元是连接现场输入/输出设备与 CPU 之间的接口电路，通信接口用于与编程器、上位计算机等外设连接，如图 1-3 所示。

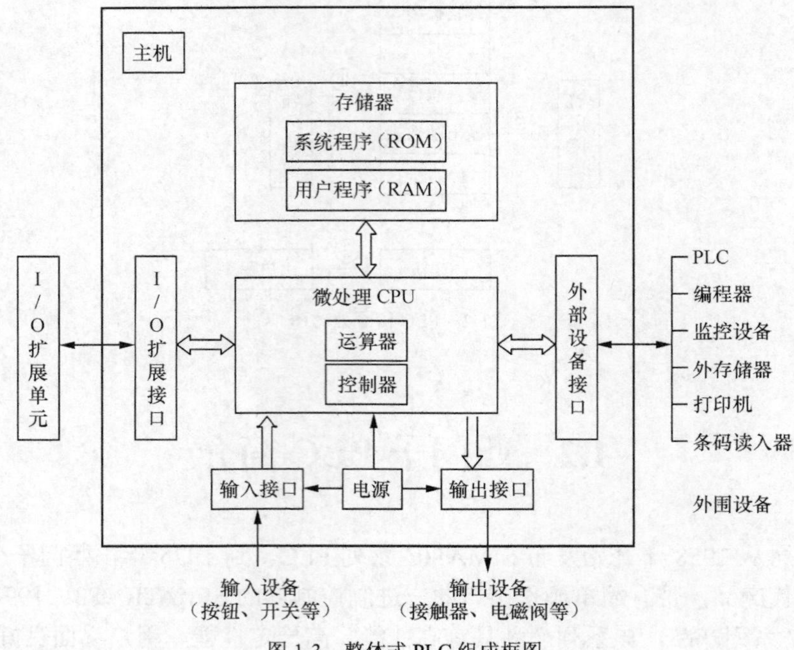

图 1-3 整体式 PLC 组成框图

1. 中央处理单元（CPU）

中央处理单元（CPU）是 PLC 控制的核心，每台 PLC 至少有一个 CPU。CPU 主要由运算器、控制器、寄存器及实现他们之间联系的数据、控制及状态总线构成，此外还包括外围芯片、总线接口以及有关电路。CPU 确定了控制的规模、工作速度、内存容量等。

CPU 按照系统程序赋予的功能，指挥 PLC 有条不紊地进行工作，归纳起来主要有以下几个方面。

（1）接收从编程器输入的用户程序和数据。

（2）诊断电源、PLC 内部电路的工作故障和编程中的语法错误等。

（3）通过输入接口接收现场的状态和数据，并存入输入映像寄存器或数据寄存器中。

（4）从存储器逐条读取用户程序，经过解释执行。

（5）根据执行的结果，更新有关标志位的状态和输出映像寄存器的内容，通过输出单元实现输出控制。有些 PLC 还具有制表打印或数据通信等功能。

2. 存储器单元

存储器一般有两种：可读可写的随机存储器 RAM 和只读存储器 ROM、PROM、EPROM、EEPROM。在 PLC 中，存储器主要用于存放系统程序、用户程序及工作数据。系统程序存储器用于存储整个系统的监控程序，一般为 ROM，具有掉电不丢失信息的特性。用户程序存储器用于存储用户根据工艺要求或控制功能设计的控制程序，早期一般采用 RAM，但需要

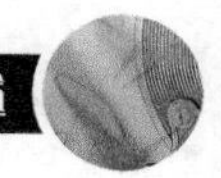

后备电池，以便在掉电后保存程序。现在多采用电可擦除的可编程只读存储器EEPROM或闪存Flash Memory，免去了后备电池的麻烦。工作寄存器中的数据是PLC运行过程中经常变化、经常存取的一些数据，存放在RAM中，以适应随机存储的要求。

PLC的存储器分为5个区域，如图1-4所示。

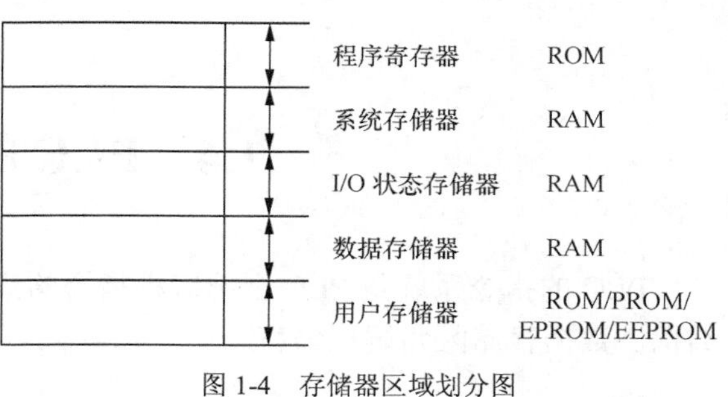

图1-4 存储器区域划分图

3．输入/输出单元

输入/输出单元通常也称为I/O单元或I/O模块，是PLC与工业生产现场之间的连接部件。

输入单元的作用是将不同的电压、电流形式的信号转变为微处理器可以接受的信号。输入单元对输入信号进行滤波、隔离和电平转换等，把输入信号的逻辑值安全可靠地传递到PLC内部。

输出单元的作用是将微处理器处理的逻辑信号转变为被控制设备所需的电压、电流信号。输出单元具有隔离PLC内部电路和外部执行元件的作用以及功率放大的作用。

其中，PLC的输入输出信号可以是模拟量也可以是开关量。

由于CPU内部工作电压一般为5V，而PLC外部输入/输出信号电压一般比较高，如DC 24V或AC 220V。为保障PLC正常工作，输入/输出单元还具有电平转换的作用。

4．电源单元

PLC电源单元是指外部输入的交流电处理后转换成满足CPU、存储器、输入/输出接口等内部电路工作需要的直流电源电路或电源模块。有些电源也可以作为负载电源，通过PLC的I/O接口向负载提供直流24V电源。PLC的电源一般采用直流开关稳压电源，稳定性好，抗干扰能力强。电源单元的输入与输出之间有可靠的隔离，以确保外界的扰动不会影响到PLC的正常工作。

电源单元还提供掉电保护电路和后备电池电源，以维持部分RAM存储器的内容在外接电源断电后不会丢失。在控制面板上通常有发光二极管指示电源的工作状态，便于判断电源工作是否正常。

5．外部设备

PLC的外部设备种类很多，其中主要可分为编程设备、监控设备、存储设备和输入/输出设备。其中编程设备作用是编辑、调试程序，也可以在线监控PLC的运行状态，与PLC进行人机对话。监控设备的作用在于将PLC上传的现场实时数据在面板上动态实时显示出来，以便操作人员和技术人员随时掌控系统运行的情况，操作人员能通过监控设备向PLC发送操控指令。存储设备用于保存用户数据，避免用户程序丢失。输入输出设备是用于接收和输出信号的专用设备，如条码读入器、打印机等。

1.4 PLC 的指令系统

PLC 的指令系统是 PLC 全部编程指令的集合。除基本指令外，整个指令系统也涉及程序结构、数据存储区和编程语言。

1．程序结构

PLC 的程序有 3 种：主程序、子程序、中断程序。其中主程序是程序的主体，一个项目只有唯一的一个主程序。主程序中可以调用子程序和中断程序，CPU 在每一个扫描周期都要运行一次主程序。子程序可以被其他程序调用，使用子程序可以提高编程效率而且便于移植。中断程序是用来处理中断事件，而且中断程序不能被用户调用，而是由中断事件引发的。常见的中断有输入中断、定时中断、高速计数器中断和通信中断。

2．数据存储区

数据区是用户程序执行过程中的内部工作的区域，用于对输入/输出数据进行存储。包括输入映像寄存器（I）、输出映像寄存器（Q）、变量存储器（V）、内部标准寄存器（M）、顺序控制继电器存储器（S）、特殊标志位寄存器（SM），局部存储器（L）、定时器寄存器（T）、计数器存储器（C）、模拟量输入映像寄存器（AI）、模拟量输出映像寄存器（AQ）、累加器（AC）和高速计数器（HC）。

3．编程语言

PLC 有各种不同类型的语言，即使是同一种编程语言在不同类型的 PLC 上也有不同的表示方法。PLC 指令的功能及其表示方法是由各制造厂家在其进行系统设计时分别确定下来的，所以各种类型的 PLC 的指令系统存在一定的差异。

PLC 编程语言标准（IEC 61131-3）中有 5 种编程语言。

（1）顺序功能图 SFC（Sequential Function Chart）；

（2）梯形图 LADDER（Ladder Diagram）；

（3）功能块图 FBD（Function Block Diagram）；

（4）语句表 STL（Structured Instruction List）；

（5）结构文本 ST（Structured Text）。

其中的顺序功能图（SFC）、梯形图（LADDER）、功能块图（FBD）是图形编程语言，语句表（STL）、结构文本（ST）是文字语言。

4．指令系统

本书中重点介绍的西门子公司 PLC 对应的 STEP 7 中的编程语言有梯形图、语句表和功能块图 3 种基本编程语言，可以相互转换。

STEP 7 的基本逻辑指令有位逻辑指令、堆栈指令、定时器和计数器指令；基本功能指令

有数据处理指令、数学运算指令；其程序控制指令有循环指令、跳转与标号指令、暂停指令、监视定时器复位指令、有条件指令、ENO 指令、子程序调用与返回指令、特殊指令。这些指令的作用以及使用方法将在后文实例进行讲解。

以位逻辑指令为例，STEP 7 中的位逻辑指令见表 1-1 和表 1-2。

表 1-1　　LAD、FBD 位逻辑指令表

<table>
<tr><th></th><th>LAD</th><th>FBD</th><th>说　明</th></tr>
<tr><td rowspan="14">位逻辑指令</td><td>—| |—</td><td rowspan="3"></td><td>常开触点</td></tr>
<tr><td>—|/|—</td><td>常闭触点</td></tr>
<tr><td>—|NOT|—</td><td>非</td></tr>
<tr><td rowspan="5"></td><td>>=1</td><td>或</td></tr>
<tr><td>&</td><td>与</td></tr>
<tr><td>XOR</td><td>异或</td></tr>
<tr><td>⊣</td><td>逻辑输入</td></tr>
<tr><td>—o|</td><td>取反逻辑输入</td></tr>
<tr><td>—(　)—</td><td>—[=]</td><td>线圈输出</td></tr>
<tr><td>—(#)—</td><td>—[#]—</td><td>中间输出</td></tr>
<tr><td>—(R)—</td><td>-[R]</td><td>复位</td></tr>
<tr><td>—(S)—</td><td>-[S]</td><td>置位</td></tr>
<tr><td>—(N)—</td><td>—[N]—</td><td>检测 RLO 下降沿</td></tr>
<tr><td rowspan="7">位逻辑指令</td><td>—(P)—</td><td>—[P]—</td><td>检测 RLO 上升沿</td></tr>
<tr><td>—(SAVE)—</td><td>—[SAVE]—</td><td>将 RLO 位内容存入 BR 位</td></tr>
<tr><td>NEG</td><td>NEG</td><td>检测制定地址位下降沿</td></tr>
<tr><td>POS</td><td>POS</td><td>检测制定地址位上升沿</td></tr>
<tr><td>RS
R　Q
S1</td><td>RS</td><td>置位优先触发器</td></tr>
<tr><td>SR
S　Q
R1</td><td>SR</td><td>复位优先触发器</td></tr>
</table>

表 1-2　　STL 位逻辑指令表

<table>
<tr><th></th><th>STL</th><th>说　明</th></tr>
<tr><td rowspan="8">位逻辑指令</td><td>)</td><td>嵌套闭合</td></tr>
<tr><td>=</td><td>赋值</td></tr>
<tr><td>A</td><td>“与”操作</td></tr>
<tr><td>A(</td><td>“与”操作嵌套开始</td></tr>
<tr><td>AN</td><td>“与非”操作</td></tr>
<tr><td>AN(</td><td>“与非”操作嵌套开始</td></tr>
<tr><td>CLR</td><td>RLO 清零</td></tr>
</table>

续表

	STL	说　明
位逻辑指令	FN	下降沿检测
	FP	上升沿检测
	NOT	RLO 取反
	O	“或”操作
	O(	“或”操作嵌套开始
	ON	“或非”操作
	ON(	“或非”操作嵌套开始
	R	复位
	S	置位
	SAVE	将 RLO 存入 BR 寄存器
	SET	RLO 置位
	X	“异或”操作
	X(	“异或”操作嵌套开始
	XN	“异或非”操作
	XN(	“异或非”操作嵌套开始

各种类型 PLC 指令系统的差异主要表现在指令表达式、指令功能及功能的完整性等方面。一般来说，满足基本控制要求的逻辑运算、计时、计数等基本指令，各种 PLC 上都具有，而且这些基本指令在简易编程器上的指令键上都能找到，它们是一一对应的。对于数字运算，一般的 PLC 也有，但在计算精度、计算类型的多少上各有不同。对其他一些增强功能的控制指令，有的 PLC 较多，有的可能少些。

虽然各种 PLC 的指令系统存在这样或那样的不同，但总的来说，PLC 的编程语言都是面向生产过程、面向工程技术人员的，对电气技术人员来讲是比较容易掌握的。各种 PLC 命令的主要功能及其编程的主要规则也是大同小异的。

1.5　开发环境介绍

全集成自动化软件 TIA Portal（中文名为博途），是西门子公司发布的新一代全集成自动化软件，它几乎适用于所有自动化任务。借助这个平台，用户能够快速、直观地开发和调试自动化系统。与传统方法相比，无需花费大量时间集成软件包，显著地节省了时间，提高了设计效率，其开发环境界面如图 1-5 所示。

TIA Portal 采用新型、统一软件框架，可在同一开发环境中组态西门子的所有可编程控制器、人机界面和驱动装置。在控制器、驱动装置和人机界面之间建立通信时的共享任务，可大大降低连接和组态成本。例如，用户可方便地将变量从可编程控制器拖放到人机界面设

备的画面中，然后在人机界面内即时分配变量，并在后台自动建立控制器与人机界面的连接，无需手动组态。

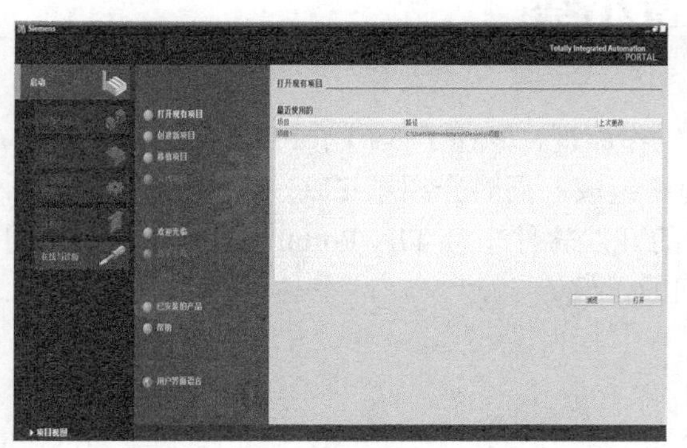

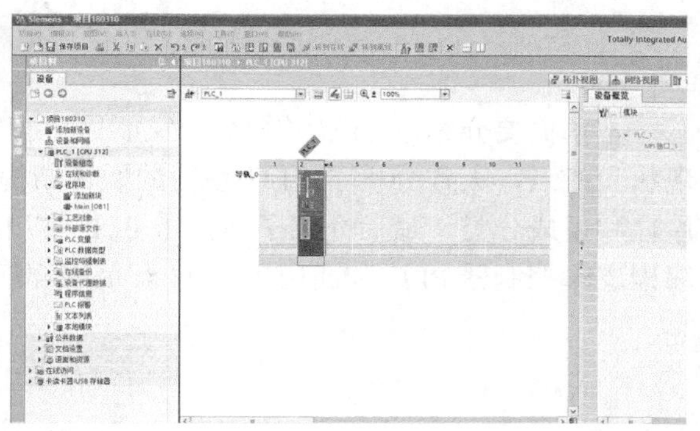

图 1-5 TIA Portal 开发环境界面

作为西门子所有软件工程组态包的一个集成组件，TIA Portal 平台在所有组态界面间提供高级共享服务，向用户提供统一的导航并确保系统操作的一致性。例如，自动化系统中的所有设备和网络可在一个共享编辑器内进行组态。在此共享软件平台中，项目导航、库概念、数据管理、项目存储、诊断和在线功能等作为标准配置提供给用户。统一的软件开发环境由可编程控制器、人机界面和驱动装置组成，有利于提高整个自动化项目的效率。此外，TIA Portal 在控制参数、程序块、变量、消息等数据管理方面，所有数据只需输入一次，大大减少了自动化项目的软件工程组态时间，降低了成本。TIA Portal 的设计面向对象和集中数据管理，避免了数据输入错误，实现了无缝的数据一致性。使用项目范围的交叉索引系统，用户可在整个自动化项目内轻松查找数据和程序块，极大地缩短了软件项目的故障诊断和调试时间。

SIMATIC Step 7 V12 是基于 TIA Portal 平台的全新的工程组态软件，支持 SIMATIC S7-1500、SIMATIC S7-1200、SIMATIC S7-300 和 SIMATIC S7-400 控制器，同时也支持基于 PC 的 SIMATIC WinCC 自动化系统。由于支持各种可编程控制器，SIMATIC Step 7 V12 具有可灵活扩展的软件工程组态能力和性能，能够满足自动化系统的各种要求。这种可扩展性的优点表现为，可将 SIMATIC 控制器和人机界面设备的已有组态传输到新的软件项目中，使得软件移植任务所需的时间和成本显著减少。

与之对应，基于 TIA 博途平台的全新 SIMATIC WinCC V12 支持所有设备级人机界面操作面板，包括所有当前的 SIMATIC 触摸型和多功能面板、新型 SIMATIC 人机界面精简及精致系列面板，也支持基于 PC 的 SCADA（监控控制和数据采集）过程可视化系统。WinCC 界面如图 1-6 所示。

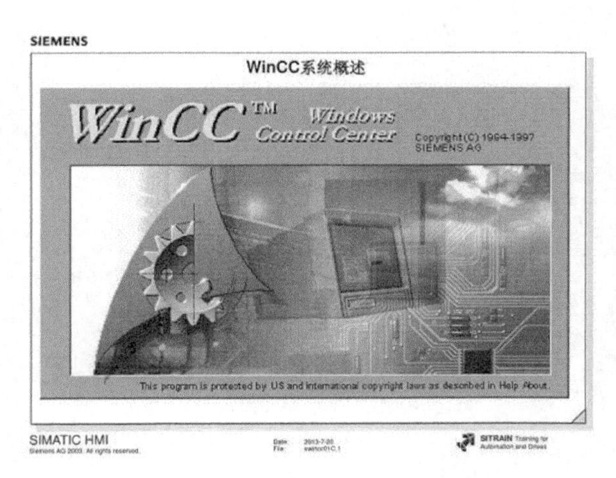

图 1-6 WinCC 界面图

1.6 本章小结

本章简要介绍了 PLC 的概念、发展历史和工作原理，概述了西门子 PLC 的起源、发展、现状和特点，大致分析了 PLC 系统的硬件结构和组成，同时介绍了 PLC 指令系统的概念、原理和组成分类，最后介绍了西门子 PLC 常用的开发软件平台 TIA Portal，以便学习者对可编程逻辑控制器 PLC 和西门子 PLC 有足够详细的了解。

第 2 章　PLC 控制系统设计

对于 PLC 的学习者来说，学习 PLC 的最终目的就是将它应用到实际的工业控制系统中，亦即进行 PLC 控制系统设计，这也是 PLC 学习者必须掌握的技能。

2.1　PLC 控制系统概述

PLC 控制系统就是使用 PLC 作为控制器的控制系统，一个 PLC 控制系统一般由输入部分、逻辑部分和输出部分组成。PLC 控制系统涉及系统规模、硬件配置、软件配置和控制功能的实现。对任何一个控制系统，都需要分析被控对象，提出控制系统应具有的各种控制功能，如 PID 控制等。熟悉被控对象是设计控制系统的基础，只有深入了解被控对象以及被控过程才能够提出科学合理的控制方案。而后需要对控制方案的可行性进行一个预测性的估计，此时一定要全面考虑整个控制系统的设计和实施将会遇到的各种问题，详细论证设计系统中每一个步骤的可行性，并确定系统是单机控制还是联网控制、是采用远程 I/O 还是本地 I/O、是否需要与其他部分通信、采用何种通信方式以及是否需要冗余备份系统。

简而言之，PLC 控制系统首先要能满足用户提出的基本要求，其次要确保使用可靠性，不可以经常出现故障，即使出现故障也不会造成大的损失；最后在经济性等方面予以考虑。

2.2　PLC 控制系统设计原则

设计 PLC 应用系统时，首先是进行 PLC 应用系统的功能设计，即根据被控对象的功能和工艺要求，明确系统必须要做的工作和因此必备的条件。然后是进行 PLC 应用系统的功能分析，即通过分析系统功能，提出 PLC 控制系统的结构形式，控制信号的种类、数量，系统的规模、布局。最后根据系统分析的结果，具体地确定 PLC 的机型和系统的具体配置。

任何一种控制系统都是为了实现被控对象的工艺要求，以提高生产效率和产品质量。因此，设计人员在设计 PLC 控制系统时，应综合考虑各方面因素，并遵循以下基本原则。

1．最大限度地满足被控对象的控制要求

充分发挥 PLC 的功能，最大限度地满足被控对象的控制要求，是设计 PLC 控制系统的首要前提，这也是设计中最重要的一条原则。这就要求设计人员在设计前就要深入现场进行

调查研究，收集控制现场的资料，收集相关先进的国内、国外资料。同时要注意和现场的工程管理人员、工程技术人员、现场操作人员紧密配合，拟定控制方案，共同解决设计中的重点问题和疑难问题。

2. 保证 PLC 控制系统安全可靠

保证 PLC 控制系统能够长期安全、可靠、稳定运行，是设计控制系统的重要原则。这就要求设计者在系统设计、元器件选择、软件编程上要全面考虑，以确保控制系统安全可靠。例如：应该保证 PLC 程序不仅在正常条件下运行，而且在非正常情况下（如突然掉电再上电、按钮按错等），也能正常工作。

3. 力求简单、经济、使用及维修方便

一个新的控制工程固然能提高产品的质量和数量，带来巨大的经济效益和社会效益，但新工程的投入、技术的培训、设备的维护也将导致运行资金的增加。因此，在满足控制要求的前提下，一方面要注意不断地扩大工程的效益，另一方面也要注意不断地降低工程的成本。这就要求设计者不仅应该使控制系统简单、经济，而且要使控制系统的使用和维护方便、成本低，不宜盲目追求自动化和高指标。

4. 适应发展的需要

由于技术的不断发展，对控制系统的要求也将会不断地提高，设计时要适当考虑到今后控制系统发展和完善的需要。这就要求在选择 PLC、输入/输出模块、I/O 点数和内存容量时，要适当留有裕量，以满足今后生产的发展和工艺的改进的需要。

5. 技术先进

设计人员在进行硬件设计时，应优先选用技术先进、应用成熟广泛的产品组成控制系统，保证系统在一定时间内具有先进性，不致被市场淘汰。此原则应与经济实用原则共同考虑，使控制系统具有较高的性价比。

2.3 PLC 控制相关知识点

一个 PLC 控制系统的完整设计流程图，如图 2-1 所示，其中前期工作包括分析被控对象，提出并论证系统方案以及系统总体设计。被控对象的分析和描述是为了确认被控对象和明确控制任务，熟悉被控对象是设计控制系统的基础。系统方案论证和系统总体设计则是为了确定一个可行的控制系统总体构架，其中的每个细节都必须经过反复斟酌，尽量减少工程实施过程中可能遇到的阻碍。中期的工作则是进行硬件设计和软件设计，包括硬件、软件涉及的选型和编程调试。后期则是需要将软硬件组合成完整的控制系统进行调试，排除出现的故障，完成定型的 PLC 控制系统。

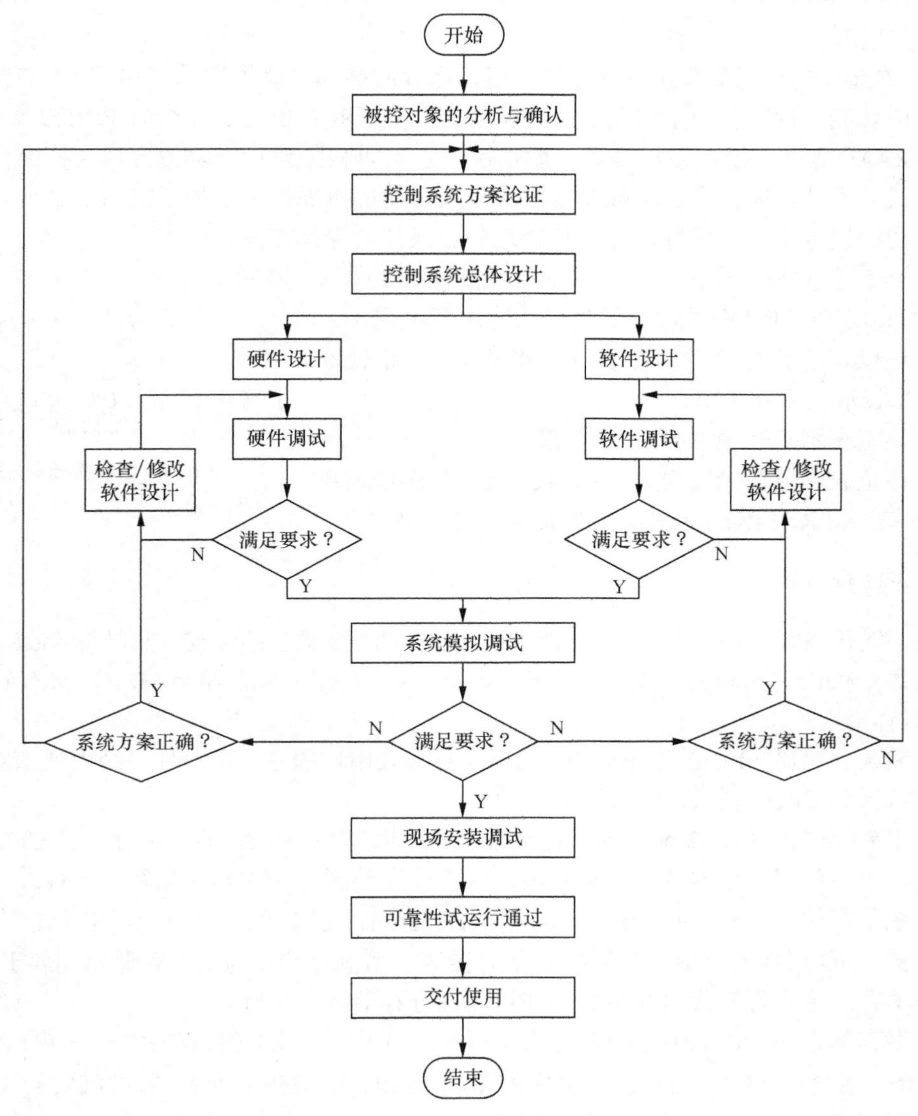

图 2-1 PLC 控制系统设计流程图

2.3.1 PLC CPU 选型

1. CPU 一般知识

PLC 产品种类繁多，其规格和性能各不相同。其中 PLC 的中央处理单元（CPU）主要有接收并存储用户程序和数据，诊断电源、内部电路工作状态和编程过程中的语法错误，接收现场输入设备的状态和数据并存入寄存器中，读取用户程序，按指令产生控制信号，完成规定的逻辑或算术运算；以及更新有关状态和内容，再实现输出控制、制表、打印或数据通信等功能。

CPU 一般包括：后备电池、DC 24V 连接器、模式选择开关、状态及故障指示器、RS-485

编程接口、MPI。

CPU 的选择是合理配置系统资源的关键，选择时必须考虑控制系统对 CPU 的要求，包括系统集成功能、程序块数量限制、各种位资源、MPI 接口能力、是否有 PROFIBUS-DP 主从接口、RAM 容量、温度范围等。一般情况下，可以根据设计需求的合理结构类型、合理的安装方式、设计功能要求、响应速度要求以及系统的可靠性来选择 PLC 的 CPU。最好在西门子公司的技术支持下进行，以获得合理的、最佳的选择方案。

每种 PLC 都对应一个型号，型号的含义如图 2-2 所示。其中

（1）31x 表示 CPU 序号，由低到高功能逐渐增强。

（2）该位表示 CPU 类型，C 表示紧凑型，T 表示技术功能型，F 表示故障安全型。

（3）该位表示 CPU 所具有的通信接口数

（4）该位表示通信接口类型，DP 表示 PROFIBUS-DP 接口，PN 表示 PROFINET 接口，PtP 表示点对点接口。

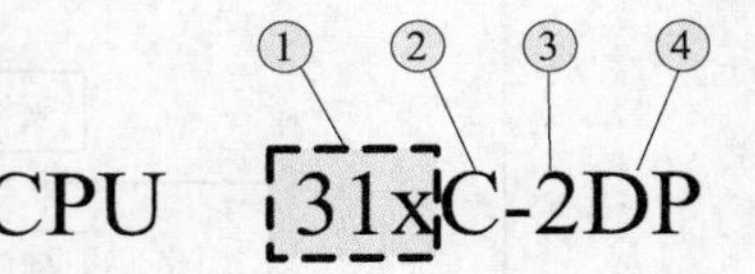

图 2-2　CPU 型号示意图

2．CPU 存储器

其次，介绍 CPU 之前，需要了解几个术语。CPU 的存储器包括装载存储器（Load Memory）、工作存储器（Work Memory）、系统存储器（System Memory）、微存储卡 MMC（Micro Memory Card），具体用途如下。

（1）装载存储器（Load Memory）：其用途是装载用户程序。用户程序经由通信接口，从编程设备传送到 CPU 的装载存储器中。

（2）工作存储器（Work Memory）：物理上为 CPU 内置 RAM 的一部分，当 CPU 处于运行状态时，用户程序和数据从装载存储区调入工作存储区，在工作存储器中运行。

（3）系统存储器（System Memory）：S7-300 系列将 CPU 的一部分内置 RAM 划分出来，用于位存储、I/O 影像寄存器、计数器、定时器等。系统存储器与工作存储器同属于 CPU 集成的物理内存，用户程序代码和数据均在这两部分存储区中执行。

（4）微存储卡 MMC（Micro Memory Card）：用于对装载存储器的扩充，CPU 模块上有专用的 MMC 插槽，MMC 可拆卸，最大容量的 MMC 为 8MB。作为装载存储器，MMC 用于对用户程序和数据的断电保护，也可存储 S7-300 系统程序以利于以后的系统升级。

3．CPU 类型

S7-300 有多种不同型号的 CPU，这些 CPU 按性能等级划分，几乎涵盖了各种应用范围大致划分为 4 个系列。

（1）标准型 CPU 系列。包括 CPU313、314、315、315-2 DP、316-2 DP、318-2。型号尾部有后缀“DP”字样的，表明该型号 CPU 集成有现场总线 PROFIBUS-DP 通信接口。此外还有几种重新定义型的 CPU，包括 CPU312、314、317-2 DP 等。

（2）集成型 CPU 系列。主要有 CPU 312 IFM 和 CPU 314 IFM 两种。在这两种 CPU 内部集成了部分 I/O 点、高速计数器及某些控制功能。

（3）紧凑型 CPU 系列，型号后缀带有字母 C，包括 CPU 312C、313C、313C-2 PtP、313-2 DP、314C-2 PtP、314-2 DP。型号尾部后缀带有“PtP”字样的，表明该型号 CPU 集成有第

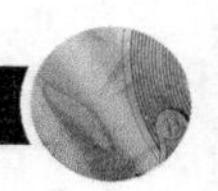

二个串行口，两个串行口都有点对点（PtP）通信功能。

（4）故障安全型CPU系列。这个系列的CPU是西门子公司最新推出的具有更高可靠性的CPU，主要型号有CPU 315F、317F-2 DP。表2-1列写了几种CPU的主要技术参数。

表2-1　　几种S7-300系列CPU的主要技术参数

CPU型号	313	315-2 DP（标准型）	315-2DP（新型）	314C-2 PtP	314C-2 DP	312 IFM
装载存储器	20KB RAM 4MB MMC	96KB RAM 4MB MMC	8MB MMC	4MB MMC	4MB MMC	20KB RAM/ 20KB ROM
内置RAM	12kB	64kB	128kB	48kB	48kB	6kB
浮点数运算时间	60μs	50μs	6μs	15μs	15μs	60μs
最大DI/DO	256	1024	1024	992	992	256
最大AI/AO	64/32	256/128	256	248/124	248/124	64/32
最大配置CR/ER	1/0	1/3	1/3	1/3	1/3	1/0
定时器	128	128	256	256	256	64
计数器	64	64	256	256	265	32
位存储器	2048Byte	2048Byte	2048Byte	2048Byte	2048Byte	1024Byte
通信接口	MPI接口	MPI接口，DP接口	MPI/PtP接口，DP接口	MPI/PtP接口，DP接口	MPI接口，DP接口	MPI接口

S7-400系列的CPU集成有MPI和DP通信接口，有很强的通信功能，有PROFIBUS-DP和工业以太网通信模块，以及点到点通信模块。通过PROFIBUS-DP或AS-i现场总线，可以周期性地自动交换I/O模块的数据。在自动化系统之间，PLC与计算机和HMI站之间，均可以交换数据。数据通信可以周期性地自动进行或基于事件驱动，由用户程序调用。

S7-400有7种不同型号的CPU，分别适用于不同等级的控制要求。不同型号的CPU面板上的元件不完全相同，CPU内的元件封装在一个牢固而紧凑的塑料机壳内，面板上有状态和故障指示LED，方式选择钥匙开关和通信接口。大多数CPU还有后备电池盒，存储器插槽可插入多达数兆字节的存储器卡。

CPU417工作存储器可以扩展，在CPU模块的存储器卡插槽内插入RAM存储卡，可以增加装载存储器的程序容量。Flash EPROM（快闪存储器）卡用来存储程序和数据，即使在没有后备电池的情况下，其内容也不会丢失。可以在编程器或CPU上编写Flash卡的内容，Flash卡也可以扩展CPU装载存储区的容量。CPU417-4和CPU417-4H还有存储器扩展接口，可以扩展工作存储器。集成式RAM不能扩展，集成装载存储器为256KB（RAM），用存储器卡扩展FEPROM和RAM最大各64KB。电池可以对所有的数据提供后备电源。

2.3.2 PLC扩展模块选型

西门子S7系列的PLC扩展了CPU的能力，提供了各种扩展模块（包括信号模块SM、通信模块CM或通信板CP）和信号板（SB）用于扩展CPU的能力，通过增加的I/O和通信接口，可以极好地满足客户的众多应用需求。S7-300/400有多种拓展方式，实际选用时，可通过控制系统接口模块扩展机架、PROFIBUS-DP现场总线、通信模块、远程I/O及PLC子站等来扩展

PLC 或预留扩展口。PLC 扩展模块使用时，需要同时加载在硬件和软件上，如图 2-3 和图 2-4 所示。

图 2-3　扩展模块硬件安装图

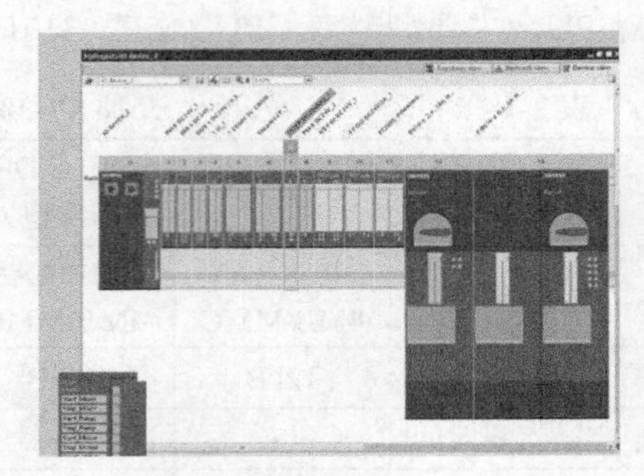

图 2-4　扩展模块软件组态图

在选择扩展模块时，应该注意以下几个问题。

（1）模块的电压等级。可根据现场设备与模块之间的距离来确定。当外部线路较长时，可选用 AC 220V 电源；当外部线路较短且控制设备相对集中时，可以选用 DC 24V 电源。

（2）数字量输出模块的输出类型。数字量输出有继电器、晶闸管、晶体管三种形式。在通断不频繁的场合应该选择继电器输出；在通断频繁的场合，应该选用晶闸管或晶体管输出，注意晶闸管只能用于交流负载，晶体管只能用于直流负载。

（3）模拟量信号类型。模拟量信号传输应尽量采用电流型信号传输。因为电压量信号极易引入干扰，一般电压信号仅用于控制设备柜内电位器的设置，或距离较近、电磁环境好的场合。

2.3.3　控制系统传感器选型

传感器相当于整个控制系统的“五官”，它的确定对系统有至关重要的影响。一般来说，选择一个传感器时，应注意以下几个问题。

（1）测量范围；

（2）测量精度；

（3）可靠性；

（4）接口类型。

2.3.4　控制系统执行器及控制器选型

1. 执行器选型

执行器相当于整个控制系统的“手”和“脚”，决定了系统的实际工作效果，其重要性不言而喻。与传感器相对应，在选择执行器时，应考虑以下几个问题。

（1）输出范围；

（2）输出精度；

（3）可靠性；

（4）接口类型。

其中，执行器—传感器接口（Actuator Sensor Interface，AS-i）符合 EN50295 标准，这是

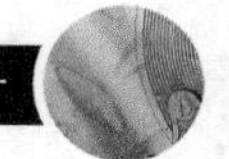

是一种开放标准，世界上领先的执行器和传感器制造商都支持 AS-i。

2．控制器选型

现阶段，市场上的控制器类型有很多，其中西门子公司从 2007 年 10 月 1 日后投放市场的 SIMATIC S7 模块化控制器最具有竞争力。这个系列主要包括 S7-300、S7-400、S7-1200，类型丰富，可以满足用户的各种应用需求，用户可以根据实际需求，选择合适的控制器。

2.3.5 PLC 分配表及外部接线图

控制系统硬件设计的一个要点就是 PLC 的 I/O 分配表和外部 I/O 接线图的设计，这一部分内容继承自电气控制电路分析与设计，是一个设计人员必须掌握的内容。在分配 I/O 端口时，应查阅相关的 I/O 模块以及传感器和执行器的手册资料，对其连接的方式应予以充分了解，这样在设计时才不会出现问题。同时还应考虑到裕量问题，即留出一部分 I/O 端口作备用，以便以后维修或者扩展之用。

以使用 CPU312 控制步进电机为例，设计时考虑到有“启动”、“停止”、“急停”、“正转”、“反转”、“快速”、“慢速”7 个输入，以及方向和 PWM 波两个输出。表 2-2 所示 PLCI/O 分配表。

表 2-2　　输入输出地址分配

输入		输出	
I0.0	启动	Q0.0	PWM 波信号
I0.1	停止	Q0.1	旋转方向
I0.2	急停		
I0.3	正转		
I0.4	反转		
I0.5	快速		
I0.6	慢速		

其中，PLC 与驱动器使用共阴极接法，CP-（脉冲-）与 DIR-（方向-）接在一起作为共阴极，接在 PLC 的 GND 上，PLC 脉冲输出接 CP+，PLC 方向输出接在 DIR+上。外部 I/O 接线如图 2-5 所示。

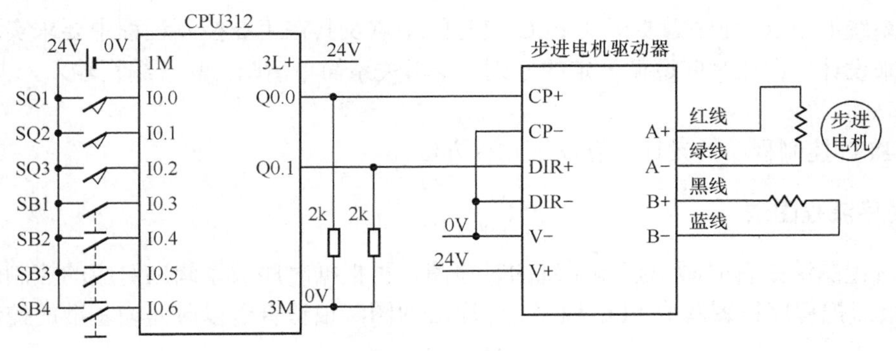

图 2-5　PLC 与驱动器 I/O 接线图

2.4 PLC 控制系统软件设计

PLC 的控制系统软件设计是整个控制系统的“思想”。控制系统软件设计流程大体可以遵照图 2-6 所示进行，其中编写程序是软件设计的重中之重。

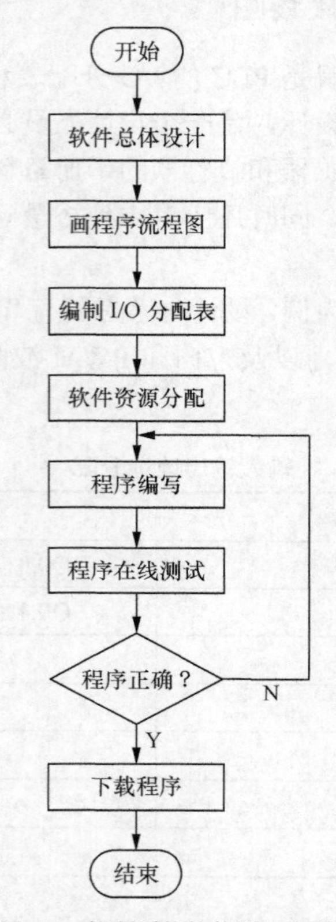

图 2-6 控制系统软件设计流程图

2.4.1 PLC 程序设计方法

控制系统的 PLC 程序需要根据 PLC 自身的特点及其在工业控制过程中要求实现的具体控制功能来设计，设计时应遵循一定的原则：逻辑关系简单清晰，易于编程输入，少占内存，减少扫描时间。

对于 PLC 控制程序的设计，有以下几种方法。

1. 时序流程图法

时序流程图法是首先画出控制系统的时序图，再根据时序关系画出对应的控制任务的程序框图，最后把程序框图写成 PLC 程序。时序流程图法很适合于以时间为基准的控制系统的编程。

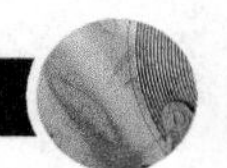

2. 步进顺控法

一般比较复杂的程序，都可以分成若干个功能比较简单的程序段，一个程序段可以看成是整个控制过程中的一步。从这个角度去看，一个复杂的系统的控制过程是由若干个这样的步组成的。系统控制的任务实际可以认为是在不同时刻或在不同进程中去完成对各个步的控制。

3. 经验法

经验法是运用技术人员自己或者他人的经验，例如在一些典型电路的基础上进行设计。多数是设计前，先选择与自己工艺要求相近的程序，结合自己工程的情况，根据被控对象对控制系统的具体要求，对这些"实验程序"不断修改、调试，使之适合自己的工程要求。这里所说的经验，可能来自技术人员自己的经验总结，也可能来自其他技术人员的设计经验。

4. 计算机辅助设计

计算机辅助设计是通过PLC编程软件在计算机上进行程序设计、离线或在线编程、离线仿真和在线调试等。编程软件STEP7和WinCC，仿真软件PLCSIM等都是S7系列PLC编程常用软件。使用这些编程软件可以十分方便地在计算机上离线或在线编程、在线调试。

2.4.2 PLC组态界面设计方法

PLC组态界面的作用是监控整个控制系统的运行情况，一个好的监控系统能使操作人员更加轻松、方便和安全。一般来说，组态界面在设计时，应该包括以下几个方面：

1）工艺流程界面。针对系统的总体流程，给操作人员一个直观的操作环境，同时对系统的各项运行数据也能实时显示。

2）操作控制界面。操作人员可能对系统进行开车、停车、手动/自动等一系列操作，通过此界面可以很容易实现这些要求。

3）趋势曲线界面。在过程控制中，许多过程变量的变化趋势对系统的运行起着重要的影响，因此趋势曲线在过程控制中尤为重要。

4）历史数据归档。为了方便用户查找以往的系统运行数据，需要将系统运行状态历史数据进行归档保存。

5）报警信息提示。当出现报警时，系统会以非常明显的方式来告诉操作人员，同时对报警的信息也进行归档保存。

6）相关参数设置。有些系统随着时间的流逝或操作后，一些参数会发生改变，操作人员可根据自己的经验对相应的参数进行一些调整。

常见的PLC组态界面如图2-7所示。

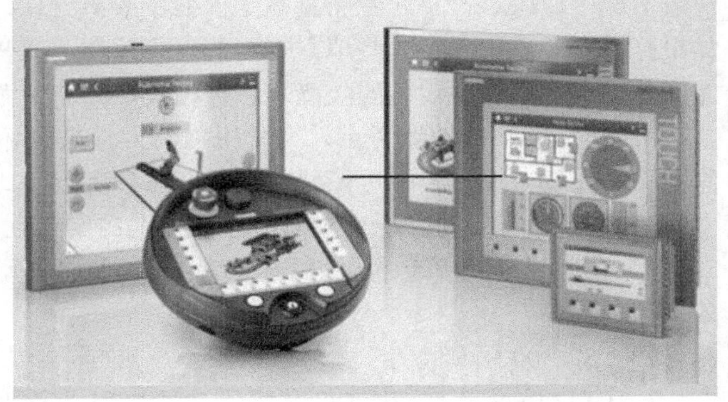

图2-7 PLC组态界面示意图

2.4.3 PLC 控制系统可靠性设计

2.4.3.1 硬件可靠性设计

1．PLC 的安装

（1）PLC 安装的一般性设计原则

1）在对 PLC 接线时要确保所有的电器符合国家和地区的电气标准，及时同地区的权威机构保持联系，以确定哪些标准与某些特殊的设计要求相符合。

2）要正确地使用导线。

3）不要将连接器的螺钉拧得过紧。

4）尽可能使用短导线（最长 500m 屏蔽线，或 300m 非屏蔽线），导线要尽量成对使用，用一根中性或公共导线与一根热线或信号线相配对。

5）将交流线和大电流快速开关的直流线与小电流的信号线隔开。

6）正确地识别和划分 PLC 模块的接线端子。

7）针对闪电式浪涌，安装合适的浪涌抑制设备。

8）控制设备在不安全条件下可能会失灵，导致被控制设备的误操作。这样的误操作会导致严重的人身伤害和设备严重损坏。可以考虑使用独立于 PLC 的紧急停机功能、机电过载保护设备或其他冗余保护。

（2）使用隔离电路时的接地与电路参考点设计原则

1）应该为每一个安装电路选一个参考点（0V），这些不同的参考点可能会连在一起，这种连接可能会导致预想不到的电流，它们会导致逻辑错误或损坏电路。产生不同参考电动势的原因经常是由于接地点在物理区域上被分隔的太远。当相距很远的设备被通信电缆或传感器连接起来的时候，由电缆线和地之间产生的电流就会流经整个电路。即使在很短的距离内，大型设备的负载电流也可以在其与地电动势之间产生变化，或者通过电磁作用直接产生不可预知的电流。对于没有正确设定参考点的电源，相互之间的电路有可能产生毁灭性的电流，以致破坏设备。

2）当把几个具有不同电位的 CPU 连到一个 PPI 网络时，应该采用隔离的 RS-485 中继器。一般情况下，PLC 产品已在特定点上安装了隔离元件，以防止安装中有不期望的电流产生。如果打算安装，应考虑哪些地方有这些隔离元件，哪些地方没有。同时也应考虑到相关电源之间的隔离以及其他设备的隔离，还有相关电源的参考点位置。

3）选择一个接地参考点，并且用隔离元件来破坏可能产生不可预知电流的、无用的电流回路。在暂时性连接中可能引入新的电路参考点，比如编程设备与 CPU 连接的时候。

4）在现场接地时，一定要随时注意接地的安全性，并且要正确地操作隔离保护设备。

5）在大部分的安装中，如果把传感器的供电 M 端子接到地上可以获得最佳的噪声抑制效果。

（3）S7-300 隔离特性

1）CPU 逻辑参考点与 DC 传感器提供的 M 点类似。

2）CPU 逻辑参考点与采用 DC 电源供电的 CPU 输入电源提供的 M 点类似。

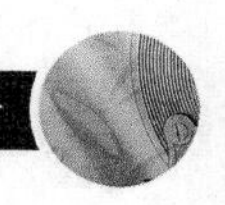

3）CPU 通信端口与 CPU 逻辑口（DP 口除外），具有同样的参考点。

4）模拟输入及输出与 CPU 逻辑不隔离，模拟输入采用差动输入并提供低压公共模式的滤波电路。

5）逻辑电路与地之间的隔离为 AC500V。

6）DC 数字输入和输出与 CPU 逻辑之间的隔离为 AC500V。

7）DC 数字 I/O 组的点之间间隔为 AC500V。

8）继电器输出、AC 输出与输入与 CPU 逻辑之间的间隔为 AC1500V。

9）继电器输出组的点之间隔离为 AC1500V。

10）AC 电源线和零线与地、CPU 逻辑以及所有的 I/O 之间的隔离为 AC1500V。

2．电源的安装

（1）交流输入 PLC 的安装

1）用一个单刀开关将电源与 CPU、所有的输入电路和输出（负载）电路隔离。

2）用一台过电流保护设备保护 CPU 的电源、输出点以及输入点。也可以为每个输出点加上熔丝进行范围更广的保护。

3）将 S7-300 的所有地线端子和最近接地点相连接，以获得最好的抗干扰能力。建议使用 1.5mm^2 的电线连接到独立导电点上（一点接地）。

4）本机单元的直流传感器电源可用作本机单元的输入和扩展 DC 输入以及扩展继电器线圈供电，这一传感器电源具有短路保护功能。

5）在大部分的安装中，如果把传感器的供电 M 端子接到地上可以获得最佳的噪声抑制效果。

（2）直流输入 PLC 的安装

1）用一个单刀开关将电源与 CPU、所有的输入电路和输出（负载）电路隔离开。

2）用过电流保护设备保护 CPU 的电源、输出点以及输入点。也可以为每个输出点加上熔丝进行过电流保护。

3）确保 DC 电源有足够的抗冲击能力，以保证在负载突变时，可以维持一个稳定的电压，因此需要一个外部电容。

4）在大部分的应用中，把所有的 DC 电源接到地可以得到最佳的噪声抑制效果。在未接地 DC 电源的公共端与保护地之间接上电阻与电容并联电路。电阻提供了静电释放通路，电容提供了高频噪声通路，其典型值为 4700pF。

5）DC24V 电源回路与设备之间，以及 AC120/230 电源与危险环境之间，必须提供安全电器隔离。

3．保护电路

PLC 输出电路中没有保护，因此在外部电路中可以设置串联熔断器等保护装置，以防止负载短路造成 PLC 损坏。

（1）限位保护

对有些快速动作的机械设备不仅要有行程开关限位，还要有极限限位保护。限位保护可以由电子限位开关、机械限位开关和机械挡板等组成。

（2）急停保护

急停保护是用来将设备紧急停止以应付突发故障，避免导致更大的事故。

（3）联锁保护

在硬件设计中要考虑到有些可移动设备的联锁问题。比如电动机的正转和反转接触器之间要有互锁保护。液压系统中双向电磁阀也要有互锁保护。互锁的作用是使得两个相反动作的设备不会同时动作。常用的方法是将两个设备的常闭触点相互串联，使用联锁开关等。

4．抑制电路

（1）抑制电路的使用

在感性负载中要加入抑制电路，以抑制在关闭电源时电压的升高。可以根据实际控制要求设计具体的抑制电路。设计的有效性取决于实际的应用，因此必须调整参数以适应具体的应用。要保护所有的器件参数与实际应用相符合。

（2）继电器输出模块的保护

对继电器输出模块的保护主要有两个方面：一个方面是对继电器触点的保护，使电感在断电时不会产生高压到继电器的触点；另一方面是对电源的保护，使为继电器提供电压的电源不会受高压的冲击。抑制高电压的主要办法是在感性负载两端并联 RC 吸收电路，对交流电源除了用 RC 电路吸收之外，还可以并联电阻以消除电压冲击。

5．系统接地设计

在实际的控制系统设计中，接地设计是抑制信号干扰、确保系统可靠工作的主要办法。所以，通常要单独设计 PLC 的接地系统。

在 PLC 组成的控制系统中，主要有以下几种地线：

（1）数字地：各种数字量信号的零电位，也称为逻辑地。

（2）模拟地：各种模拟量信号的零电位。

（3）交流地：交流电源的地线，通常也是产生干扰和噪声的地。

（4）直流地：直流电源的地。

（5）屏蔽地：为防止静电感应和磁场感应而设置的地。

接地方法如下。

（1）保护接地

保护接地指的是接大地，可采用不小于 $10mm^2$ 的保护铜导线接好配电板的保护地。相邻的控制柜也应良好接触并与地可靠连接，并尽可能短地与 UPS 电源、系统地线连接。同时要做好防雷保护接地，通常可以采取总线电缆使用屏蔽且屏蔽层两端接地，或模拟信号电缆采取两层屏蔽，外层屏蔽两端接地等措施。另外，为防止感应雷电进入系统，可采用浪涌吸收器。

（2）工作接地

工作接地包括信号回路接地和屏蔽接地。

1）在 PLC 控制系统中，非隔离信号需要有一个统一的信号参考点，并且进行信号回路接地。信号回路接地通常使用直流电源负极。

2）为防止静电感应和磁场感应而设置的屏蔽接地端子，应做屏蔽接地。

6．使用环境

应合理布置PLC的使用环境，提高系统的抗干扰能力。具体采取的措施有：原理高压柜、高频设备、动力屏柜以及高压线或大电流动力装置；通信电缆和模拟信号电缆尽量不与其他的屏柜或设备共用电缆沟；PLC柜内不用荧光灯等。另外，PLC虽适合工业现场，但使用中也应尽量避免直接震动和冲击、阳光直射、油雾、雨淋等；不要在有腐蚀性气体、灰尘过多、发热体附近应用；避免导电性杂物进入控制器。

2.4.3.2 软件可靠性设计

1．软件保护设计

（1）联锁保护

除使用常闭触点进行自锁保护外，可以利用PLC的常闭触点对需要互锁的线圈进行联锁保护，如图2-8所示。

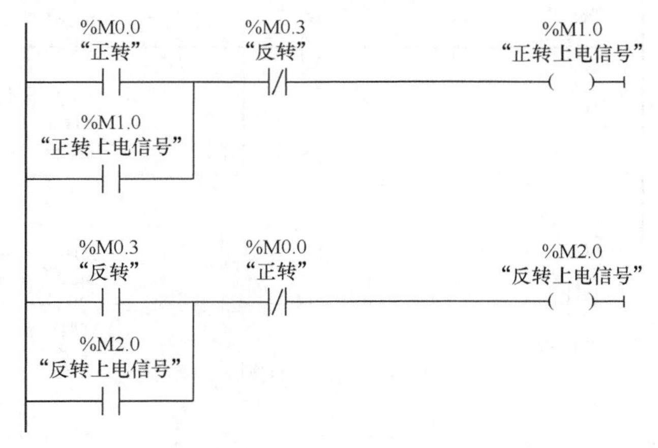

图2-8 软件设计联锁保护

（2）双重保护

利用PLC的输入端在硬件上增加限位装置用以输入信号，然后在程序中利用这类信号实现保护功能，如图2-9所示。

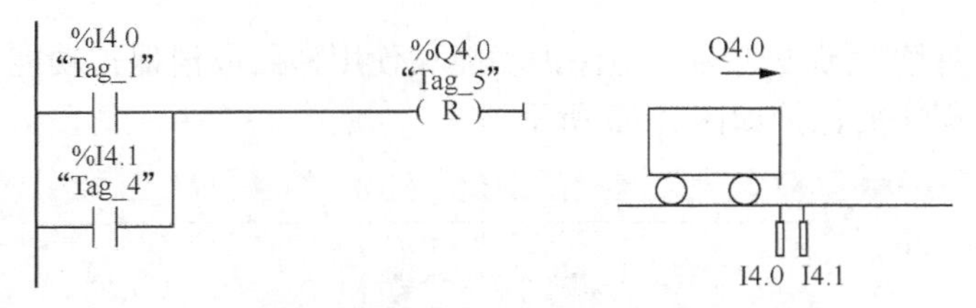

图2-9 软件设计双重保护

（3）自动复位保护

自动复位是指在程序运行一段时间或出现故障时自动将相应输出端点复位，避免将错误的输出信号输出到执行器中，自动复位保护如图2-10所示。

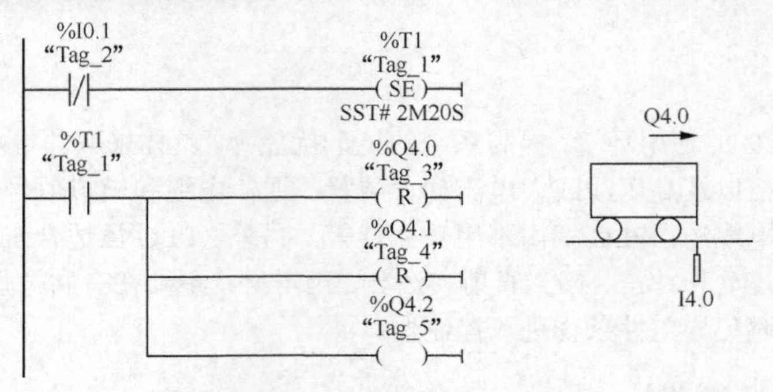

图 2-10　自动复位保护图

2．定时器的使用

PLC 的定时器可以用作确保 PLC 可靠、稳定、安全运行设计。定时器用作抗干扰设计，以解决限位开关的抖动干扰，如图 2-11 所示。

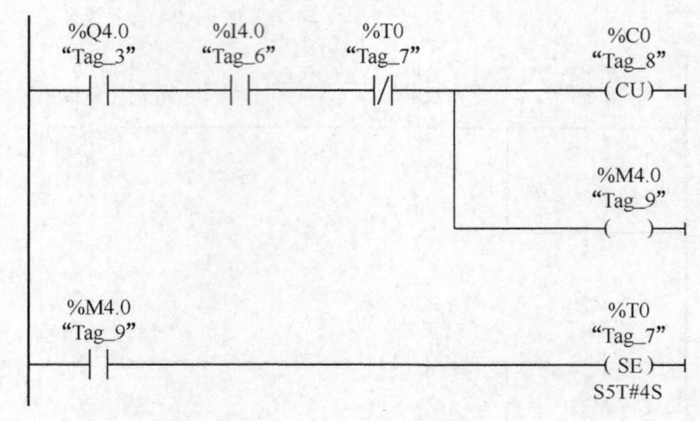

图 2-11　定时器的使用

3．自检保护设计

可以充分利用 PLC 的自检功能，PLC 的多数功能模块都有自检信息，通过对这些自检信息的检查可以及时发现隐患并清除故障。也可以针对工程的特点自己编写诊断程序，排除故障。

4．属性等级保护

S7-300 属性中有读/写保护功能、写保护功能和使用密码取消保护功能。保护等级可以在 CPU 属性中设定。程序的保护如图 2-12 所示。

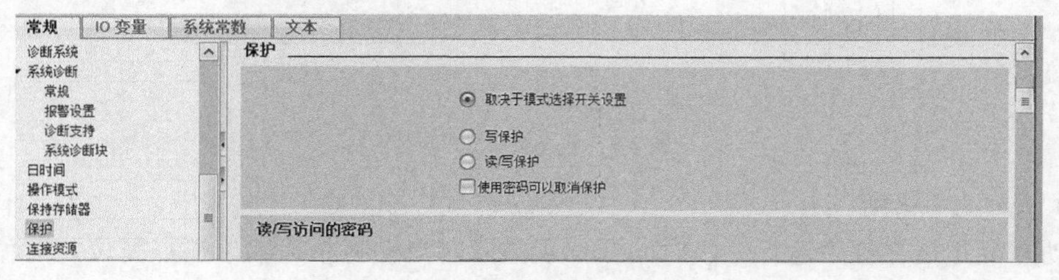

图 2-12　程序的保护

2.5 PLC控制系统调试

控制系统的调试可分为模拟调试和现场调试两个过程。在调试之前应该首先仔细检查系统的接线，这是最基本也是非常重要的一个环节。

2.5.1 模拟调试

1. 系统调试内容

系统调试包括硬件调试、下载用户程序、系统功能的测试、记录对程序的修改、保存和压缩程序等。

可以通过“监视/修改变量”工具来调试硬件，也可以用状态表监视与调试程序，并用状态表强制改变数值。

下载用户程序之前应执行CPU存储的复位并将CPU切换到STOP状态。用户程序中应包含硬件的组态数据。

检查系统的功能是否正常。如果用户的程序是结构化的程序，可以在组织块中逐一调用各程序块，一步一步地调试程序。

必须记录调试过程中对程序的修改。可采取的最简单的方法是在程序清单上手工记录修正内容，也可以给块加上适当的注释或者调整版本号以反映修改。

调试结束后，应保存最终版本的程序。

2. 装载用户程序

在下载新的全部用户程序之前，应该执行一次CPU存储器的复位。为安全起见，应该在停机状态下执行下载。下载时，一次可以把个别块、几个块或全部的程序下载到CPU。具体操作如下。

（1）当选择S7程序的文件夹就选择全部用户程序。

（2）用鼠标选择个别块。

（3）按住“Ctrl”键并用鼠标选择几个块。另一个方法是按住“Shift”键，并选择第一个块和最后一个块，或者用鼠标框选中要选择的块。

单击下载，进行程序块的下载，下载用户程序到CPU中，如图2-13所示。可以选择设备视图左边的程序块或者整个PLC右键选择“下载到设备”，也可以点击项目视图上侧菜单栏的下载图标进行下载。

3. 排除停机错误

如果没有编写错误处理组织块或错误处理组织块中调用SFC“STOP”，当程序出现错误或硬件出现故障时CPU就进入停机状态。利用诊断缓冲区可以确定停机的原因。

诊断缓冲区是存放在CPU中的一个先进先出缓冲区，它由后备电池来保持，对存储器的

复位也不能清除该缓冲区。它存储按照发生顺序排列的诊断事件。所有的事件可以在编程器上按照它们出现的顺序进行显示。

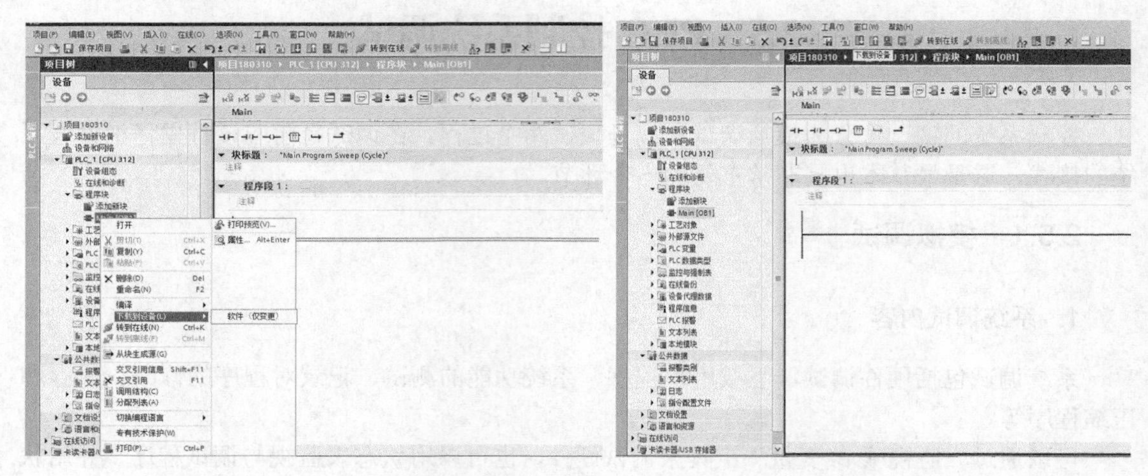

图 2-13　程序下载方法

当选择一个事件时，在“事件详细内容”窗口中出现附加的一些信息：除了事件标识和事件号，还有有关事件的附加信息，例如：出现事件的指令地址等。

4．系统功能的测试

系统功能的测试是指一步一步地调试结构化程序，每个块包含特定的系统功能。第一步是通过下载起动组织块（OB100～OB102）来测试起动特性。然后，一步一步地测试循环程序。从嵌套最深的块（如 FB4）开始测试。这样，需要再 OB1 中插入一个带有 BEU 指令的段。当所有的程序都被调用后，再删除这个段。根据程序的结构，用于中端处理的程序或在最后测试（如果该中断程序不影响程序的循环执行），或在循环程序的测试过程中调试。系统功能测试的步骤如图 2-14 所示。

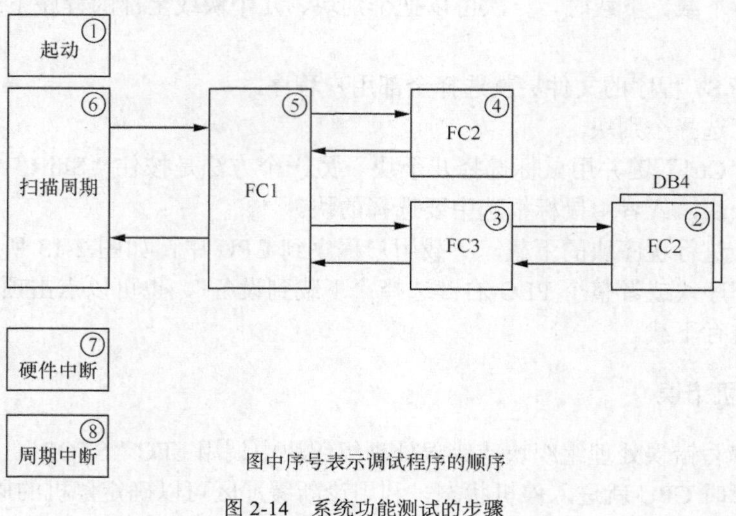

图 2-14　系统功能测试的步骤

PLC 处于 RUN 状态下并建立起通信连接后，选择菜单命令“调试→程序状态”，或者单击工具栏中的“程序状态”按钮，在梯形图中可以显示出各个程序块的状态。如果位操作数为 1（ON），触点、线圈将出现绿色指示，并允许以最快的通信速度显示、更新触点和线圈的状态。可用菜单命令“工具→选项”打开窗口，然后在窗口中选择“LAD 编辑”标签，设置功能框的大小和显示方式。

被强制的数值用与状态表中相同的符号来表示，例如：锁定图标表示该数值已被显式强制，灰色的锁定图标表示该数值已被隐式强制，半块锁定图标表示该数值被部分强制。

可以在程序状态中启动强制与取消强制操作，但不能使用状态表中提供的其他功能。

5．记录程序的修改

在调试中有不同的方法来记录程序的修改。块编辑器提供不同的注释功能。新插入的段，应该在块注释中说明。在相关的段注释中应该包括段的修改记录和段的功能说明。当用 STL 语言编写程序时，可以对每条指令说明或者在指令之间说明。

项目、S7 程序、块的“对象属性”提供额外的说明功能。用鼠标右键选择对象后，选择“属性”菜单选项，在“属性”中，输入有关修改的附加说明。在块属性中，有版本标识、块名称、系列和作者的输入区域。

2.5.2　现场调试

完成上述规定工作后，将 PLC 安装在控制现场进行联机调试，在调试过程中将暴露出系统可能存在的传感器、执行器和硬件连线等方面的问题以及程序设计中的问题，对出现的这些问题应该及时加以解决并记录归档。

现场调试是整个控制系统完成的重要环节。任何的系统设计都很难说不经过现场的调试就能正常使用。只有通过现场调试才能发现控制回路和控制程序中存在的问题和不满足系统要求之处。

在调试过程中，如果发现问题，应及时与技术人员沟通，确定其问题所在，及时对相应硬件和软件部分进行调整。全部调试后，经过一段时间试运行，确认程序正确可靠后，才能正式投入使用。

2.6　本章小结

本章详细阐述 PLC 控制系统的设计原理和设计原则，概述了 PLC 控制系统的设计流程，并指出设计过程中各阶段的注意事项。同时详细介绍了 PLC 控制系统硬件设计和 PLC 控制系统软件设计的相关原则和方法。包括 CPU 选型、扩展模块选型、传感器选型、执行器及控制器选型、I/O 分配表及外部接线图、程序设计方法和组态界面设计方法。最后介绍了 PLC 控制系统的可靠性设计原则和方法以及控制系统的调试方法和内容。

本章中主要涉及的 PLC 为西门子公司的 S7 系列 PLC，尤其是 S7-300/400 系列的 PLC。

第 3 章　PLC 运料小车控制系统

采用 PLC 控制运料小车，可实现运料小车的全自动控制，降低系统运行费用，控制系统连线简单，控制速度快，可靠性及可维护性好。本章通过对运料小车的控制系统设计，引导读者初步了解西门子 S7-300/400 系列 PLC 的硬件结构、软件开发平台的构成和操作系统设计的基本思想，并介绍西门子 PLC 基本控制指令和编程方法。

3.1　系统工艺及控制要求

在自动化生产线上，有些生产机械的工作台需要按一定的顺序实现自动往返运动，并且有的还要求在某些位置有一定的时间停留，以满足生产工艺要求。图 3-1 所示为运料小车示意图。

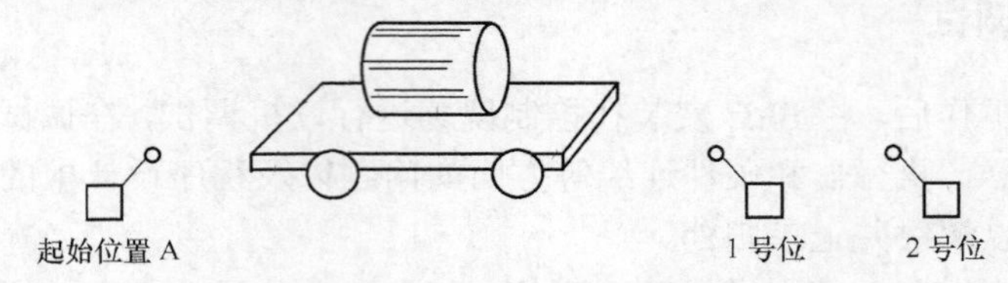

图 3-1　运料小车示意图

运料小车控制系统工艺要求如下。

（1）按下开始按钮，小车从起始位置 A 装料。如果小车不在起始位置，则需要先让小车运行到起始位置。

（2）装料时间为 10s，10s 后小车前进驶向 1 号位，到达 1 号位后停 8s 卸料，卸料后小车返回。

（3）小车返回到起始位置 A 继续装料 10s，10s 后小车第二次前进驶向 2 号位，到达 2 号位后停 8s 卸料，卸料后小车返回起始位置 A。

（4）开始下一轮循环工作。

（5）工作过程中若按下停止按钮，需完成一个工作周期后才停止工作。

3.2　相关知识点

3.2.1　S7-300/400 PLC 简介

德国西门子公司是世界上研制和生产 PLC 的主要厂家，历史悠久，技术雄厚，产品线覆

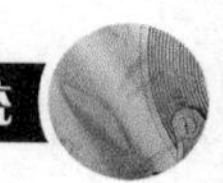

盖广泛。S7系列PLC是在S5系列基础上研制的，由S7-200、S7-300/400组成。

S7-300是模块式的PLC，由电源模块、CPU模块、接口模块、信号模块、功能模块、通信处理模块等组成，安装在DIN标准导轨上，可以根据实际需要任意搭配。背板总线集成在模块上，由安装在模块背后的总线连接器连接，除了CPU模块和电源模块，一个机架上最多可并排安装8个模块，系统自行分配各个模块的地址，模块种类如图3-2所示。

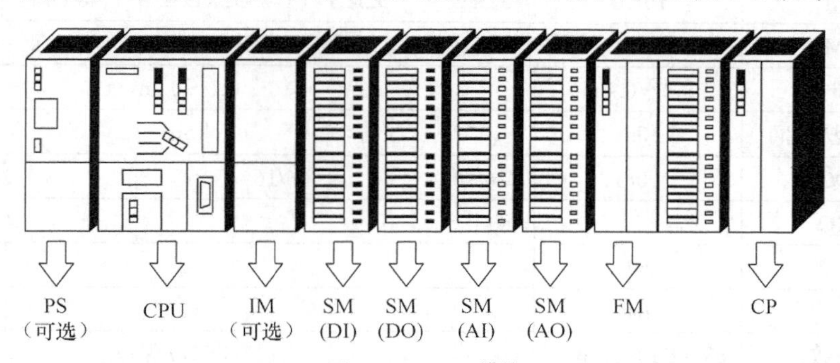

图3-2　S7-300模块

其中，PS为电源模块，为PLC提供DC 24V电源；CPU模块存储并执行用户程序，为模块背板总线提供DC 5V电源等；IM为接口模块，可进行多层组态，实现不同导轨之间的总线连接；SM（DI）为数字量输入模块；SM（DO）为数字量输出模块；SM（AI）为模拟量输入模块；SM（AO）为模拟量输出模块；FM为功能模块，可执行如高速计数、定位控制、闭环控制等特殊功能；CP为通信处理器，可提供PROFIBUS、工业以太网、点对点等联网接口。

（1）电源模块（PS）为所有模块供电，分DC 24V供电和交流供电两个大类，额定电流有2A、5A、10A3种。比如PS305是直流供电模块，PS307是交流供电模块。图3-3所示为电源模块实物图。

（2）CPU模块是决定整个控制系统性能的关键，也是选型时的主要考虑。S7-300有20多种不同性能、档次的型号可供选择，以满足不同等级和规模的控制要求。CPU模块大致可以分为紧凑型、标准型、户外型和其他特殊设计的型号。图3-4所示为CPU模块实物图。

图3-3　电源模块

图3-4　S7-300 CPU模块

S7-31×C（×表示任意数字）是一系列紧凑型 CPU 模块，特征是集成了 I/O，加上电源模块就构成 S7-300 的一个最小系统。紧凑型 CPU 的技术参数见表 3-1。

表 3-1　　紧凑型 CPU 的技术参数

CPU	312C	313C	313C-2PtP	313C-2DP	314C-2PtP	314C-2DP
集成 RAM	16KB	32KB	32KB	32KB	48KB	48KB
装载存储器 MMC	最大 4MB					
最小位操作时间	0.2～0.4ns	0.1～0.2ns				
最小浮点数加法时间	30ns	15ns				
集成 DI/DO	10/6	24/16	16/16		24/16	
集成 AI/AO		4+1/2			4+1/2	
FB 最大块数	64	128				
FC 最大块数	64	128				
DB 最大块数	63（DB0 保留）	127（DB0 保留）				
位存储器	1024Byte	2048Byte				
定时器/计数器	128Byte/128Byte	256Byte/256Byte				
全部 I/O 地址区	1024Byte/1024Byte					
I/O 过程映像	128Byte/128Byte					
最大 DI/DO 总数	256/256	992/992				
最大 AI/AO 总数	64/32	248/124				
模块总数	8	31				
通信的连接总数	6	8			12	
报文功能可定义的站数	3	5			7	
最大机架数/模块总数	1/8	4/31				
通信接口	MPI 接口		2 个 PtP 接口	2 个 DP 接口		2 个 PtP 接口

（3）接口模块（IM）在多机架系统中连接主机架（CR）和扩展机架（ER）。装在主机架上的接口为 IM360，扩展机架上安装 IM361，如果只有两个机架，并且肯定不会再扩展，则可以在主机架和扩展机架上安装 IM365，这是牺牲了扩展性的低成本方案。

（4）输入和输出模块都叫信号模块（Signal Model），分为数字量模块和模拟量模块，有单独处理输入和输出的型号，也有输入和输出合在一起的型号，其中数字量模块又有直流量和交流量的区别。

（5）数字量输入模块 SM321 把现场信号数字化为 S7-300 内部信号电平。这个过程有光电隔离和 RC 滤波，用以抗干扰和避免误触发，输入电流一般在毫安级。直流输入模块的延迟较短，是选型时的首选；交流输入模块则适用于恶劣环境，如油雾、粉尘的环境。

（6）数字量输出模块 SM322 把 S7-300 的内部电平信号转换成控制过程要求的外部电平，并作隔离和功率放大处理，输出电流 0.5～2A。输出开关器件有晶体管、晶闸管、继电器 3 种，所带负载对应直流负载、交流负载和交/直流两用负载。

（7）DI/DO 模块 SM323 有 8 点和 16 点两种型号，I/O 特性相同，额定电压均为 DC 24V，

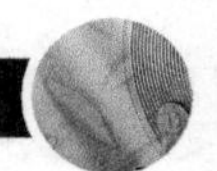

输出电路为晶体管，带电子保护。

（8）数字量输入/可配置输入、输出模块 SM327 与 SM323 类似，有 8 个输入点，区别在于另外 8 个点可独立配置成输入或输出。

（9）模拟量输入模块 SM331 按通道数和精度分为多个型号，各型号除了通道数和精度不同外，工作原理、性能、参数等都一样。

（10）模拟量输出模块 SM332 按通道数和精度分为多个型号，各型号额定负载电压均为 24V，都有短路保护，每个通道都可单独编程为电压输出或电流输出。

3.2.2 西门子 STEP7 编程软件

STEP7 与第一章介绍的 TIA 博图软件类似，是用于 SIMATIC PLC 组态和编程的标准软件包，可运行在 Windows 95/98/NT 4.0/2000/Me/XP 下，并与 Windows 的图形和面向对象的操作原理相匹配，用户接口基于当前最新水平的人机控制工程设计，轻松使用。STEP 7 标准软件包提供一系列的应用程序（工具）：SIMATIC 管理器、符号编辑器、诊断硬件、编程语言、硬件组态、NetPro（网络组态），当选择相应功能或打开一个对象时，它们会自动启动。

1. STEP7 安装

编程软件 STEP7 不断更新，以 STEP7 V5.2 为例，包括光盘和授权软盘，其软件环境，即操作系统可为 Microsoft Windows 95/98/NT/Me/2000/XP，需要的基本硬件配置为编程器或个人计算机（PC）、80486 处理器以上（Windows NT/2000/XP/Me 要求奔腾处理器）、RAM（至少 32MB，建议 64 MB）。编程器是专门为在工业环境中使用而设计的 PC，它安装了用于 SIMATIC PLC 编程时所需的一切。将光盘放入光驱能启动对话式安装，如图 3-5 所示，按照屏幕提示，一步一步完成整个安装步骤。

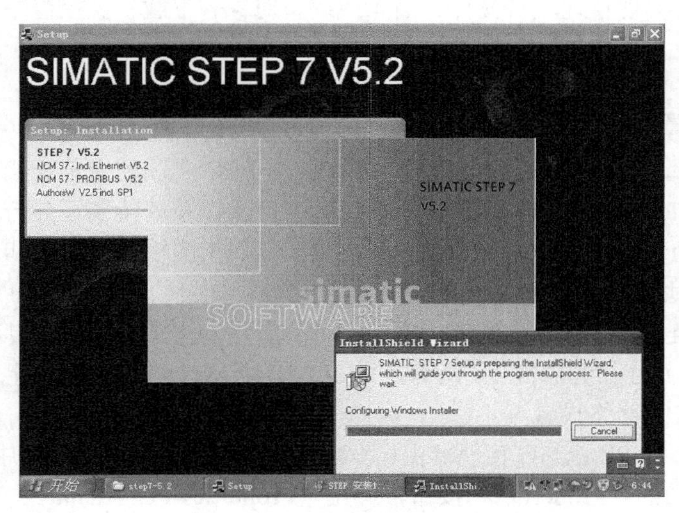

图 3-5　STEP7 安装

安装过程中，安装程序检查硬盘中有无授权，如未发现授权，将弹出安装授权的信息，可立即运行授权程序或安装结束后再执行授权程序。V5.0 以上的版本在没有授权时也可正常使用，但使用过程中屏幕常常会弹出搜索授权的对话框，提醒安装授权。安装完后重启动计算机，在 Windows 桌面上就可以看到 SIMATIC 管理器（Manager）图标，双击此图标或从任务栏中选择“开始/Simatic/SIMATIC/STEP7”即可进入 STEP7。

2. SIMATIC 管理器

SIMATIC 管理器窗口是 STEP7 中的主窗口，可创建和同时管理多个项目和库、启动 STEP7 多个工具、在线访问 PLC 等。该窗口是典型的 Windows 窗口，从上到下分别是标题栏、菜单栏、工具栏、工作区间、状态栏和任务栏。项目管理的结构为典型的树状结构，如图 3-6 所示。

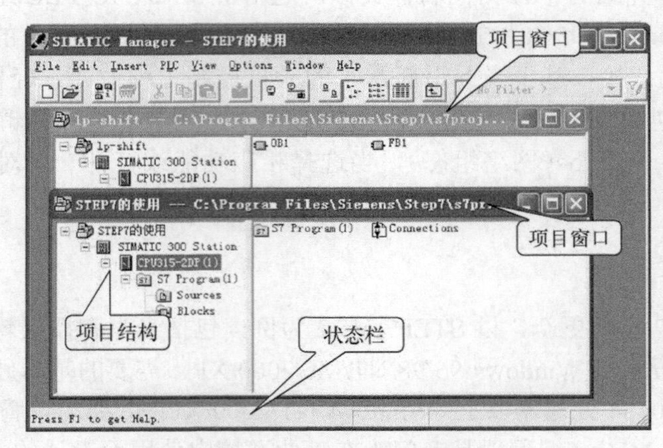

图 3-6　SIMATIC 管理器窗口

如图 3-6 所示，左侧部分为项目层次结构，右侧部分为当前选中目录包含的对象。通过 SIMATIC 管理器可实现管理项目文件、插入或编辑对象、下载、监控程序、窗口排列、在线帮助等。

3. 设置编程器（PG）/个人计算机（PC）

通过 PG/PC 设置接口的参数，可设置 PG/PC 与 PLC 之间的通信连接。如果使用 PG 并通过多点接口（MPI）进行连接，则不再需要其他的操作系统特别适配方法。如果使用 PC 和 MPI 卡或通信处理器（CP），则应检查 Windows 的控制面板里的中断和地址设置，以确保没有中断冲突和地址区重叠。如果所选的接口能自动识别总线参数（例如 CP 5611），则可以直接将 PG 或 PC 连至 MPI 或 PROFIBUS 上，而不需要设置总线参数。自动识别条件是主站分配循环总线参数并连接到总线上，所有与此有关的新 MPI 组件必须使能总线参数的循环分配（默认 PROFIBUS 网络设置）。

如图 3-7 所示，在 SIMATIC 管理器窗口“Options/Set PG/PC Interface”中，单击“Set PG/PC Interface”对话框中的“Properties”按钮，弹出“Properties-PC Adapter”对话框，检查接口参数和设置；如果“Set PG/PC Interface”对话框中的“Interface Parameter Assignment”项中无所需接口参数，单击“Set PG/PC Interface”对话框中的“Select”按钮，打开“Installing/Uninstalling Interface”对话框，安装模块或协议，如 CP5611 卡等。

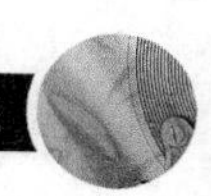

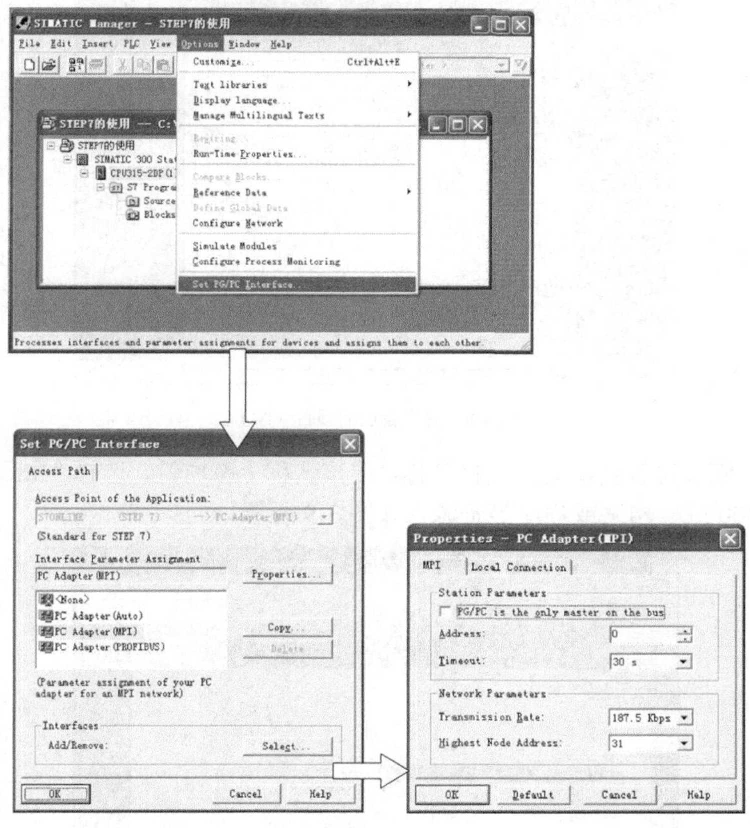

图 3-7 设置 PG/PC 接口

4．建立自己的项目

如图 3-8 所示，通过“STEP7 Wizard：New Project”得到帮助建立新项目的向导；选中菜单“File/New”或单击图标进入“New Project”对话框，输入中文或字符项目名称（Name），如图 3-8 所示，为“CQUPT”，单击“Browse”可选择项目的存储位置。

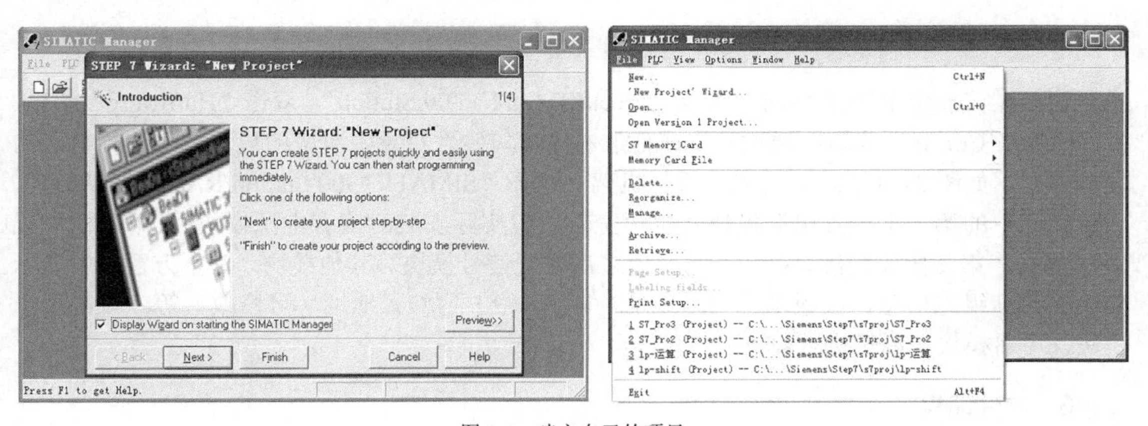

图 3-8 建立自己的项目

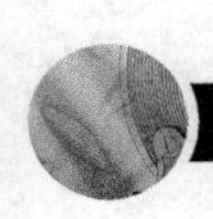

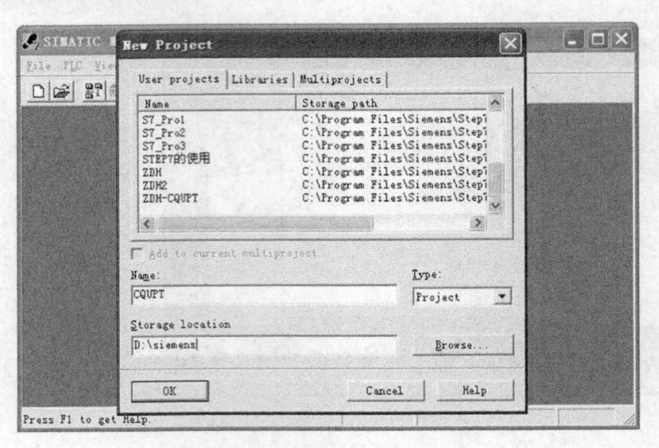

图 3-8　建立自己的项目（续）

单击“OK”后，可看到新建的项目名称，在该名称上按右键，选择“Insert New Object”，可插入 300 或 400 站、网络或程序等资源，如图 3-9 所示。

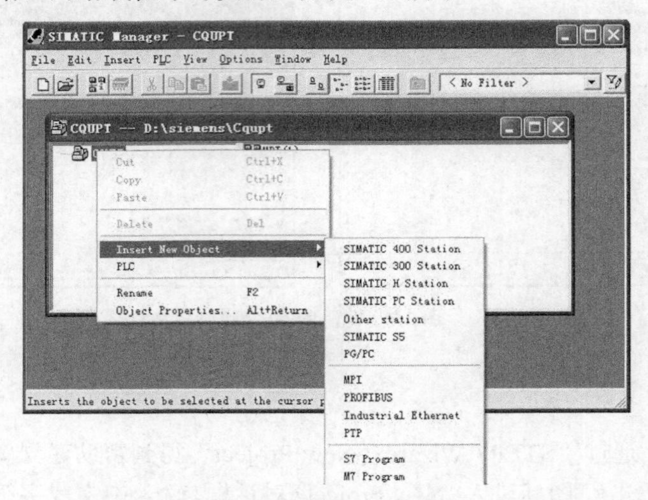

图 3-9　插入站/网络/程序

5．硬件组态

例如在前一步中选择“Insert New Object/SIMATIC 300 Station”，双击“Hardware”图标，打开“HW Config”窗口，通过双击或拖放右侧窗口硬件目录中对应的模块，可进行自己的硬件组态。如图 3-10 所示，首先应添加机架，选择“SIMATIC 300 Station/RACK-300/Rail”。一般机架中的第一槽放置电源模块（也可空着，但实际安装时应有电源模块），第二槽放置 CPU 模块，第三槽放置接口模块，第四槽之后放置信号模块等其他模块。左下方窗口中显示模块的详细组态信息，如版本、网络地址、输入/输出（I/O）地址（可修改）等。双击每个模块，可对模块的属性进行设置。

6．软件编程

在建立项目中插入 S7 程序，选择“Insert New Object/S7 Program”插入程序，程序名称

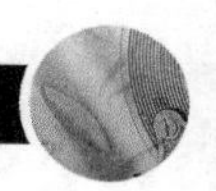

自动给出，为 S7 Program（1），以后按顺序给出，也可自己更改程序名称。然后单击程序，选中“Block”，右侧窗口出现 OB1，根据需要可添加其他的程序块、数据块等，如图 3-11 所示。

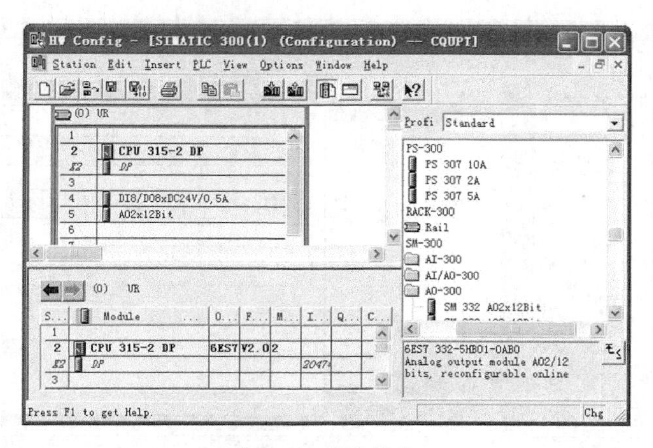

图 3-10 硬件组态

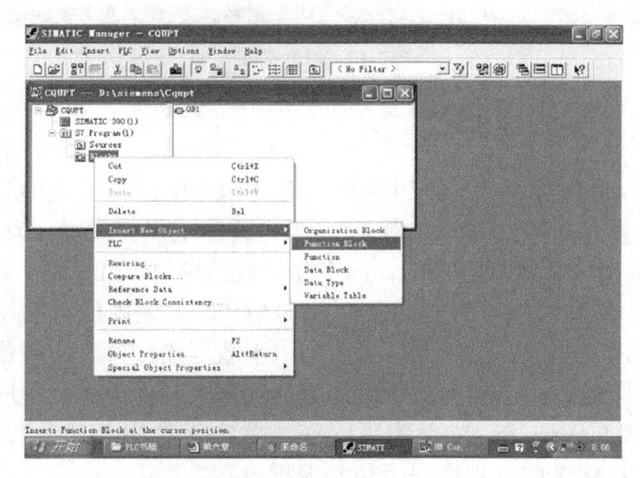

Properties - Function Block

General - Part 1 | General - Part 2 | Calls | Attributes

Name: FB1 ☑ Multiple Instance Capab:

Symbolic Name:

Symbol Comment:

Created in LAD

Project path:

Storage location of project: D:\siemens\Cqupt

Code Interface

Date created: 07/01/2007 8:07:22

Last modified: 07/01/2007 8:07:22 07/01/2007 8:07:22

Comment:

图 3-11 插入程序及 S7 块

双击要编辑的块的图标可打开编辑器窗口。如图 3-12 所示，打开 FB1 编辑窗口，进入编辑器后也可单击“View”选择编程语言。选择 LAD 或 FBD 时，可通过工具条或单击（拖拉）“Program Element”图标编辑程序；选择 STL 时，只需用键盘将指令输入即可。一个 Network

编完后，单击“New Network”图标即可插入新程序段继续编程，单击“Save”图标即可保存程序。

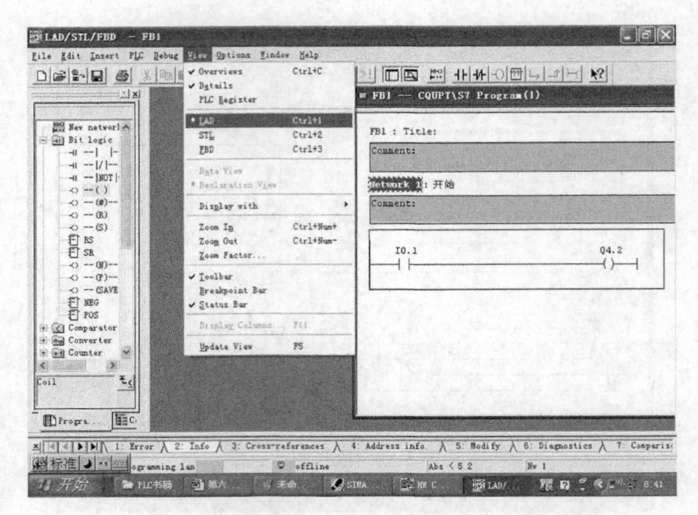

图 3-12　编辑窗口

7．上传或下载

编程设备和PLC的CPU之间可通过编程电缆、PROFIBUS-DP电缆和工业以太网的网线等建立物理连接。设置好PG/PC接口，置CPU为允许的工作模式下，为避免与原程序冲突，一般选择“STOP”模式。如图3-13所示，选中要下载的项目、PLC站、程序块等，单击“下载”图标，或在菜单项中选择“PLC/DOWNLOAD”，实现硬件组态及程序下载。也可在硬件组态窗口中先单击“编译”图标，再单击“下载”图标，下载硬件组态；或在编辑窗口单击“下载”图标下载当前窗口中编译好的程序。硬件组态及程序的上传可通过选中菜单项“PLC/Upload Station to PG”实现。在线状态下选中相应的程序块，选中菜单项“PLC/Upload to PG”可将选中的程序块上传到编程设备。

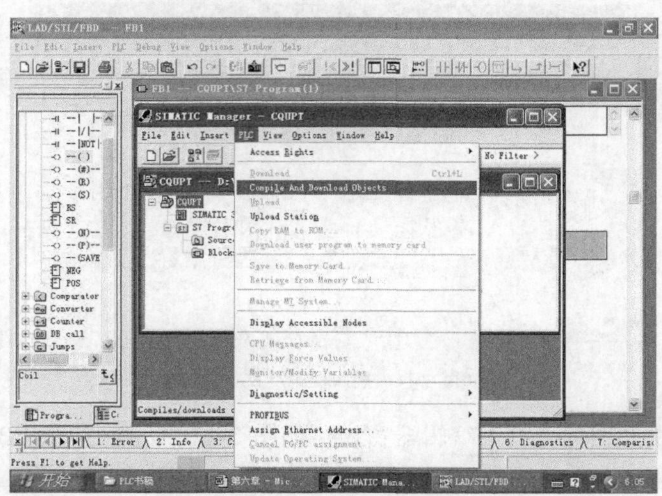

图 3-13　上传或下载

3.2.3 PLC 控制系统设计方法

PLC 控制系统的设计应在满足生产过程工艺要求的前提下，力求控制系统安全、可靠、简单、经济、易于维护和扩展。

控制系统的设计内容包括拟订控制系统的技术文件、选择控制系统的构成形式、选择 PLC 型号、选择 I/O 设备、I/O 分配、绘制相应的接线图、设计 PLC 控制程序及调试、编写人机界面、绘制操作平台及控制柜结构尺寸图、编写相应技术文档等。

具体设计方法及步骤如下。

（1）深入了解和分析被控对象的工艺条件和控制要求

分析被控对象的工艺条和控制要求，明确控制的基本方式、应完成的动作、自动工作循环的组成、必要的保护和连锁等。对较复杂的控制系统，还可将控制任务分成几个独立部分，简化程序设计。

（2）确定 I/O 设备

根据被控对象对 PLC 控制系统的功能要求，确定系统所需的用户 I/O 设备。常用的输入设备有按钮、选择开关、行程开关、传感器等，常用的输出设备有继电器、接触器、指示灯、电磁阀等。

（3）PLC 选型

根据已确定的用户 I/O 设备，统计所需的输入信号和输出信号的点数，I/O 设备对电压、电流的要求等，选择合适的 PLC 类型，包括机型的选择、容量的选择、I/O 模块的选择、电源模块的选择等。

（4）分配 I/O 点

将每个 I/O 点对应的模块编号、端子编号、I/O 地址以及功能等进行定义。

（5）设计控制系统 PLC 程序

I/O 点分配好后即可开始进行程序设计。根据流程图进行编程，该步是整个 PLC 控制系统设计中的核心工作。设计一个好的 PLC 控制程序不仅要熟悉被控对象的要求，而且需要积累一定的工程经验。

（6）程序下载

通过编程电缆将程序从计算机上下载到 PLC 中。

（7）软件测试

在将 PLC 连接到现场设备之前，要先进行软件测试，消除程序中的疏漏，完善 PLC 程序。

（8）系统调试

将 PLC 连接到现场设备，进行整个系统的联机调试，按先局部再整体的原则逐步进行调试，将调试过程中出现的问题逐一进行解决，直到系统调试成功。

（9）编制技术文件

编制系统的说明书、电气原理图、电气布置图、电气元器件明细表、PLC 梯形图等。

PLC 控制系统一般设计方法及流程如图 3-14 所示。

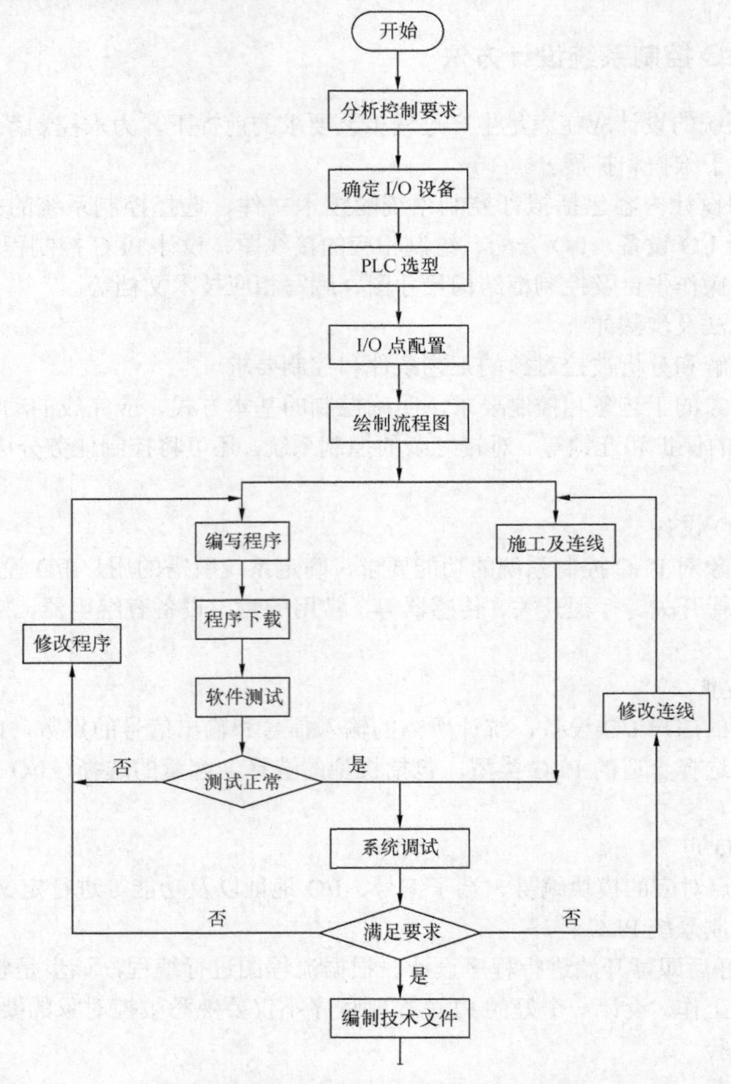

图 3-14　PLC 控制系统一般设计方法及流程图

3.2.4　相关编程指令

1．指令结构

如图 3-15 所示，STL 是文本编程语言，LAD、FBD 为图形化编程语言，图中采用 3 种语言实现相同的功能，即将输入信号 I1.2 与 I0.1 执行“与非”操作，并将执行结果输出到 Q1.0。

数据是程序处理和控制的对象，并通过变量来存储和传递。变量包括名称和数据类型两部分。STEP7 中有 3 种数据类型：基本数据类型，如位（BIT）、字节（BYTE）、字（WORD）、ASCII 字符（CHAR）等；复杂数据类型，如字符串（STRING）、数组（ARRAY）、结构（STRUCT）；参数数据类型，为逻辑块之间传递形参而设定，如定时器、计数器（如 T2、C3）、

程序块（如BLOCK_FB、BLOCK_FC）、指针（如P#M1.0）等。

寻址（Addressing）I/O信号、定时器、计数器、功能块、数据块等可以有绝对寻址和符号寻址两种方式。绝对地址由一个地址标识符和一个存储地址组成，如I1.0、Q2.1、PIW2、T1、FC1等。为了使程序的可读性好、调试及故障诊断更容易，可以给绝对地址赋予符号名称，也就是采用符号寻址方式。例如使用符号“Motor_stop”代替绝对地址 I0.1，这样很容易将程序中的操作数与控制工程中的元素相对应。

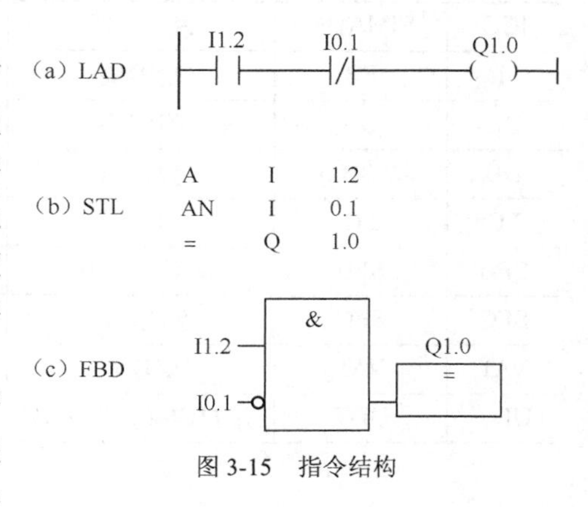

图3-15 指令结构

由于符号寻址允许用户自己定义一定含义的符号来代替绝对地址，将短的符号和长的注释结合起来使用，因此必须了解共享符号和局部符号的区别。共享符号在整个用户程序中有效，在整个用户程序中的含义是唯一的，在符号表进行定义，符号表中允许使用的地址和数据类型见表 3-2。局部符号只在定义的块中有效，相同的符号可在不同的块中用于不同的目的，可为块的参数、块的静态数据、块的临时数据定义局部符号，并在程序块的变量声明区进行定义。

表3-2 符号表允许使用的地址和数据类型

IEC	SIMATIC	说　明	数据类型	范　围
I	E	输入位	BOOL	0.0～65535.7
IB	EB	输入字节	BYTE，CHAR	0～65535
IW	EW	输入字	WORD，INT，S5TIME，DATE	0～65534
ID	ED	输入双字	DWORD，DINT，REAL，TOD，TIME	0～65532
Q	A	输出位	BOOL	0.0～65535.7
QB	AB	输出字节	BYTE，CHAR	0～65535
QW	AW	输出字	WORD，INT，S5TIME，DATE	0～65534
QD	AD	输出双字	DWORD，DINT，REAL，TOD，TIME	0～65532
M	M	存储位	BOOL	0.0～65535.7
MB	MB	存储字节	BYTE，CHAR	0～65535
MW	MW	存储字	WORD，INT，S5TIME，DATE	0～65534
MD	MD	存储双字	DWORD，DINT，REAL，TOD，TIME	0～65532
PIB	PEB	外设输入字节	BYTE，CHAR	0～65535
PQB	PAB	外设输出字节	BYTE，CHAR	0～65535
PIW	PEW	外设输入字	WORD，INT，S5TIME，DATE	0～65534
PQW	PAW	外设输出字	WORD，INT，S5TIME，DATE	0～65534
PID	PED	外设输入双字	DWORD，DINT，REAL TOD，TIME	0～65532
PQD	PAD	外设输出双字	DWORD，DINT，REAL，TOD，TIME	0～65532
T	T	定时器	TIMER	0～65535
C	Z	计数器	COUNTER	0～65535

续表

IEC	SIMATIC	说　明	数据类型	范　围
FB	FB	功能块	FB	1～65535
OB	OB	组织块	OB	1～65535
DB	DB	数据块	DB，FB，SFB，UDT	0～65535
FC	FC	功能	FC	0～65535
SFB	SFB	系统功能块	SFB	0～65535
SFC	SFC	系统功能	SFC	0～65535
VAT	VAT	变量表		0～65535
UDT	UDT	用户定义数据类型	UDT	0～65535

2．位逻辑指令

位逻辑指令处理“1”、“0”两个数字。在触点与线圈领域，“1”表示动作或通电，“0”表示未动作或未通电。位逻辑指令扫描信号状态“1”、“0”，并对它们进行组合（逻辑运算），逻辑运算结果（RLO）用于赋值或置位，也用于控制定时器和计数器的运行。

（1）与（AND）、或（OR）、异或（XOR）、赋值（=）指令

逻辑“与”、“或”、“赋值”分别对应于继电器线路触点串联、并联以及线圈输出。逻辑“异或”则是判断两个指定位的信号状态是否相同，如果不同则输出“1”，相同输出“0”。下面以一个简单例子（见图 3-16）进行说明。

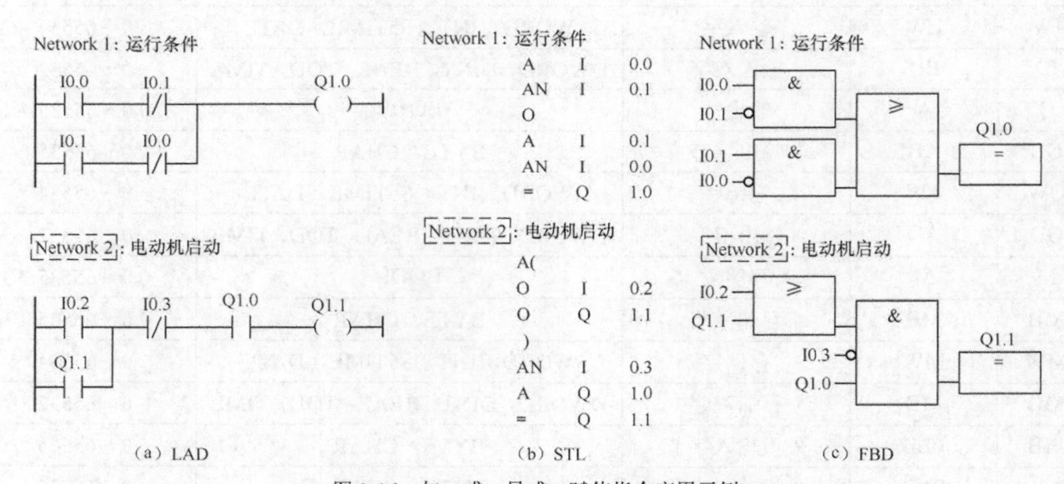

图 3-16　与、或、异或、赋值指令应用示例

如图 3-16 所示，当常开触点 I0.0 与常闭触点 I0.1 状态不同时，输出 Q1.0 输出为“1”(异或)，电动机运行条件满足，可以启动电动机；当常开触点 I0.2 或常开触点 Q1.1 接通（或），同时常闭触点 I0.3 以及运行条件满足时，常开触点 Q1.0 接通（与），输出 Q1.1 输出为“1”（赋值），电动机启动。

OR 和 XOR 在 STL 语句中具有相同的优先权，AND 的优先权在 OR 和 XOR 之前。

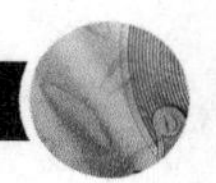

（2）R、S、SR、RS 指令

线圈复位（R）：在前一指令的 RLO 为“1”时，执行复位指令，将相应地址的状态清零；否则，相应地址保持原状态。

线圈置位（S）：在前一指令的 RLO 为“1”时，执行置位指令，将相应地址的状态置“1”；否则，相应地址保持原状态。

对于图 3-16 中的 Network 2：电动机启动可采用 R、S 指令实现，如图 3-17 所示。

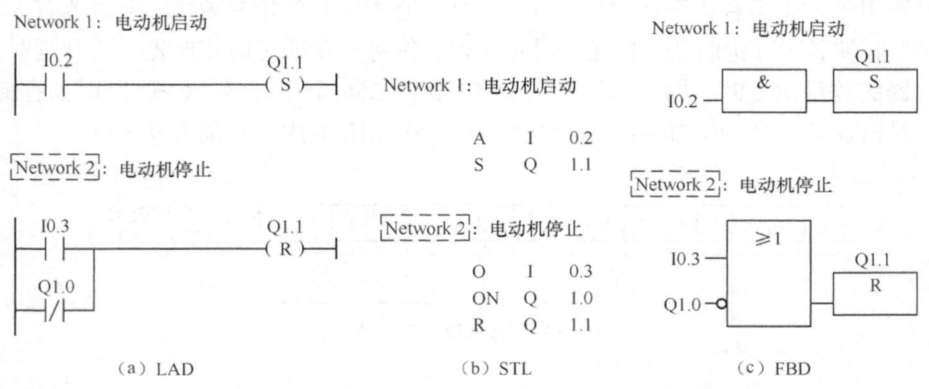

图 3-17　R、S 指令实现电动机启动/停止控制

由复位（R）、置位（S）指令构成了复位/置位（RS）触发器、置位/复位（SR）触发器指令。同样，只有在前一指令的 RLO 为“1”时，才执行 R 或 S 指令。由于 CPU 的顺序扫描，因此，当两个输入端的 RLO 为“1”时，则顺序优先，例如复位/置位触发器首先执行复位指令，然后执行置位指令，置位输入最终有效，因此为置位优先，同理，置位/复位触发器为复位优先。

对于图 3-16 中的 Network 2：电动机启动也可采用 RS、SR 指令实现，如图 3-18 所示。为安全起见，确保出故障时停车，采用置位/复位触发器，程序的执行将 M1.1 的结果赋值给 Q1.1，控制电动机启动与停止。

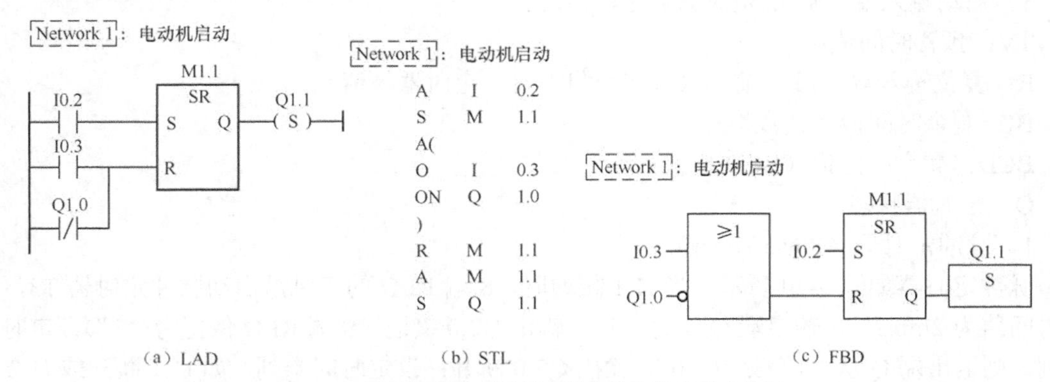

图 3-18　用置位/复位触发器实现电动机启动/停止控制

（3）RLO 边沿检测及操作指令

---(P)---：RLO 上升沿检测指令，检测到从“0”到“1”的正跳沿，产生一个扫描周期宽度的脉冲。

---(N)---：RLO 下降沿检测指令，检测到从“1”到“0”的负跳沿，产生一个扫描周期宽度的脉冲。

--|NOT|--：信号流反向指令，把当前的 RLO 取反。

---(SAVE)：将 RLO 存入 BR 存储器指令。

另外，在 STL 中还有强行 RLO 清零（CLR）和强行 RLO 置位（SET）指令。

（4）定时器指令

定时器用于产生各种需要的时序，满足等待、监控等各种控制要求。定时器有 5 种类型：脉冲定时器、扩展脉冲定时器、接通延时定时器、保持型接通延时定时器、断开延时定时器。

定时器的数目由 CPU 决定，例如 CPU314 支持 256 个定时器。CPU 定时器存储器中为每一个定时器保留一个 16 位的字。定时器字的格式见图 3-19，范围为 0～999。

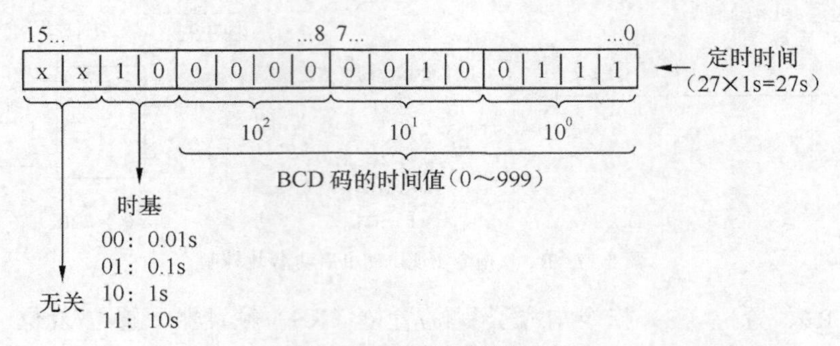

图 3-19 定时器字的格式

定时时间有两种表达式：十六进制数，W#16#wxyz，其中 w 为时基，xyz 为 BCD 格式的时间值；S5 时间格式，S5T#aH_bM_cS_dMS，其中，H 表示小时，M 表示分钟，S 表示秒，MS 表示毫秒，a、b、c、d 为设定时间值。时基 CPU 自动选择。例如，S5T#1H_2M_25S 表示定时时间为 1h2min25s。

S5 定时器梯形图和功能块中定义如下。

S：启动输入端，S7 的定时器为边沿启动；

TV：预置时间值；

R：复位输入端，当 R 前的 RLO 为“1”时，定时器被清零；

BI：剩余时间值（整数格式）；

BCD：剩余时间值（BCD 格式）；

Q：定时器状态。

1）脉冲定时器（Pluse Timer）。

脉冲定时器如图 3-20 所示。当 I1.1 接通时，S 端 RLO 的正跳沿启动脉冲定时器 T3，定时时间值为 2min25s，输出端 Q 变为“1”，输出 Q2.0 接通（S 端 RLO 保持为“1”），定时时间到，则输出端 Q 从“1”变为“0”，输出 Q2.0 断开；设定时间未到，如 I1.1 断开或 I1.2 闭合（R 端 RLO 为“1”），则定时器复位，输出端 Q 从“1”变为“0”，输出 Q2.0 断开。

2）扩展脉冲定时器。

扩展脉冲定时器如图 3-21 所示。与脉冲定时器比较可以看到，S 端 RLO 的正跳沿启动扩展脉冲定时器，在定时时间达到之前，即使 S 端输入信号状态变为“0”，定时器还是按 TV

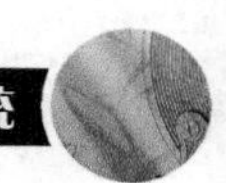

输入端上设定的时间间隔继续运行，输出Q信号状态为“1”。当定时器正在运行时，如果输入端S 的信号状态从“0”变为“1”，则定时器以预置时间值重新启动。

（a）梯形图　　（b）时序图

图 3-20　脉冲定时器

（a）梯形图　　（b）时序图

图 3-21　扩展脉冲定时器

3）接通延时定时器。

接通延时定时器如图 3-22 所示。S 端 RLO 的正跳沿启动脉冲定时器，当定时时间已到，未出现错误并且 S 输入端信号状态仍为“1”，则输出 Q 的信号状态为“1”；当定时器正在运行时，如 S 输入端的信号状态变为“0”，则定时器停止运行，输出 Q 信号状态为“0”。

（a）梯形图　　（b）时序图

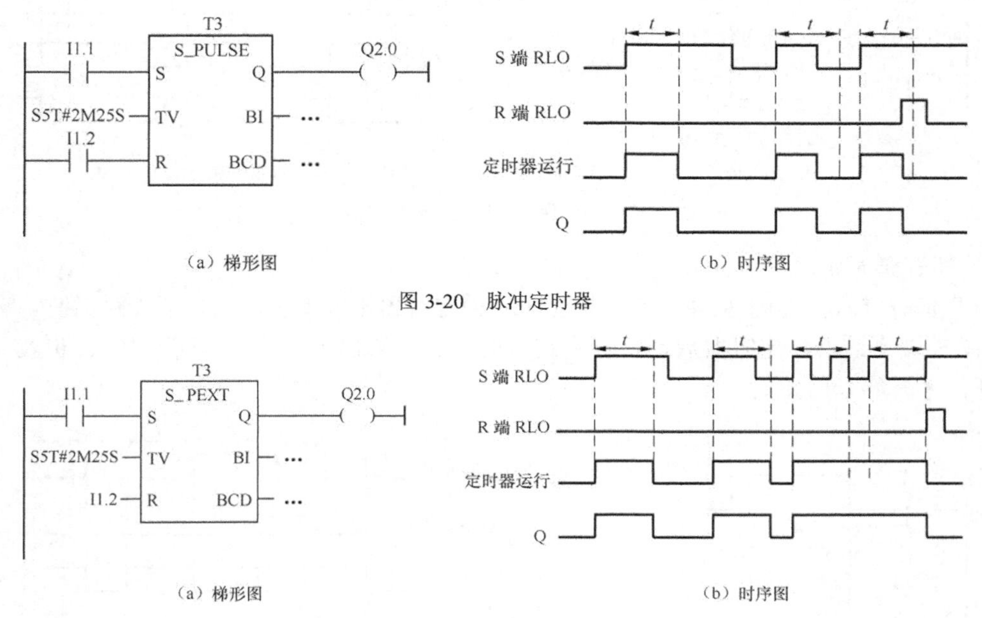

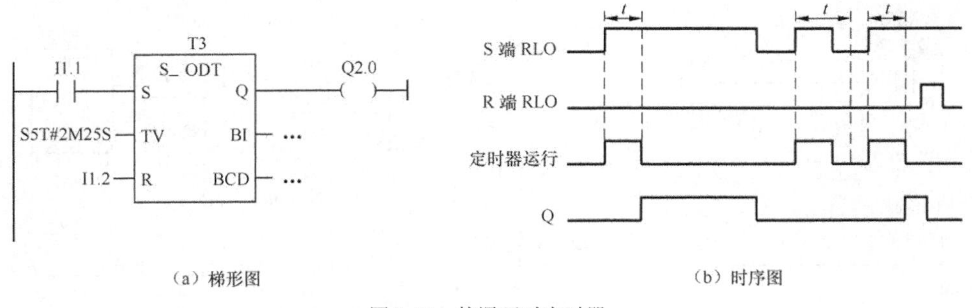

图 3-22　接通延时定时器

4）保持型接通延时定时器。

保持型接通延时定时器如图 3-23 所示。与接通延时定时器比较可以看到，S 端 RLO 的正跳沿启动脉冲定时器，在定时时间到之前，即使S 输入端信号状态变为“0”，定时器还是按 TV 输入端上设定的时间间隔继续运行。当定时时间达到，不管 S 输入端上信号状态如何变化，输出 Q 信号状态总是保持为“1”。当定时器正在运行，即定时时间未达到时，如果输入端 S 信号状态从“0”变为“1”，则定时器以预置时间值重新启动。

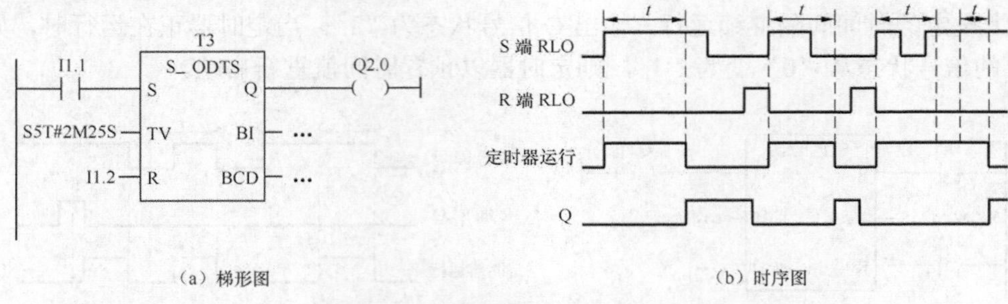

图 3-23　保持型接通延时定时器

5）断开延时定时器。

断开延时定时器如图 3-24 所示。与前面 4 种定时器不同的是，在 S 端正跳沿时，输出为“1”；在 S 端下跳沿，定时器启动，直到定时时间到，输出才由“1”变为“0”。也就是当 S 端断开，才开始延时定时。

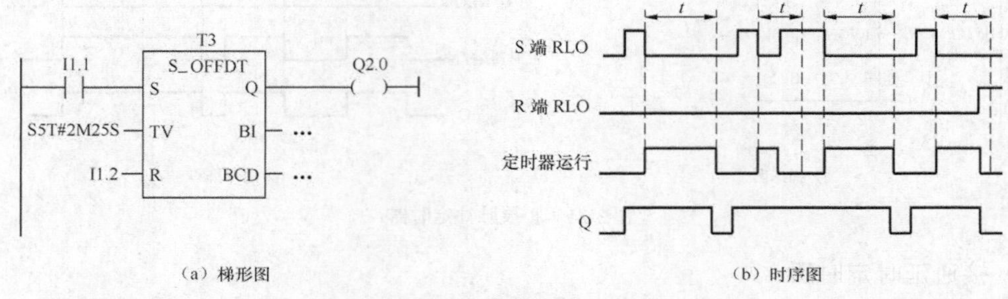

图 3-24　断开延时定时器

在只需要定时器基本功能时，可使用定时器线圈指令。图 3-25 所示为脉冲定时器线圈指令的应用示例，在 I1.1 正跳沿启动脉冲定时器 T3，延时 2min25s（I1.1 保持为接通状态），输出 Q2.0 接通，当 I1.2 接通，复位定时器 T3。

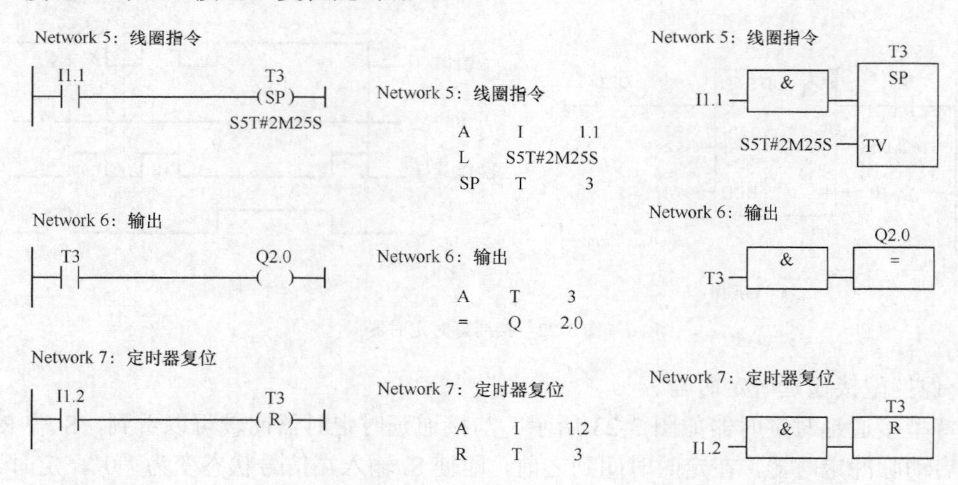

图 3-25　脉冲定时器线圈指令的应用示例

下面是定时器指令应用的一个简单例子。要求实现两台电动机的顺序启动和停止，按启

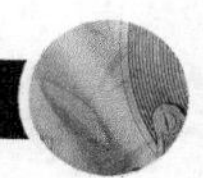

动按钮（自锁）1#、2#电动机启动，运行 25s 后 1#电动机停止，2#电动机再运行 30s 后停止。按停止按钮，1#、2#电动机停止。程序如图 3-26 所示。

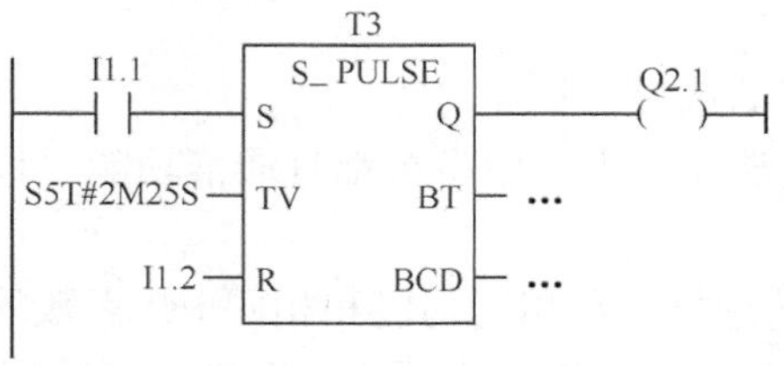

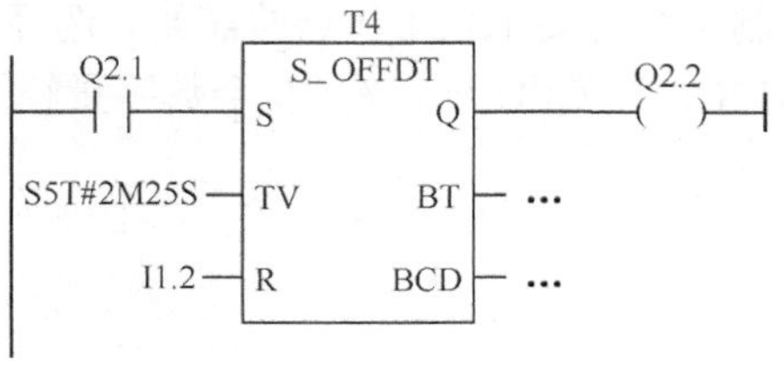

Network 8：1# 电动机控制

Network 9：2# 电动机控制

图 3-26　电动机顺序启动/停止控制程序

当 I1.1 接通（启动按钮闭合），其 RLO 正跳沿启动脉冲延时定时器 T3，延时开始，输出 Q 为“1”，Q2.1 接通，同时启动断开延时定时器 T4，1#、2#电动机运行，延时到（25s），T3 输出 Q 为“0”，Q2.1 断开，1#电动机停止，断开延时定时器 T4 开始延时，延时到（30s），T4 输出 Q 为“0”，Q2.2 断开，2#电动机停止。I1.2 接通（停止按钮闭合），T3、T4 复位，1#、2#电动机停止。

3.3　控制系统硬件设计

控制系统硬件选型包括 PLC 及其组件的选型以及 PLC 外部用户 I/O 设备的选型。

1. PLC 型号的选择

PLC 的选型可从以下几个方面来考虑。

（1）对 I/O 点的选择。再按实际所需总点数的 15%～20%留出备用量（为系统的改造等留有余地）后确定所需 PLC 的点数。

（2）对存储容量的选择。一般按估算容量的 50%～100%留有裕量。

（3）对 I/O 响应时间的选择。PLC 的 I/O 响应时间包括输入电路延迟、输出电路延迟、扫描工作方式引起的时间延迟（一般在 2～3 个扫描周期）等。对开关量控制的系统，PLC 和 I/O 响应时间一般都能满足实际工程的要求，可不必考虑 I/O 响应问题。但对模拟量控制的系统，特别是闭环系统就要考虑这个问题。

（4）根据输出负载的特点选型。如频繁通断的感性负载，应选择晶体管或晶闸管输出型的，而不应选用继电器输出型的。但继电器输出型的 PLC 有许多优点，如导通压降小，有隔离作用，价格相对较便宜，承受瞬时过电压和过电流的能力较强，其负载电压灵活（可交流、可直流）且电压等级范围大等，所以动作不频繁的交直流负载可以选择继电器输出型的 PLC。

（5）对在线和离线编程的选择。

（6）根据是否联网通信选型。大、中型机都有通信功能，目前大部分小型机也具有通信功能。

（7）对 PLC 结构形式的选择。在相同功能和相同 I/O 点数的情况下，整体式比模块式价格低。但模块式具有功能扩展灵活、维修方便（换模块）、容易判断故障等优点，要按实际需要选择 PLC 的结构形式。

根据以上原则，结合控制系统的要求及 I/O 点的需要，选择如图 3-27 所示带集成数字量输入和输出的紧凑型 CPU 312C，该 CPU 单元有 10 个数字量输入点，6 个数字量输出点，可以满足需要。

2. 外部 I/O 设备选型

（1）按钮

通过按钮将用户的控制命令传递给 PLC，通常采用按钮的常开触点，当按钮按下时，常开触点闭合。

启动按钮：选择安装孔径ϕ22 的 LAS0-A3Y-20/G 型按钮，该按钮操作头为绿色圆形，带两个常开触点。

停止按钮：选择安装孔径ϕ22 的 LAS0-A3Y-20/R 型按钮，该按钮操作头为红色圆形，带两个常开触点。

图 3-28 为按钮外形及安装示意图。

图 3-27　CPU 312C

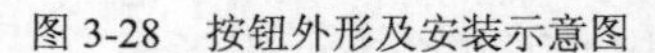

图 3-28　按钮外形及安装示意图

（2）行程开关

行程开关又称位置开关或限位开关，它的作用是将机械位移转变为电信号，使电动机运行状态发生改变，即按一定行程自动停车、反转或循环，从而控制机械运动或实现安全保护。

行程开关有 3 种类型：直动式、滚轮式和微动式，如图 3-29 所示，其结构基本

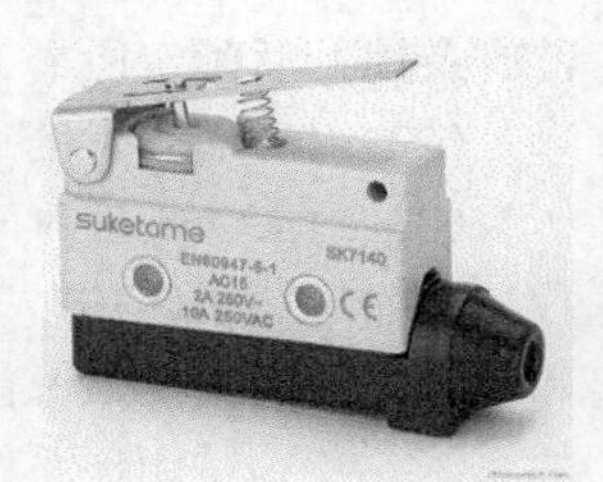

图 3-29　行程开关

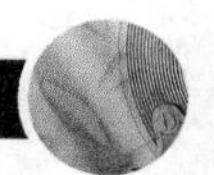

相同，都是由操作机构、传动系统、触点系统和外壳组成，主要区别在于传动系统，直动式行程开关的结构、动作原理与按钮相似。

3.4 控制系统软件设计

3.4.1 系统资源分配

整个系统有 5 个数字输入量，分别对应开始按钮、停止按钮、起始位置开关、工位 1 检测开关、工位 2 检测开关，2 个数字输出量分别对应电动机正转输出、电动机反转输出。位存储器取决于具体的程序设计思路，都在符号表中定义好，避免在程序中出现未定义符号的变量，增加程序的可读性和可维护性。符号表如图 3-30 所示。

符号	地址		数据类型
开始按钮	I	0.0	BOOL
停止按钮	I	0.1	BOOL
起始位置	I	0.2	BOOL
工位1	I	0.3	BOOL
工位2	I	0.4	BOOL
系统启停状态	M	0.0	BOOL
电动启停状态	M	0.1	BOOL
工位1完成标志	M	0.2	BOOL
电动机启停状态	M	0.3	BOOL
系统运行状态	M	0.4	BOOL
电动机正转输出	Q	0.0	BOOL
电动机反转输出	Q	0.1	BOOL

图 3-30　I/O 分配符号表

3.4.2 系统软件设计

PLC 程序设计有逻辑设计法、经验设计法、时序图法和顺序控制法等，本章采用经验设计法进行设计。

系统的启动和停止都用点动按钮，所以引入一个位存储器（“系统启停状态”）锁定开始按钮和停止按钮的状态，以便后续程序引用。如图 3-31 所示，在这里使用 SR 触发器，“系统启停状态”为“1”表示启动按钮按下过，为“0”则表示已经按过停止按钮。

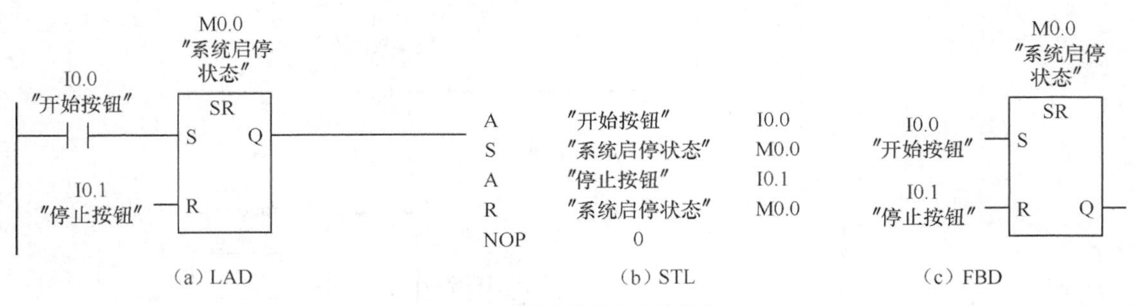

（a）LAD

```
A     "开始按钮"      I0.0
S     "系统启停状态"  M0.0
A     "停止按钮"      I0.1
R     "系统启停状态"  M0.0
NOP   0
```

（b）STL

（c）FBD

图 3-31　系统启停状态保持程序

小车的运动包括前进、后退、停止这 3 个状态。假设小车的运动用交流电动机驱动，则使用两个输出点控制电动机的运转。“电动机正转输出”Q0.0 为 1，“电动机反转输出”Q0.1 为“0”，此时电动机正向转动，相应地小车前进；“电动机正转输出”Q0.0 为“0”，“电动机反转输出”Q0.1 为“1”，电机反转，小车后退；两个输出均为“0”，则电动机停止。鉴于“电动机正转输出”和“电动机反转输出”不得同时为“1”，有必要设置位存储器描述电动机运行状态，根据位存储器统一控制电动机。于是，本例增加一个“电动机启停状态”和“电动机方向标志”控制，如图 3-32～图 3-34 所示。

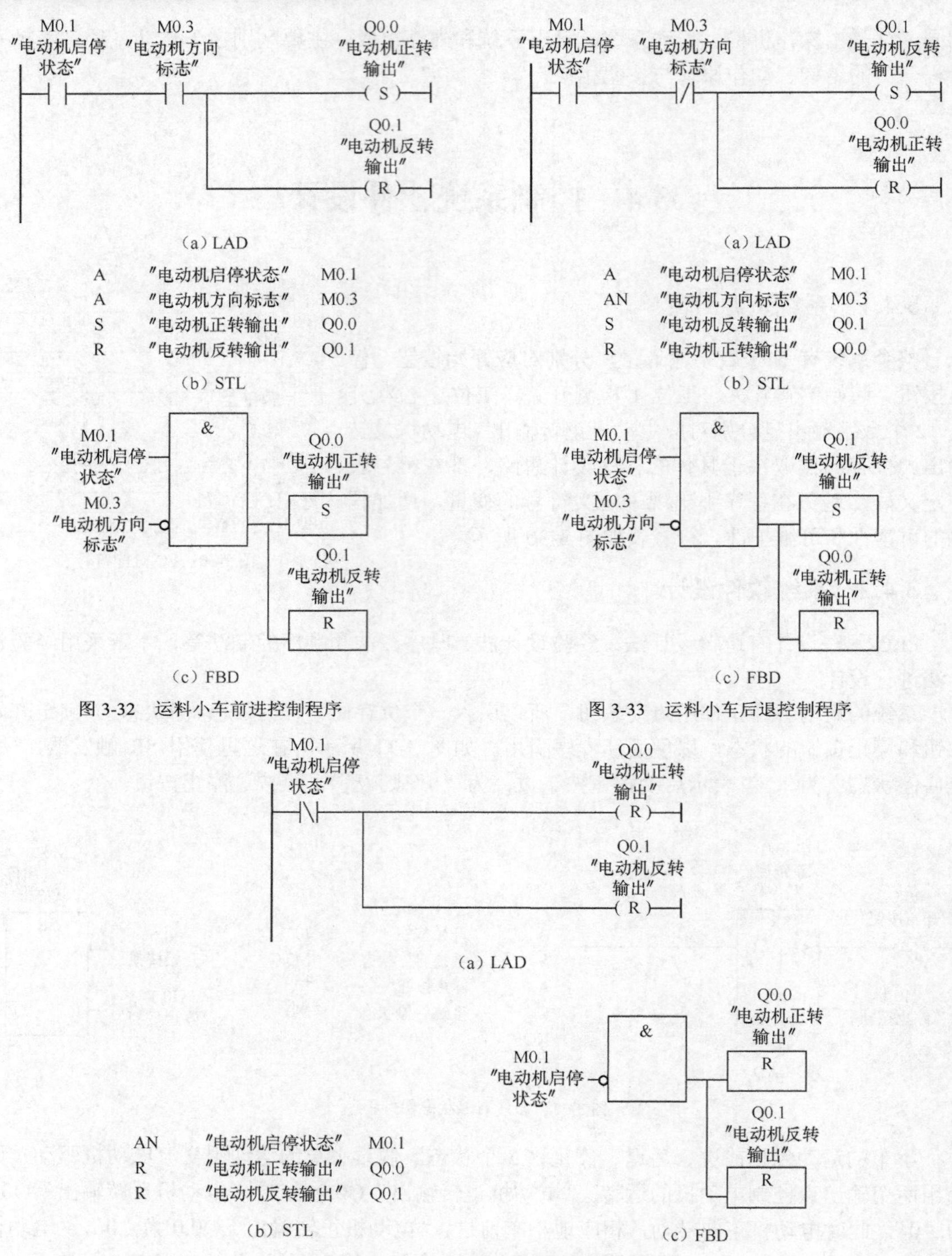

图 3-32　运料小车前进控制程序

图 3-33　运料小车后退控制程序

图 3-34　运料小车停止控制程序

下面开始分析每个运行状态。

（1）系统复位

按下开始按钮后，如果小车不在起始位置，需要让小车复位。不在起始位置的标志只有

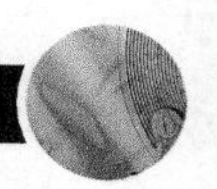

“起始位置”开关未闭合，显然还需要设置位存储器帮助区分“已复位”和“未复位”这两种情况。“系统运行状态”正是为了描述这种情况，为“1”表示系统已经复位过，处于正常运行状态；为“0”则表示需要复位。控制程序如图3-35所示。

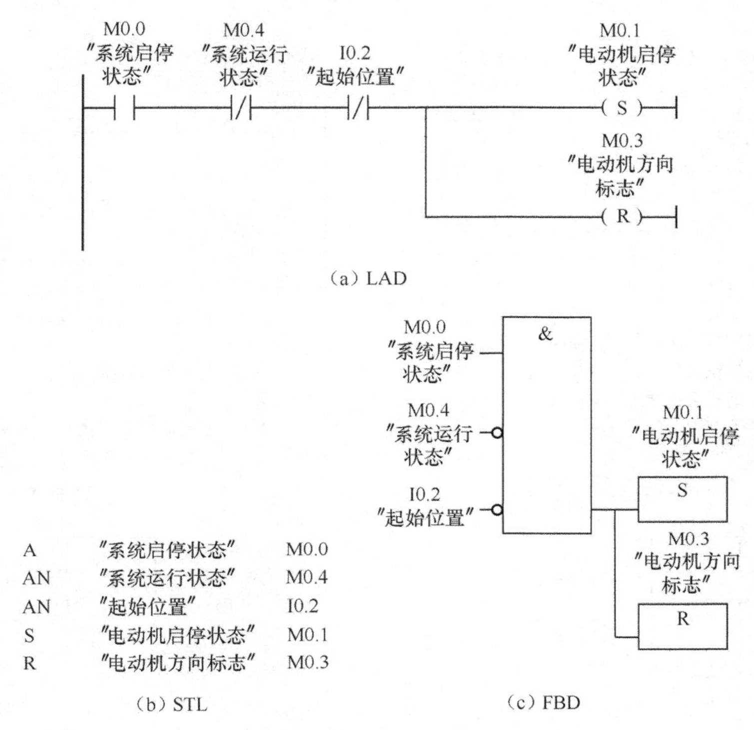

图3-35 系统复位控制程序

(2) 系统启动

“系统启停状态”为“1”且“起始位置”开关闭合时，系统才正式开始运行，即把“系统运行状态”置“1”。系统启动程序见图3-36。

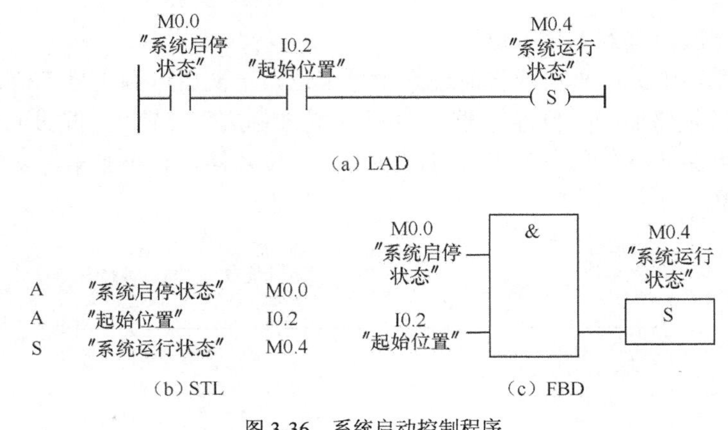

图3-36 系统启动控制程序

(3) 起始位置延时

“系统运行状态”为“1”且“起始位置”开关闭合，小车停止10s。这里需要一个延时接通定时器 T0。起始位置延时控制程序见图 3-37。

（4）小车离开起始位置

T0 定时器 10s 后闭合，小车前进。小车离开起始位置控制程序见图 3-38。

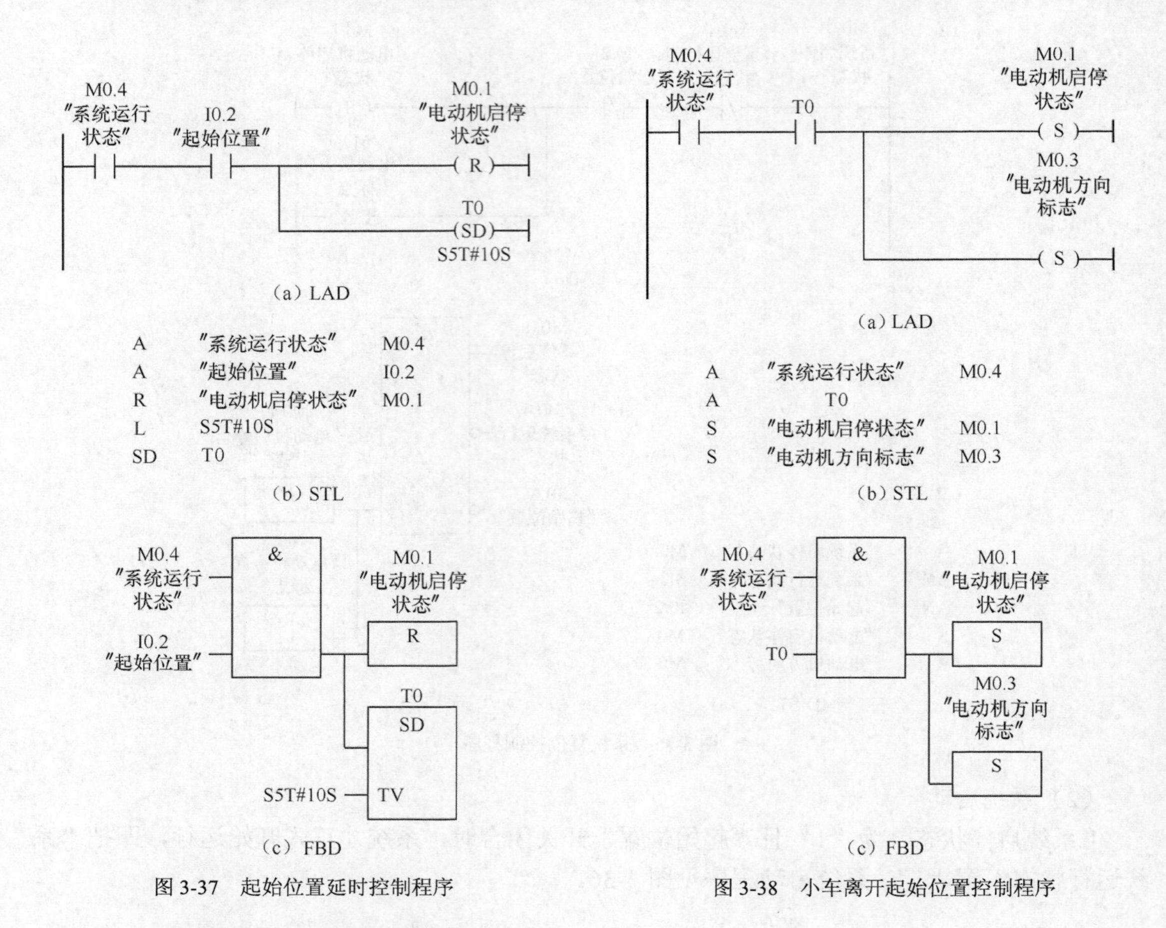

图 3-37 起始位置延时控制程序

图 3-38 小车离开起始位置控制程序

（5）小车第一次前进到 1 号工位

在一个工作循环中，小车将两次前进到 1 号工位，一次后退到 1 号工位，只有第一次到达需要停留 8s。必须增加一个位存储器（“工位 1 完成标志”）M0.2，再加上“电动机方向标志”的限制，就可保证小车只在第一次前进到 1 号工位才停止。小车第一次前进到工号工位控制程序见图 3-39。

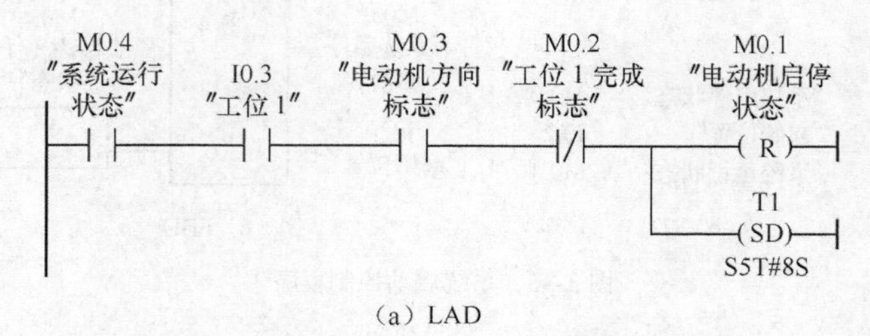

图 3-39 小车第一次前进到 1 号工位控制程序

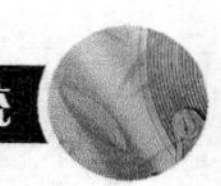

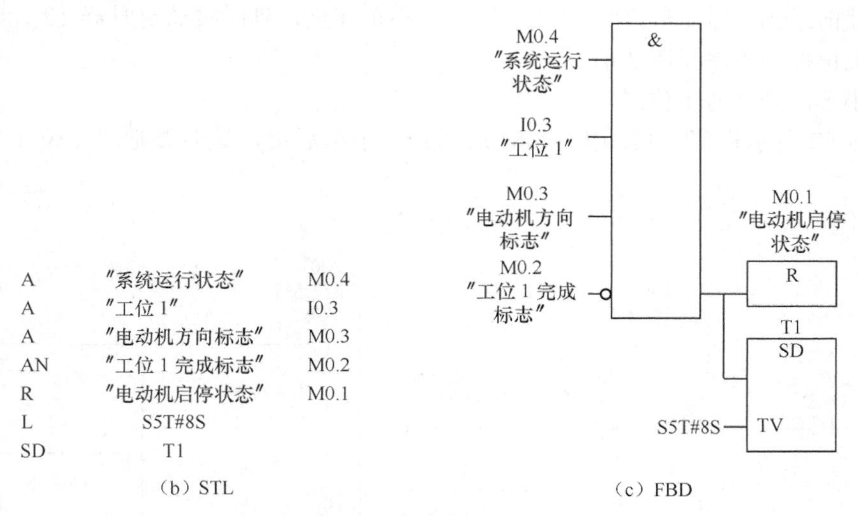

图3-39 小车第一次前进到1号工位控制程序（续）

（6）小车离开1号工位

如图3-40所示，T1定时器8s后闭合，小车后退，“工位1完成标志”置“1”表示完成1号工位。

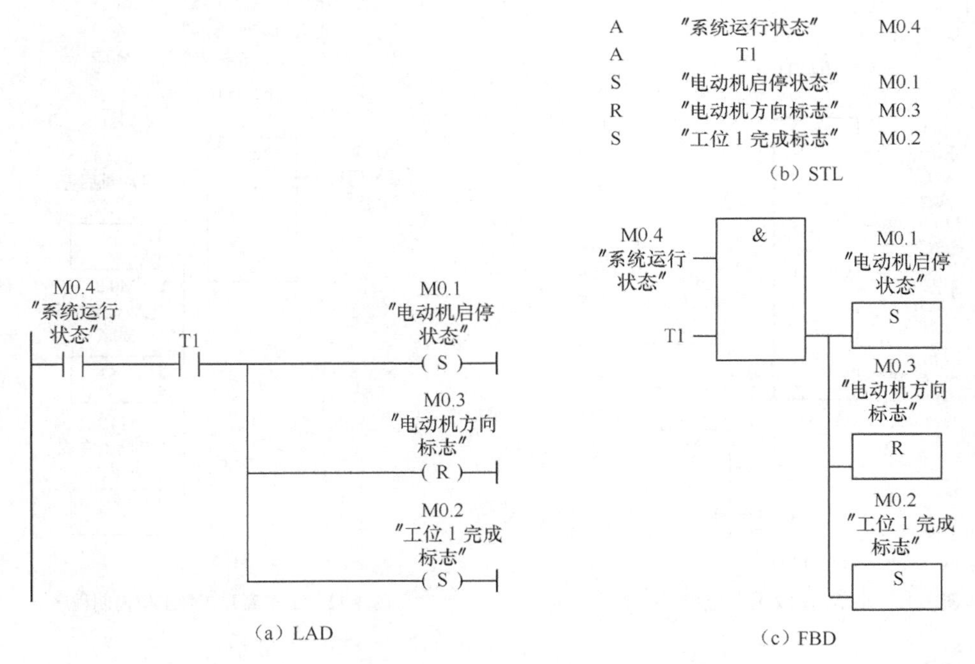

图3-40 小车离开1号工位控制程序

（7）小车到达2号工位

小车离开1号工位后，后退返回起始位置，停留10s，再前进，这些状态已经编写程序。再次前进到1号工位，尽管1号工位传感器闭合，但“工位1完成标志”为“1”，小车不会停留，继续前进到 2 号工位，“工位 2”闭合，小车停止，延时接通定时器 T2 计时 8s。小车到达工号工位控制程序见图 3-41。

（8）小车离开 2 号工位

如图 3-42 所示程序，T2 定时器 8s 后闭合，小车后退，这时要把“工位 1 完成标志”复位。

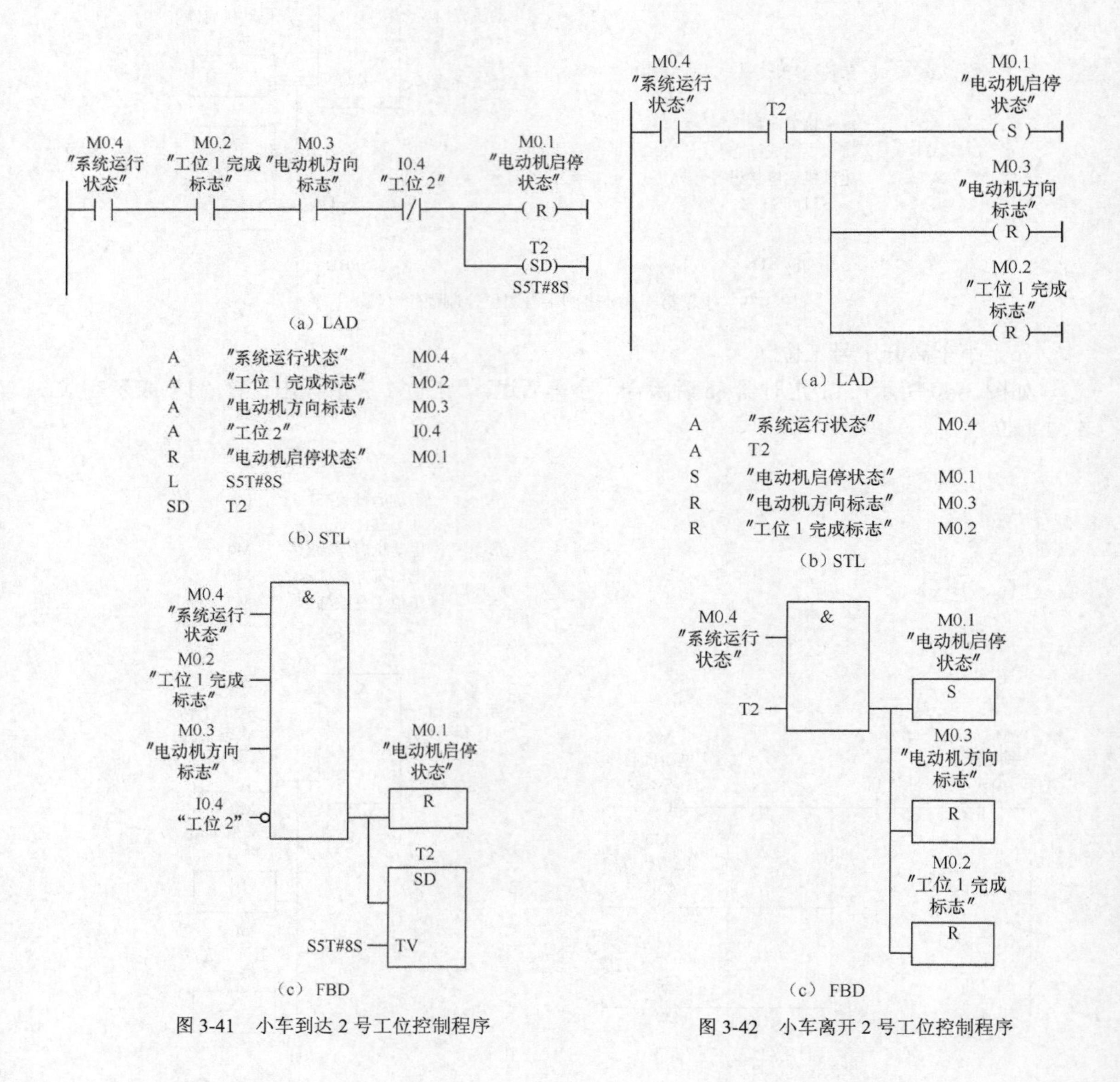

图 3-41　小车到达 2 号工位控制程序

图 3-42　小车离开 2 号工位控制程序

（9）系统停止

停止按钮按下后，小车不能马上停下，要完成一个工作循环停在起始位置，再把“系统运行状态复位”。完成一个工作循环的标志是“工位 1 完成标志”为“0”。系统停止控制程序见图 3-43。

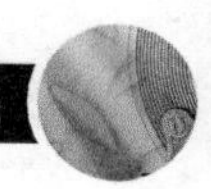

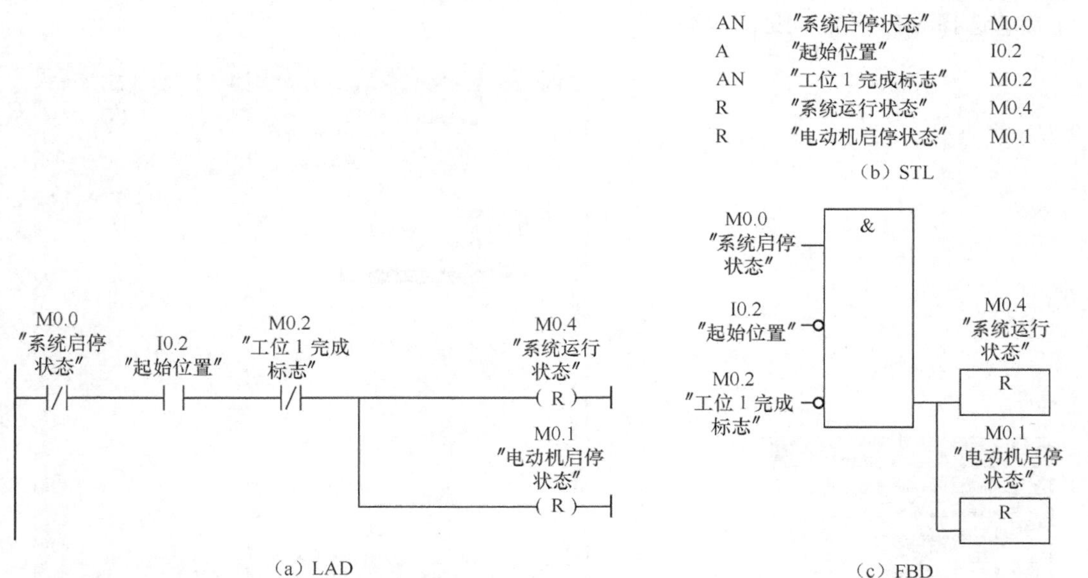

图3-43 系统停止控制程序

3.5 S7–PLCSIM仿真

S7-PLCSIM可以在不连接任何PLC硬件的情况下仿真、调试用户程序，提供了用于监视和修改程序中使用的各种参数的接口。下面结合本例程序的仿真调试了解S7-PLCSIM的使用方法。

（1）打开S7-PLCSIM

如图3-44所示，在SIMATIC管理器的“选项”菜单中选择“模块仿真”可以打开/关闭仿真功能。

或者在图3-45所示的工具栏上按下按钮。

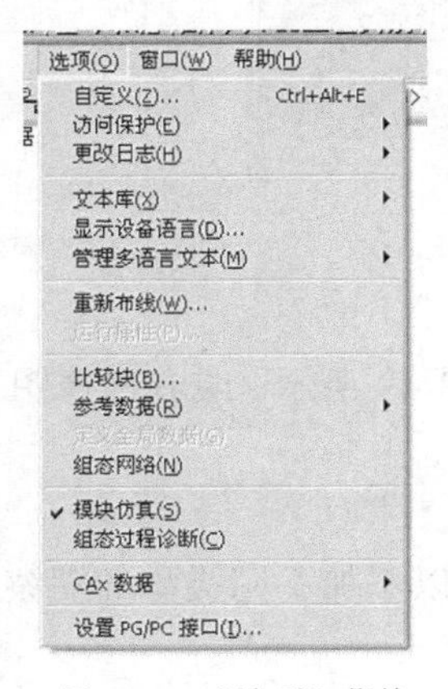

图3-44 “选项”菜单

图3-45 工具栏

然后在弹出的如图3-46所示对话框中选择CPU访问模式。

接着选择 MPI 节点，见图 3-47。

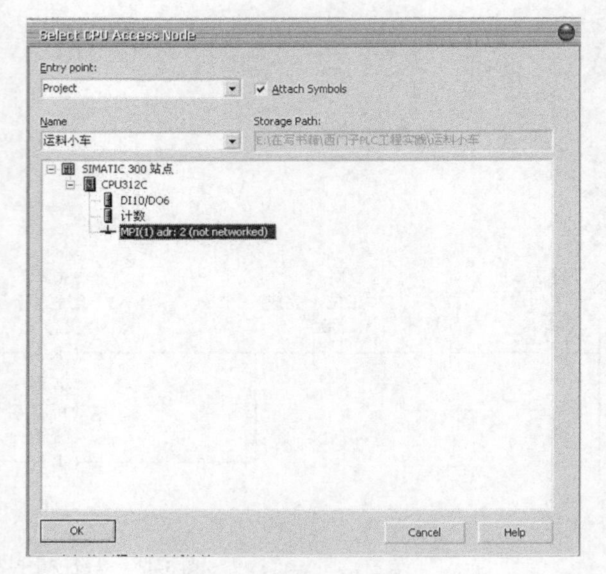

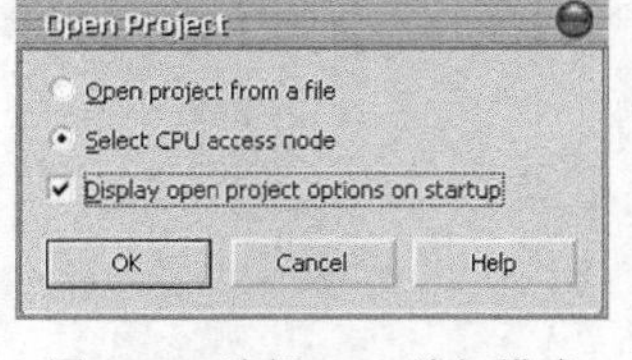

图 3-46　选择 CPU 访问模式

图 3-47　选择 MPI 节点

这时进入如图 3-48 所示 S7-PLCSIM 界面。界面中只显示了 CPU 控制面板，其他观察窗口按需要手动添加。

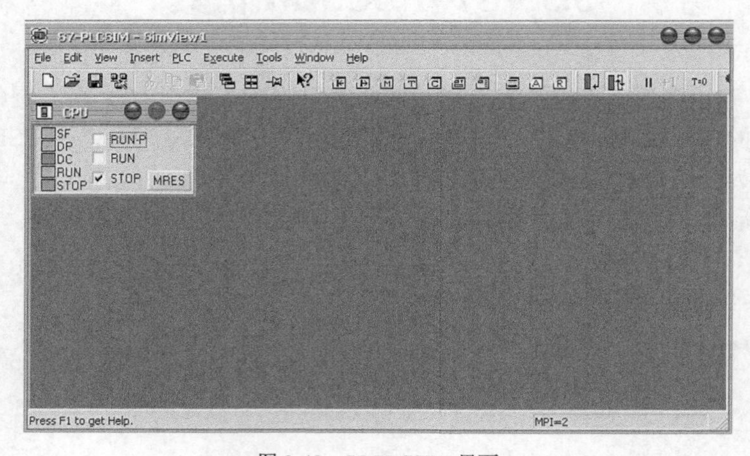

图 3-48　S7-PLCSIM 界面

（2）下载项目到 S7-PLCSIM

回到 SIMATC 管理器窗口，按下工具栏上的下载按钮，如图 3-49 所示。或者选择图 3-50 所示的“PLC”→“下载”菜单。

（3）添加观察窗

回到 S7-PLCSIM 窗口，通过图 3-51 所示的“Insert”菜单可以添加不同类型的观察窗。

1）Input Variable：显示输入（I）映像区。

2）Output Variable：显示输出（Q）映像区。

3）Bit Memory：显示位存储区（M）。

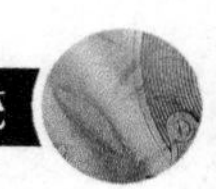

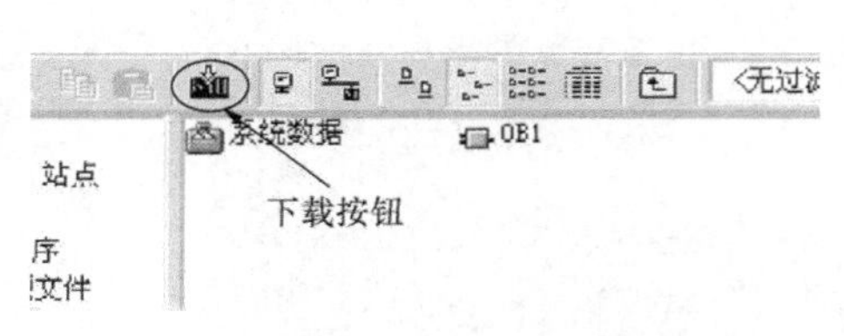

图 3-49　工具栏上的下载按钮

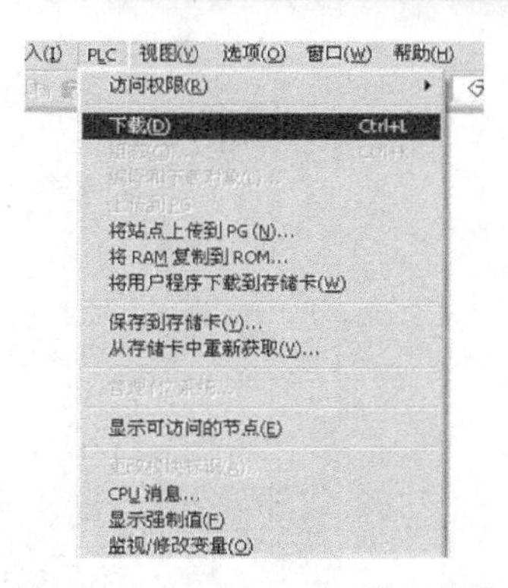

图 3-50　“PLC”→“下载”菜单

4）Timer：显示定时器（T）。

5）Counter：显示计数器（C）。

6）Generic：显示所有存储区，包括程序使用到的数据块（DB）。

7）Vertical Bits：通过符号地址或绝对地址来监视和修改数据。

根据程序中用到的 I/O 端口和定时器，添加对应观察窗，添加观察窗后的界面如图 3-52 所示。

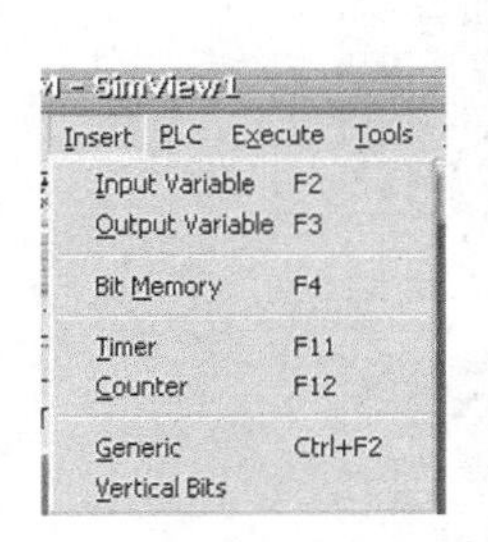

图 3-51　“Insert”菜单

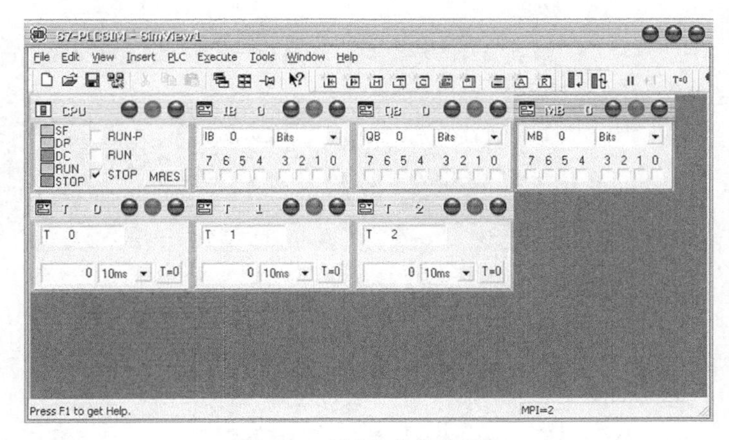

图 3-52　用户自定义观察窗

（4）仿真测试

在 CPU 观察窗中勾选“RUN”开始仿真运行。根据符号表的定义，勾选“开始按钮”I0.0，系统启动。由于“起始位置”I0.2 未闭合，系统需要复位，所以“电动机反转输出”Q0.1 得电，显示此时小车正在后退。启动测试见图 3-53。

取消勾选“开始按钮”I0.0，可以看见系统仍然继续运行。勾选“起始位置”I0.2 模拟小车后退到达起始位置，则“电动机正转输出”Q0.0 和“电动机反转输出”Q0.1 均失电，表示小车停止，同时定时器 T0 开始计时。起始位置延时测试见图 3-54。

T0 定时结束后，“电动机正转输出”Q0.0 得电，表示小车开始前进。取消勾选“起始位置”I0.2 模拟小车离开起始位置，勾选“工位 1”I0.3 模拟小车到达工位 1，则“电动机正转输出”Q0.0 和“电动机反转输出”Q0.1 均失电，表示小车停止，同时定时器 T1 开始计时。到达工位 1 延时测试见图 3-55。

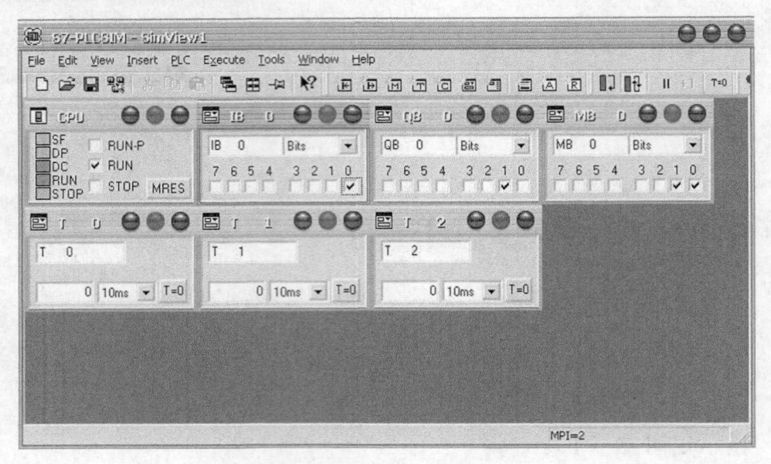

图 3-53　系统启动测试

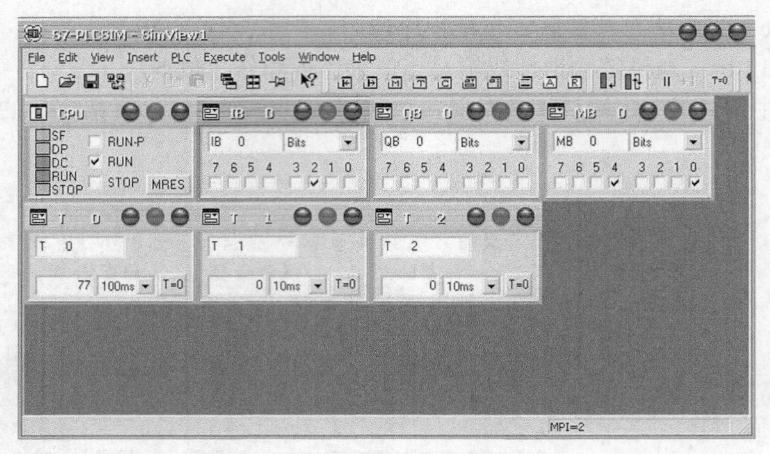

图 3-54　起始位置延时测试

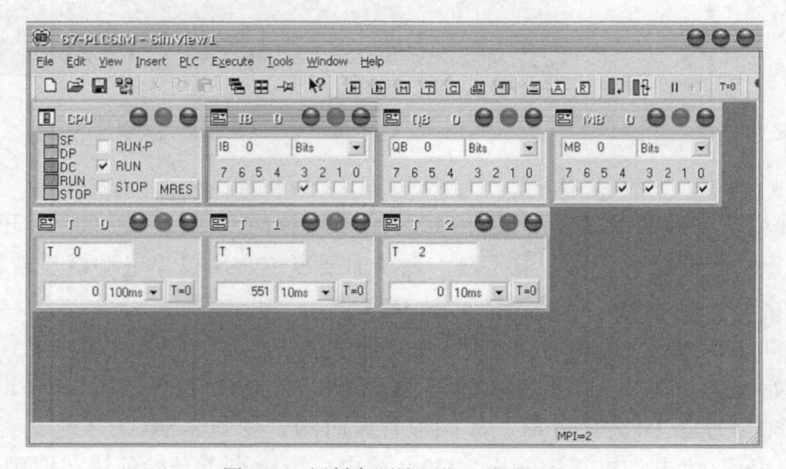

图 3-55　运料车到达工位 1 延时测试

T1 定时结束后，“电动机反转输出”Q0.1 得电，表示小车开始后退。取消勾选“工位 1”I0.3 模拟小车离开工位 1，勾选“起始位置”I0.2 模拟小车返回起始位置，则“电动机正转输

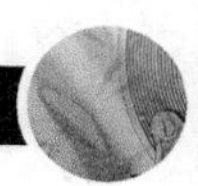

出”Q0.0 和“电动机反转输出”Q0.1 均失电，表示小车停止，同时定时器 T0 开始计时。

T0 定时结束后，“电动机正转输出”Q0.0 得电，表示小车开始前进。取消勾选“起始位置”I0.2 模拟小车离开起始位置，勾选“工位 1”I0.3 模拟小车到达工位 1，可以看见“电动机正转输出”Q0.0 仍然得电，表示小车继续前进。测试结果见图 3-56。

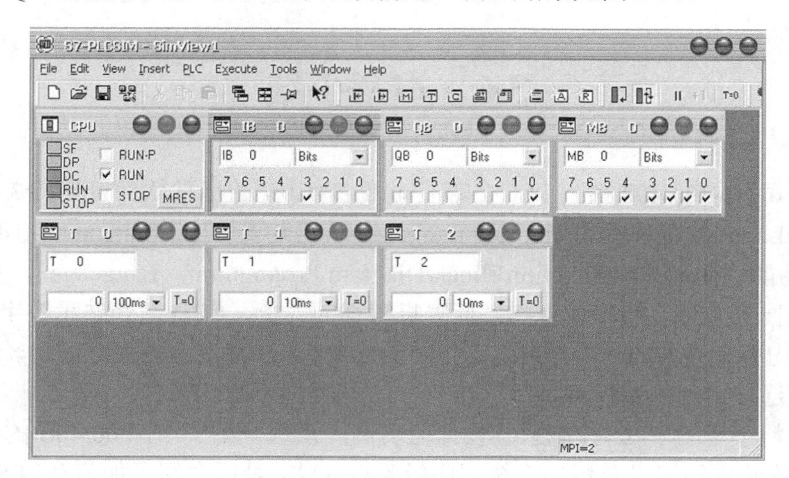

图 3-56 小车第二次到达工位 1 测试

取消勾选“工位 1”I0.3 模拟小车离开工位 1，勾选“工位 2”I0.4 模拟小车到达工位 2，则“电动机正转输出”Q0.0 和“电动机反转输出”Q0.1 均失电，表示小车停止，同时定时器 T2 开始计时。小车到达工位 2 延时测试见图 3-57。

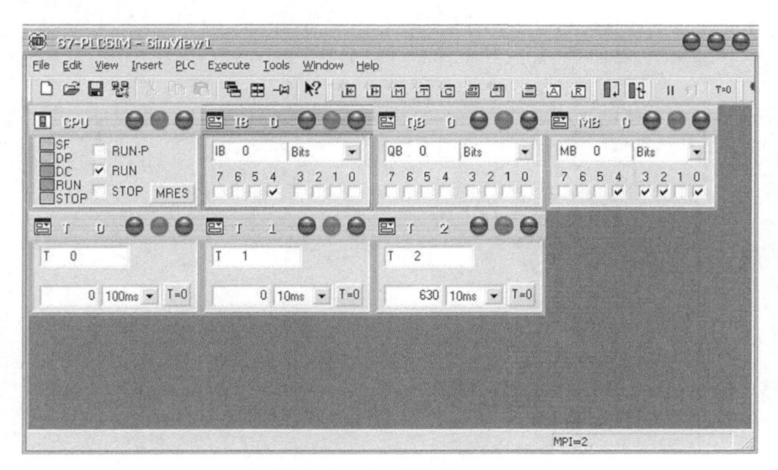

图 3-57 小车到达工位 2 测试

T2 定时结束后，“电动机反转输出”Q0.1 得电，表示小车开始后退。取消勾选“工位 2”I0.4 模拟小车离开工位 2，勾选“工位 1”I0.3 模拟小车到达工位 1，可以看见“电动机反转输出”Q0.1 继续得电，表示小车继续后退。取消勾选“工位 1”I0.3 模拟小车离开工位 1，勾选“起始位置”I0.2 模拟小车到达起始位置，则“电动机正转输出”Q0.0 和“电动机反转输出”Q0.1 均失电，表示小车停止，同时定时器 T0 开始计时，系统重新开始循环。

多次重复以上模拟过程，观察系统循环运行。

小车离开起始位置后的任意时刻，按下“停止按钮”I0.1，可以看见系统继续运行直到一个循环终了才停止。

重新按下“开始按钮”I0.0，观察系统重新运行。

3.6 本章小结

西门子公司 S7-300/400 系列 PLC 的编程软件 STEP 7 的标准软件包支持 3 种编程语言：梯形图 LAD（Ladder Logic Programming Language）、语句表 STL（Statement List Programming Language）、功能块图 FBD（Function Block Diagram Programming Language）。其中，LAD 适合熟悉电气的技术人员，STL 适合熟悉计算机编程的人员，FBD 适合熟悉数字电路的人员。3 种编程语言均具有完备的指令系统，支持结构化编程，3 种语言相互之间可转换，根据个人的擅长可随意选择不同的编程语言。

本章以运料小车的 PLC 控制系统设计为实例，系统介绍了 S7-300/400 的结构和编程软件、编程指令等基本知识以及控制系统程序经验设计法，最后介绍了如何利用 S7-PLCSIM 仿真软件对程序进行测试，使读者能快速地建立自己的开发平台和测试程序。所用的实例较为简单，编程也全部在 OB1 中实现，使读者能迅速地领会 PLC 控制系统的开发步骤及编程方法。

第 4 章　PLC 全自动洗衣机控制系统

全自动洗衣机不仅是一个典型的顺序控制自动化电器，而且其控制程序涉及计数器、定时器、乘法、比较、数据转换等指令的使用，具有很直观易懂的参考学习作用。本章通过对全自动洗衣机 PLC 控制系统的分析与设计，深入探讨计数器、定时器的应用，以及功能块（FB）和功能（FC）的使用，并总结了 PLC 程序设计中应注意的问题。

4.1　系统工艺及控制要求

首先介绍一下全自动单桶洗衣机的工作原理。全自动洗衣机的洗衣桶（外桶）和脱水桶（内桶）是同心安放的，内桶能够旋转，作为脱水用。内桶的四周有许多小孔，使内桶和外桶的水流相通，洗衣机的进水和排水分别由进水电磁阀和排水电磁阀来执行。进水时经过控制系统将进水电磁阀翻开，经进水管将水注入到外桶。排水时，经过控制系统将排水电磁阀翻开，将水由外桶排到机外。洗涤正转、反转由洗涤电动机驱动波盘的正、反转来完成，此时脱水桶并不旋转。脱水时，控制系统将离合器合上，由洗涤电动机带动内桶正转进行甩干，此时洗涤电动机不旋转。高、低水位控制开关分别用来检测高、低水位。通过启动按钮来启动洗衣机工作。

全自动洗衣机 PLC 控制系统的工艺要求可参照常见的单桶全自动洗衣机的工作过程，并适当简化。系统控制要求如下。

（1）面板上设置一个点动按钮作为电源开关，按一下电源打开，系统通电。

（2）系统进入参数设置状态，可以通过两个点动按钮设置洗涤时间、漂洗次数、脱水时间。

（3）再按一下电源开关，则电源关闭，系统停止工作。

（4）再设置一个点动开关控制洗衣过程的启动和停止，电源打开时，按一下启动洗衣过程，系统参数在此过程中不可设置。

（5）洗衣过程按设置参数自动运行完毕或在任意时刻按下这个按钮，则停止洗衣过程，系统返回参数设置状态。

（6）参数显示部分省略。

（7）洗衣过程分为洗涤、漂洗、脱水 3 个基本流程，其中脱水时，控制系统将离合器合上，由洗涤电动机带动内桶旋转甩干。

系统状态转换流程如图 4-1 所示。

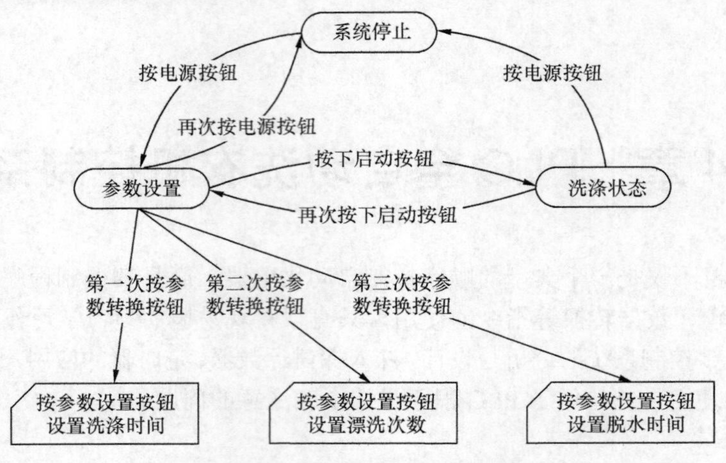

图 4-1　系统状态转换流程图

4.2　相关知识点

4.2.1　计数器指令

计数器的种类有 3 种：加减可逆计数器、加计数器、减计数器。与定时器一样，CPU 为计数器保留有存储区，每一计数器地址占用一个 16 位的字。计数器指令是访问 CPU 中计数器存储区的唯一指令。计数器字的格式如图 4-2 所示。计数范围为 0～999，计数到了 999 不再往上加，到了 0 不再往下减，因此，当计数器当前值在两端时要注意防止丢失脉冲。

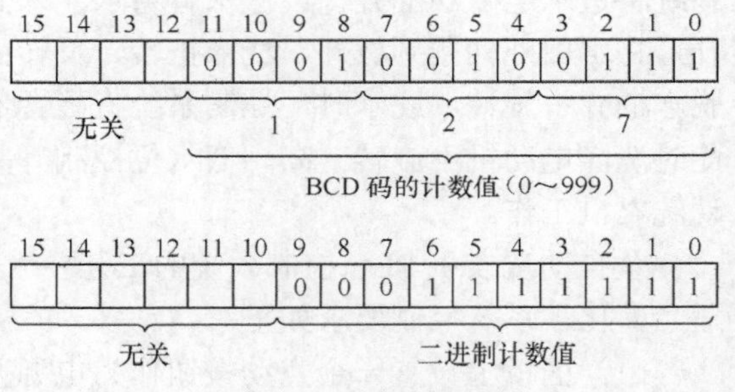

图 4-2　计数器字的格式

计数器梯形图和功能块中的符号如图 4-3 所示。

$C_{no.}$：计数器标识号，范围与 CPU 有关。

CU：加计数器输入。

CD：减计数输入。

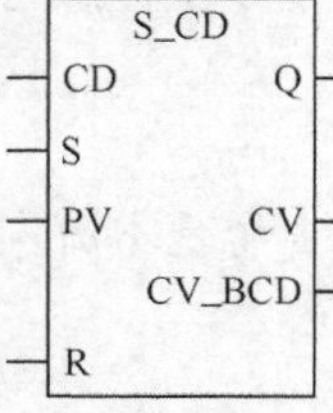

（a）加减可逆计数器　（b）加计数器　（c）减计数器

图 4-3　计数器指令梯形图符号

S：计数器预置输入端，当 S 前 RLO 为上升沿时，将预置数作为当前值写入计数器。

PV：计数器预置输入，BCD 码的范围为 0～999，以 C#<值> 形式表示。

R：复位输入端。

Q：计数器的状态输出。

CV：当前计数器值，十六进制数值。

CV_BD：当前计数器值，BCD 码。

下例中，通过计数器的使用扩展了定时器的定时范围，如图 4-4 所示。要求：按启动按钮（I1.0），电动机（Q1.2）工作 20h 后自动停止。

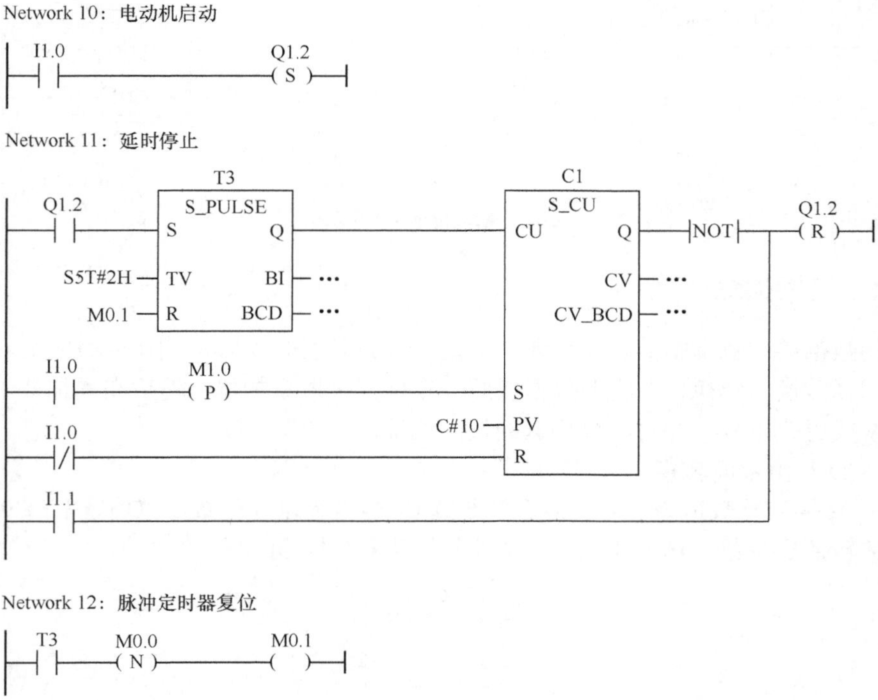

Network 10：电动机启动

I1.0　Q1.2 (S)

Network 11：延时停止

T3 S_PULSE：Q1.2 — S；S5T#2H — TV；M0.1 — R；Q；BI …；BCD …

C1 S_CU：CU；Q — NOT — Q1.2 (R)；CV …；CV_BCD …

I1.0 — M1.0 (P) — S；C#10 — PV；I1.0 (/) — R；I1.1

Network 12：脉冲定时器复位

T3　M0.0 (N)　M0.1 ( )

图 4-4　通过计数器扩展定时器定时范围梯形图程序

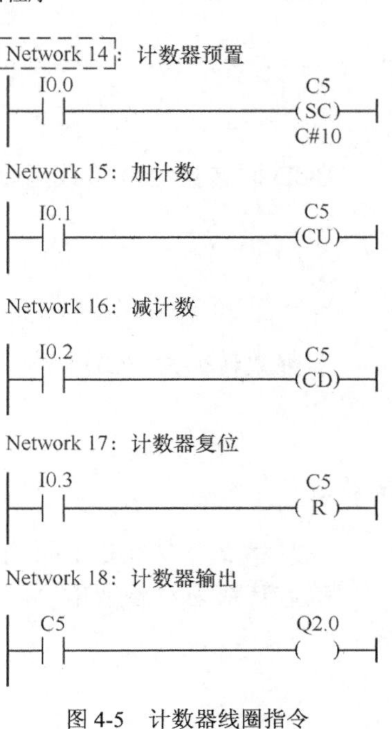

图 4-5　计数器线圈指令

由于定时器最长延时 9990s，因此采用定时器（定时 2h）与计数器（预置 10）相结合，共延时 2h × 10 = 20h。

可使用计数器线圈指令。图 4-5 所示为计数器线圈指令的应用。当 I0.0 接通，计数值 10 赋给计数器 C5，在输入 I0.1 的正跳沿计数器 C5 的值加 1，在输入 I0.2 的正跳沿计数器 C5 的值减 1，直到计数器的值为 0，计数器的输出 Q2.0 由“1”变为“0”。

4.2.2　赋值指令

赋值指令 MOVE 用于在存储区之间或存储区与过程 I/O 之间交换数据。赋值指令的应用如图 4-6 所示。如果 I0.2 =“1”，则执行指令，MW20 的内容被传输给 MW22。EN 端为允许输入端，ENO 端为允许输出端，如指令正确执行，则输出 Q2.2 为“1”。

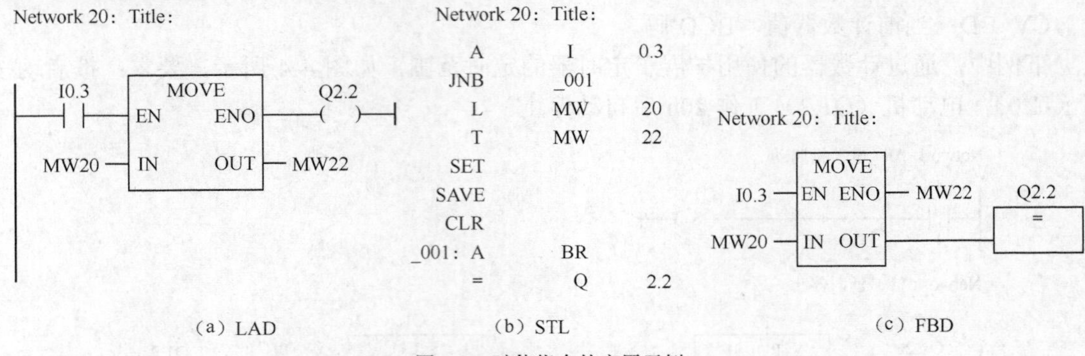

图 4-6　赋值指令的应用示例

4.2.3　转换指令

常用的数据类型包括整数、双整数、实数、BCD 码等，实际应用中，有时需对这些数据类型进行相互转换。转换指令将源数据按照规定格式读入累加器，然后在累加器中对数据类型进行转换或更改符号，并将结果传送到目的地址。

（1）BCD 与整数间转换

BCD 码转换为整数指令，可以将输入参数 IN 的内容以 3 位数 BCD 代码（± 999）读入，并将这个数转换成整数（16 位）。其整数结果可以由参数 OUT 输出。

BCD_I
EN　ENO
IN　OUT

整数转换为 BCD 码指令，其结果可以由参数 OUT 输出，如果产生上溢，则 ENO 为“0”。

I_BCD
EN　ENO
IN　OUT

BCD 码转换为双整数指令。

BCD_DI
EN　ENO
IN　OUT

双整数转换为 BCD 码指令。

DI_BCD
EN　ENO
IN　OUT

（2）浮点与双整数之间的转换

整数转换为双整数指令。

I_DINT
EN　ENO
IN　OUT

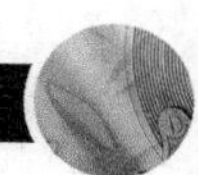

双整数转换为浮点数指令。

DI_REAL
EN ENO
IN OUT

（3）取反与求补

整数的二进制反码指令，读取输入参数 IN 中的内容，并使用十六进制掩码 W#16#FFFF 执行布尔逻辑异或功能，指令每一位均变为相反值。

INV_I
EN ENO
IN OUT

双整数的二进制反码指令。

INV_D
EN ENO
IN OUT

整数的二进制补码指令，如果 EN 的信号状态为“1”，并发生上溢，则 ENO 的信号状态为“0”。

NEG_I
EN ENO
IN OUT

双整数的二进制补码。

NEG_DI
EN ENO
IN OUT

浮点数求反指令。

NEG_R
EN ENO
IN OUT

4.2.4 比较指令

比较指令包括整数比较指令、双整数和浮点数比较指令。通过比较累加器 1 和累加器 2 中数据的大小，实现大于、大于或等于、等于、小于或等于、不等于几种比较关系，比较指令梯形图见图 4-7。

比较指令中的 I（Integer）表示整数，D（Double Integer）表示双整数，R（Real）表示浮点数，当比较条件满足时，则输出 RLO 为“1”。其应用如图 4-8 所示。

当 I1.0 接通时，比较整数 MW2、MW4 的大小，如 MW2 的值小于 MW2 的值，则输出 RLO 为“1”，输出 Q2.0 为“1”。

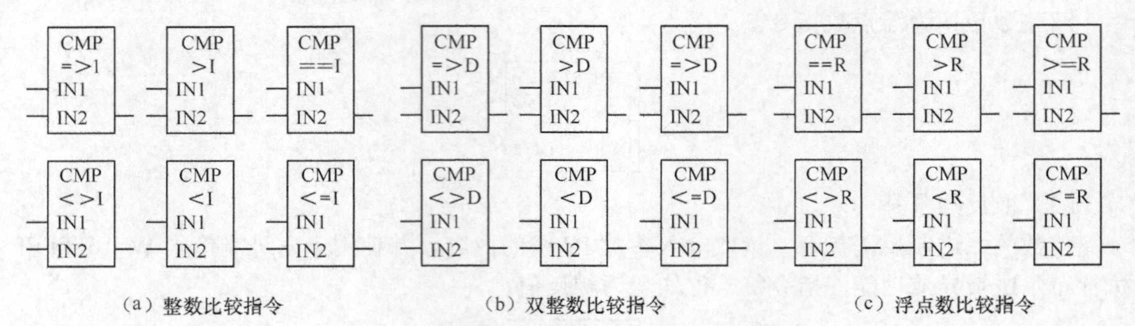

（a）整数比较指令　　（b）双整数比较指令　　（c）浮点数比较指令

图 4-7　比较指令梯形图符号

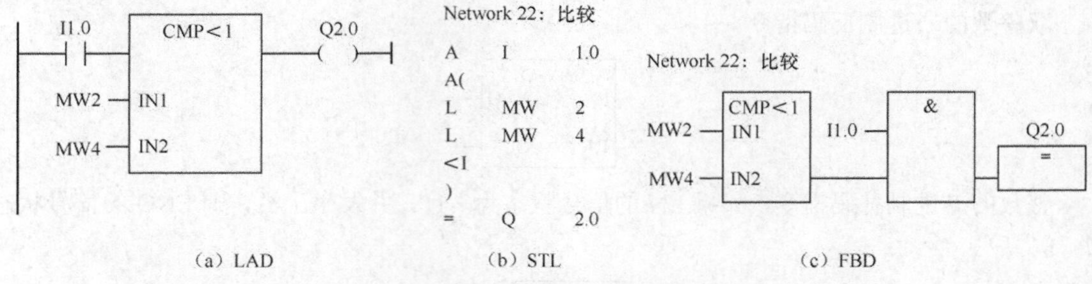

（a）LAD　　（b）STL　　（c）FBD

图 4-8　比较指令的应用示例

4.2.5　移位和循环指令

（1）移位指令

将输入 IN 中的内容向右或向左移动，移动位数由输入 N 的值确定，移位后空出的位填以 0 或为符号位。最后移出位的信号状态装入状态字的 CC1 位。移位指令梯形图符号如图 4-9 所示。其中各参数的含义如下。

EN：使能输入。

ENO：使能输出。

IN：要移位的值。

N：移位的位数。

OUT：移位操作的结果。

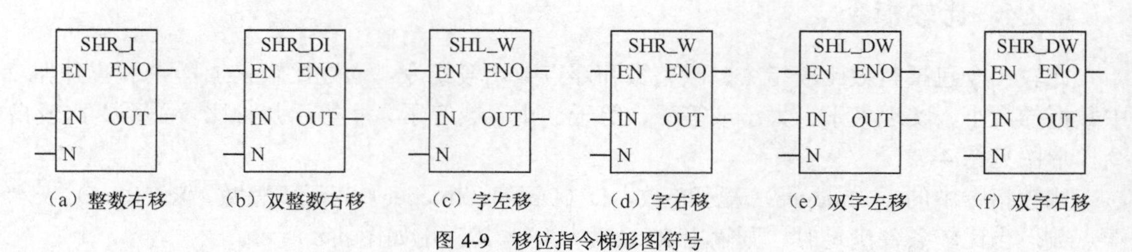

（a）整数右移　（b）双整数右移　（c）字左移　（d）字右移　（e）双字左移　（f）双字右移

图 4-9　移位指令梯形图符号

移位指令的执行如图 4-10 所示。

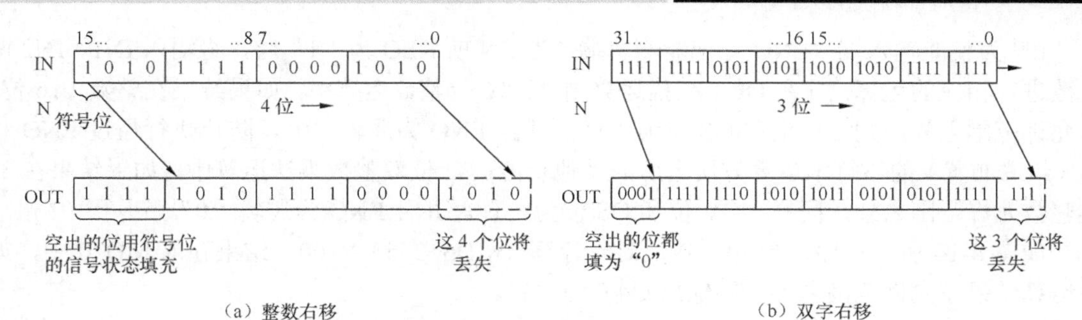

（a）整数右移　　（b）双字右移

图 4-10　移位指令的执行

（2）循环指令

循环指令各参数的含义与一般移位指令相同；与一般移位指令不同的是循环指令将输入 IN 中的全部内容循环地逐位左移或右移，空出的位用输入 IN 移出位的信号状态填充。循环指令梯形图符号如图 4-11 所示。

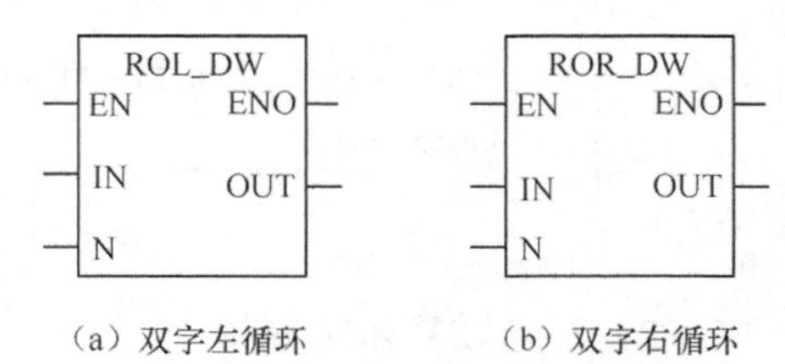

（a）双字左循环　　（b）双字右循环

图 4-11　循环指令梯形图符号

循环指令的执行如图 4-12 所示。

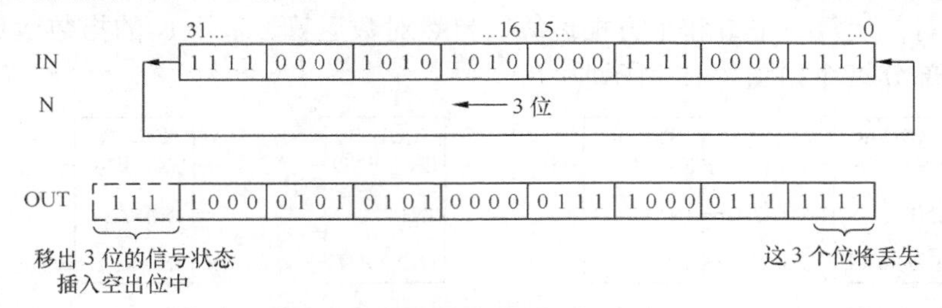

图 4-12　双字左循环移位指令的执行

4.2.6　数据运算指令

（1）整数算术运算指令

整数算术运算指令可进行 16 位和 32 位数之间的运算，包括整数和双整数的加、减、乘、除运算，指令梯形图符号如图 4-13 所示。

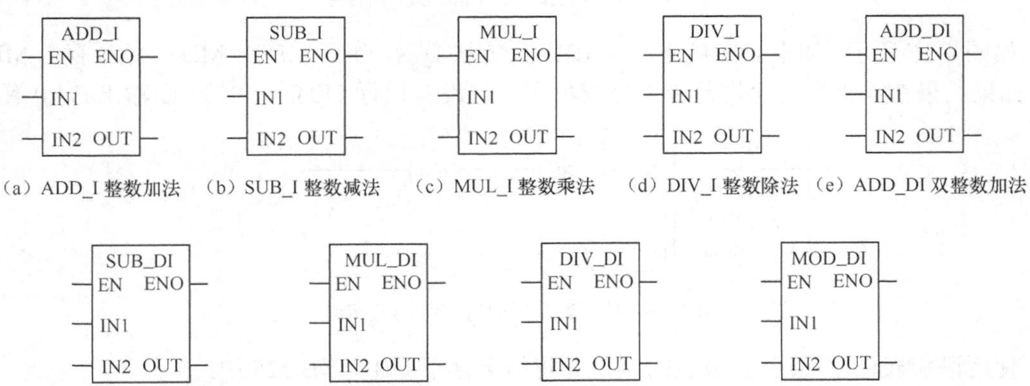

（a）ADD_I 整数加法　（b）SUB_I 整数减法　（c）MUL_I 整数乘法　（d）DIV_I 整数除法　（e）ADD_DI 双整数加法

（f）SUBL_DI 双整数减法　（g）MUL_DI 双整数乘法　（h）DIV_DI 双整数除法　（i）MOF_DI 回送余数的双整数

图 4-13　整数算术运算指令梯形图符号

EN 为使能输入端，ENO 为使能输出端，当 EN 前 RLO 为“1”时，将输入 IN1、IN2 两个数进行相应的运算，并在 OUT 扫描运算结果。16 位整数运算中，如果结果在整数（16 位）的允许范围之外，则 OV 位和 OS 位为“1”，并且 ENO 为逻辑“0”，防止执行通过 ENO 相连（级联布置）的该算术运算方块之后的其他功能；32 位双整数乘法运算中，如果结果在 32 位整数允许范围之外，同样，OV 位和 OS 位为“1”，并且 ENO 为逻辑“0”。

如图 4-14 所示程序，当 I0.1 接通时，计算（MD5+255）×100，结果存入 MD20 中，如果运算结果在允许范围之外，则输出 Q4.0 为“1”。

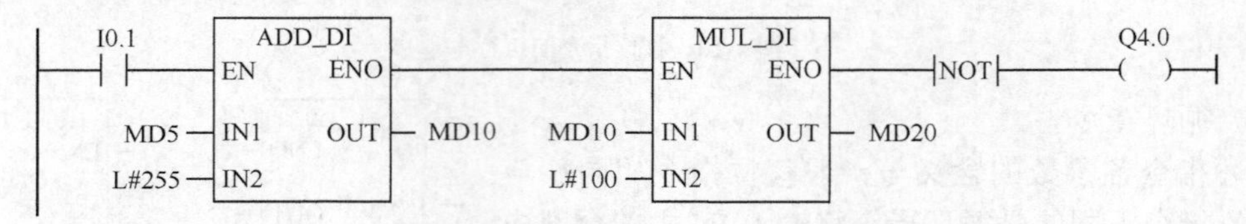

图 4-14　整数算术运算指令的应用示例

（2）浮点数算术运算指令

可对两个 32 位标准 IEEE 浮点数完成实数加、减、乘、除运算；对于一个 32 位标准 IEEE 浮点数完成绝对值运算、平方和平方根运算、自然对数运算、基于 e 的指数运算、角度的三角函数运算。部分指令如图 4-15 所示。

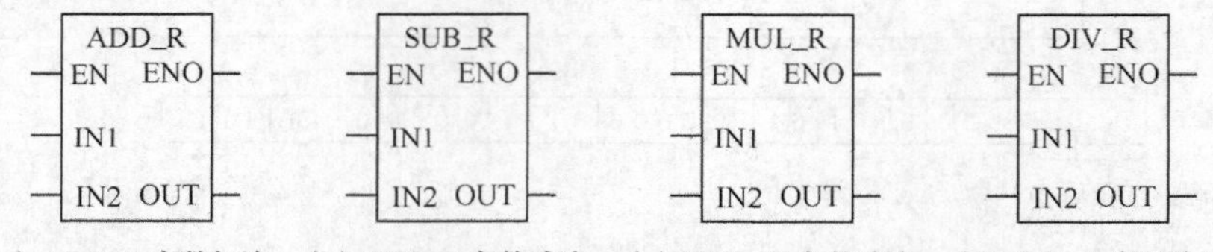

（a）ADD_R 实数加法　（b）SUB_R 实数减法　（c）MUL_R 实数乘法　（d）DIV_R 实数除法

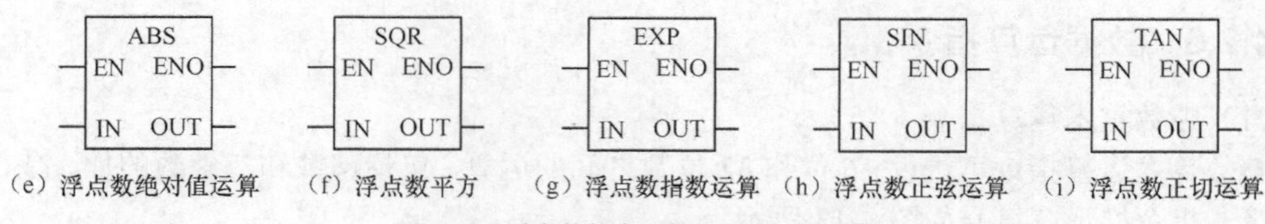

（e）浮点数绝对值运算　（f）浮点数平方　（g）浮点数指数运算　（h）浮点数正弦运算　（i）浮点数正切运算

图 4-15　浮点数算术运算指令梯形图符号

如图 4-16 所示，如果 I0.0 接通，则 ADD_R 方块激活，计算 MD0 + MD4，结果存入 MD10 中。如果结果在浮点数的允许范围之外或程序语句没有执行（I0.0 =“0”），则输出 Q4.0 置位。

I0.0　ADD_R　EN　ENO　NOT　Q4.0 (S)　MD0 — IN1　MD4 — IN2　OUT — MD10

图 4-16　浮点数算术运算指令的应用示例

使用语句表程序实现 ID10+MD14，并将结果存于 DB10.DBD25 中：

```
OPN DB10            //打开数据块 DB10
L ID10              //将输入双字 ID10 的数值装入累加器 1
```

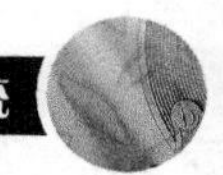

```
L MD14        //将累加器 1 中内容装入累加器 2，将存储双字 MD14 的值装入累加器 1
+R            //将累加器 2 中的内容和累加器 1 中的内容相加，结果保存到累加器 1 中
T DBD25       //累加器 1 的内容（结果）被传送到 DB10 的 DBD25
```

4.2.7 程序控制指令

程序控制指令可执行逻辑块（子程序）调用、逻辑块（子程序）结束指令、控制信号流的通断等。

使用 CALL 指令对功能（FC）、功能块（FB）、系统功能（SFC）、系统功能块（SFB）进行调用，如图 4-17 所示。在调用 FB、SFB 时，必须提供相应的背景数据块；在调用 FC、SFC 时，不需调用相应的背景数据块，但必须为所有形参指定实参。与跳转指令一样，也包括无条件调用和条件调用。

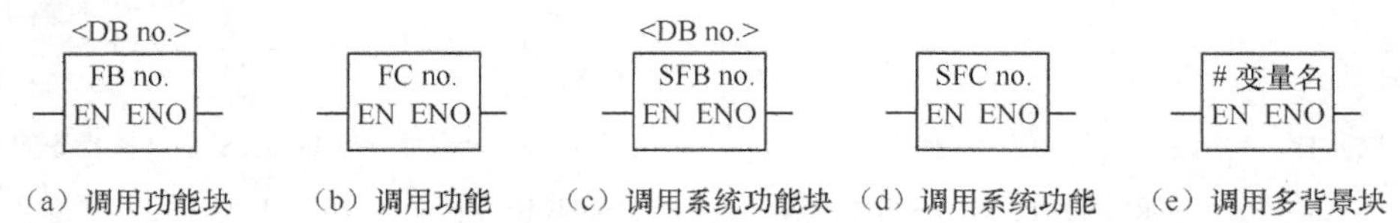

（a）调用功能块　（b）调用功能　（c）调用系统功能块　（d）调用系统功能　（e）调用多背景块

图 4-17　调用功能、功能块、系统功能、系统功能块指令梯形图符号

图 4-18 所示为调用 FB 指令的应用。当无条件调用 FB11 指令执行时，存储调用 FB 的返回地址以及用于 DB10 和调用 FB 的背景数据块的选择数据。在 MCRA 指令中将 MA 位置为"1"，并将该位推入块堆栈中，然后为调用的块（FB11）将 MA 位复位为"0"。程序处理继续在 FB11 中进行。如果 FB11 需要 MCR 功能，必须在 FB11 中重新启动它。当 FB11 完成后，程序处理返回调用 FB。MA 位被重新恢复，用户编写 FB 的背景数据块又被打开。如果 FB11 能正确处理，则 ENO = "1"，并因此 Q4.0 = "1"。

调用不带参数的 FC 或 SFC 时，可采用无参数调用 FC 或 SFC 线圈指令，如图 4-19 所示，同样，执行 FC10 的无条件调用时，存储调用 FB 的返回地址以及用于 DB10 和调用 FB 的背景数据块的选择数据。在 MCRA 指令中将 MA 位置为"1"，并将该位推入块堆栈中，然后为调用的块（FC10）将 MA 位复位为"0"。程序处理继续在 FC10 中进行。如果 FC10 需要 MCR 功能，必须在 FC10 中重新启动它。当 FC10 完成后，程序处理返回调用 FB。MA 位被保存，DB10 和用户编写的 FB 的背景数据块又成为当前的 DB，与 FC10 使用哪一个 DB 无关。通过将 I0.0 的逻辑状态分配给输出 Q4.0，程序继续下一梯形逻辑级。FC11 的调用是条件调用。只有在 I0.1 = "1" 时才执行调用。

主控继电器指令可控制信号流的通断，包括主控继电器启动指令、主控继电器接通指令、主控继电器断开指令和主控继电器停止指令，如图 4-20 所示。

主控继电器启动指令用于启动主控继电器的功能。在该指令之后，可使用指令编程 MCR 区；主控继电器停止指令用于停止 MCR 功能，在该指令之后，不能编程 MCR 区。

MCR 指令允许最大嵌套数为 8 级。虽然 MCR 指令可控制某梯形图逻辑的执行与否，但从安全考虑，应注意不能使用此指令来替代实际的紧急停止按钮等。MCR 指令的应用如图 4-21 所示。MCR 功能由 MCRA 指令梯形逻辑级启动。程序包含有两个 MCR 区，I0.0= "1"。I0.4 的逻辑状态被赋值给 Q4.1；I0.0= "0"，Q4.1 为 "0"，与 I0.4 的逻辑状态无关；I0.1= "1"，如果 I0.3 为 "1"，则 Q4.0 置为 "1"；I0.1= "0"，Q4.0 保持不变，与 I0.3 的逻辑状态无关，

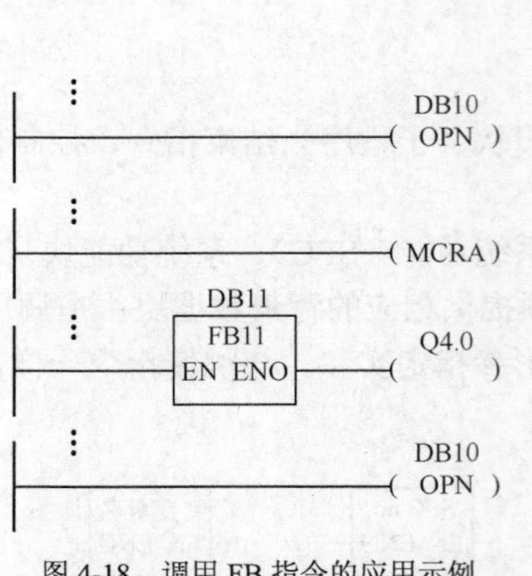

图 4-18　调用 FB 指令的应用示例

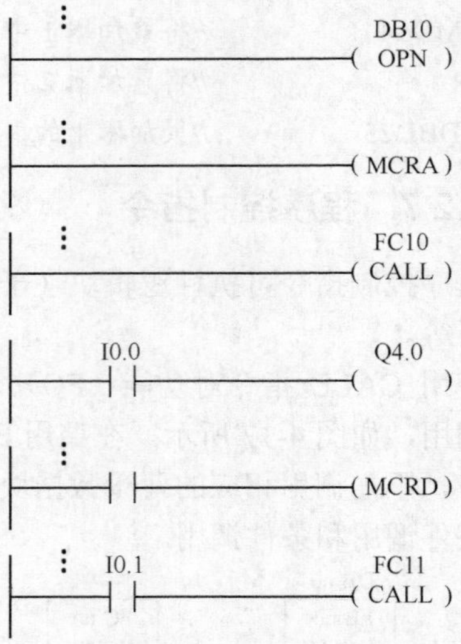

DB10
(OPN)
(MCRA)
FC10
(CALL)
I0.0　Q4.0
(MCRD)
I0.1　FC11
(CALL)

图 4-19　无参数调用 FC 或 SFC 线圈指令的应用示例

---(MCRA)　　---(MCR<)　　---(MCR>)　　---(MCRD)

（a）主控继电器启动　（b）主控继电器接通　（c）主控继电器断开　（d）主控继电器停止

图 4-20　主控继电器指令

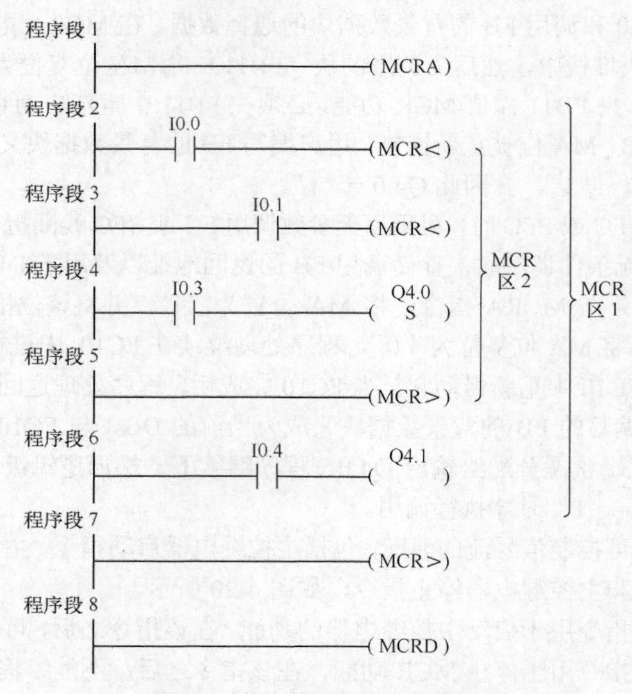

图 4-21　主控继电器指令的应用示例

4.2.8　系统程序结构及功能块（FB）和功能（FC）

如图 4-22 所示，一个 CPU 中运行着两种程序：操作系统程序和用户程序。操作系统程序为用户程序提供调用机制，用户程序在操作系统的平台上完成自动控制任务，用户程序的

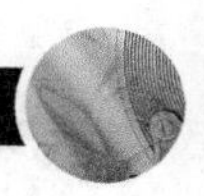

执行可包括循环执行的用户主程序、事件驱动的程序、线性化与结构化的用户程序。

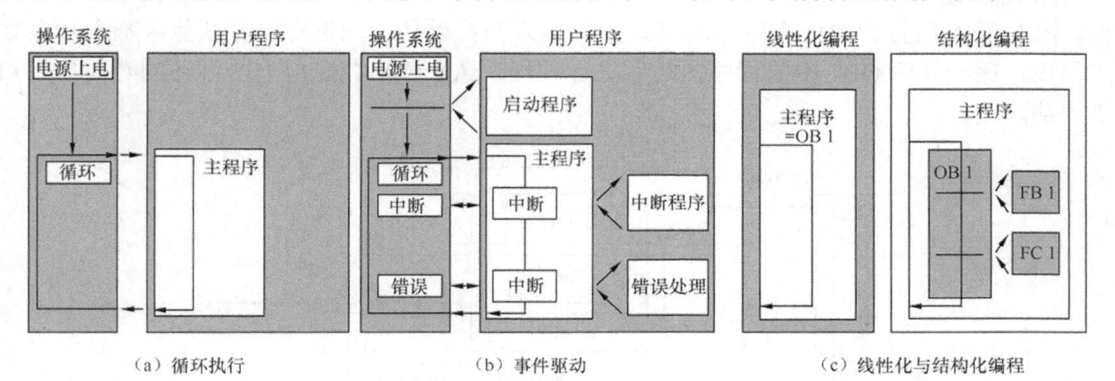

图 4-22　操作系统程序及用户程序

为了简化程序的编制、调试，使大规模的程序更容易理解，可以将程序分解成若干个单个的、自成体系的程序部分，我们称之为“块”。结构化的用户程序是以“块”的形式实现的。构成用户程序的块包括以下一些。

（1）组织块（Organization Block，OB）：是操作系统和用户程序之间的接口。操作系统只调用 OB，其他程序块则要通过用户程序中的指令来调用，操作系统才加以处理。某一型号的 CPU 所支持的 OB 是确定的，用户只能编写该 CPU 所支持的 OB。各种 OB 由不同的事件驱动，其优先级别不同。其中最主要的 OB 是 OB1，它是操作系统自动循环执行唯一的一个块，其他的 OB 则对应于不同的中断处理程序。

（2）功能（Function，FC）和功能块（Function Block，FB）：FC 和 FB 都是用户自己编写的程序模块，可被其他程序块调用，类似于 C 语言中的函数。两者区别在于 FC 是“无存储区”的逻辑块，必须为它指定实际参数；FB 是具有“存储区”（背景数据块）的块，在调用 FB 时必须指定一个背景数据块。通过 FB 使得经常使用的功能和复杂功能的编程变得容易得多。多次调用一个 FB 可有多个背景数据，例如，使用一个控制电动机的 FB 来控制多台电动机时，可对不同的电动机使用不同的背景数据集，在一个或多个背景数据块中存放。

（3）数据块（Data Block，DB）：用于记录数据，OB 中没有程序，但占用程序容量，分为背景 DB 和共享 DB。生成一个背景 DB 之前相应的 FB 必须已经存在，并指定所属 FB 序号，其数据格式必须与该 FB 的变量声明一致。共享 DB 的数据结构不依赖于特定程序块，每个 FB、FC、OB 可从共享 DB 中读取数据，或将数据写入共享 DB。

（4）系统功能（System Function，SFC）和系统功能块（System Function Block，SFB）：本质上也是 FC 和 FB，区别只是它们是西门子公司预先编写好的并已固化在 S7 的 CPU 中，用户没有修改的权利。与 OB 一样，某一型号的 CPU 所支持的 SFC、SFB 也是确定的。SFC、SFB（不占用程序容量）包含一些重要的系统功能函数，如读写实时时钟、设置参数、数据通信等，在编写用户程序时可以调用，但在调用之前需要用户生成相关的背景 DB，并下载到 CPU 中作为用户程序的一部分。

为使用户程序工作，用户程序的块必须被调用。操作系统如何调用这些块呢？图 4-23 所示为块调用分层结构图，其中嵌套深度（可嵌套调用的块的数量）由 CPU 确定。

系统上电，CPU 开始动态扫描，按照分时工作的原理，按既定的顺序一步一步完成操作。PLC 开始运行初始化程序 OB100，然后进入扫描循环，先进行过程映像表输入，运行主程序，逐一处理 OB1 中的程序，最后进行过程映像表输出。完成一个循环的时间称为扫描周期。

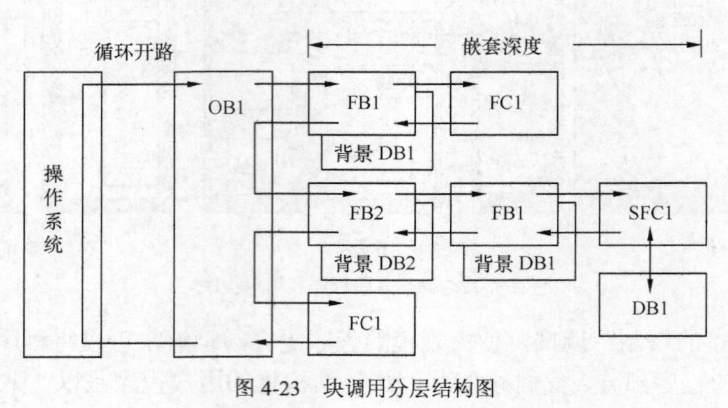

图 4-23　块调用分层结构图

4.3　控制系统硬件设计

4.3.1　控制系统硬件选型

（1）PLC 选择

洗衣机控制系统的控制要求虽然复杂，但控制系统需要的 I/O 点不多，因此可选择 CPU S7-312C 进行控制。

（2）外部 I/O 设备选择

目前波轮洗衣机上使用的电动机以单相异步电动机为主，少数用变频电动机和无刷电动机；滚筒洗衣机则以串励电动机为主，此外还有变频电动机、无刷电动机、开关磁阻电动机等。调速方式采用变压调速或改变绕组极对数两种。其中双速电动机价格较低，只能有洗涤和单一固定脱水速度；变频调速电动机价格较高，可以宽范围选择脱水速度，也可针对不同织物选择使用。

本控制系统从成本及控制方式综合考虑，采用如图 4-24 所示 XYB-95 单相异步电动机，单相异步电动机可分为单速电动机和双速电动机两类。单速电动机的原理是：定子上有空间上相互垂直的两相绕组，其中一相通过移相电容连接到电源上，转子由铁芯和鼠笼组成，定子和转子之间没有电路上的直接联系，定子绕组通电后产生旋转磁场，旋转磁场又在转子鼠笼中感应出感应电流，二者相互作用产生电磁力。它具有异步电动机结构简单、成本低的优点，运行性能也不错，但启动性能稍差、无法调速。单速电动机主要用于波轮洗衣机上。双速电动机原理同单速电动机一样，不同的是此类电动机的定子上有两套极数不同的绕组用来产生不同的转速，按照绕组

图 4-24　单相异步电动机

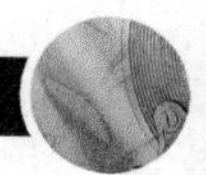

结构的不同又可以分为分离绕组和共享绕组两类。由异步电动机的特点知道，转子鼠笼会自动形成与定子旋转磁场相同的极数，因此通过给不同极数的定子绕组供电便可得到不同的电动机转速，用来适应不同的要求，如2极或4极用于甩干，6极、16极用于洗涤等。

全自动洗衣机的关键部件还有离合器、减速器，它们不仅要求体积小、精度高，还要有一定的使用寿命；此外还有关键的注塑件、减震器、控制部件及甩干桶高速离心平衡圈等。

4.3.2 控制系统硬件组态

PLC外部接线图见图4-25。

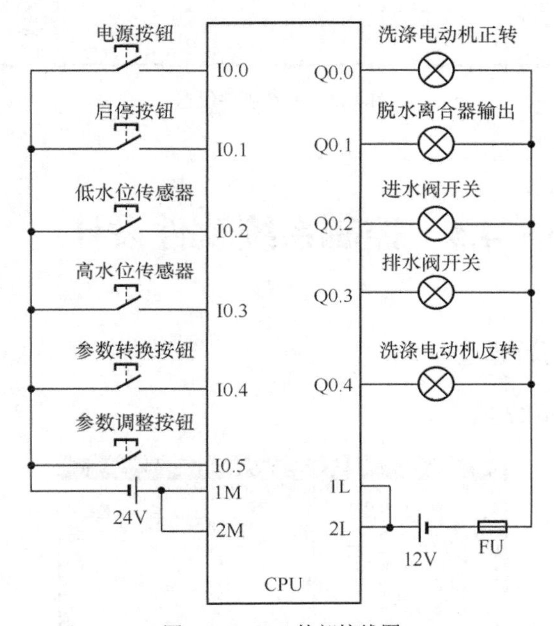

图4-25 PLC外部接线图

全自动洗衣机的I/O分配如表4-1所示。

表4-1 全自动洗衣机I/O分配表

输入				输出			
序号	PL地址	数据类型	变量名	序号	PL地址	数据类型	变量名
1	I0.0	BOOL	电源按钮	1	Q0.0	BOOL	洗涤电动机正转
2	I0.1	BOOL	启停按钮	2	Q0.1	BOOL	脱水离合器输出
3	I0.2	BOOL	低水位传感器	3	Q0.2	BOOL	进水阀开关
4	I0.3	BOOL	高水位传感器	4	Q0.3	BOOL	排水阀开关
5	I0.4	BOOL	参数转换按钮	5	Q0.4	BOOL	洗涤电动机反转
6	I0.5	BOOL	参数调整按钮				

系统硬件组态如图4-26所示。

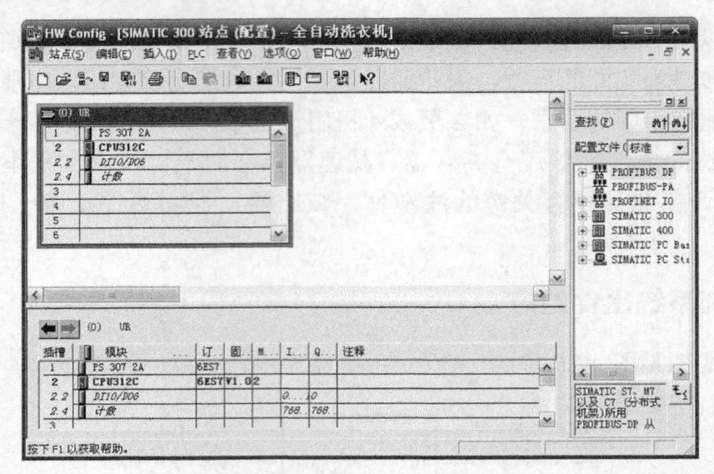

图 4-26　系统硬件组态

4.4　控制系统软件设计

4.4.1　系统资源分配

系统资源分配如图 4-27 所示。

符号编辑器 - [S7 程序 (符号) -- 全自动洗衣机\SIMAT...

	状态	符号	地址		数据类型		注释
1		参数调整按钮	I	0.5	BOOL		
2		参数转换按钮	I	0.4	BOOL		
3		低水位传感器	I	0.2	BOOL		
4		点动按钮控制	FB	1	FB	1	
5		电源按钮	I	0.0	BOOL		
6		电源状态	DB	1	FB	1	
7		高水位传感器	I	0.3	BOOL		
8		搅动过程	FC	3	FC	3	
9		进水阀开关	Q	0.2	BOOL		
10		进水过程	FC	2	FC	2	
11		排水阀开关	Q	0.3	BOOL		
12		排水过程	FC	4	FC	4	
13		漂洗次数计数器	C	1	COUNTER		
14		漂洗过程	FC	7	FC	7	
15		启停按钮	I	0.1	BOOL		
16		启停状态	DB	2	FB	1	
17		设置流程	FC	1	FC	1	
18		脱水电机输出	Q	0.1	BOOL		
19		脱水过程	FC	5	FC	5	
20		脱水时间计数器	C	2	COUNTER		
21		洗涤电机输出	Q	0.0	BOOL		
22		洗涤过程	FC	6	FC	6	
23		洗涤时间计数器	C	0	COUNTER		
24		洗衣过程	FC	8	FC	8	
25		洗衣结束标志	M	0.0	BOOL		
26							

符号的数目：25/25

图 4-27　全自动洗衣机资源分配

4.4.2　系统软件设计

1. 功能块（FB）和功能（FC）

FC 是不带“记忆”的逻辑块，它没有背景数据块（DB），当操作完成后，数据不能保持。

可以这么认为，如果没有在其他程序段落访问逻辑块的“状态”，或者该逻辑块没有需要保持的“状态”，就应该用 FC 来实现功能性。

FB 是带“记忆”的逻辑块，有一个数据结构和 FB 参数表完全相同的数据块（DB），称为背景 DB。FB 在不同的地方调用可以使用不同的背景 DB，以实现“相同控制逻辑、不同控制对象”。背景 DB 中的数据在调用结束后继续保持，可以在别的程序段里用类似“DB1.参数名”的形式访问。

（1）点动按钮的控制

本例中电源开关和启停开关操作相似，都需要实现按一下即开，再按一下即关，开关状态在系统运行过程中都需要保持，所以先用 FB 实现点动开关的控制。

在 SIMATIC 管理器界面，先建立“全自动洗衣机”项目。

选择菜单“插入”→“S7 块”→“功能块”，弹出窗口如图 4-28 所示。

其中名称是以“FB+序号”的格式自动生成的，符号名和符号注释是方便调用时用以说明块的功能，可以不输入。单击“确定”即进入程序编写界面，如图 4-29 所示。

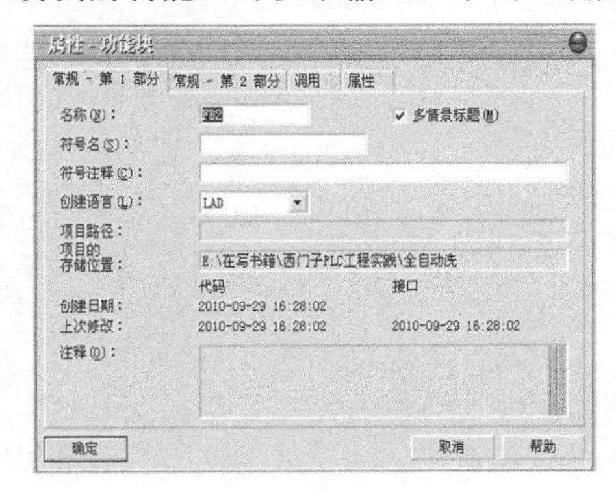

图 4-28　FB 属性

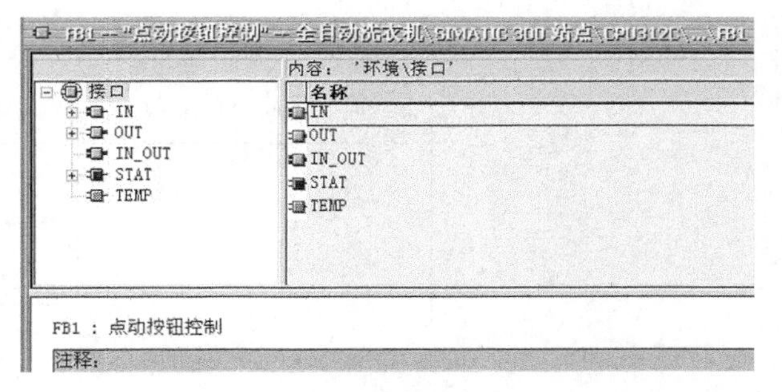

图 4-29　FB 编程界面

根据设计思路，先定义接口参数。IN 是输入参数；OUT 是输出参数；IN_OUT 是输入/输出（I/O）参数；STAT 是静态变量，不输入也不输出，用于需要保持状态的中间值；TEMP 是临时变量，不保持状态，调用结束就消失。

本 FB 需要一个点动按钮输入，在输入参数里定义，是 BOOL 值，取名“button”，如图 4-30 所示。

图 4-30　输入参数定义

本 FB 不需要输出参数。

定义在静态变量里的参数也可在别的程序段按名称或地址引用。本例需要记录开关状态“ON_OFF”、开关正跳沿“JUST_ON”、开关负跳沿“JUST_OFF”，还有一个中间变量“pushed”是实现程序功能需要的，均是 BOOL 值，如图 4-31 所示。

定义在临时变量 TEMP 里的参数不可在外部通过 DB 访问，调用后也不保持状态，捕捉开关状态改变瞬间的正跳沿中间变量“pulse”可定义在这个区域。

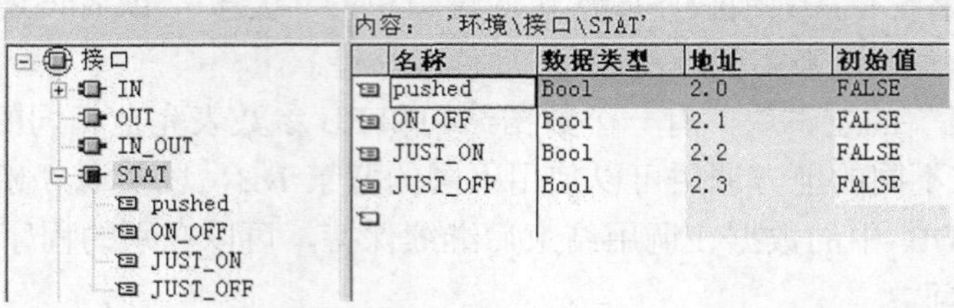

内容： '环境\接口\STAT'

接口
- IN
- OUT
- IN_OUT
- STAT
  - pushed
  - ON_OFF
  - JUST_ON
  - JUST_OFF

名称	数据类型	地址	初始值
pushed	Bool	2.0	FALSE
ON_OFF	Bool	2.1	FALSE
JUST_ON	Bool	2.2	FALSE
JUST_OFF	Bool	2.3	FALSE

图 4-31 静态变量定义

类似功能的程序可以有多种思路，只要能达到设计目的，程序的优劣在现在的硬件条件下并没有太大的影响。但是设计精巧的程序具有更好的可读性、维护性、交流性，所以还是应该形成一种精致编程的习惯，尽量少用中间变量、尽量短小精悍。

点动按钮每按一次，开关状态（ON_OFF）翻转一次，这就要求在按钮按下期间，开关状态（ON_OFF）的置位或复位操作只能执行一次。现增加一个 BOOL 量（pushed），以置“1”来记录按钮按下期间开关状态（ON_OFF）的置位或复位操作，点动按钮抬起断开后再复位。程序如图 4-32 所示。

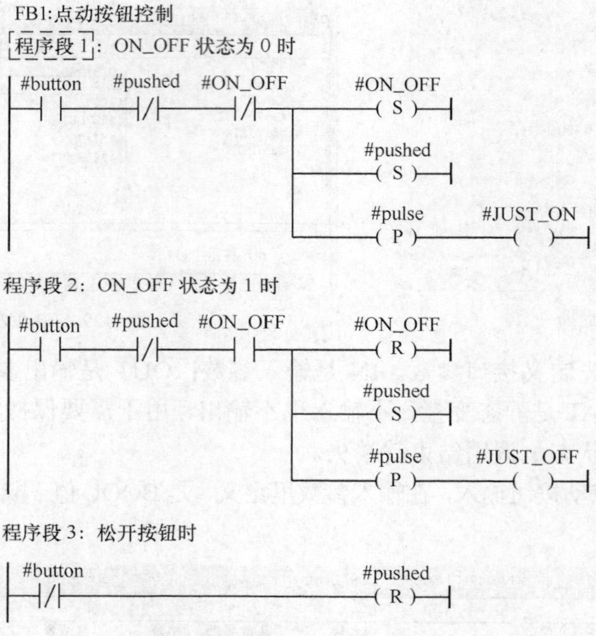

FB1:点动按钮控制

程序段 1：ON_OFF 状态为 0 时

#button —| |— #pushed —|/|— #ON_OFF —|/|— #ON_OFF —(S)—， #pushed —(S)—， #pulse —(P)— #JUST_ON —( )—

程序段 2：ON_OFF 状态为 1 时

#button —| |— #pushed —|/|— #ON_OFF —| |— #ON_OFF —(R)—， #pushed —(S)—， #pulse —(P)— #JUST_OFF —( )—

程序段 3：松开按钮时

#button —|/|— #pushed —(R)—

图 4-32 点动按钮控制程序

（2）参数设置流程

本设计要求用户能调整洗涤强度、洗涤时间、漂洗次数、脱水时间这 4 个参数，其中除漂洗次数用计数器保存（为演示计数器的使用）以外，其余参数可保存在此 FB 的 DB 中。

在项目中插入 FB7。

定义输入参数。需要两个按钮输入，adjust 调整参数值，set 转换当前调整的参数名。

没有输出参数，调整结果保存在计数器和 DB 的 STAT 参数中。

根据程序思路，定义接口参数，如图 4-33 所示。

（3）程序解读

初始化如图 4-34 所示。本例中需要实现的是首先能调整洗涤时间（set_wash），在 set_wash（洗涤）、set_rinse（漂洗）、set_spin（脱水）、set_intensity（洗涤强度）为“0”时应该把 set_wash 初始为“1”，并使 reset 保持一个扫描周期为“1”，以便为计数器赋初值。

地址	声明	名称	类型	初始值
0.0	in	adjust	BOOL	FALSE
0.1	in	set	BOOL	FALSE
2.0	stat	set_wash	BOOL	FALSE
2.1	stat	set_rinse	BOOL	FALSE
2.2	stat	set_spin	BOOL	FALSE
2.3	stat	set_intensity	BOOL	FALSE
4.0	stat	intensity	INT	1
6.0	stat	v_intensity	S5TIME	S5T#5M
8.0	stat	wash	INT	1
10.0	stat	v_wash	S5TIME	S5T#0MS
12.0	stat	spin	INT	1
14.0	stat	v_spin	S5TIME	S5T#0MS

图 4-33　FB7 的接口参数

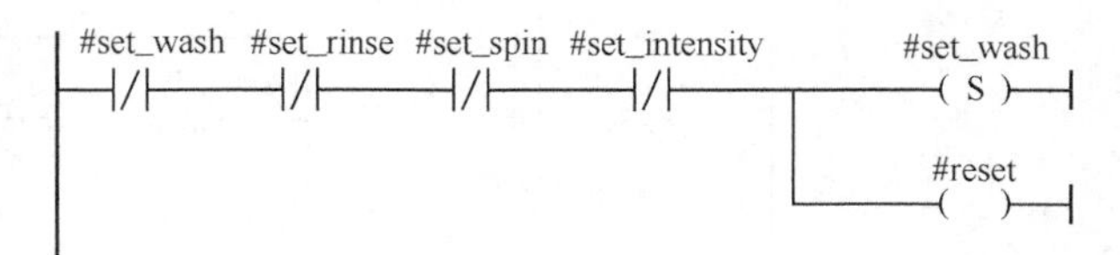

图 4-34　初始化程序

参数转换按钮的设计如图 4-35 所示。按要求，每按一下参数转换按钮（set），当前设置的参数应该按 set_wash（洗涤）、set_rinse（漂洗）、set_spin（脱水）、set_intensity（洗涤强度）的顺序依次循环，思路类似点动按钮的控制，请读者自行分析。

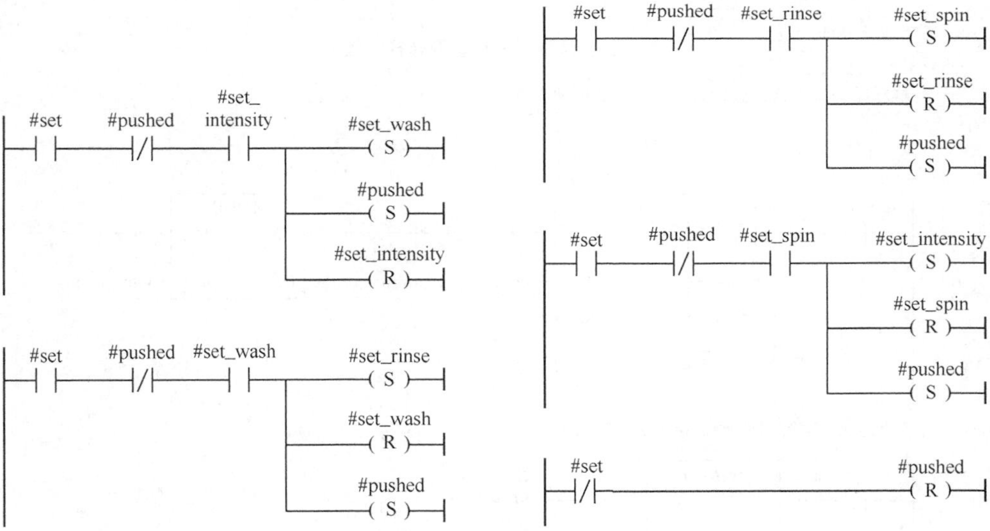

图 4-35　参数转换

洗涤时间设置及转换如图 4-36 所示。

漂洗次数设置如图 4-37 所示。

程序段 7：洗涤时间设置，按 adjust 增加 1min

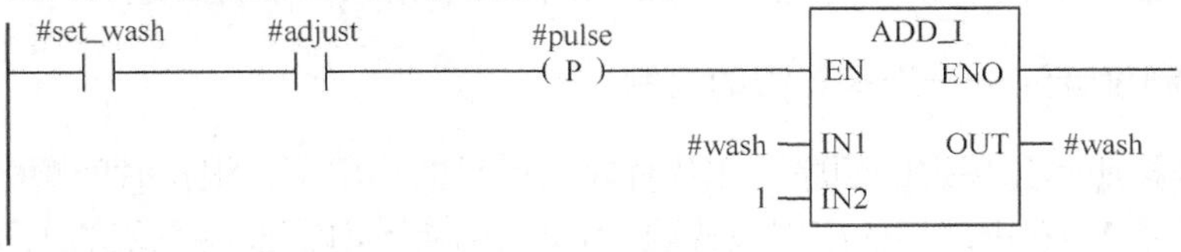

图 4-36　洗涤时间设置及转换

程序段 8：洗涤时间增加超过 15 分钟则归 1

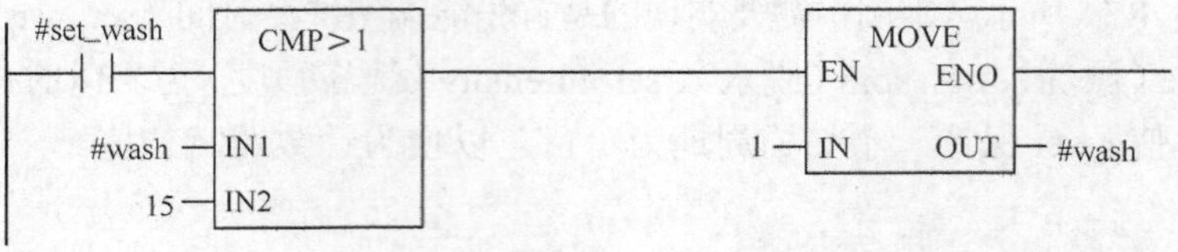

#set_wash
CMP>I
#wash — IN1
15 — IN2
MOVE
EN ENO
1 — IN OUT — #wash

程序段 9：计数值乘 60 转换成秒，转换成 BCD 码

#set_wash
MUL_I
EN ENO
#wash — IN1 OUT — #tmp_int
60 — IN2
I_BCD
EN ENO
#tmp_int — IN OUT — #tmp_word

程序段 10：用或运算转换成符合定时器数据格式的数值

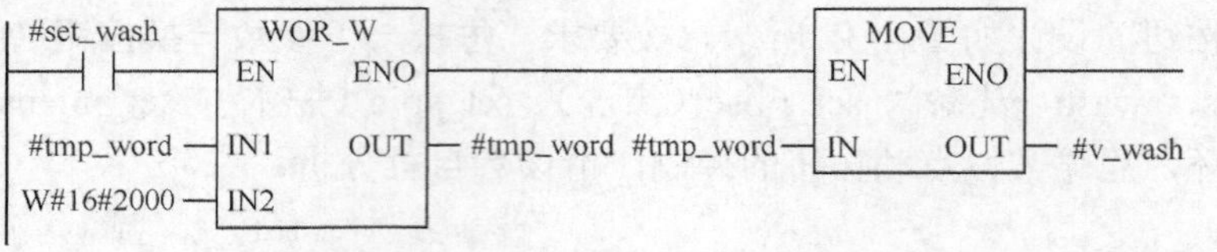

#set_wash
WOR_W
EN ENO
#tmp_word — IN1 OUT — #tmp_word
W#16#2000 — IN2
MOVE
EN ENO
#tmp_word — IN OUT — #v_wash

图 4-36　洗涤时间设置及转换（续）

程序段 11：漂洗次数设置，按 adjust 增加 1 次

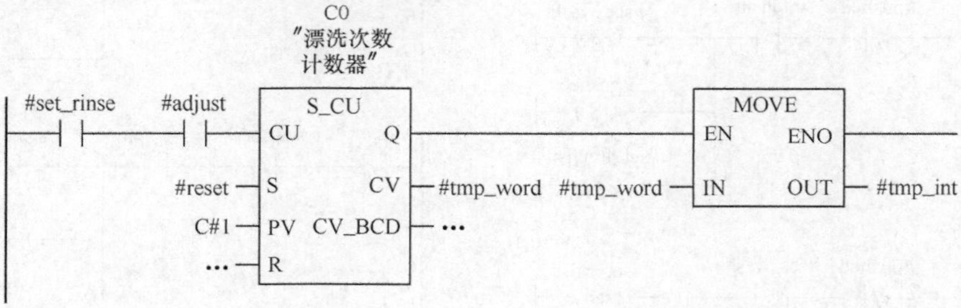

C0
"漂洗次数计数器"
#set_rinse　#adjust
S_CU
CU Q
#reset — S CV — #tmp_word
C#1 — PV CV_BCD — …
… — R
MOVE
EN ENO
#tmp_word — IN OUT — #tmp_int

程序段 12：漂洗次数增加超过 3 次则归 1

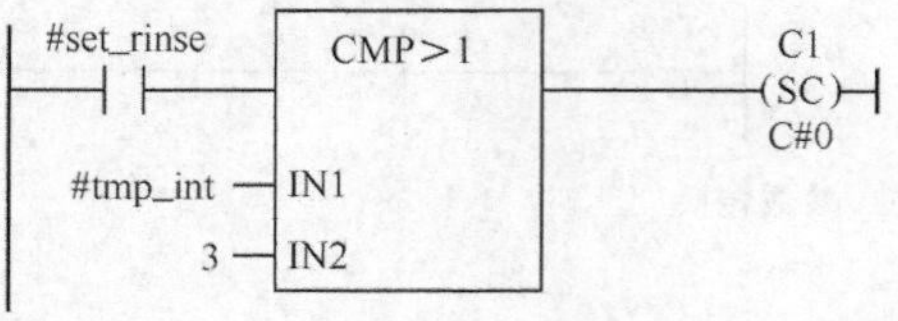

#set_rinse
CMP>I
#tmp_int — IN1
3 — IN2
C1
(SC)
C#0

图 4-37　漂洗次数设置

洗涤强度和脱水时间的设置与洗涤时间的设置基本相似，不再赘述。

2．顺序控制设计法——洗衣过程的控制

顺序控制是按照预先规定的顺序，在各种输入信号的作用下，根据时间顺序使洗衣机自动有序地工作。在生产实践中这样的应用很普遍。而顺序控制设计思想将系统的工作周期分为若干顺序相连的阶段，称之为“步”，每一步都有唯一的运行条件和转换条件。当系统启动时，先把

第一步设置为当前步（即满足第一步的运行条件），其代表的控制输出或命令得以执行，一旦转换条件成立（例如开关或定时器闭合之类），则把当前输出复位，并使下一步的运行条件成立，于是下一步成为当前步。如此顺序执行直到最后一步，根据设计需要停止系统或重新开始。

运用顺序控制法能提高设计效率，便于编程思想交流，有很强的可读性、维护性、扩展性。

洗衣过程正是一个典型的顺序过程，可以分为洗涤、脱水、漂洗、脱水 4 步，洗涤和漂洗又可分为进水、搅动、排水 3 步。各步之间的输出状态和转换条件见表 4-2。

表 4-2　　输出状态和转换条件表

状态		输出状态				状态转换条件			备注
		进水阀	排水阀	电动机	脱水离合器	低水位开关	高水位开关	定时器	
洗涤	进水	1					1		强度时间可调
	搅动			1				1	
	排水		1			1			
漂洗前脱水			1	1	1			1	
漂洗	进水	1					1		次数可调
	搅动			1				1	
	排水		1			1			
最后脱水			1	1	1			1	时间可调

最简单的思路是把这 8 个状态设计成 8 步，依次转换即可，也能实现功能要求。只是这样的程序结构显得笨拙，不符合结构化编程的思想。

改进一下，进水、搅动、排水、脱水是基本步，分别设计 4 个 FC；然后把进水、搅动、排水这 3 步组合成一个 FB，构成洗涤步；再把洗涤步组合在一个 FB 里，加上次数判断循环，构成漂洗步。结构如图 4-38 所示。

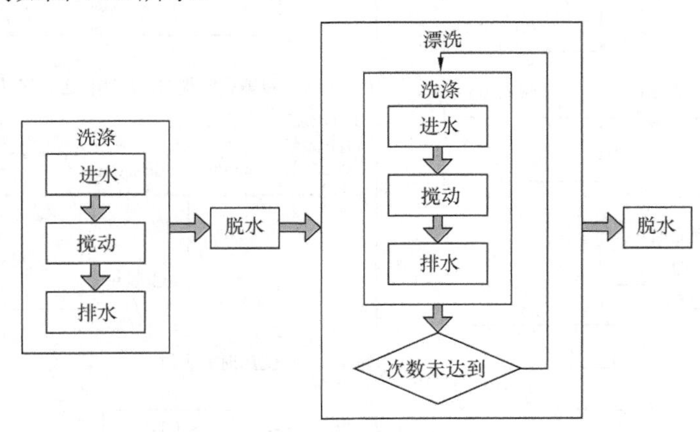

图 4-38　程序结构框图

S7 Graph 语言是 S7-300/400 的顺序功能图语言，遵从 IEC 61131-3 标准的规定，是一个需要单独授权的软件包。本例并不使用 GRAPH 语言编程，使用顺序控制的设计理念，用 LAD 也能编出顺序控制程序。

基本步的设计如下。

进水过程 FC1，进水阀打开，直到高水位开关打开，表示达到预定水位。

新建 FC2，在 I/O 参数里定义两个变量：this_step 和 next_step，表示当前步和下一步。I/O（IN_OUT）参数的意思是不仅可以作为输入参数在调用时赋值，也可作为输出参数在调用结束后返回给调用程序。程序如图 4-39 所示。

I0.3 "高水位传感器"　DB2.DBX2.1 "启停状态".ON_OFF　Q0.2 "进水阀开关"

I0.3 "高水位传感器"　#this_step (R)　#next_step (S)

图 4-39　进水控制程序

电动机控制 FB3，洗涤电动机按洗涤强度设置的时间周期性正、反转，直到洗涤时间到。接口参数和程序如图 4-40 所示。

地址	声明	名称	类型	初始值
0.0	in	run_time	S5TIME	S5T#1M
2.0	in	wash_inten...	S5TIME	S5T#20S
4.0	in_out	this_step	BOOL	FALSE
4.1	in_out	next_step	BOOL	FALSE
6.0	stat	running	BOOL	FALSE
6.1	stat	direction	BOOL	FALSE
6.2	stat	init	BOOL	FALSE

（a）接口参数

程序段 1：正反转间歇停止 3 s

T1 S_ODT　#running　S　Q　S5T#3S　TV　BI　R　BCD

程序段 2：间歇时间到，设置运行标志并更改转动方向

T1　#running　#direction　#direction (R)　#running (S)

#running　#direction　#direction (S)　#running (S)

程序段 3：电动机转动定时

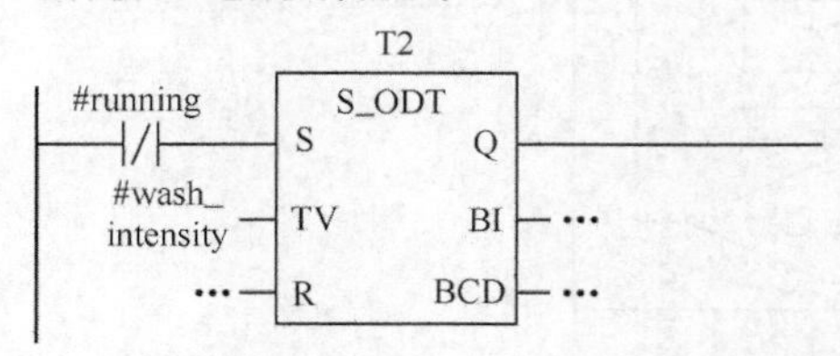

程序段 4：电动机转动定时时间到，复位运行标志

T2　#running　#running (R)

程序段 5：洗涤时间到，退出本步

T0　#this_step (R)　#next_step (S)　#running (R)　#init (R)

程序段 6：根据启停状态、运转标志、运转方向控制电机转动

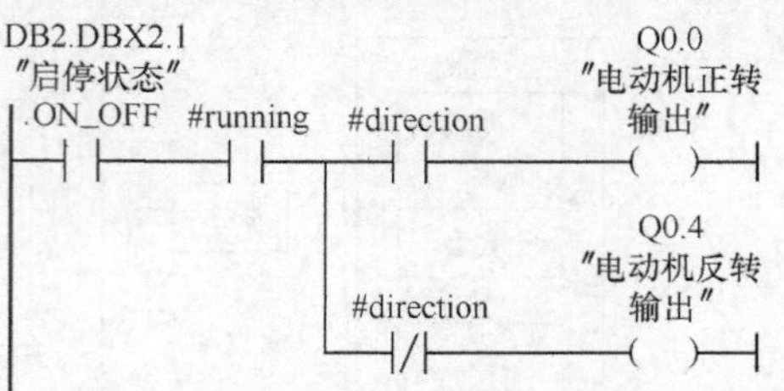

程序段 7：洗涤时间定时

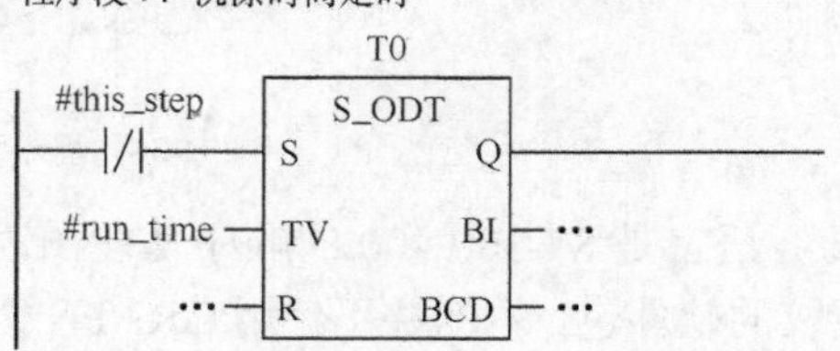

（b）电动机控制程序

图 4-40　接口参数和电动机控制程序

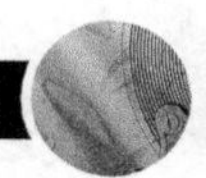

排水过程 FC4，排水阀打开，直到低水位开关打开，表示水已经排空。参数定义和程序设计与进水过程相似，如图 4-41 所示。

脱水过程 FC5，脱水电动机转动直到定时时间到。程序如图 4-42 所示。

I0.2 ″低水位传感器″　DB2.DBX2.1 ″启停状态″ .ON_OFF　Q0.3 ″排水阀开关″ ( )
NOT　#this_step (R)
#next_step (S)

图 4-41　排水控制程序

T0　#this_step (R)
#next_step (S)
T0　DB2.DBX2.1 ″启停状态″ .ON_OFF　Q0.1 ″脱水离合器输出″ ( )
Q0.3 ″排水阀开关″ ( )
Q0.0 ″电动机正转输出″ ( )
#this_step　T0 (SD) #run_time

图 4-42　脱水控制程序

洗涤过程 FB4，把进水、搅动、排水组合成为一个“大步”。由于这是一个“步”，所以 I/O 参数类似上述各步，也需要 this_step 和 next_step；同时这个“步”要管理其中各小步的顺序运行，在 stat（STAT）中定义代表这些步的变量，命名为 step_1、step_2、step_3、step_4，再加上一个运行标志（running）。接口参数和程序如图 4-43 所示。

地址	声明	名称	类型	初始值
0.0	in	run_time	S5TIME	S5T#1M
2.0	in	wash_intensity	S5TIME	S5T#20S
4.0	in_out	this_step	BOOL	FALSE
4.1	in_out	next_step	BOOL	FALSE
6.0	stat	step1	BOOL	TRUE
6.1	stat	step2	BOOL	FALSE
6.2	stat	step3	BOOL	FALSE
6.3	stat	step4	BOOL	FALSE

（a）接口参数

程序段 1：第一步，进水过程，step_1（当前步）和 step_2（下一步）作为调用参数

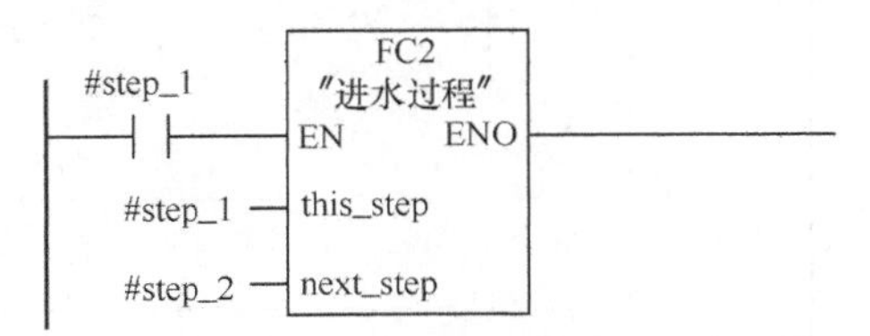

图 4-43　接口参数和洗涤控制程序

程序段 2：第二步，搅动过程，step_2（当前步）和 step_3（下一步）作为调用参数

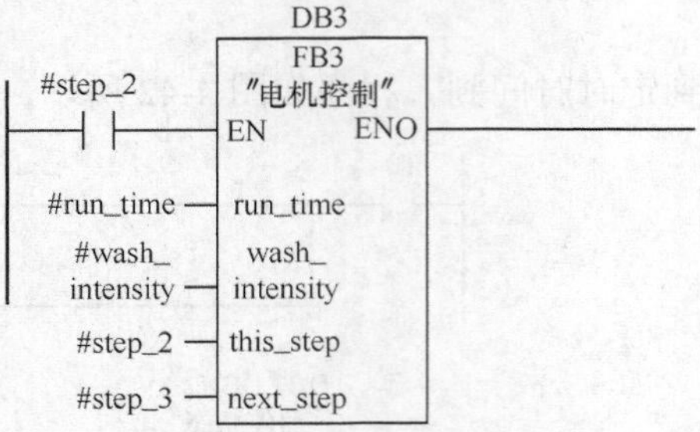

程序段 3：第三步，排水过程，step_3（当前步）和 step_4（下一步）作为调用参数

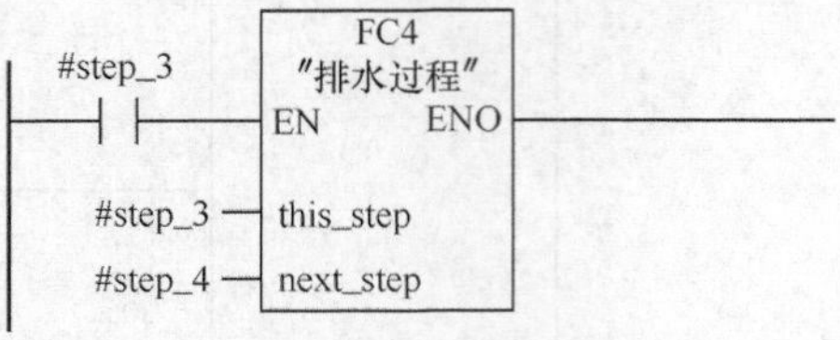

程序段 4：第四步，结束步

（b）洗涤控制程存

图 4-43　接口参数和洗涤控制程序（续）

漂洗过程 FB5，由洗涤过程加上漂洗次数循环控制组合而成。参数设置如图 4-44 所示。

地址	声明	名称	类型	初始值
0.0	in_out	this_step	BOOL	FALSE
0.1	in_out	next_step	BOOL	FALSE
2.0	stat	step_1	BOOL	TRUE
2.1	stat	step_2	BOOL	FALSE

图 4-44　漂洗过程参数设置

漂洗程序设计如图 4-45 所示。

洗衣过程 FB6，由洗涤、漂洗、脱水等过程组合而成。参数设置如图 4-46 所示。

程序段 1：调用洗涤过程，时间固定

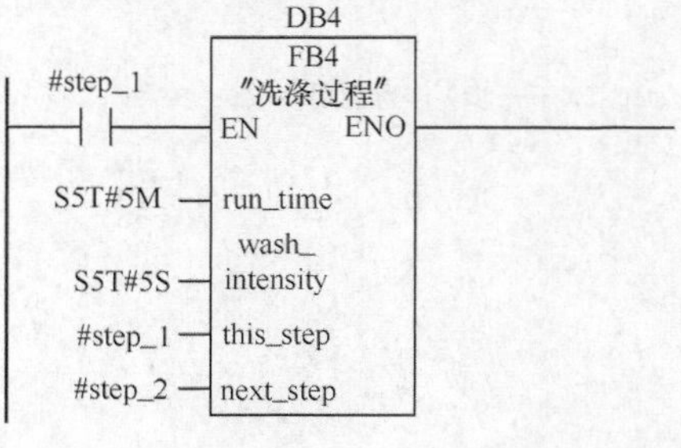

程序段 2：减计数，为 0 时改变当前步状态

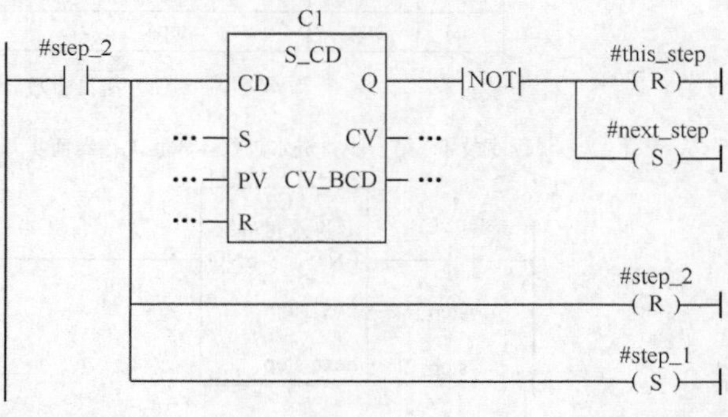

图 4-45　漂洗程序

地址	声明	名称	类型	初始值
0.0	stat	step_1	BOOL	TRUE
0.1	stat	step_2	BOOL	FALSE
0.2	stat	step_3	BOOL	FALSE
0.3	stat	step_4	BOOL	FALSE
0.4	stat	step_5	BOOL	FALSE

图 4-46 洗衣过程参数设置

洗衣程序设计如图 4-47 所示。

主程序在所有模块都编写好后，在 OB1 整合成完整的控制程序。

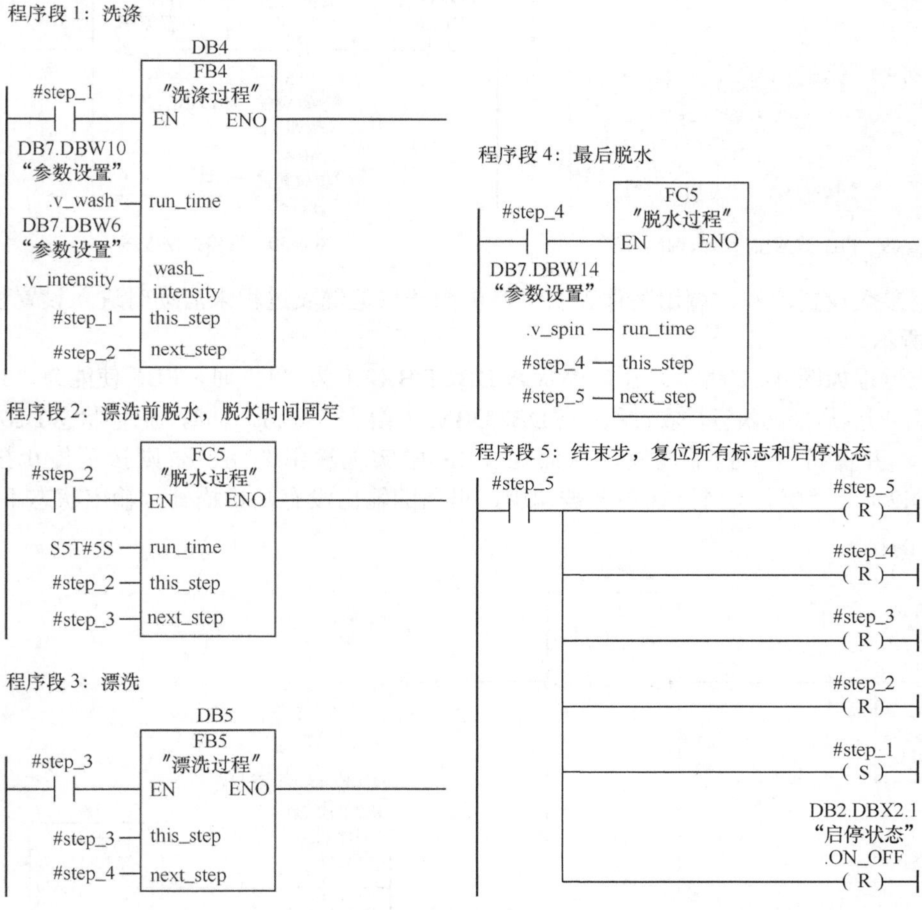

程序段 1：洗涤

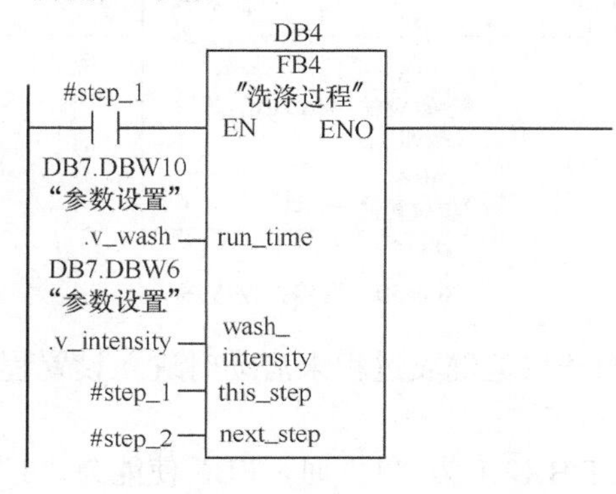

程序段 2：漂洗前脱水，脱水时间固定

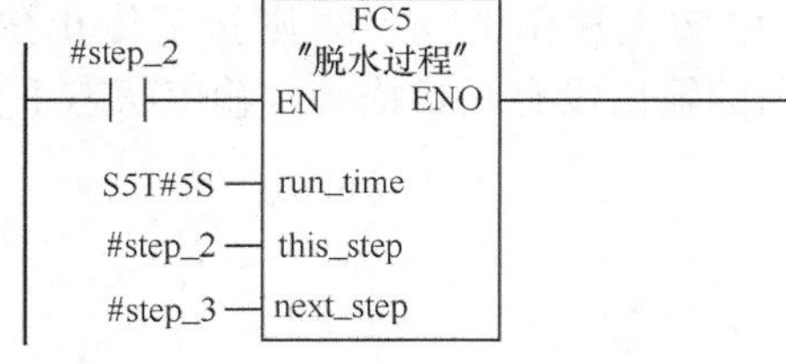

程序段 3：漂洗

程序段 4：最后脱水

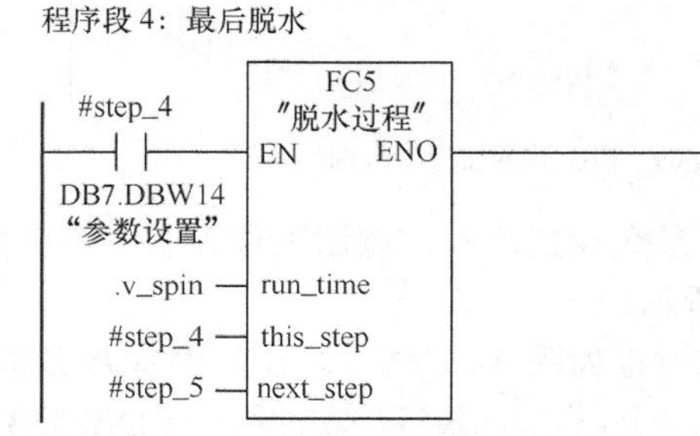

程序段 5：结束步，复位所有标志和启停状态

#step_5
#step_5 (R)
#step_4 (R)
#step_3 (R)
#step_2 (R)
#step_1 (S)
DB2.DBX2.1 "启停状态" .ON_OFF (R)

图 4-47 洗衣控制程序

首先是电源按钮的控制块（FB1）的调用，如图 4-48 所示。

输入背景数据块 DB1 时，由于 DB1 此时并不存在，会弹出询问窗口，如图 4-49 所示。按“是”则自动生成与 FB1 接口参数结构一致的背景数据块（不包括定义在 TEMP 里的参数），按“否”的话需要手工添加背景数据块。

程序段 1：电源按钮控制

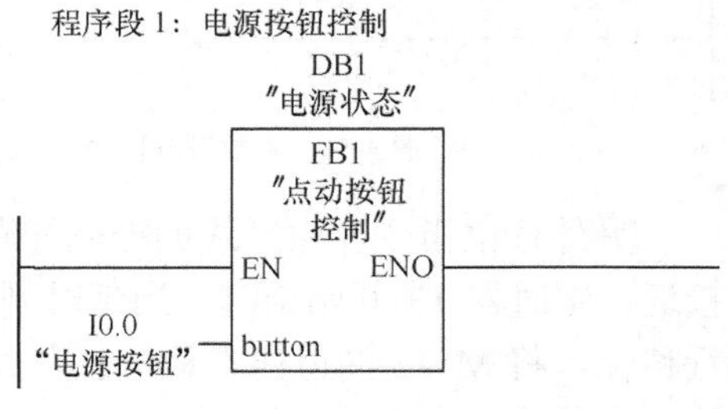

图 4-48 电源控制块（FB1）

在符号表中将 DB1 命名为“电源状态”，以方便后面的程序直观引用。

启停按钮的控制同样使用 FB1，背景数据块增加一个 DB2，命名为“启停状态”。这是一个条件调用，在电源开启期间得到执行，在电源关闭的下跳沿也要执行，以实现关闭电源时也关闭启停状态。button 的输入既来自启停按钮，也来自电源按钮关闭的下跳沿，都是为了实现启停状态和电源状态的同步。程序如图 4-50 所示。

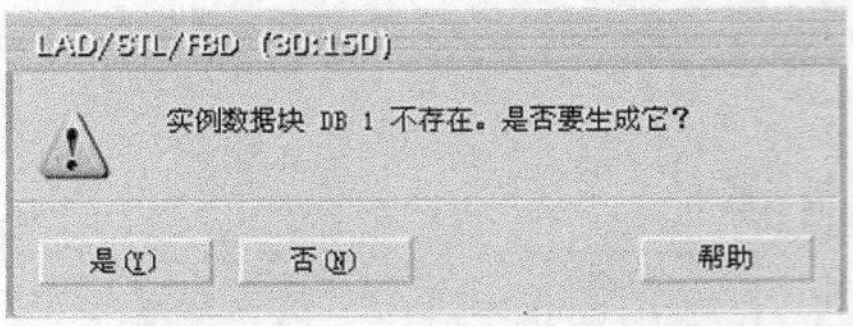

LAD/STL/FBD (30:150)

实例数据块 DB 1 不存在。是否要生成它？

是(Y) 否(N) 帮助

图 4-49 FB1 数据接口参数询问窗口

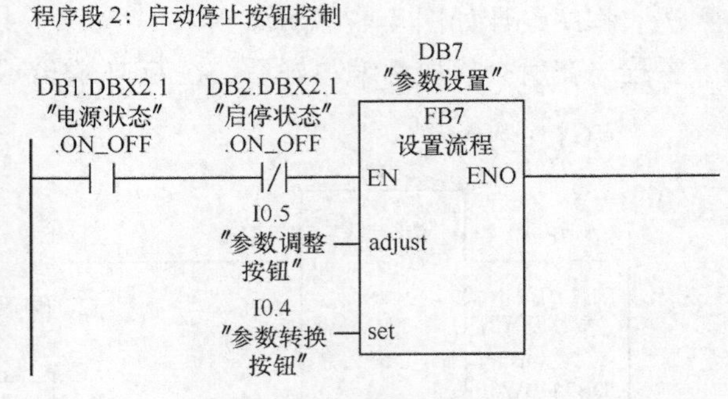

图 4-50 启停控制程序

调用参数设置流程，调用条件表明只在电源开启但洗衣过程未启动时进入设置程序，如图 4-51 所示。

洗衣过程如图 4-52 所示。在启停状态 DB2.DBX2.1 为“1”时，FB6 使能为“1”，执行功能程序，即开启期间执行洗衣过程；当 DB2.DBX2.1 由“1”变为“0”时，启停状态 DB2.DBX2.3 变为“1”并保持一个扫描周期，从而在 FB6 中实现输出关闭；否则按下停止按钮后，DB2.DBX2.1 为“0”，这个 FB 不会被调用，里面的输出没有被扫描到，输出状态不会改变。

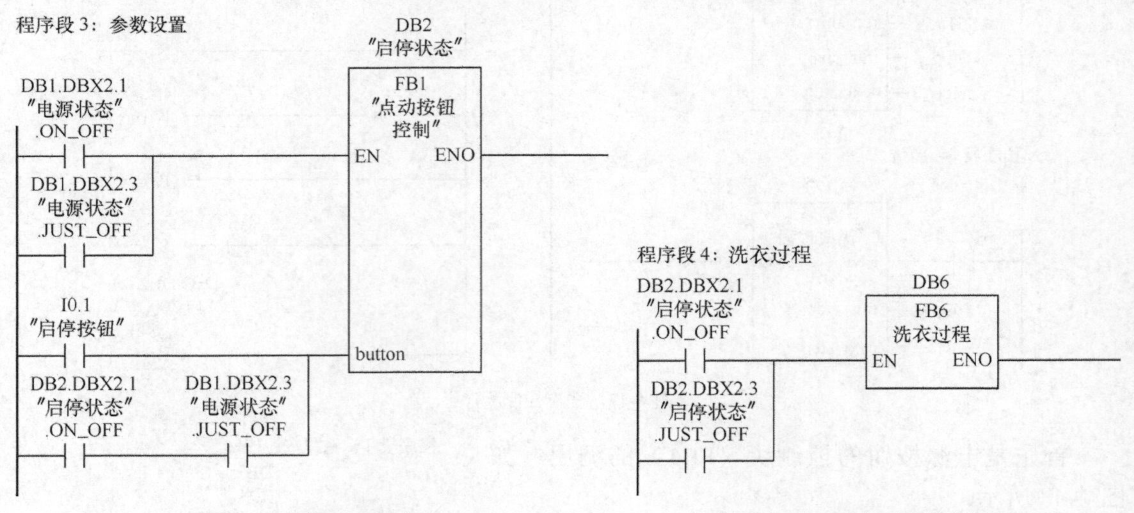

图 4-51 参数设置程序

图 4-52 洗衣过程控制程序

另外移位指令在生产线的控制和顺序控制中有着重要的作用。如图 4-53 所示，当 I1.0 接通，定时器 T3 开始延时，当延时到，SHR_I（整数右移指令）的使能输入 EN 为“1”，执行移位，将 MW2 的值向右移一位，并将结果写入 MW1 中，通过赋值指令，使对应的 Q2.1 输出为“1”。

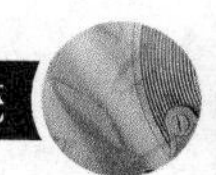

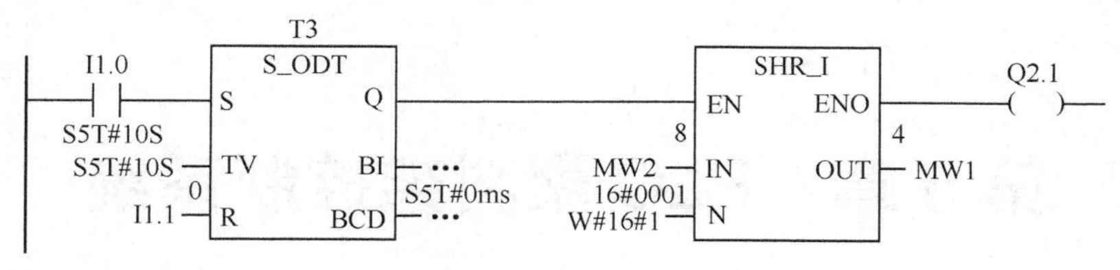

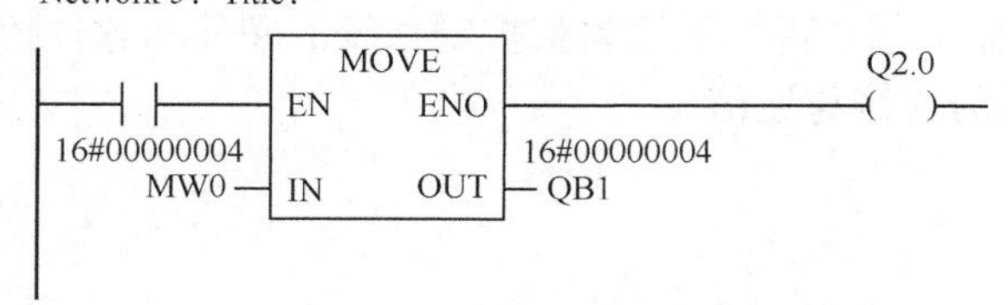

图 4-53　双字左循环移位指令

在进行程序设计时通常情况下应该避免双线圈输出。但在下面的情况下可以采用双线圈输出：在跳步条件相反的两个程序段（如自动程序和手动程序）中；在调用条件相反的两个子程序中，允许出现双线圈现象，即同一元件的线圈可以在两个子程序中分别出现一次。与跳步指令控制的程序段相同，子程序中的指令只是在该子程序被调用时才执行，没有调用时不执行，因为调用它们的条件相反，在一个扫描周期内只能调用一个子程序，实际上只执行正在处理的子程序中双线圈元件的线圈输出指令。

4.5　本章小结

本章通过对全自动洗衣机控制功能的实现，详细介绍了计数器指令、程序控制指令、比较指令、算术运算指令、移位指令以及 PLC 程序结构及功能块（FB）、功能（FC）的使用方法。

第 5 章　PLC 聚料架控制系统

本章简要介绍了聚料架的控制工艺，讲解了聚料架控制系统的硬件和软件控制系统的设计，并重点阐述了 PLC 与变频器的连接与通信。

5.1　系统工艺及控制要求

在生产线上为了保证产品生产连续不间断进行，其供料也必须实现不间断供给，实现零速接料。零速接料是指料卷在静止状态下完成粘接，而机器仍在正常运行，在此期间是由给料机的料卷储存装置（储料架）向生产线供给、输送料带。

本章介绍的聚料架是在汽车塑料密封条生产线上的钢带储料架，其结构如图 5-1 所示。

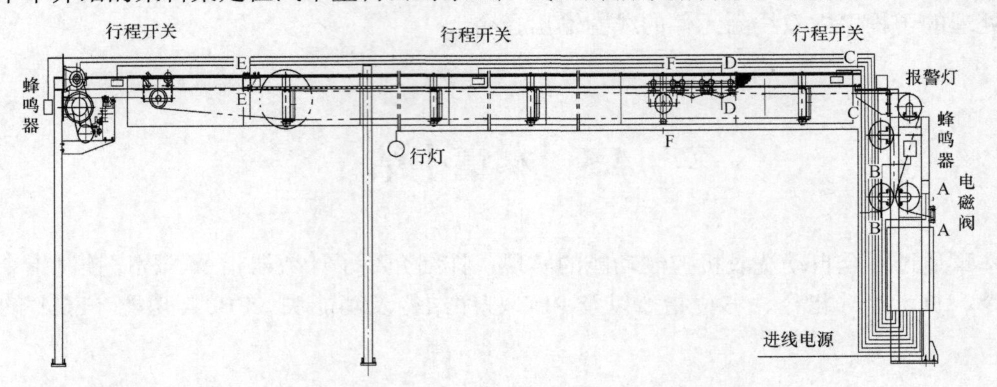

图 5-1　聚料架结构图

由图 5-1 可看出该聚料架是由一系列导料辊轮以及固定和活动的储料架组成的储料器。当前端的物料开卷机物料减少至将用尽时，通过一个限位开关发出信号至聚料架，聚料架收到信号立即将前端汽缸下压，将钢带压紧，避免出现缺料情况，同时给出声光报警，提醒工人迅速对钢带进行焊接，从而确保物料的连续供给。

其中行程开关分别给出导料辊轮的位置信号，行灯保证了工人工作时有足够的亮度。具体工艺如图 5-2 所示。

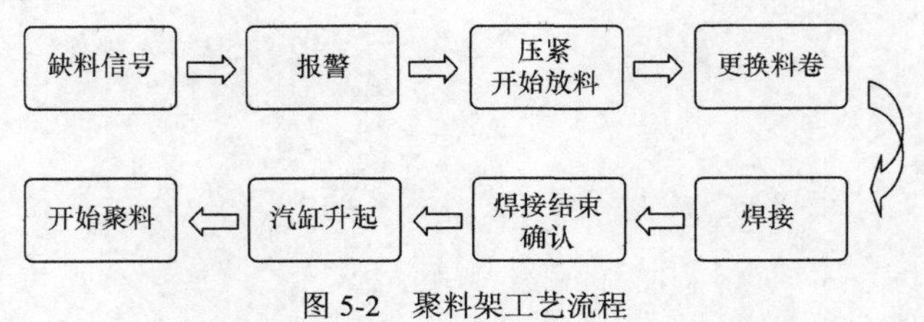

图 5-2　聚料架工艺流程

5.2 相关知识点

5.2.1 顺序功能图

顺序控制是指按照生产工艺规定的顺序，在各种输入信号的作用下，根据时间顺序，执行机构自动并有序地进行操作。顺序功能图（Sequential Function Charts，SFC）则是将顺序控制流程按照图形的方式进行描述。

（1）顺序功能图基本概念

步元素：包括步、转换条件及步的动作3个元素。步为当前系统所处的状态，转换条件为前一步进入当前步所需要的条件信号，步的动作为当前步所执行的具体命令。

步的动作的类型包括存储型和非存储型，见表5-1。

表5-1　步动作类型

命令类型	说　明	命令类型	说　明
S	存储命令	ST	存储并限时命令
NS	非存储命令	D	延迟命令
SH	存储，电源故障时	SD	存储并限时命令
T	限时命令	NSD	不存储，限时命令

（2）顺序功能图基本结构

顺序功能图基本结构如图5-3所示，包括没有分支与合并的单序列[见图5-3（a）]；具有分支与合并的选择序列[见图5-3（b）、（c）]；某一转换条件实现几个序列的同时激活的并行序列[见图5-3（d）]，并行序列表示系统的几个独立部分同时工作的情况。

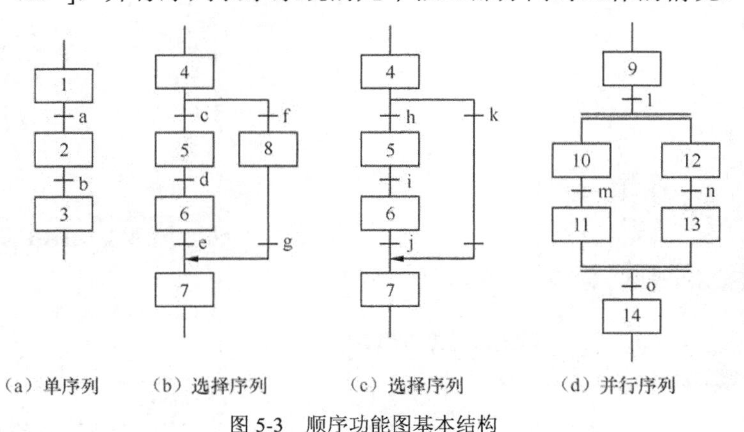

图5-3　顺序功能图基本结构

5.2.2 S7-GRAPH编程

STEP 7 V5.3以上的版本均带有S7-GRAPH编程语言，适用于SIMATIC S7-300、S7-400、

C7 和 WinAC，它针对顺序控制程序做了相应优化处理，不仅具有 PLC 典型的 I/O 定时器等元素，而且增加了以下内容：（1）多个顺序控制器，最多 8 个；（2）步骤，其中每个顺控器最多 250 个，而每个步骤的动作最多 100 个；（3）转换条件，每个顺控器最多 250 个；（4）分支条件，每个顺控器最多 250 个；（5）逻辑互锁，最多 32 个条件；（6）监控条件，最多 32 个条件；（7）事件触发功能；（8）切换运行模式，包括手动、自动及点动模式。

1）S7-GRAPH 程序构成

S7 程序中，S7-GRAPH 块可以与其他 STEP7 编程语言生成的块组合互相调用，S7-GRAPH 生成的块也可以作为库文件被其他语言引用。编译 S7-GRAPH 程序时，生成的块以 FB 形式出现并可被 OB1 等程序调用，如图 5-4 所示。

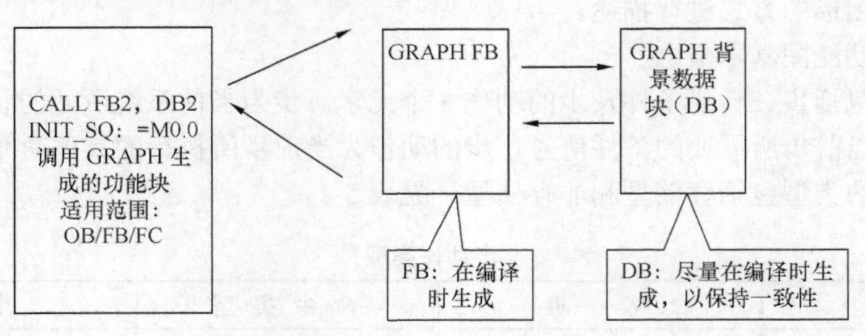

图 5-4　S7-GRAPH 程序

2）新建 S7-GRAPH 程序

在 STEP7 项目中右击“Source”文件夹，如图 5-5 所示，插入新的 GRAPH source 文件。

如果在项目中的“Block”文件夹上右击，选择“Insert New Object→Function Block→Created in Language”，然后选择“GRAPH”，也可新建 S7-GRAPH 格式 FB。不过 S7-GRAPH 格式 FB 保存时会自动检查语法错误，如果有语法错误则无法保存。因此，编程时最好新建 S7-GRAPH 格式 Source 文件记录程序，可以不检查语法错误随时保存。然后再单击“File→Compile”生成 S7-GRAPH 格式 FB，如图 5-6 所示，再下载和调试。

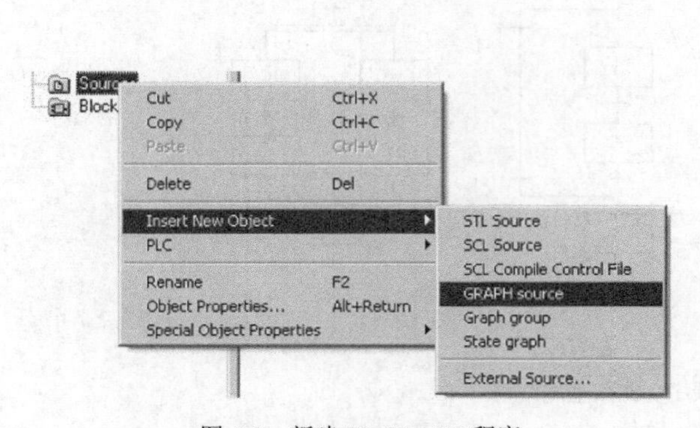

图 5-5　新建 S7-GRAPH 程序

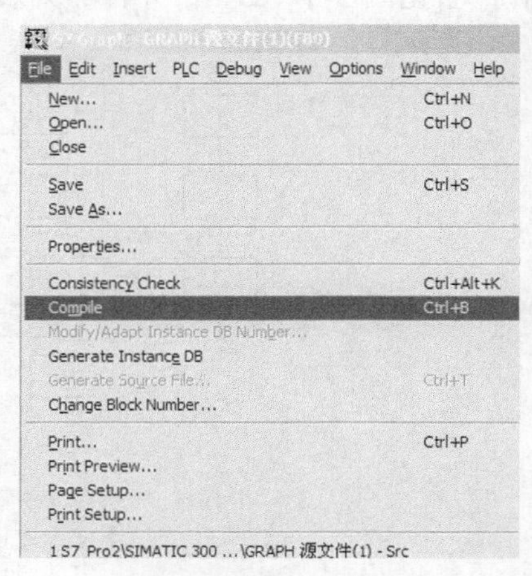

图 5-6　文件转换

3）S7-GRAPH 用户界面

S7-GRAPH 用户界面如图 5-7 所示，包括工具栏、工作区、概览窗口、详细窗口、状态条。

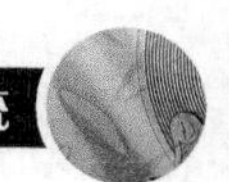

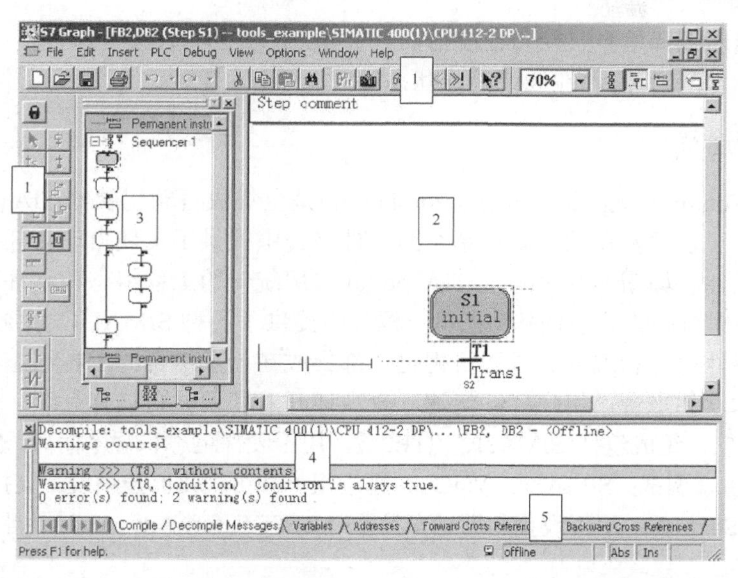

1—工具栏 2—工作区 3—概览窗口 4—详细窗口 5—状态条

图 5-7 S7-GRAPH 用户界面

工具栏具有标准功能、视图功能，实现分支、跳转等的顺控器以及可为每一步添加 LAD/FBD 的 LAD/FBD 功能。

工作区包括步的注释、步的互锁条件、步的监控条件、步的动作列表、步的符号名、步的转换条件以及步转换条件符号名。

互锁条件为每步的一个可编程条件，在工作区中用字母“C”来表示。如果互锁条件满足，则与互锁条件组合的指令将被执行，否则指令不被执行，同时将互锁错误信号置“1”。

监控条件也是每步的一个可编程条件，在工作区中用字母“V”来表示。如果监控条件满足，则当前步保持激活，顺控器不再转换到下一步；否则当前步向下一步的转换条件满足时，顺控器将转换到下一步。注意：每个监控条件最多可包括 LAD/FBD 元素 32 个，如果监控条件未编程，则控制系统将认为监控条件未满足。

概览窗口如图 5-8 所示，由上到下分别包括顺控器前的固定指令、顺控器以及顺控器后的固定指令。固定指令的编写见图 5-9。右击固定指令，选择“Insert New Element→Permanent Instruction”，然后再选择“Condition”或“Call”。

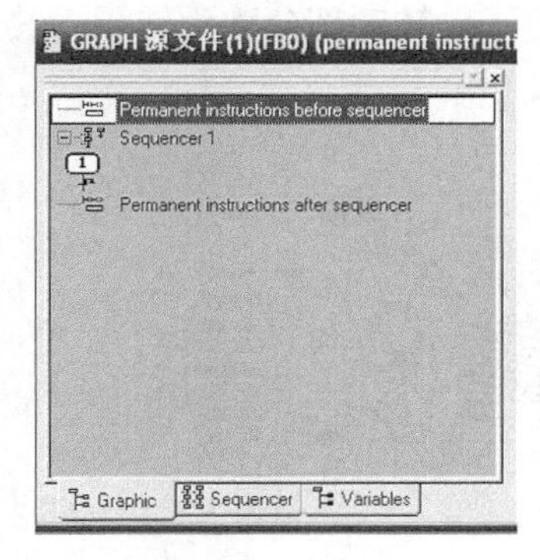

图 5-8 概览窗口

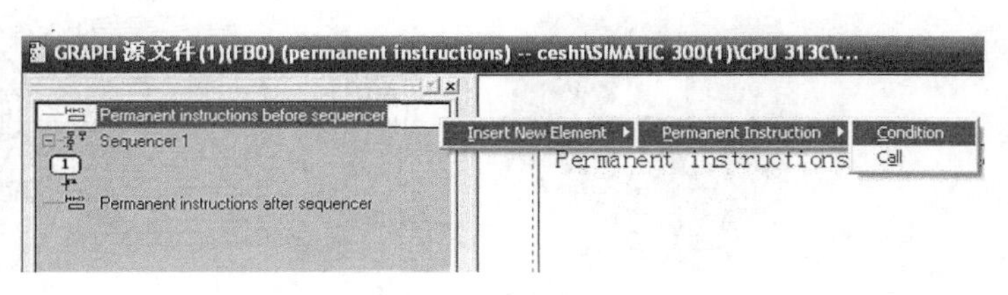

图 5-9 编写固定指令

详细窗口显示编译信息、变量监控等。

状态条显示 CPU 状态、在线或离线状态等。

5.2.3 博途简介

TIA 博途(Totally Integrated Automation Portal)是全集成自动化软件 TIA portal 的简称(见第 1 章),是西门子公司发布的一款在单个跨软件平台中提供了实现自动化任务所需的功能的全集成自动化软件。如图 5-10 所示，TIA portal 采用统一的工程组态和软件项目环境的自动化软件，集成工程组态的共享任务，在单一框架中提供了各种 SIMATIC 系统。所有必须的软件包，包括从硬件组态和编程到过程可视化，都集成在一个综合的工程组态框架中，借助该全新的工程技术软件平台，用户能够快速、直观地开发和调试自动化系统。

TIA portal 软件组成包括 SIMATIC STEP 7，用于硬件组态和程序编写；SIMATIC STEP7 PLCSIM，用于仿真调试；SIMATIC WinCC，用于组态和可视化监控系统，支持 PC 工作站和触摸屏；SIMATIC Startdrive 用于设置和调试变频器；STEP7 Safety Advanced，用于安全型 S7 系统。

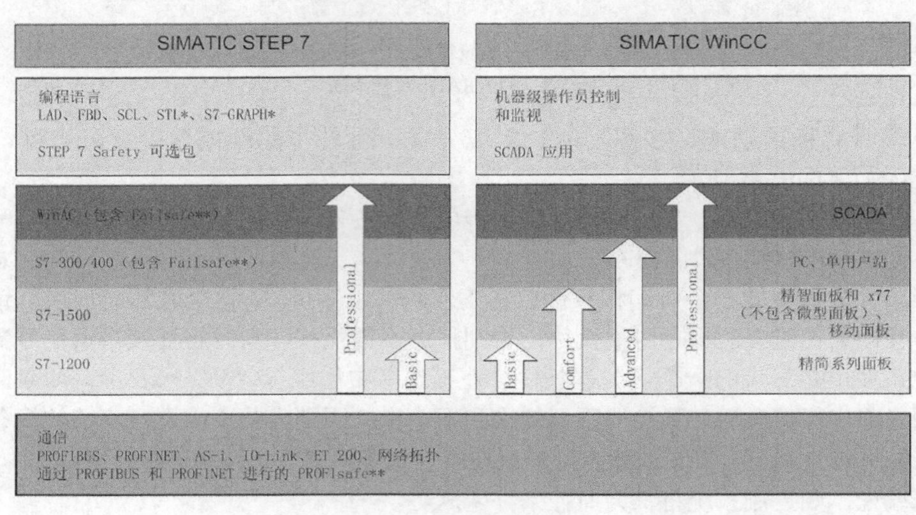

图 5-10 博途软件组成

5.2.4 三相异步电动机

三相异步电动机由定子和转子两部分组成。静止部分称为定子，转动部分称为转子。其主要部件如图 5-11 所示。

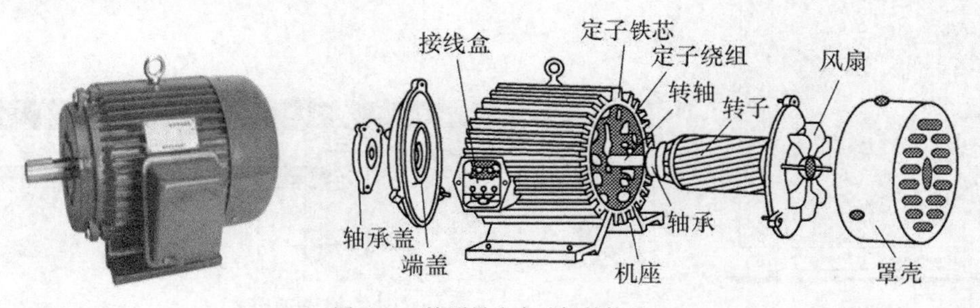

图 5-11 笼型异步电动机的构造

三相异步电动机按转子结构不同可以分为笼型和绕线型两大类。笼型异步电动机转子槽内有导体，导体两端用短路环连接，形成了一个闭合绕组。当定子三相对称绕组加上对称的三相交流电压后，定子三相绕组中便有对称的三相电流流过，它们共同形成定子旋转磁场。假设定子旋转磁场以 n_1 转速沿逆时针方向旋转，则磁力线将切割转子导体而感应电动势。在该电动势作用下，转子导体内便有电流通过，电流的有功分量与电动势同相位。转子导体电流有功分量与旋转磁场相互作用，使转子导体受到电磁力的作用。在该电磁力作用下，电动机转子就转动起来，其转向与旋转磁场的方向相同。这时，如果在电动机轴上加载机械负载，电动机便拖动负载运转，输出机械功率。异步电动机带动负载运行时，其转速不可能达到定子旋转磁场的转速。因为如果转子的转速达到旋转磁场的转速，则转子导体与旋转磁场之间没有相对运动，因而转子导体中不能感应出电动势和电流，也就不能产生推动转子旋转的电磁力。也就是说，异步电动机在负载运转时的转速总是低于磁场转速的，两种转速之间总是存在差异，故称为异步电动机。

目前我国生产的异步电动机产品代号和名称有：Y 代表异步电动机，YR 代表绕线式异步电动机，YB 代表隔爆型异步电动机，YZ 为起重冶金用异步电动机，YZR 代表起重冶金用绕线式异步电动机，YQ 代表高启动转矩异步电动机。

5.2.5 变频器

异步电动机定子磁场的旋转速度（即同步转速）计算公式如下：

$$n_1 = \frac{60 f_1}{p} \tag{5-1}$$

式中，n_1 为同步转速，f_1 为电源频率，p 为电动机极对数。

由电动机同步转速计算公式可以看到，改变电动机极对数或改变电源频率，可调节电动机同步转速，从而调节电动机的转速。异步电动机变频调速需要电压与频率均可调的交流电源，常用的交流可调电源是由电力电子器件构成的静止式功率变换器，称为变频器，如图 5-12 所示。

变频器结构如图 5-13 所示，包括交—直—交变频和交—交变频。

图 5-12 变频器

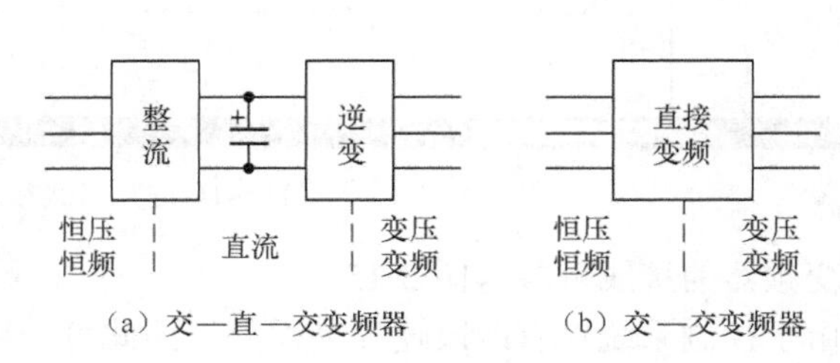

（a）交—直—交变频器 （b）交—交变频器

图 5-13 变频器结构

变频器的选型主要考虑变频器的负载类型、负载曲线、变频器与负载的电压、转矩匹配以及控制对转速的要求、安装场合等。

5.3 控制系统硬件设计

5.3.1 控制系统硬件选型

（1）PLC 选型

根据控制系统控制工艺及 I/O 点数，控制系统硬件配置如图 5-14 所示。

（2）变频器选型

选择西门子变频器 MM420，该变频器控制灵活、使用方便、控制功能强、具有灵活的端子功能自定义、可满足用户的特殊需要。另外具有 3 个可编程的继电器输出口，可实现多泵切换，无需扩展 DI/DO 模块；控制方式多样，用户可根据负载特性选择合适的控制方式。在变频器发生故障时，可以实现工频自由切换，保证系统正常运行；另外其过载能力强，140%负载电流可持续 3s，110%负载电流可持续 60s；内置 PID 控制器，3 组参数存储，方便完成设定值的互相转换，匹配不同负载，满足生产要求；具有强大的通信组网能力、便于集中控制、布线简洁、运行可靠。

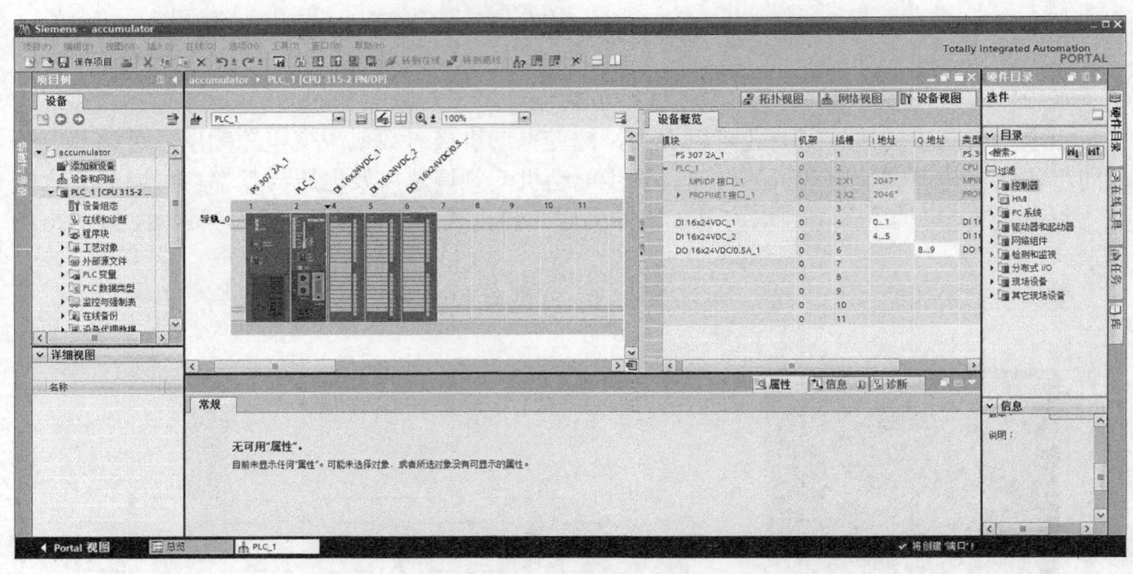

图 5-14 控制系统硬件配置

变频器的接线可参考图 5-15。

由于控制系统仅有两段速控制需要，因此可采用多段速变频控制的方式。先恢复变频器参数为出厂设置，再设置变频器参数，具体如下。

P0010=30 调试用的参数过滤器，工厂复位前，首先要设定 P0010=30（工厂设定值）。

P3900=1 快速调试结束，在完成计算以后，P3900 和 P0010（调试参数组）自动复位为它

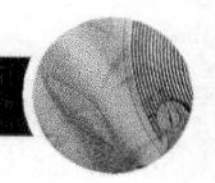

们的初始值0。

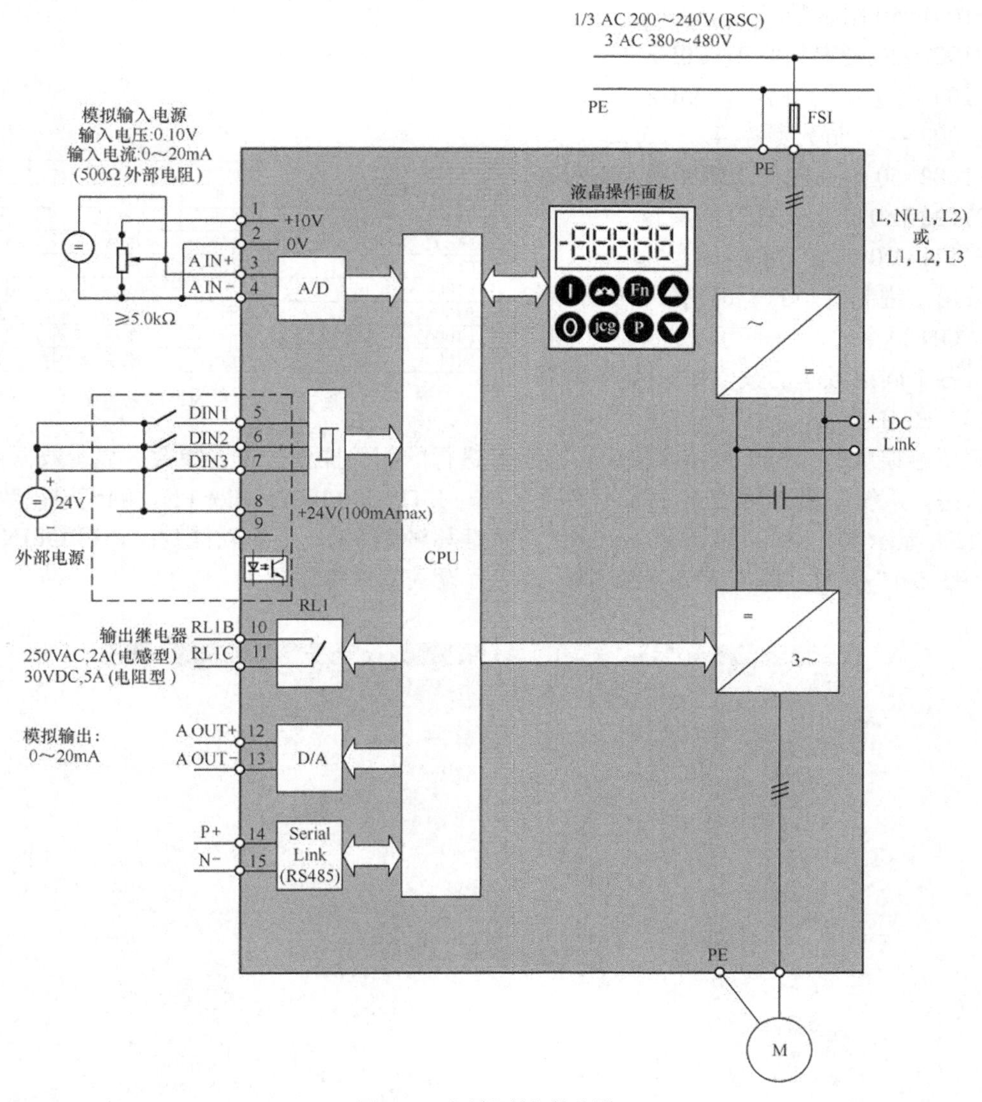

图5-15 变频器外部接线图

P0970=1 恢复为出厂设置。

重新上电。

P0010=1 调试用的参数过滤器，变频器的调试可以非常快速和方便地完成。这时，只有一些重要的参数（例如 P0304、P0305 等）是可以看得见的。这些参数的数值必须一个一个地输入变频器。当P3900设定为1～3时，快速调试结束后立即开始变频器参数的内部计算，然后自动把参数P0010复位为0。

P0700=2 选择命令源，由端子排输入。

P1000=3 频率设定值的选择，为固定值。

P3900=1 快速调试结束。

重新上电。

P1001=50 固定频率 1，50Hz。

P1002=20 固定频率 2，20Hz。

P1003=25 固定频率 3，25Hz。

P1003= −25 固定频率 4，−25Hz。

P1082=50 最高的电动机频率 50Hz。

P1120=1.0 斜坡上升时间，1s。

P1121=1.0 斜坡下降时间，1s。

采用二进制编码的十进制数（BCD 码）选择 + ON 命令时，最多可以选择 7 个固定频率，各个固定频率的数值如图 5-16 所示。

		DIN3	DIN2	DIN1
	OFF	不激活	不激活	不激活
P1001	FF1	不激活	不激活	激活
P1002	FF2	不激活	激活	不激活
P1003	FF3	不激活	激活	激活
P1004	FF4	激活	不激活	不激活
P1005	FF5	激活	不激活	激活
P1006	FF6	激活	激活	不激活
P1007	FF7	激活	激活	激活

图 5-16　多段固定频率选择

（3）HMI 添加

采用触摸屏来代替传统控制按钮和指示灯进行的相关操作，设置参数，显示数据并监控设备状态，系统选用 SIMATIC 精简系列面板——KTP1000 Basic color PN，触摸屏参数如下：10.4" TFT 显示屏，640×480 像素，256 色；按键和触摸操作，8 个功能键；1×PROFINET。

如图 5-17 所示，添加 HMI 触摸屏，并进行设备型号的选择。

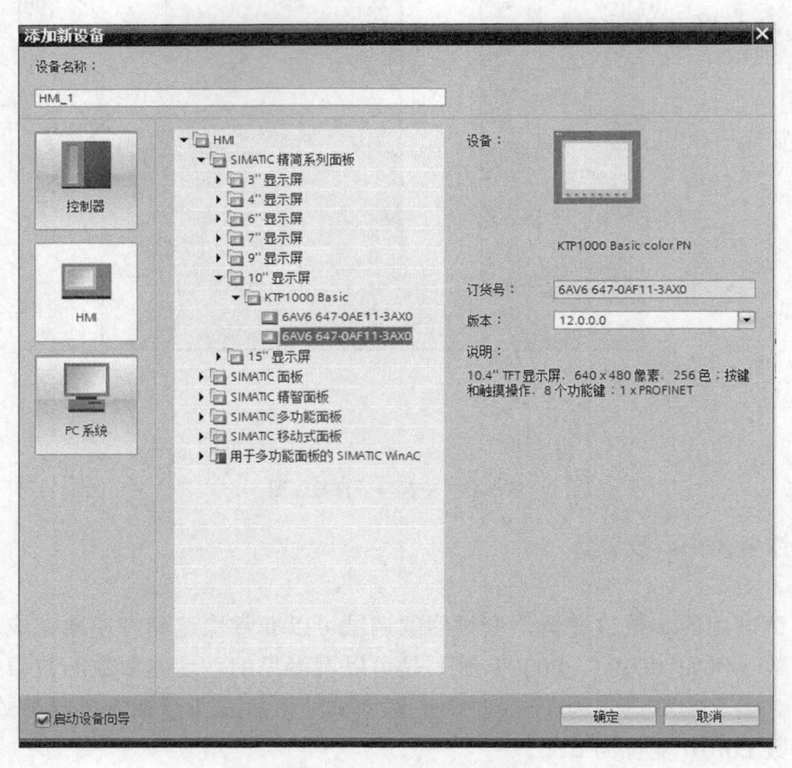

图 5-17　添加 HMI 触摸屏

如图 5-18 和图 5-19 所示，为组态 PLC 连接，并进行 PLC 及 HMI 的 IP 地址设置。

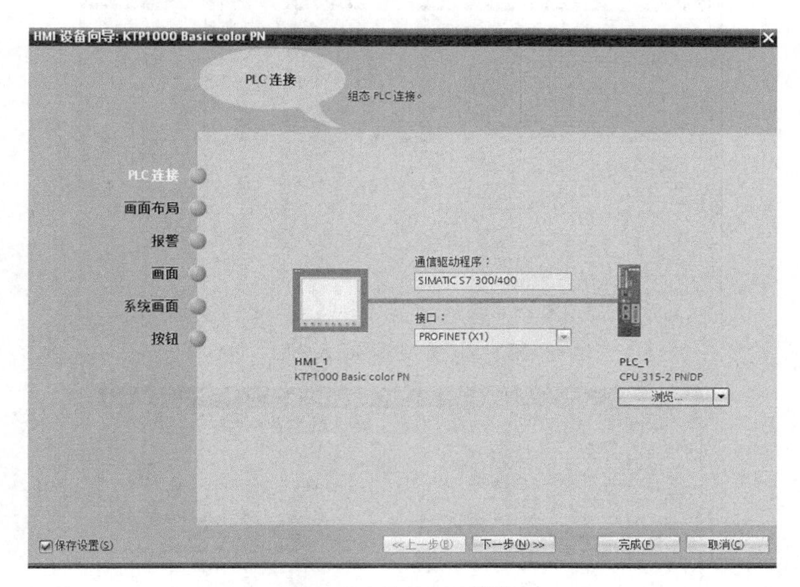

图 5-18　组态 PLC 连接

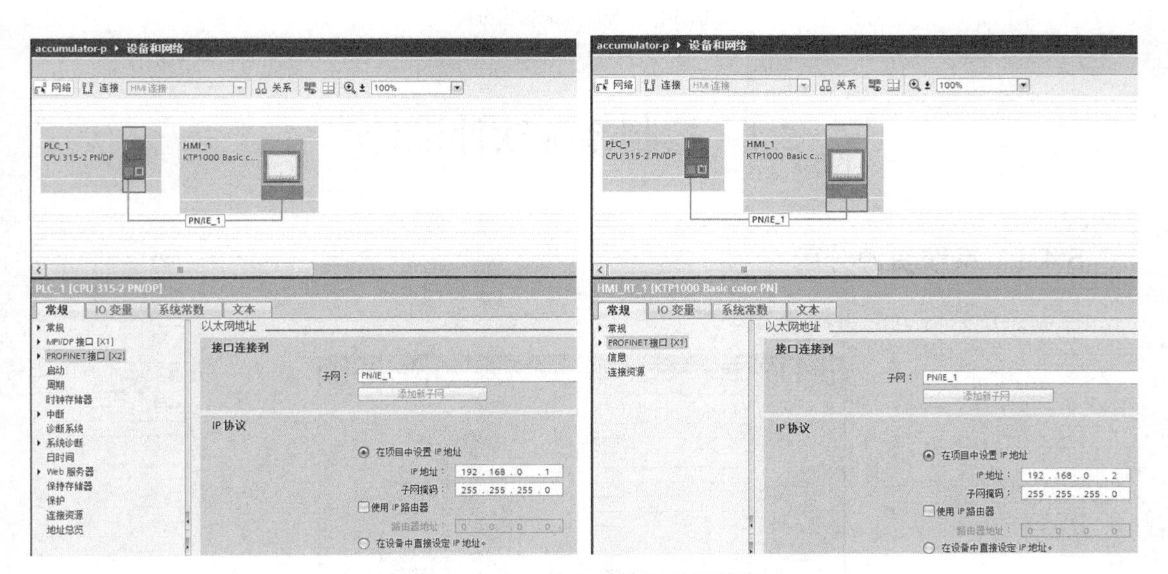

图 5-19　PLC 及 HMI 的 IP 地址设置

5.3.2　PLC I/O 分配

控制系统 I/O 分配见图 5-20 和图 5-21。

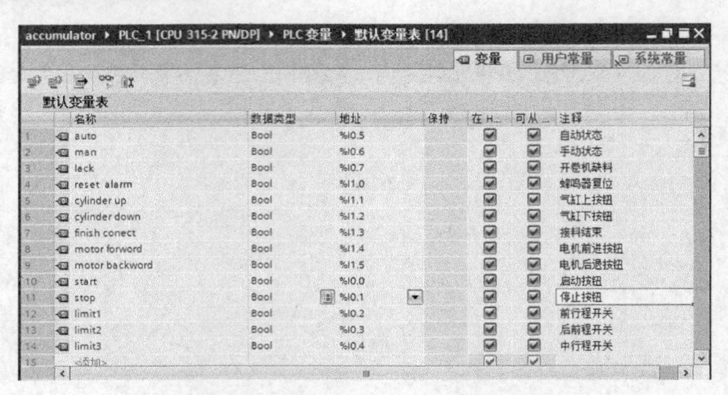
accumulator ▸ PLC_1 [CPU 315-2 PN/DP] ▸ PLC 变量 ▸ 默认变量表 [14]

变量 | 用户常量 | 系统常量

默认变量表

	名称	数据类型	地址	保持	在 H...	可从...	注释
1	auto	Bool	%I0.5		☑	☑	自动状态
2	man	Bool	%I0.6		☑	☑	手动状态
3	lack	Bool	%I0.7		☑	☑	开卷机缺料
4	reset alarm	Bool	%I1.0		☑	☑	蜂鸣器复位
5	cylinder up	Bool	%I1.1		☑	☑	气缸上按钮
6	cylinder down	Bool	%I1.2		☑	☑	气缸下按钮
7	finish conect	Bool	%I1.3		☑	☑	接料结束
8	motor forword	Bool	%I1.4		☑	☑	电机前进按钮
9	motor backword	Bool	%I1.5		☑	☑	电机后退按钮
10	start	Bool	%I0.0		☑	☑	启动按钮
11	stop	Bool	%I0.1		☑	☑	停止按钮
12	limit1	Bool	%I0.2		☑	☑	前行程开关
13	limit2	Bool	%I0.3		☑	☑	后前程开关
14	limit3	Bool	%I0.4		☑	☑	中行程开关
15	<添加>				☑	☑	

图 5-20　控制系统输入分配

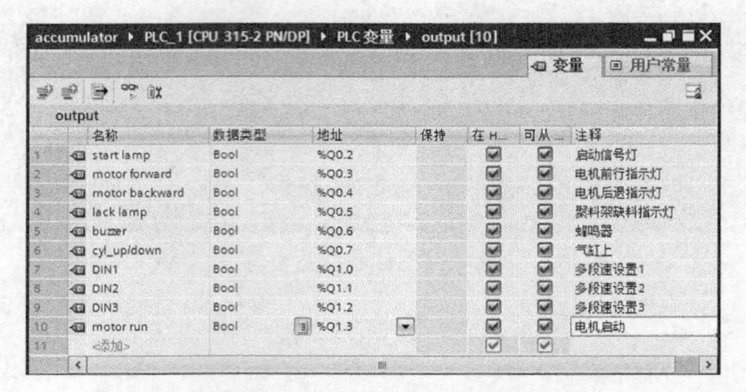
accumulator ▸ PLC_1 [CPU 315-2 PN/DP] ▸ PLC 变量 ▸ output [10]

变量 | 用户常量

output

	名称	数据类型	地址	保持	在 H...	可从...	注释
1	start lamp	Bool	%Q0.2		☑	☑	启动信号灯
2	motor forward	Bool	%Q0.3		☑	☑	电机前行指示灯
3	motor backward	Bool	%Q0.4		☑	☑	电机后退指示灯
4	lack lamp	Bool	%Q0.5		☑	☑	聚料架缺料指示灯
5	buzzer	Bool	%Q0.6		☑	☑	蜂鸣器
6	cyl_up/down	Bool	%Q0.7		☑	☑	气缸上
7	DIN1	Bool	%Q1.0		☑	☑	多段速设置1
8	DIN2	Bool	%Q1.1		☑	☑	多段速设置2
9	DIN3	Bool	%Q1.2		☑	☑	多段速设置3
10	motor run	Bool	%Q1.3		☑	☑	电机启动
11	<添加>				☑	☑	

图 5-21　控制系统输出分配

5.4　控制系统软件设计

5.4.1　系统资源分配

控制系统资源分配见图 5-22。

accumulator ▸ PLC_1 [CPU 315-2 PN/DP] ▸ PLC 变量

变量 | 用户常量 | 系统常量

PLC 变量

	名称	...	数据类型	地址	保持	在 H...	...	注释
1	auto		Bool	%I...		☑	☑	自动状态
2	man	...	Bool	%I0.6		☑	☑	手动状态
3	lack	...	Bool	%I0.7		☑	☑	开卷机缺料
4	reset alarm	...	Bool	%I1.0		☑	☑	蜂鸣器复位
5	cylinder up	...	Bool	%I1.1		☑	☑	气缸上按钮
6	cylinder down	...	Bool	%I1.2		☑	☑	气缸下按钮
7	finish conect	...	Bool	%I1.3		☑	☑	接料结束
8	motor forword	...	Bool	%I1.4		☑	☑	电机前进按钮
9	motor backword	...	Bool	%I1.5		☑	☑	电机后退按钮
10	start	...	Bool	%I0.0		☑	☑	启动按钮
11	stop	...	Bool	%I0.1		☑	☑	停止按钮
12	limit1	...	Bool	%I0.2		☑	☑	前行程开关
13	limit2	...	Bool	%I0.3		☑	☑	后前程开关
14	limit3	...	Bool	%I0.4		☑	☑	中行程开关
15	start lamp	...	Bool	%Q0.2		☑	☑	启动信号灯
16	motor forward	...	Bool	%Q0.3		☑	☑	电机前行指示灯
17	motor backward	...	Bool	%Q0.4		☑	☑	电机后退指示灯
18	lack lamp	...	Bool	%Q0.5		☑	☑	聚料架缺料指示灯
19	buzzer	...	Bool	%Q0.6		☑	☑	蜂鸣器
20	cyl_up/down	...	Bool	%Q0.7		☑	☑	气缸上
21	DIN1	...	Bool	%Q1.0		☑	☑	多段速设置1
22	DIN2	...	Bool	%Q1.1		☑	☑	多段速设置2
23	DIN3	...	Bool	%Q1.2		☑	☑	多段速设置3
24	motor run	...	Bool	%Q1.3		☑	☑	电机启动

图 5-22　控制系统资源分配

5.4.2 控制流程图

根据已选择的控制PLC、控制元件，以及控制系统的工艺要求，绘制控制系统自动状态下的控制流程图，如图5-23所示。

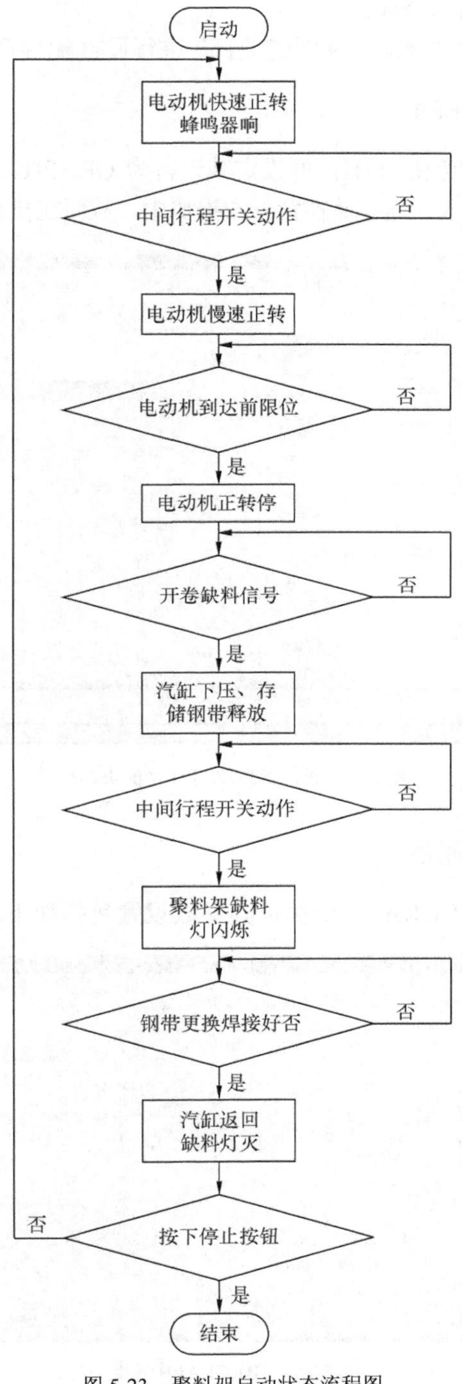

图5-23 聚料架自动状态流程图

5.4.3 系统软件设计

利用 GRAPH 编程语言可以清楚、快速地组织和编写控制系统顺序控制程序，同时还能将控制任务分解为若干步，并通过图形方式显示，可方便地实现全局、单页及单步显示，以及互锁控制和监视条件的图形分离。

通过分析控制系统的工艺要求，并创建项目、进行硬件配置后，即可开始进行软件设计。

1. 插入函数块（FB）FB1

如图 5-24 所示，添加函数块 FB1，并设定其语言为 GRAPH。函数块是一种代码块，它将输入、输出和输入/输出参数永久地存储在背景数据块中，从而在执行块之后，这些值依然有效。

图 5-24 插入 S7-GRAPH 功能块 FB1

2. 设置 FB1 GRAPH 属性

按图 5-25 所示设置 FB1 GRAPH 属性，其参数设置包括如下。

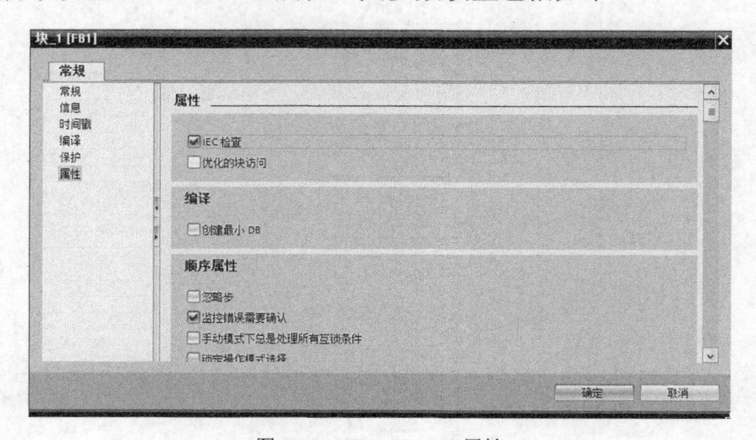

图 5-25 FB1 GRAPH 属性

3. 编辑 GRAPH 功能块

（1）插入步及步的转换，如图 5-26 所示，单击下方的“插入元素”，单击快捷键 步和转换条件 Shift+F5 ，或右键插入新步。

同时也可根据需要插入跳转或分支，如图 5-27 所示。

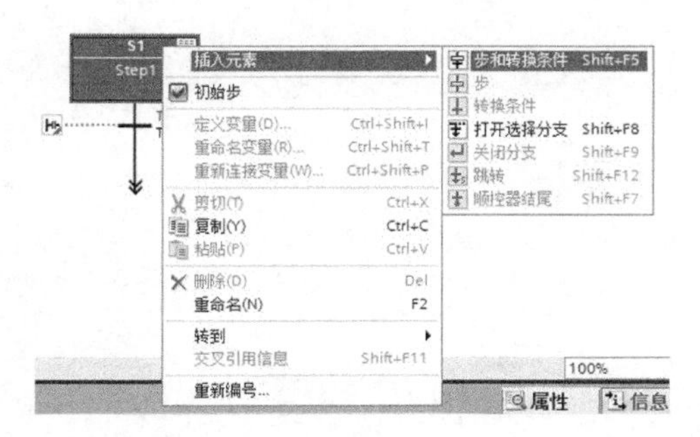

图 5-26　添加新步

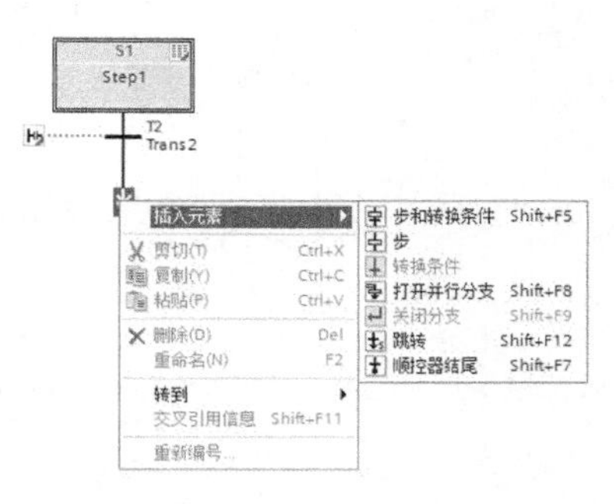

图 5-27　插入分支

（2）插入动作。如图 5-28 所示，单击打开动作列表，添加动作，设置互锁相关，事件及限定符。

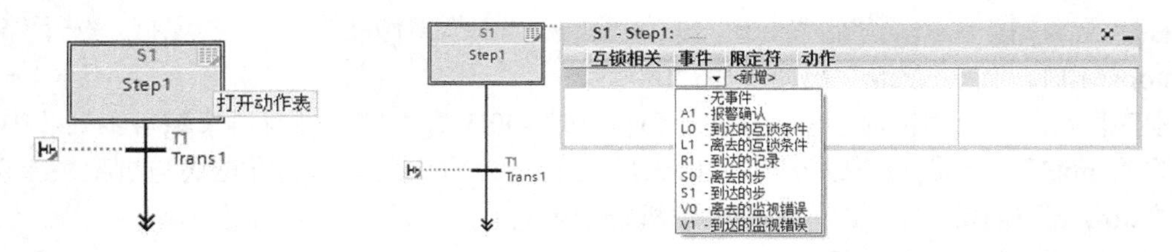

图 5-28　插入动作

图中互锁条件是步内用于阻止执行该步的可设定的互锁条件。动作包含用于过程控制的实际指令。事件可以是步、监控条件或互锁条件的信号状态变化，也可以是消息确认或注册。限定符用于指定要执行 GRAPH 步的动作的类型。

（3）顺控程序的元素和元素图标如表 5-2 所示，可利用工具栏中快捷方式进行编程。

表 5-2　　元素和元素图标

图　标	名　称	图　标	名　称
	步和转换条件		选择分支
	步		关闭分支
	转换条件		跳转到步
	并行分支		顺序结尾

4. 控制程序设计

（1）固定步

控制程序固定步如图 5-29 所示。

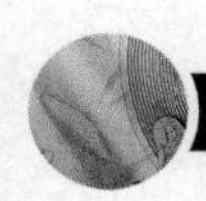

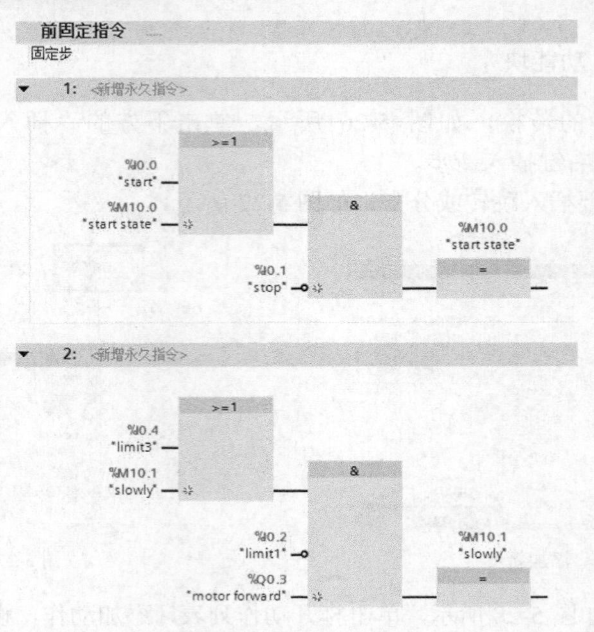

图 5-29 顺控器前固定步

程序段 1：按下启动按钮“start”I0.0，“start state”M10.0 为“1”并保持；按下停止按钮“stop”I0.1，“start state”M10.0 为“0”。

程序段 2：当电动机前行时“motor forword”Q0.3 为“1”，当聚料架聚料辊到达中间行程开关“limit3”，至前行程限位开关“limit1”之间，为防止聚料辊速度过快与机架发生碰撞，此时“slowly”M10.1 为“1”，控制电动机慢速前行。

部分 FB 参数及其含义见表 5-3。

表 5-3　　部分 FB 参数

FB 参数（上升沿有效）	含　义
ACK_EF	故障信息得到确认
INIT_SQ	激活初始步（顺控器复位）
OFF_SQ	停止顺控器，例如使所有步失效
SW_AUTO	模式选择：自动模式
SW_MAN	模式选择：手动模式
SW_TAP	模式选择：单步调节
SW_TOP	模式选择：自动或切换到下一个
S_SEL	选择，激活/去使能在手动模式 S_ON/S_OFF 在 S_NO 步数
S_ON	手动模式：激活步显示

当 INIT_SQ 由“0”→“1”的上升沿，顺控器被复位，激活初始步，通过初始步复位各个输出。

（2）初始步

设置 S1 为初始步，如图 5-30 所示为聚料架控制程序的初始步。

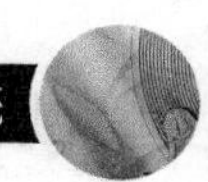

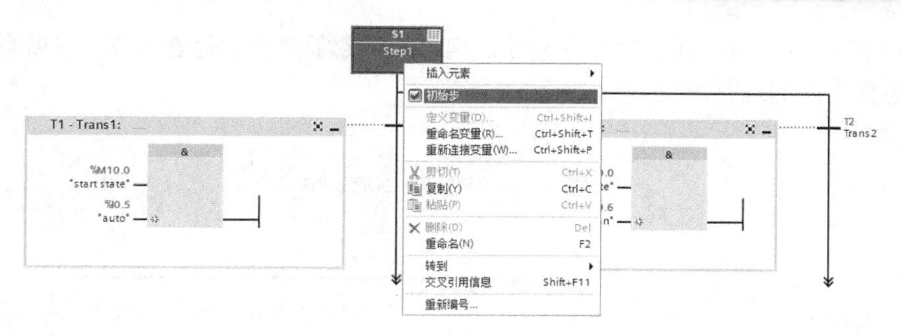

图 5-30　初始步设置

在初始步中启动聚料辊前行灯（电动机正转）、聚料辊回退（电动机反转）灯、缺料指示灯，蜂鸣器、汽缸下、电动机转、速度信号等进行复位初始化。

通过 T1、T2 实现控制系统自动状态和手动状态操作的切换。

初始步见图 5-31。

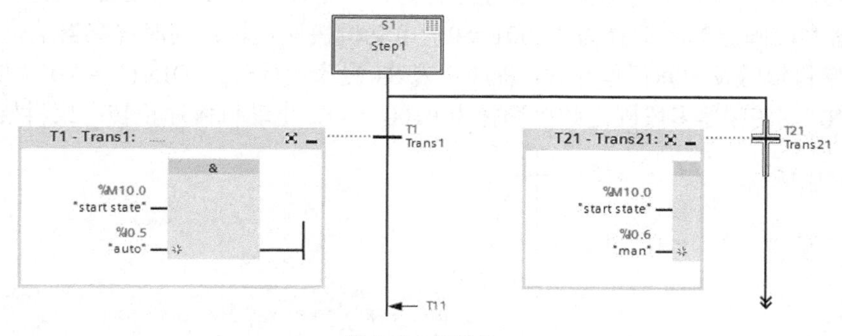

图 5-31　初始步

（3）控制系统自动状态程序

根据控制系统自动状态控制工艺要求，编写其自动状态控制程序，见图 5-32。

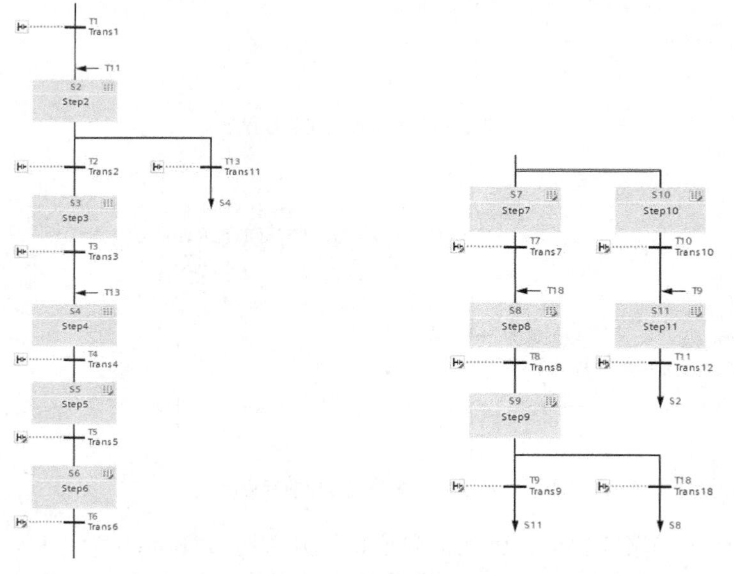

图 5-32　自动状态程序

图 5-33 所示为自动运行启动部分程序，其同时包含了两个选择性分支，根据聚料架聚料辊的位置选择不同的运行速度。

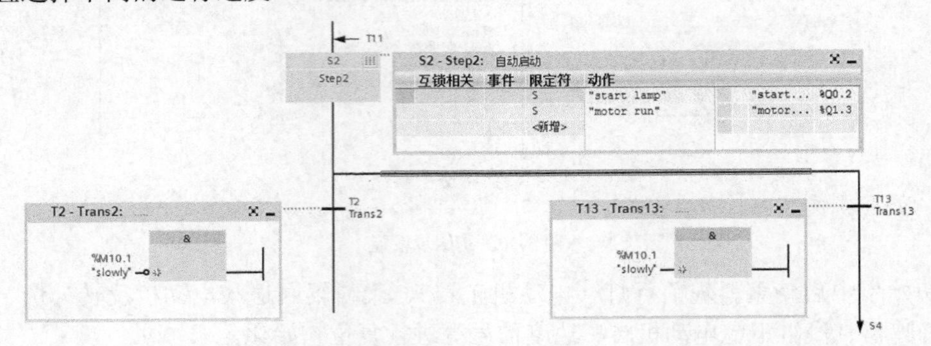

图 5-33 启动部分程序

如图 5-34 和图 5-35 所示程序，快速运行时，“DIN1”=“1”“DIN2”=“0”“DIN3”=“0”；变频器多段固定频率选择为 P1001=50，电动机快速正转；同时蜂鸣器响，提醒工人注意安全。当聚料辊触发中间行程开关，程序进入 S4 慢速运行时，“DIN1”=“0”“DIN2”=“1”“DIN3”=“0”，变频器多段固定频率选择为 P1001=50，电动机慢速正转；聚料架继续聚料。

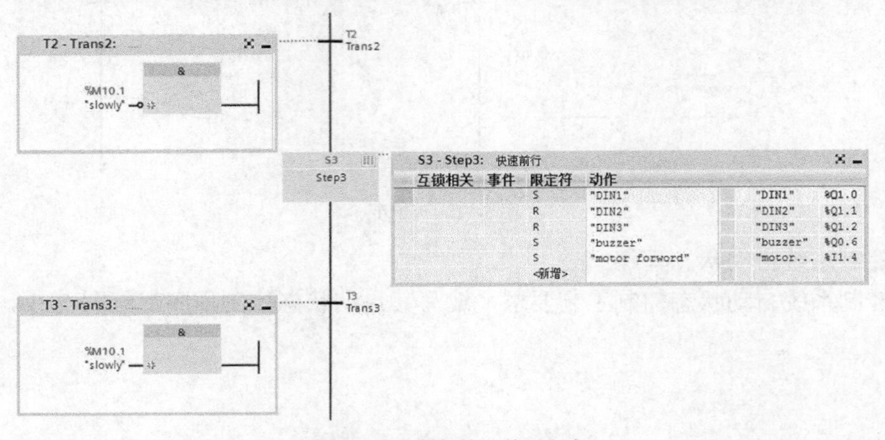

图 5-34 聚料辊快速前行程序

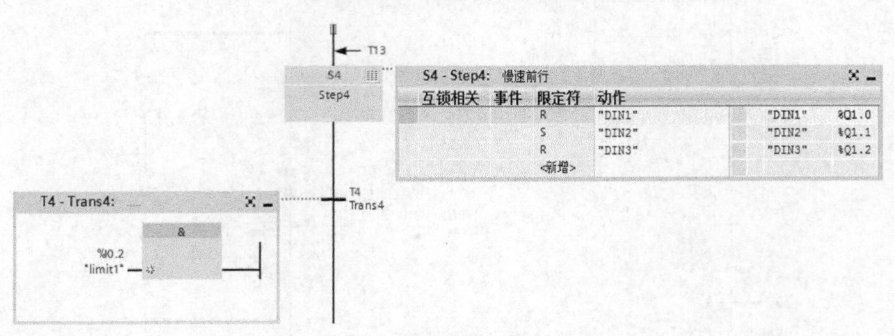

图 5-35 聚料辊慢速前行程序

如图 5-36 所示，聚料辊前行到达前限位行程开关时，“limit”为“1”，Trans4 转换条件满足，S5 激活，复位电动机运行信号，复位蜂鸣器及电动机正转指示灯。

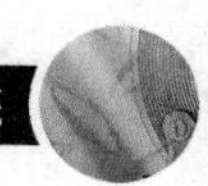

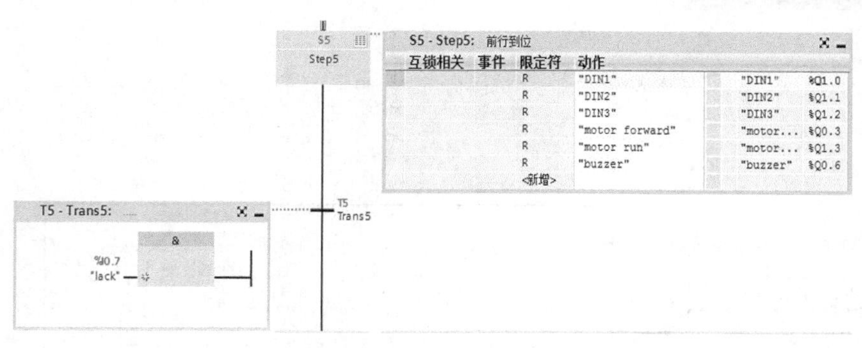

图 5-36 聚料前行到位程序

如图 5-37 所示，当前方设备开卷机供料缺时，发出缺料信号，则此时汽缸下压，开始释放存储钢带，同时蜂鸣器响提醒工人。

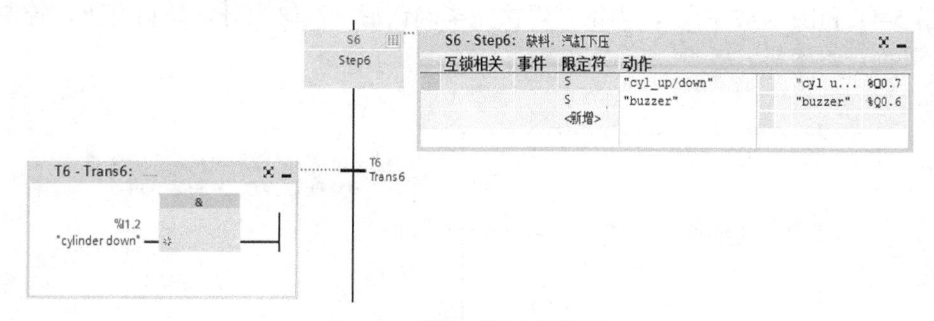

图 5-37 缺料，汽缸下压程序

图 5-38～图 5-40 所示为钢带释放至聚料辊回退到中间行程开关时的缺料报警灯闪烁控制。缺料时报警灯的闪烁与工人焊接钢带结束确认采用并行方式同时进行控制。由图中可看到报警灯在缺料后亮 1s 灭 1s 闪烁。

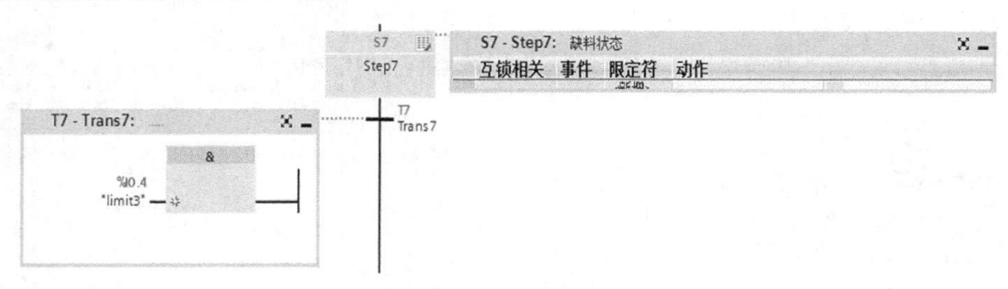

图 5-38 缺料状态程序

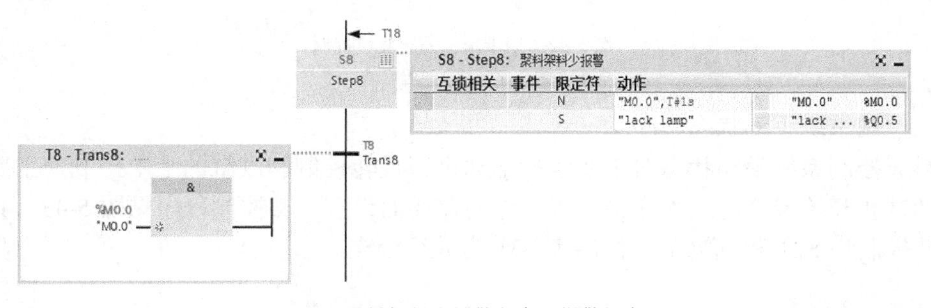

图 5-39 聚料架料少报警程序（报警灯亮）

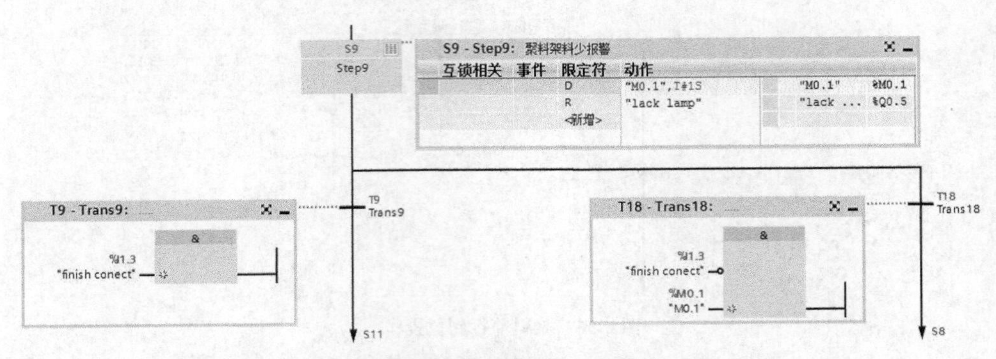

图 5-40　聚料架料少报警程序（报警灯灭）

如图 5-41 和图 5-42 所示，当钢带焊接完毕确认后，汽缸上升，缺料灯灭，控制程序跳转到 S2 重新开始聚料。

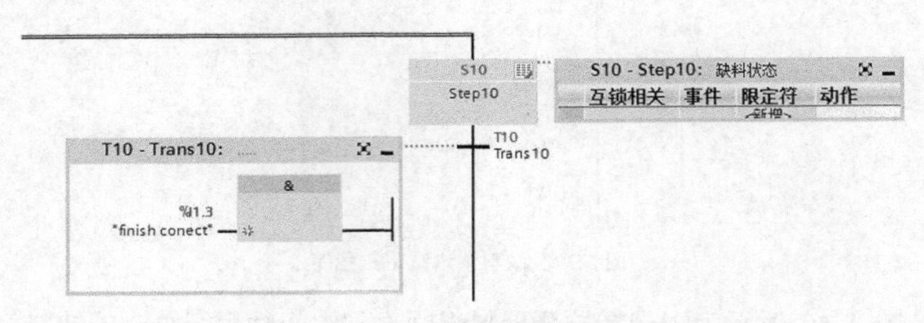

图 5-41　缺料状态程序

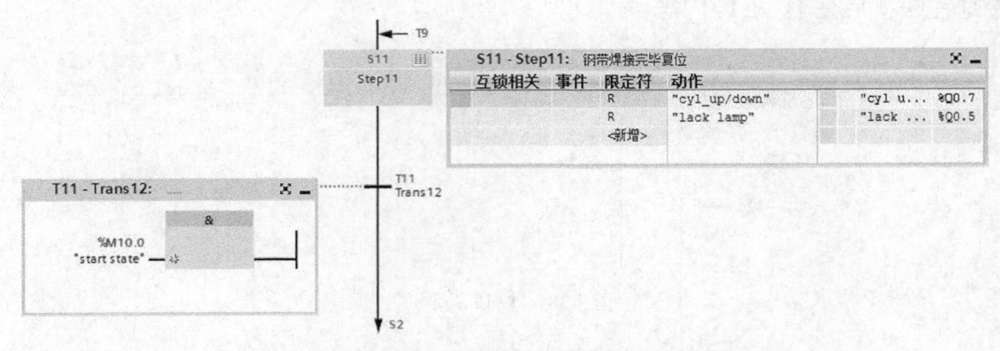

图 5-42　钢带焊接完毕复位控制

（4）控制系统手动状态程序

聚料架控制系统手动状态时主要包括电动机正反转控制和汽缸的上下控制，主要是为满足装置调试和开始聚料时工人穿钢带等工作的需要而设置。其控制程序见图 5-43，其中电动机正反转控制步 S21 和汽缸上下控制步 S31 为并行分支。

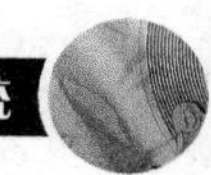

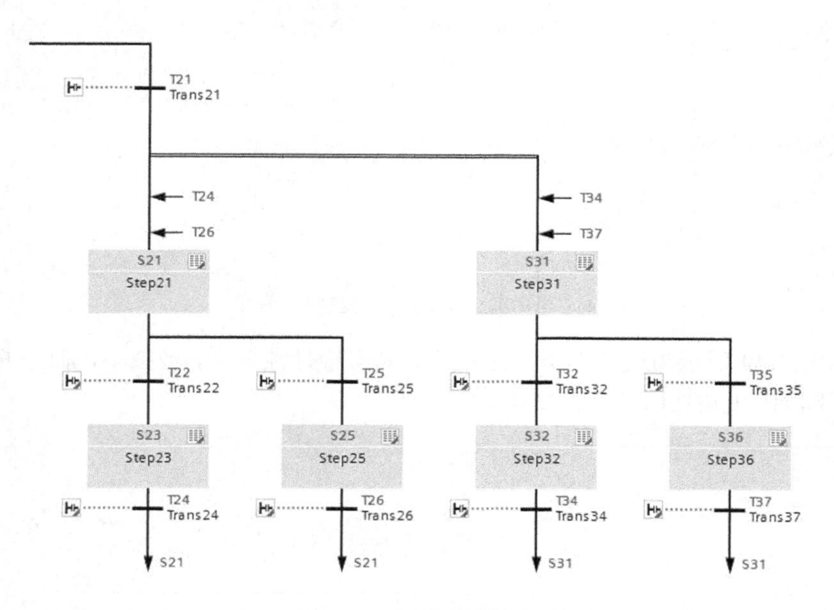

图 5-43 手动控制顺控功能图

图 5-44～图 5-46 所示为电动机正反转控制程序。

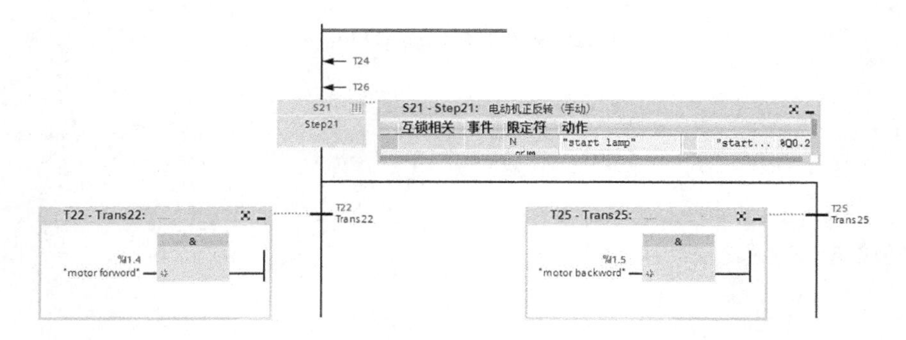

图 5-44 电动机正反转（手动）控制单步程序

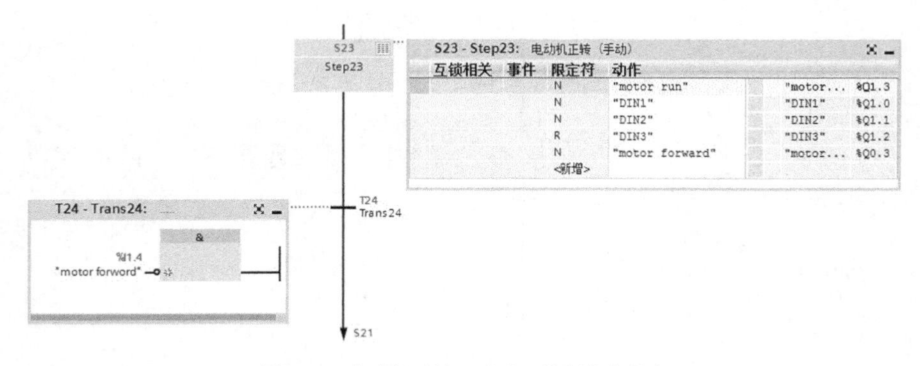

图 5-45 电动机正转（手动）控制单步程序

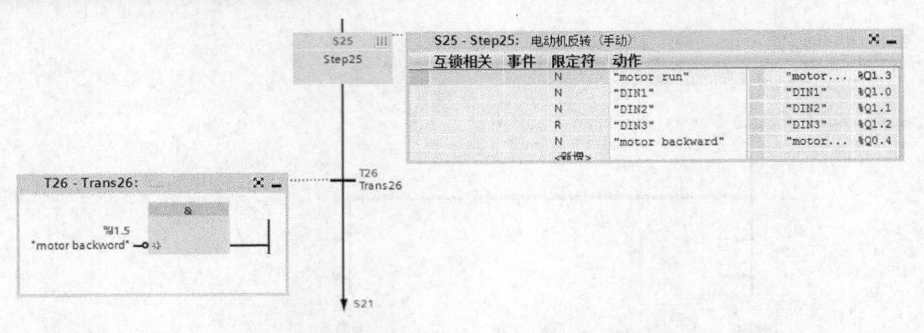

图 5-46 电动机反转（手动）控制单步程序

图 5-47～图 5-49 所示为汽缸上下控制程序，采用选择性分支，当按下汽缸下按钮时激活步 S32，当按下汽缸上按钮时激活步 S36。

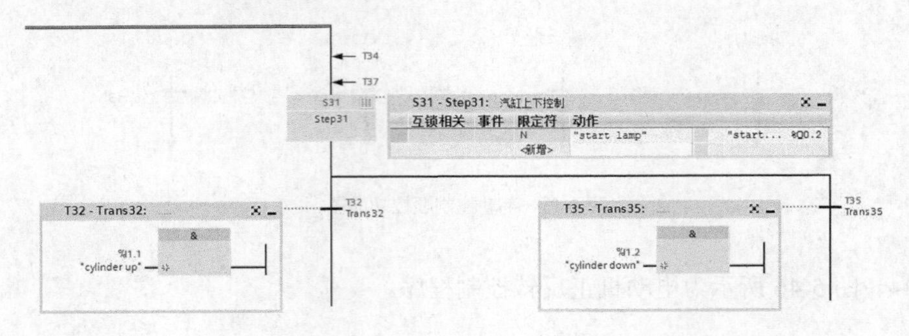

图 5-47 汽缸上下控制单步程序

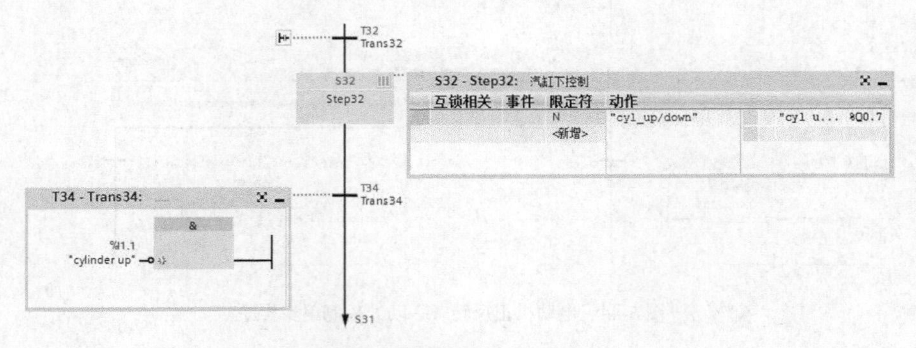

图 5-48 汽缸下控制单步程序

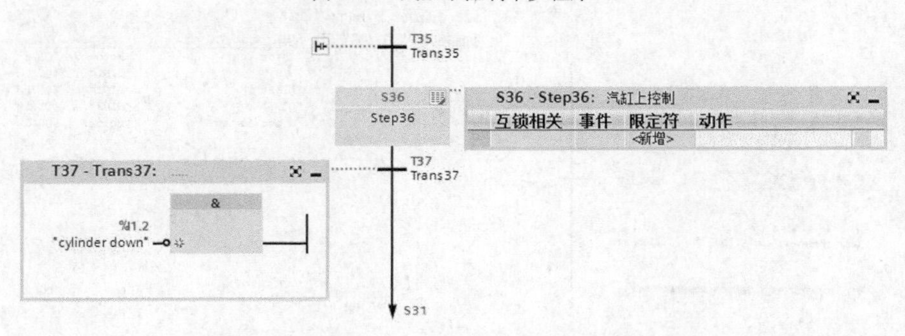

图 5-49 汽缸上控制单步程序

（5）主程序 OB1

控制系统主程序 OB1 如图 5-50 所示。

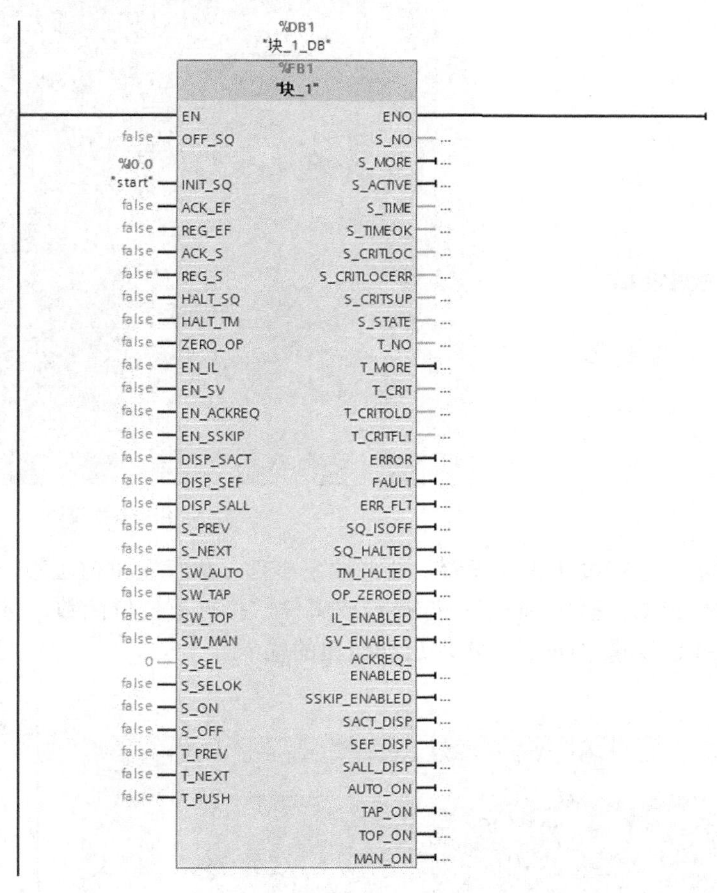

图 5-50　主程序

5.4.4　HMI 界面组态

如图 5-51 所示，利用向导进行 HMI 画面布局设置。

如图 5-52 所示，添加画面，并定义为启动画面。

进行组态界面设计，如图 5-53 所示，包括设备运行状态显示及控制按钮。

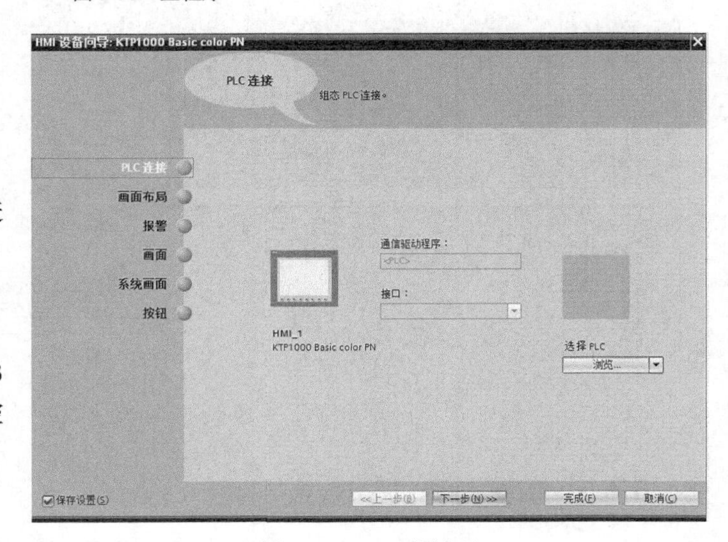

图 5-51　HMI 画面布局

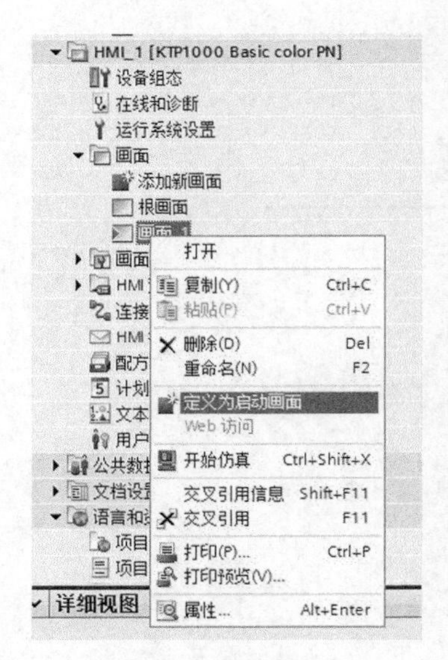

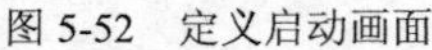

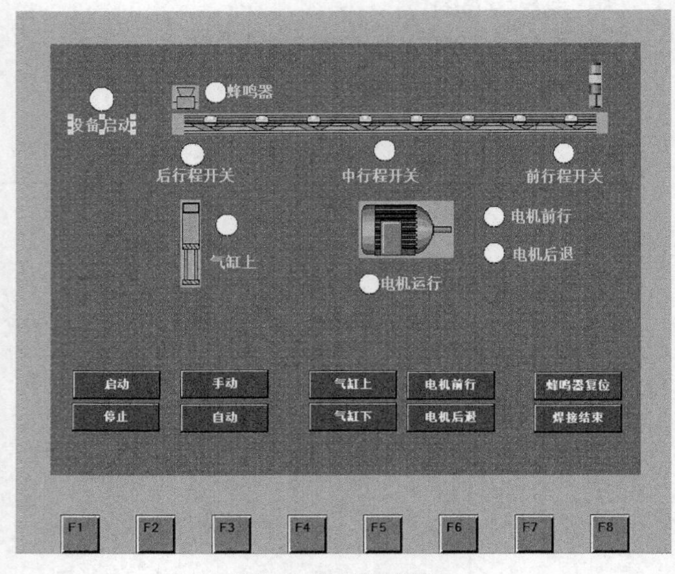

图 5-52　定义启动画面　　　　图 5-53　组态界面设计

如图 5-54 所示，进行按钮事件设置，选择按下事件，执行置位位函数，进行变量（输入输出）设置，选择 PLC 变量“start”；选择释放事件，执行复位位函数，进行变量（输入输出）设置，选择 PLC 变量“start”，实现启动按钮的输入。

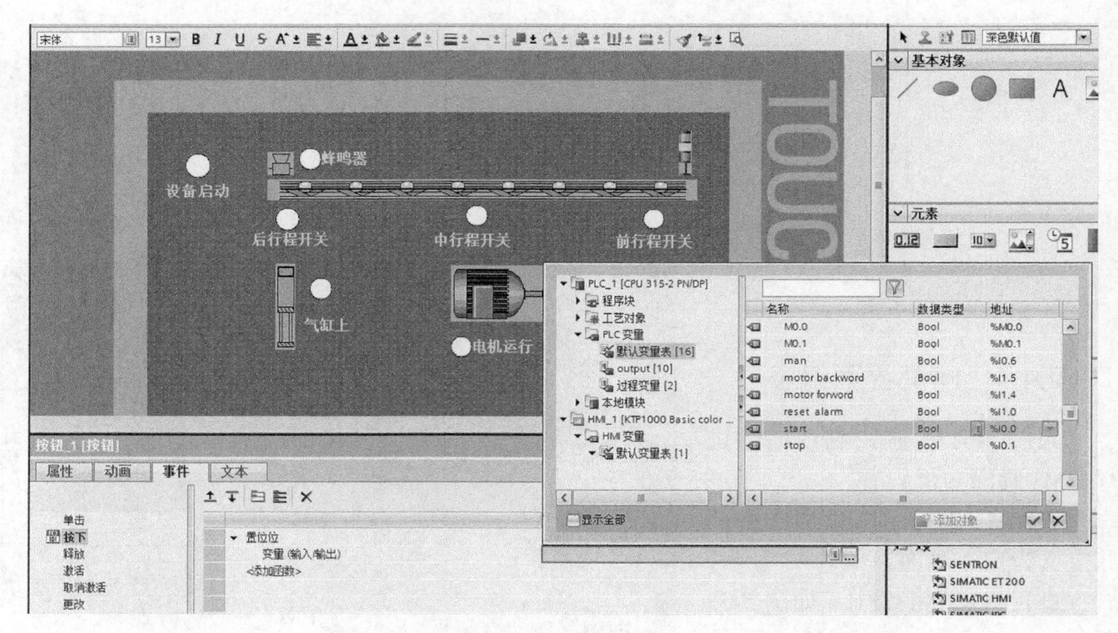

图 5-54　按钮事件设置

5.4.5　仿真与调试

采用 S7-PLCSIM 进行仿真和调试。仿真程序界面见图 5-55。

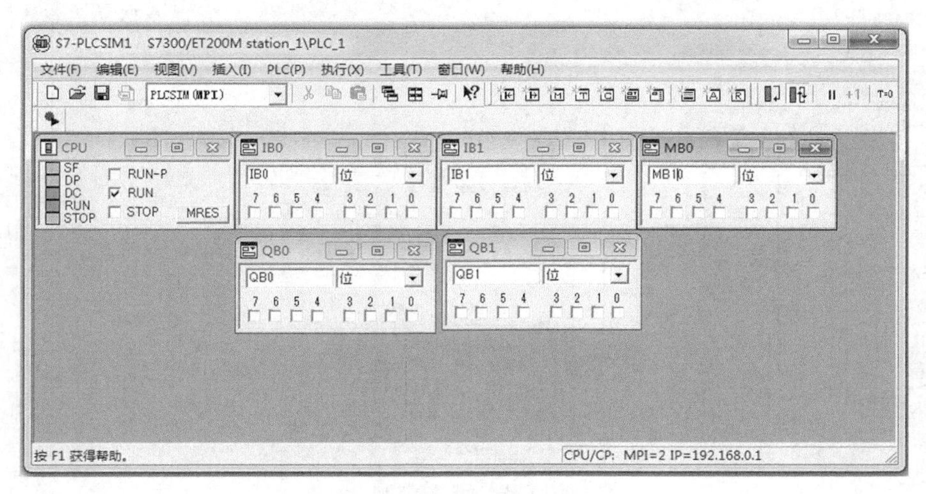

图 5-55 仿真程序界面

调试时，在属性的顺序属性中，可以控制顺序执行的手动模式等，如图 5-56 所示。注意，由于手动模式下程序限定条件无效，而且可直接选择当前激活的步，因此操作可能会跳过系统原有保护，只有在对工艺和 GRAPH 熟悉的情况下才能使用，否则可能对人身、设备或生产造成伤害或影响。

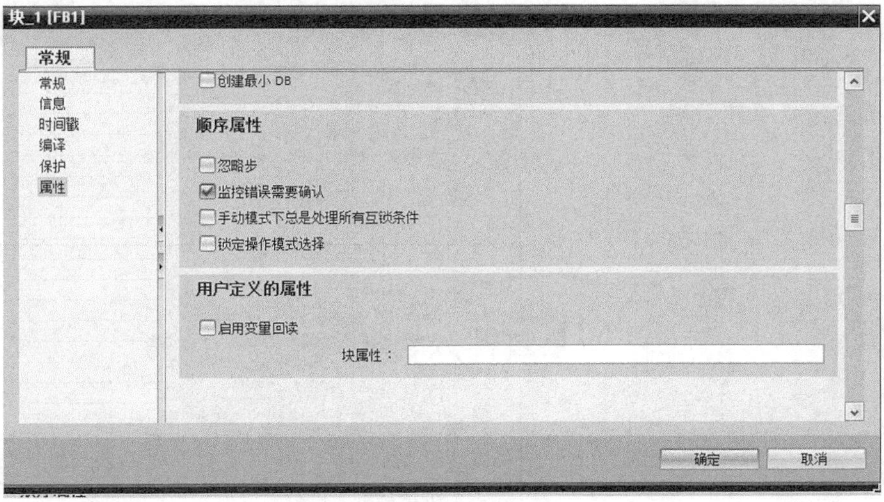

块_1 [FB1]
常规
常规
信息
时间戳
编译
保护
属性
创建最小 DB
顺序属性
忽略步
监控错误需要确认
手动模式下总是处理所有互锁条件
锁定操作模式选择
用户定义的属性
启用变量回读
块属性：

图 5-56 顺序控制功能设置

聚料架顺序控制功能图的监控界面见图 5-57，其中步 S4 即是当前步，T 为当前的激活时间，U 为没有干扰的总的激活时间。

如图 5-58 所示，当按下启动按钮 I0.0，同时手动/自动转换开关打至“自动”状态，I0.5 为“1”，则控制程序运行至 S3 步，电动机快速正转，快速聚料。

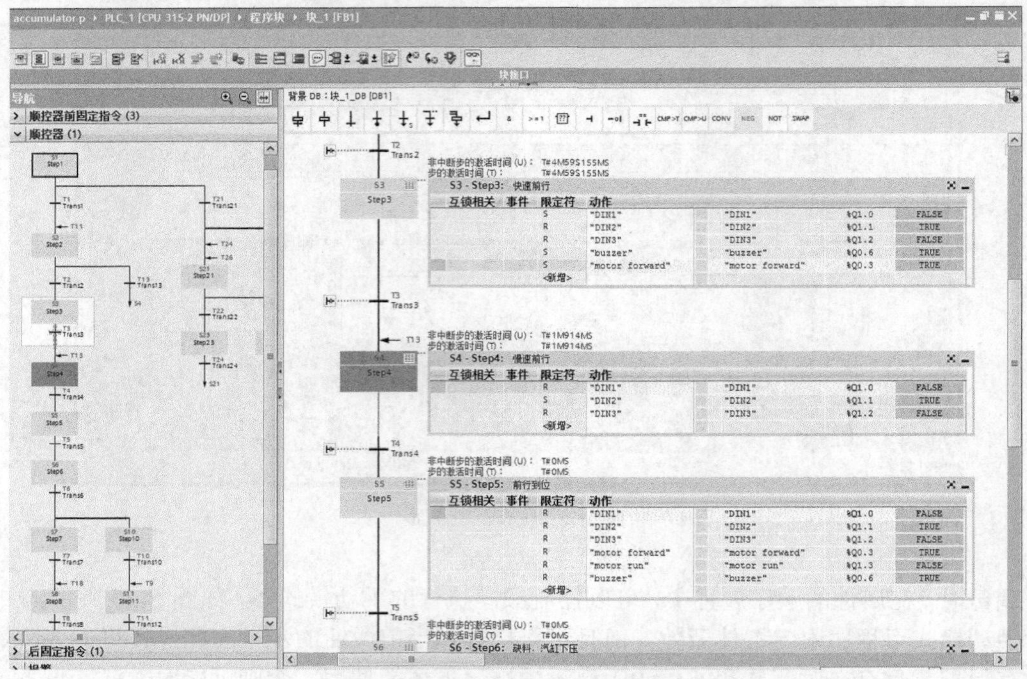

图 5-57　顺序控制功能图的监控界面

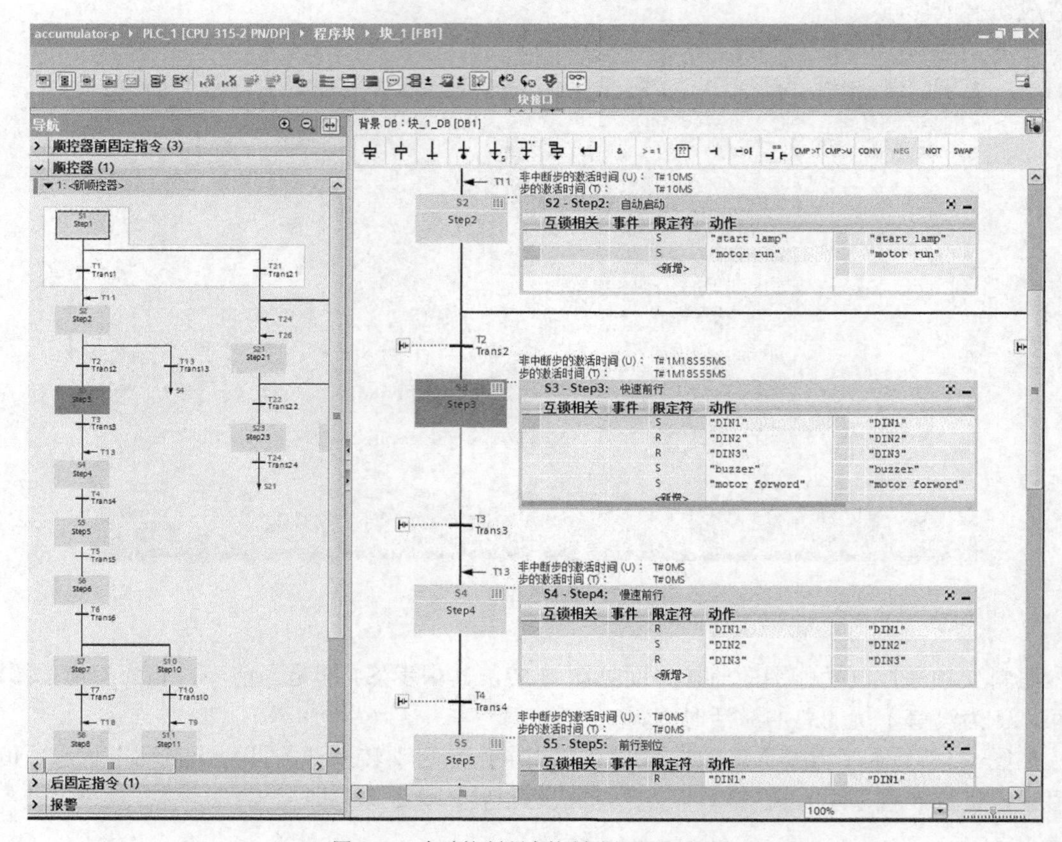

图 5-58　自动控制顺序控制功能图测试界面

如图 5-59 所示，在任何工作步下，按下停止按钮，控制系统顺控器被复位，激活初始步，通过初始步复位各个输出，聚料架停止工作。

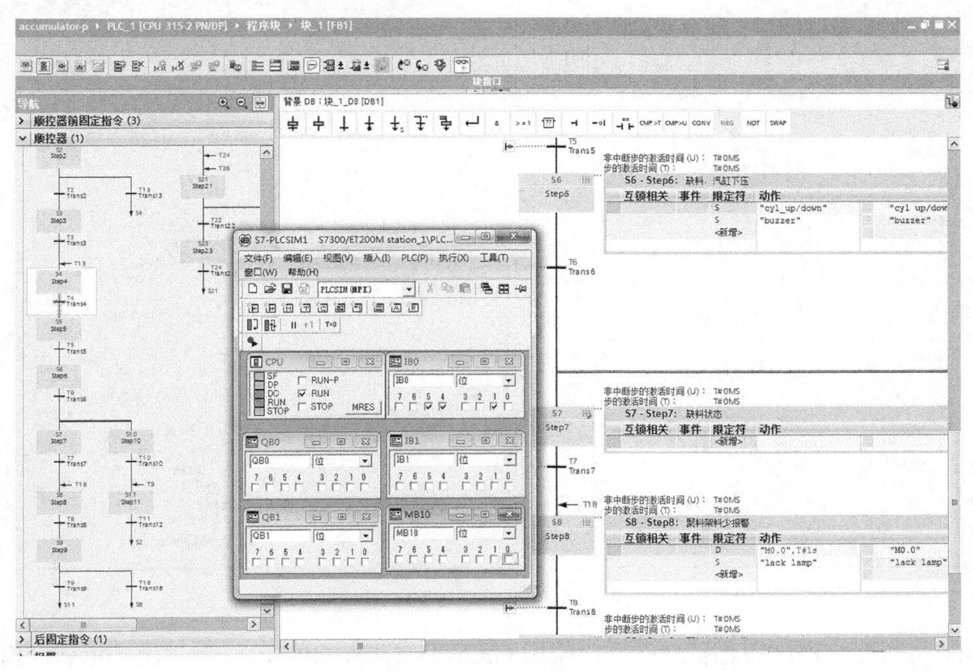

图 5-59　停止功能测试界面

图 5-60 所示为手动控制功能图测试界面。由于采用的是并行分支，可同时对汽缸上下及电动机正反转进行控制。

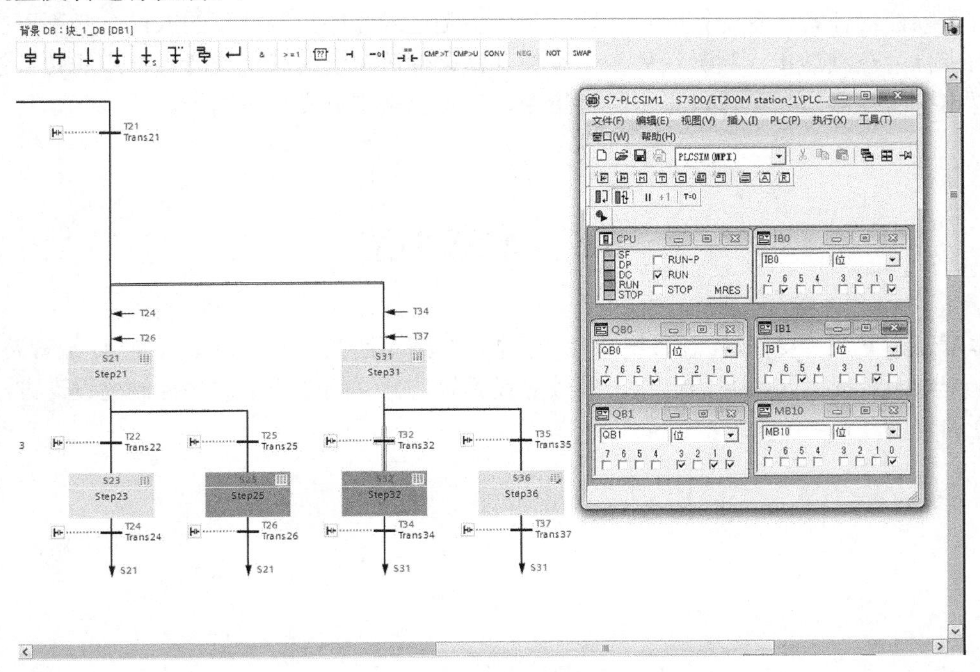

图 5-60　手动控制功能图测试界面

控制功能块 FB1 的背景数据块 DB1 见图 5-61，存储了 FB 参数设置及当前状态等。

accumulator-p ▸ PLC_1 [CPU 315-2 PN/DP] ▸ 程序块 ▸ 块_1_DB [DB1]

块_1_DB

	名称	数据类型	偏移量	启动值	监视值	保持性	在 HMI ...	设置值	注释
19	S_NEXT	Bool	2.1	false	FALSE	☑	☐	☐	在S_NO输出参数中显示后续步。
20	SW_AUTO	Bool	2.2	false	FALSE	☑	☐	☐	自动模式
21	SW_TAP	Bool	2.3	false	FALSE	☑	☐	☐	半自动/转换条件切换
22	SW_TOP	Bool	2.4	false	FALSE	☑	☐	☐	半自动/忽略转换条件
23	SW_MAN	Bool	2.5	false	FALSE	☑	☐	☐	手动模式
24	S_SEL	Int	4.0	0	0	☑	☐	☐	选择要在 S_NO中输出的步。
25	S_SELOK	Bool	6.0	false	FALSE	☑	☐	☐	将S_SEL中的值转到 S_NO中。
26	S_ON	Bool	6.1	false	FALSE	☑	☐	☐	激活S_NO 中显示的步。
27	S_OFF	Bool	6.2	false	FALSE	☑	☐	☐	取消激活 S_NO 中标识的步
28	T_PREV	Bool	6.3	false	FALSE	☑	☐	☐	显示 T_NO 中的上一个转换条件
29	T_NEXT	Bool	6.4	false	FALSE	☑	☐	☐	显示 T_NO 中的下一个转换条件
30	T_PUSH	Bool	6.5	false	FALSE	☑	☐	☐	允许在半自动模式下跳过转换条件。
31	▾ Output					☐	☐	☐	
32	S_NO	Int	8.0	0	32	☑	☐	☐	步编号
33	S_MORE	Bool	10.0	false	TRUE	☑	☐	☐	更多步，并可在S_NO 中显示。
34	S_ACTIVE	Bool	10.1	false	TRUE	☑	☐	☐	在S_NO 中显示的步是激活的。
35	S_TIME	Time	12.0	T#0ms	T#2M_28S_7MS	☑	☐	☐	步激活时间
36	S_TIMEOK	Time	16.0	T#0ms	T#2M_28S_7MS	☑	☐	☐	步激活时间中无错误
37	S_CRITLOC	DWord	20.0	16#0	16#0000_0000	☑	☐	☐	互锁条件位
38	S_CRITLOCERR	DWord	24.0	16#0	16#0000_0000	☑	☐	☐	事件 L1 的互锁条件位
39	S_CRITSUP	DWord	28.0	16#0	16#0000_0000	☑	☐	☐	监控条件位
40	S_STATE	Word	32.0	16#0	16#0041	☑	☐	☐	步状态位
41	T_NO	Int	34.0	0	34	☑	☐	☐	转换条件编号
42	T_MORE	Bool	36.0	false	TRUE	☑	☐	☐	可显示更多有效的转换条件
43	T_CRIT	DWord	38.0	16#0	16#0100_0000	☑	☐	☐	转换条件位

图 5-61　FB1 背景数据块 DB1

顺序功能控制程序中包括 3 个块，调用 GRAPH 的块、GRAPH FB 以及 GRAPH FB 的背景数据块。顺序功能图包含的分支数越多，执行时间越长。

由以上分析，顺序功能图绘制中应注意以下几点：两个步不能直接相连，必须用一个转换隔开；两个转换条件也不能直接相连，必须用一个步隔开；每个顺控器都从一个初始步或多个位于顺控器任意位置的初始步开始，初始步是进入顺序控制循环的入口，必不可少；被执行的步称为被激活步，被激活的步当存在互锁条件等激活的干扰或者后续步的转换条件满足时退出；顺控器的结束可以采用跳转指令，也可以采用分支停止指令。

5.5　本章小结

本章通过 PLC 聚料架控制系统的设计，重点介绍了西门子 GRAPH 的使用、编程及调试，介绍了变频器多段固定频率的选择、参数的设置等，并详细介绍了顺序控制的设计方法和相关指令的使用。

第6章　PLC切断机定长切断控制系统

汽车密封件生产企业使用的挤出生产线有连续挤出、间隔切断的特点。为了生产的连续和稳定，挤出机需要保持稳定的挤出速度，而最终产品需要定长切断包装，所以切断机不仅要实现定长切断、超差分拣、自动纠偏，还需要协调连续挤出和间歇切断的运行，不能在切断过程中牵扯或阻挡挤出工件。本章通过对PLC切断机定长切断控制系统的设计，重点介绍了高速计数功能在定长切断中的运用。

6.1　系统工艺及控制要求

1．切断机结构

切断机的结构及组成如图6-1所示，包括底座、工作滑台、工件、切断汽缸、测量滚轮、滑台电动机、编码器、切断压板、压紧汽缸、锯片、次品分拣汽缸、次品推板和正品传送带等。

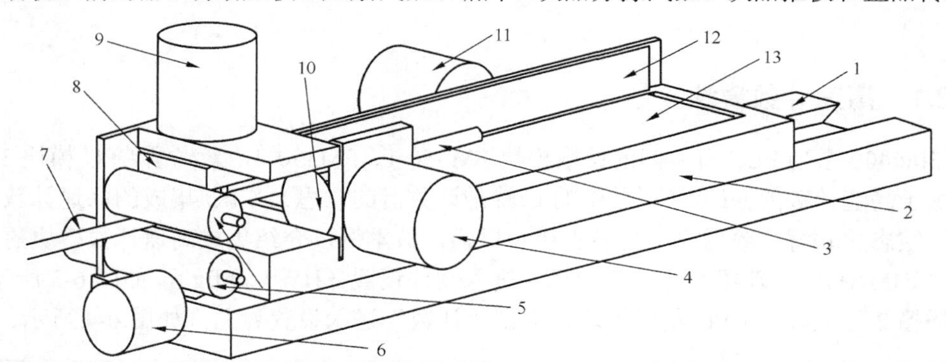

1—底座　2—工作滑台　3—工件　4—切断汽缸　5—测量滚轮　6—滑台电动机　7—编码器　8—切断压板
9—压紧汽缸　10—锯片　11—次品分拣汽缸　12—次品推板　13—正品传送带

图6-1　切断机结构示意图

2．工艺流程及控制要求

定长切断机工作流程如下。

（1）工件3紧靠测量滚轮5连续挤出，编码器7与测量滚轮5共轴旋转，脉冲传送至PLC计数并测速。

（2）达到预设计数值后，压紧汽缸9驱动切断压板8下行，压紧工件，同时滑台电动机6驱动工作滑台2按照测定的速度（即工件挤出速度）向右运动。

（3）工件 3 被压紧后，记录此时的计数值，并与预设值比较计算误差，以调整预设值，计数器归零，同时切断汽缸 4 驱动锯片 10 切断工件。

（4）切断完成后（锯片 10 回到原位），压紧汽缸 9 驱动切断压板 8 上行，松开工件。

（5）根据切断误差甄选产品。如果超差，则次品分拣汽缸 11 驱动次品推板 12，把产品推下传送带；如果长度合格，则次品分拣汽缸 11 不动作，产品随传送带 13 送到设备尾部收集整理（传送带 13 一直运行）。

（6）滑台电动机 6 反转驱动工作滑台 2 以最快速度回到起始位置。

3. 切断机程序状态转移图

切断机程序状态转移图如图 6-2 所示。

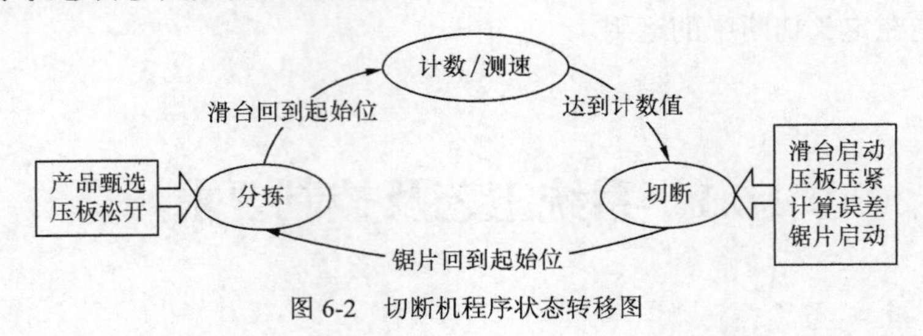

图 6-2　切断机程序状态转移图

6.2　相关知识点

6.2.1　高速计数模块

S7-300/400 系列 PLC 有专门的计数模块 FM350-1、FM350-2，紧凑型 CPU 模块 31xC 均集成专用于高速计数的 DI 点（型号中的 C 就是计数器的意思）。CPU 集成的高速计数模块不需要硬件组态关联背景数据块，功能也相对更强，故本例仅介绍集成高速计数模块的使用。

启动 SIMATIC 管理器，建立新项目，进入硬件设置（HW Config），如图 6-3 所示。

由插槽 2 可见各个 CPU 集成模块，双击“计数”进入设置界面，如图 6-4 所示。

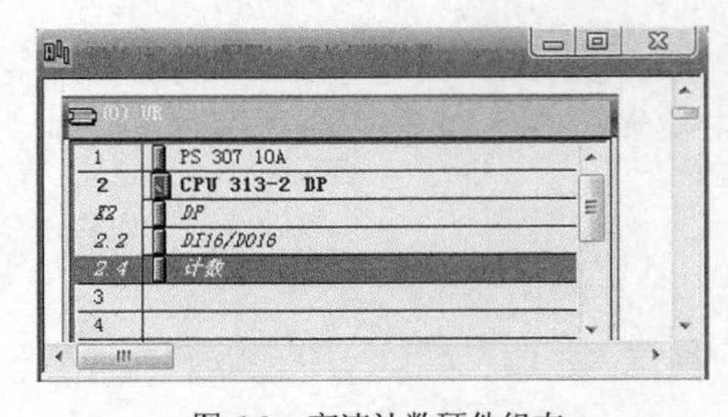

图 6-3　高速计数硬件组态

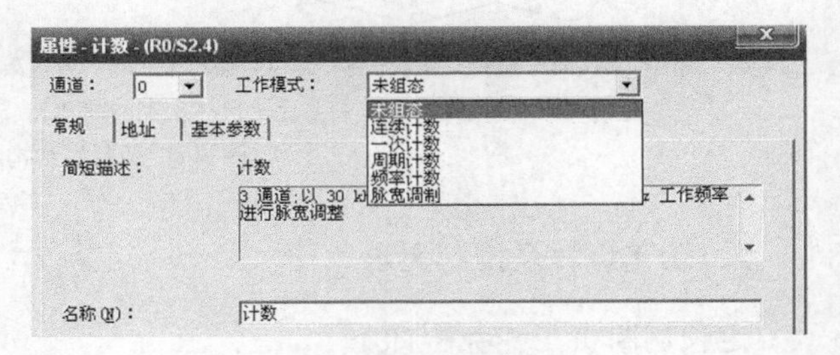

图 6-4　计数设置界面

（1）通道

每个计数器有多个通道独立操作，数量根据 CPU 型号不同而不同，本例所选择的 CPU 有 3 个通道，实际只使用 1 个，可任选一个通道号。

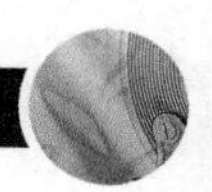

（2）工作模式

计数器可以工作在计数、频率测量和脉冲宽度调制3种操作模式，其中计数操作模式又分为连续计数、一次计数和周期计数3种模式。

1）连续计数。CPU从0或者装载值开始计数，向上计数达到上限时，下一个正计数脉冲到达时跳至下限继续计数；反之，向下计数达到下限时，下一个负计数脉冲达到时跳至上限继续计数，如图6-5所示。

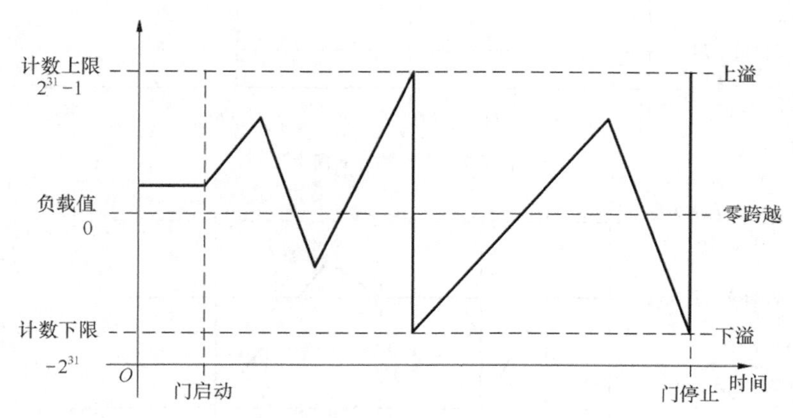

图6-5 连续计数模式

2）一次计数。在此模式下，CPU计数一次后关闭计数器的门控，即停止计数。界定“一次”则根据主计数方向的设置。

无主计数方向：CPU从装载值开始向上或向下计数，到达上限或下限时，计数跳至相反的限值，同时关闭门控，要重新计数，必须在门控处产生一个正跳沿，如图6-6所示。

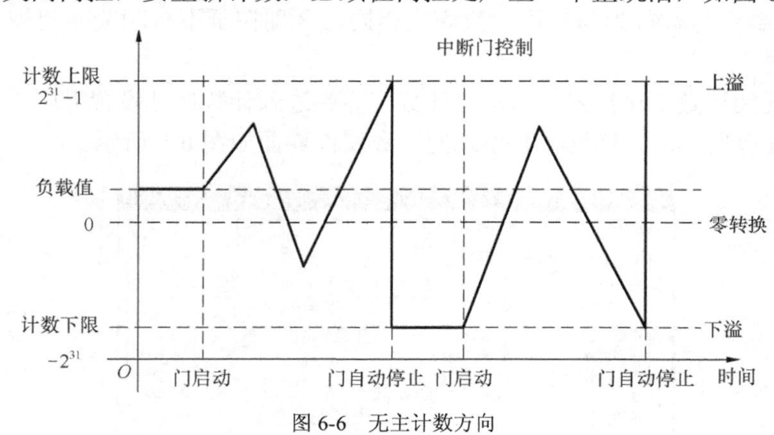

图6-6 无主计数方向

主计数方向向上：CPU从装载值开始向上或向下计数，向上到达结束值−1时，计数将在下一个正计数脉冲处跳回至装载值，同时关闭门控，要重新计数，必须在门控处产生一个正跳沿，计数器从装载值开始计数，如图6-7所示。

主计数方向向下：CPU从装载值开始向上或向下计数，向下到达1时，计数将在下一个负计数脉冲处跳回至装载值，同时关闭门控，要重新计数，必须在门控处产生一个正跳沿，计数器从装载值开始计数，如图6-8所示。

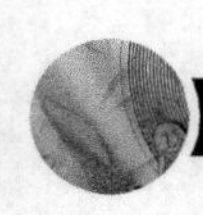

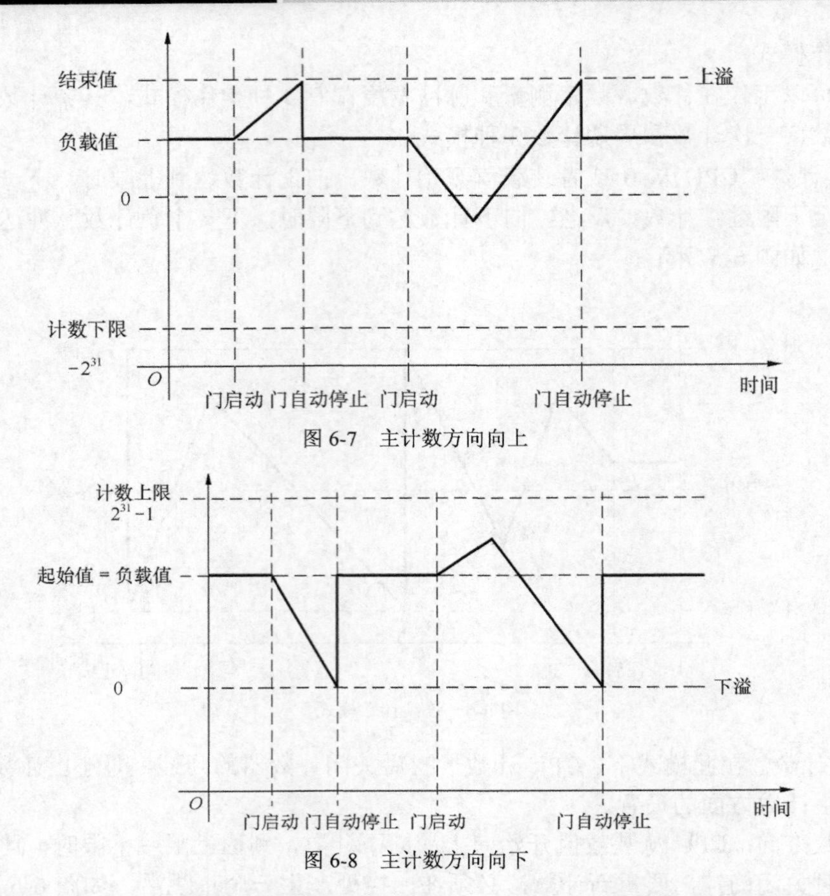

图 6-7 主计数方向向上

图 6-8 主计数方向向下

3）周期计数。计数行为与一次计数模式相同，区别在于不自动关闭门控，计数持续进行，故不再赘述。

本例选择连续计数工作模式，单击“计数”标签进入计数属性设置界面。根据工作模式的选择，此界面有所不同，连续计数模式的计数属性界面如图 6-9 所示。

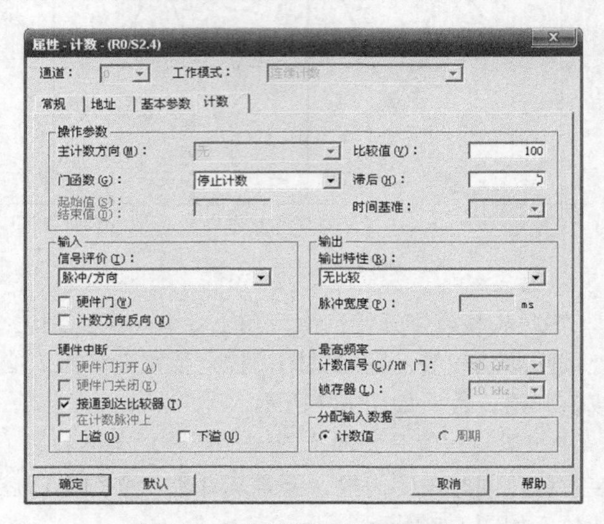

图 6-9 连续计数模式计数属性界面

门函数：停止计数，门关闭时，计数即停止，当门再次打开时，将从上一个实际值开始重新计数。取消计数，将门关闭并重新启动时，会从装载值开始重新计数。

比较值：可在CPU中存储比较值。根据计数值和比较值，可激活数字输出或生成硬件中断。

滞后：可指定数字输出的滞后。这样，当计数值在比较值范围内时，可防止因编码器信号的每次轻微抖动而造成数字输出抖动。

硬件中断：指定触发中断的条件。要处理中断，必须在基本参数标签中选择处理方式，如图6-10所示。

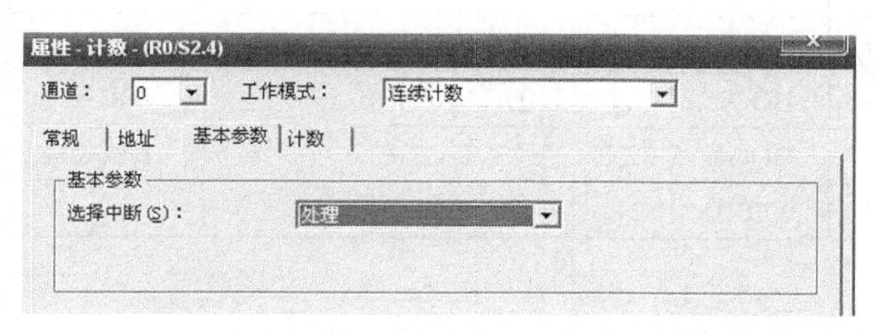

图6-10 选择中断处理方式

6.2.2 高速计数指令

系统功能（SFC）和系统功能块（SFB）集成在CPU中，提供底层的系统调用，相当于系统提供的可供用户程序调用的FC或FB，所以使用方法与FC及FB一样。CPU集成的高速计数功能使用的是SFB47。SFB47的参数说明见表6-1。

表6-1 SFB47的参数说明

符号名称	类型	数值类型	地址	取值范围	默认值	符号功能
SW_GATE	INPUT	BOOL	4.0	TRUE/FALSE	FALSE	启停计数器的软件门控
CTRL_DO	INPUT	BOOL	4.1	TRUE/FALSE	FALSE	使能输出
SET_DO	INPUT	BOOL	4.2	TRUE/FALSE	FALSE	控制输出
JOB_REQ	INPUT	BOOL	4.3	TRUE/FALSE	FALSE	工作启动（上升沿）
JOB_ID	INPUT	WORD	6	W#16#0000：无功能 W#16#0001：写计数值 W#16#0002：写装入值 W#16#0004：写比较值 W#16#0008：写滞后量 W#16#0010：写脉冲周期 W#16#0082：读装入值 W#16#0084：读比较值 W#16#0088：读滞后量 W#16#0090：读脉冲周期	W#16#0000	工作号
JOB_VAL	INPUT	DINT	8	$-2^{31}\sim+2^{31}-1$	0	写工作值
STS_GATE	OUTPUT	BOOL	12.0	TRUE/FALSE	FALSE	内部门控状态
STS_STRT	OUTPUT	BOOL	12.1	TRUE/FALSE	FALSE	硬件门控状态（启动输入）

续表

符号名称	类型	数值类型	地址	取值范围	默认值	符号功能
STS_LTCH	OUTPUT	BOOL	12.2	TRUE/FALSE	FALSE	锁存输入状态
STS_DO	OUTPUT	BOOL	12.3	TRUE/FALSE	FALSE	输出状态
STS_C_DN	OUTPUT	BOOL	12.4	TRUE/FALSE	FALSE	反向计数状态
STS_C_UP	OUTPUT	BOOL	12.5	TRUE/FALSE	FALSE	正向计数状态
COUNTVAL	OUTPUT	DINT	14	-2^{31}～$+2^{31}-1$	0	实际计数值
LATCHVAL	OUTPUT	DINT	18	-2^{31}～$+2^{31}-1$	0	锁存计数值
JOB_DONE	OUTPUT	BOOL	22.0	TRUE/FALSE	TRUE	可以启动新作业
JOB_ERR	OUTPUT	BOOL	22.1	TRUE/FALSE	FALSE	作业故障
JOB_STAT	OUTPUT	WORD	24	0～W#16#FFFF	0	故障代码

6.2.3 中断处理与组织块（OB）

中断用于实现对事件的快速响应。如果没有中断机制，CPU 只能在 OB1 中用轮询的方式不断检测事件，这样对事件的反应时间取决于一个 OB1 循环的时间，这在需要高速响应的系统中就难以精确实现控制了，所以高速计数器一般都要配合中断使用。

PLC 的中断源可能来自 I/O 模块的硬件中断，或是 CPU 模块内部的软件中断，如日期时间中断、延时中断、循环中断及编程错误。CPU 在每个指令周期都检测中断信号（硬件实现，不需要编程），一旦检测到中断请求，在执行完当前指令（断点）后立即相应中断，即调用中断源对应的中断程序。在 S7-300/400 中，中断用 OB 来处理。执行完中断程序后，程序返回继续执行断点处的下一条指令。

如果在执行中断程序时又发生中断请求，CPU 将比较两个中断源的优先级。相同优先级按发生中断的先后顺序处理。如果后发生的中断优先级高于前者，则中止当前的中断处理，转而执行较高级别的中断处理程序，即所谓中断嵌套调用。

编写中断程序时应尽量短小，减少中断程序的执行时间，以避免延迟过多而引起主程序控制的异常。

S7-300/400 PLC 的中断由 OB 处理，在此一并完整介绍，OB 的概念和用法。

OB 是由操作系统调用的、预先定义好调用条件的程序入口，由变量声明表和用户编写的控制程序组成。

（1）启动 OB

用于系统初始化，只执行一次，根据启动的方式执行 OB100～OB102 中的一个。启动 OB 是在用户程序之前启动，在暖启动、热启动或冷启动时，操作系统分别调用 OB100、OB101 或 OB102。启动程序没有长度和时间限制，因为循环时间监视还没有激活，也不能执行时间中断程序和硬件中断程序。启动 OB 的局部变量表如表 6-2 所示。

S7-300 只有一个启动 OB（OB100），可以通过分析 OB100 的启动信息确定启动类型。

（2）循环执行的 OB

只有 OB1 是连续执行的 OB。

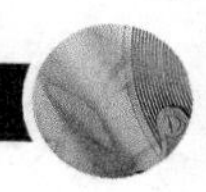

表 6-2　　启动 OB 的局部变量表

变　量	类　型	描　述
OB10x_EV_CLASS	BYTE	事件级别和标识：B#16#13:激活
OB10x_STRTUP	BYTE	启动请求 B#16#81：手动暖启动 B#16#82：自动暖启动 B#16#83：手动热启动 B#16#84：自动热启动 B#16#85：手动冷启动 B#16#86：自动冷启动
OB10x_PRIORITY	BYTE	优先级：27
OB10x_OB_NUMBER	BYTE	OB 号（100、101 或 102）
OB10x_STOP	WORD	引起 CPU 停机事件的号码
OB10x_STRT_INFO	DWORD	当前启动的进一步信息
OB10x_DATE_TIME	DATE_AND_TIME	OB 被调用时的日期和时间

注：x 为 0、1 或 2。

（3）定期执行的 OB

时间日期中断 OB（OB10～OB17）根据设定的日期时间执行中断程序。CPU 可以使用的时间日期中断 OB 的个数与 CPU 型号有关，S7-300 只能用 OB10。

要启动日期时间中断可以有两种方法。

1）在程序中调用 SFC28“SET_TINT”设置中断，调用 SFC30“ACT_TINT”激活中断。

2）在硬件组态工具中设置和激活。在 SIMATIC 管理器中，打开设置 CPU 属性的对话框，单击“时刻中断”标签，如图 6-11 所示。

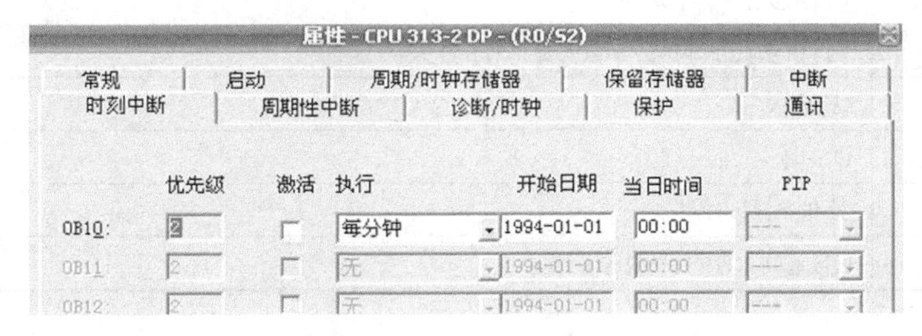

图 6-11　激活日期时间中断

（4）循环中断 OB

OB30～OB38 根据设定的时间间隔执行中断程序，定义时间间隔时必须确保两次中断之间的时间间隔足够处理循环中断程序。CPU 可以使用的循环中断 OB 个数与 CPU 的型号有关，S7-300（不包括 CPU318）只能使用 OB35。默认的时间间隔和中断优先级如表 6-3 所示。

表 6-3　　默认 OB 时间间隔和中断优先级

OB 号	时间间隔	优先级	OB 号	时间间隔	优先级
OB30	5s	7	OB35	100ms	12
OB31	2s	8	OB36	50ms	13

续表

OB 号	时间间隔	优先级	OB 号	时间间隔	优先级
OB32	1s	9	OB37	20ms	14
OB33	500ms	10	OB38	10ms	15
OB34	200ms	11			

没有专用的 SFC 用于激活和禁止循环中断，可以用 SFC39“DIS_INT”禁止指定的 OB 对应的中断，SFC40 “EN_INT” 激活指定的 OB 对应的中断。

（5）事件驱动的 OB

1）延时中断 OB20～OB23 在事件出现后延时一定的时间再执行中断程序。使用延时中断可以获得精度为毫秒（ms）的定时。CPU 可以使用的延时中断 OB 个数与 CPU 的型号有关，S7-300（不包括 CPU318）只能使用 OB20。延时中断在 SFC32 “SRT_DINT” 中设置延时时间并启动，启动后经过设定的延时时间触发中断。

2）硬件中断 OB40～OB47 可快速响应事件，事件出现时马上中止当前程序，执行中断处理。

3）异步错误中断 OB80～OB87 及同步错误中断 OB121、OB122 用于处理错误。

因为 OB 由操作系统调用，所以没有背景数据块，也不能声明静态变量，只能使用临时变量。

操作系统调用 OB 时为 OB 填写了一个 20 字节的变量表，用户可以由此表获得相关信息。变量表的结构如表 6-4 所示。

表 6-4　变量表的结构

字节地址	内容
0	事件级别与标识符
1	用代码表示的与启动 OB 事件有关的信息
2	优先级
3	OB 号
4～11	其他附加信息
12～19	OB 被启动的日期和时间

6.3　控制系统硬件设计

6.3.1　控制系统硬件选型

1. PLC 选型

由于需要利用高速技术进行定长控制，选择 S7-300/400 系列 PLC 集成的高速计数的 CPU

不需要硬件组态关联背景数据块，功能也相对更强，根据控制点数及控制要求，因此选择CPU313-2 DP。CPU313-2 DP内置数字量I/O可以连接到过程信号，PROFIBUS-DP主站/从站接口可以连接到单独的I/O单元，可以用作局部单元进行快速预处理，也可以用作带从属现场总线系统的一个高级控制，此外，还可以使用与过程处理相关的功能：计数、频率测量、PID控制。CPU属性见图6-12。

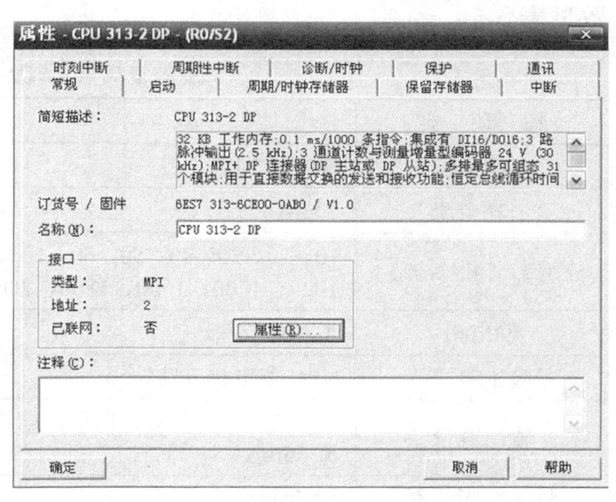

图6-12　CPU属性

2．外部I/O设备选择

（1）光电编码器

光电编码器是一种通过光电转换将输出轴上的机械几何位移量转换成脉冲或数字量的传感器，由光栅盘和光电检测装置组成。根据光电编码器的刻度方法及信号输出形式，可分为增量式、绝对式以及混合式3种。

1）增量式编码器。

直接利用光电转换原理输出3组方波脉冲A、B和Z相；A、B两组脉冲相位差90°，CZ为每转一个脉冲，用于基准点定位。增量式编码器构造简单，机械平均寿命可在几万小时以上，抗干扰能力强，可靠性高，适合于长距离传输，但是无法输出绝对位置信息。其特点是需要对脉冲进行计数。

2）绝对式编码器。

它是直接输出数字量的传感器，在它的圆形码盘上沿径向有若干同心码道，每条道上由透光和不透光的扇形区相间组成，相邻码道的扇区数目是双倍关系，码盘上的码道数就是它的二进制数码的位数。在码盘的一侧是光源，另一侧对应每一码道有一光敏元件；当码盘处于不同位置时，各光敏元件根据受光照与否转换出相应的电平信号，形成二进制数。这种编码器的特点是不需要计数器，在转轴的任意位置都可读出一个固定的与位置相对应的数字码。显然，码道越多，分辨率就越高。对于一个具有N位二进制分辨率的编码器，其码盘必须有N条码道。绝对式编码器的特点是：可以直接读出角度坐标的绝对值，没有累积误差，电源切除后位置信息不会丢失。

3）混合式绝对值编码器。

混合式绝对值编码器输出两组信息：一组信息用于检测磁极位置，带有绝对信息功能；另一组则完全同增量式编码器的输出信息。

图6-13　编码器

由于增量式编码器价格相对便宜，计数起点任意设定，可实现多圈无限累加和测量。另外，当需要提高分辨率时，可利用90°相位差的A、B两路信号进行倍频，因此选择增量式编码器E6C2-C。增量式编码器E6C2-C的响应频率能达到100kHz，分辨率最高3600脉冲/转，耐轴负载性能也较高，允许最高转速6000r/min。其有3路信号输出：A、B和Z，采用TTL电平，A脉冲在前，

B 脉冲在后，A、B 脉冲相差 90°，每圈发出一个 Z 脉冲，可作为参考机械零位。利用 A 超前 B 或 B 超前 A 进行旋转方向判断。采用欧姆龙旋转编码器 E6C2-CWZ6C，见图 6-13，参数见表 6-5。

表 6-5　　　　旋转编码器 E6C2-CWZ6C 参数表

编　码　器	参　　数
电源电压	DC 5～24V
消耗电流	70mA 以下
分辨率（脉冲/转）	10、20、30、40、50、60、100、200、300、360、400、500、600、720、800、1000、1024、1200、1500、1800、2000
输出相	A、B、Z 相
输出方式	NPN 集电极开路输出
输出容量	外加电压：DC 30V 以下；同步电流：35mA 以下；残留电压：0.4V 以下（同步电流 35mA）
最高响应频率	100kHz

编码器分辨率的选择：执行机构的移动速度最大 8500mm/min；编码器与工件牵引滚轮同轴，滚轮直径为 15mm，要求控制精度为 0.05mm。

分辨率>$\pi \times 15/0.05 = 942$，所以选择分辨率为 1500 的编码器。

在抗干扰方面可选择带有对称负信号的连接，抗干扰强，传输距离较远。在本控制系统中由于传输距离不长，且工作环境中无较大干扰源，因此只需做好编码器的连接导线的屏蔽处理即可。

（2）电磁阀

电磁阀是自控系统中不可缺少的执行元件，由于其体积小、开关速度快、接线简单、功耗低、性价比高、经济实用等显著特点而被普遍运用于自控领域的各个环节，发挥着巨大的作用。二位三通电磁阀常与单作用气动执行机构配套使用，两位是两个位置可控（开-关），三通是有 3 个通道通气，一般情况下一个通道与气源连接，另外两个通道一个与执行机构的进气口连接，另一个与执行机构排气口连接，如图 6-14 所示。

图 6-14　FESTO 二位三通电磁阀

（3）位置检测开关

对位置进行检测除了前面介绍的传感器外，还有磁性开关、光电开关、接近开关等，从布线方便、价格便宜等方面考虑，控制系统采用 24V 汽缸自带磁性开关对汽缸磁环位置进行检测，实现压紧汽缸的控制。其工作原理如图 6-15 所示，舌簧开关成型于合成树脂块内，带有磁环的汽缸活塞向右运动，舌簧开关进入磁场内，两簧片被磁化而相互吸引，触点闭合，发出电信号。

采用电感式接近开关可对滑台位置进行检测。接近开关可分为电感式、电容式、霍尔式接近开关。如图 6-16 所示，电感式接近开关是利用导电物体在接近这个能产生电磁场的接近开关时，使物体内部产生涡流，这个涡流反作用到接近开关，使开关内部电路参数发生变化，

由此识别出有无导电物体移近，进而控制开关的通或断。电感式接近开关只能检测到导电物体。接近开关的接线方式采用直流（DC）二线常开（NO）型，如图6-17所示。

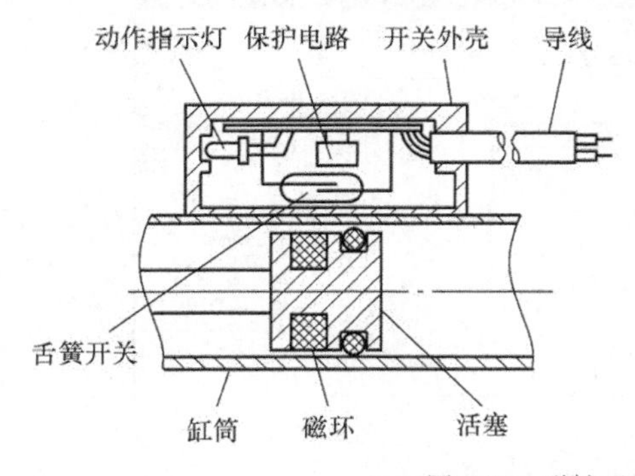

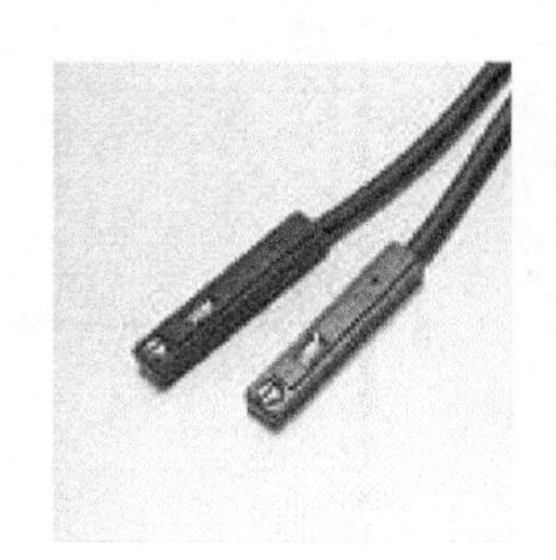

图6-15　磁性开关

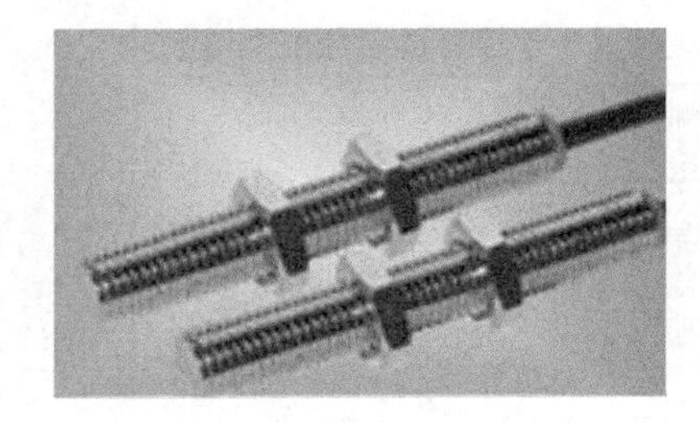

图6-16　接近开关

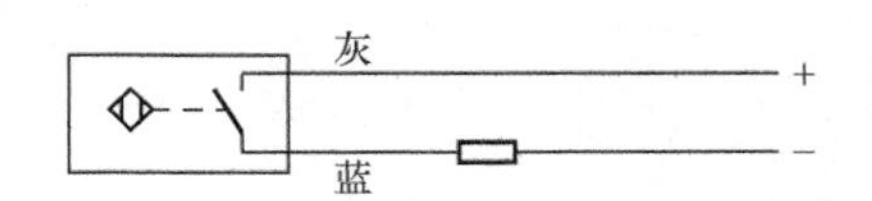

图6-17　直流（DC）二线常开（NO）型接线方法

采用光电开关可对切刀的上下位置进行检测。如图6-18所示，光电开关（光电传感器）是光电接近开关的简称，它是利用被检测物对光束的遮挡或反射，由同步回路选通电路，从而检测物体有无的。物体不限于金属，所有能反射光线的物体均可被检测。光电开关将输入电流在发射器上转换为光信号射出，接收器再根据接收到的光线的强弱或有无对目标物体进行探测。采用漫反射式光电开关，它是一种集发射器和接收器于一体的传感器，当有被检测物体经过时，物体将光电开关发射器发射的足够量的光线反射到接收器，于是光电开关就产生了开关信号。当被检测物体的表面光亮或其反光率极高时，漫反射式的光电开关是首选的检测模式。

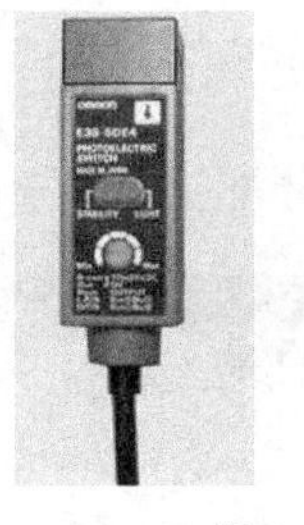

图6-18　光电开关

6.3.2　控制系统硬件组态

控制系统I/O分配见图6-19。

S7程序 (符号) -- 定长切断装置\SIMATIC 3...

	状态	符号	地址	数据类型	注释
1		分拣汽缸	Q 124.2	BOOL	
2		切断汽缸	Q 124.1	BOOL	
3		压紧汽缸	Q 124.0	BOOL	
4					

S7程序 (符号) -- 定长切断装置\SIMATIC 3...

	状态	符号	地址	数据类型	注释
1		分拣起始位置	I 124.5	BOOL	
2		分拣终点位置	I 124.6	BOOL	
3		滑台起始位置	I 124.0	BOOL	
4		锯片起始位置	I 124.3	BOOL	
5		锯片切断位置	I 124.4	BOOL	
6		启停按钮	I 124.7	BOOL	
7		压板起始位置	I 124.1	BOOL	
8		压板压紧位置	I 124.2	BOOL	
9					

图6-19　控制系统I/O分配

控制系统硬件组态见图 6-20。

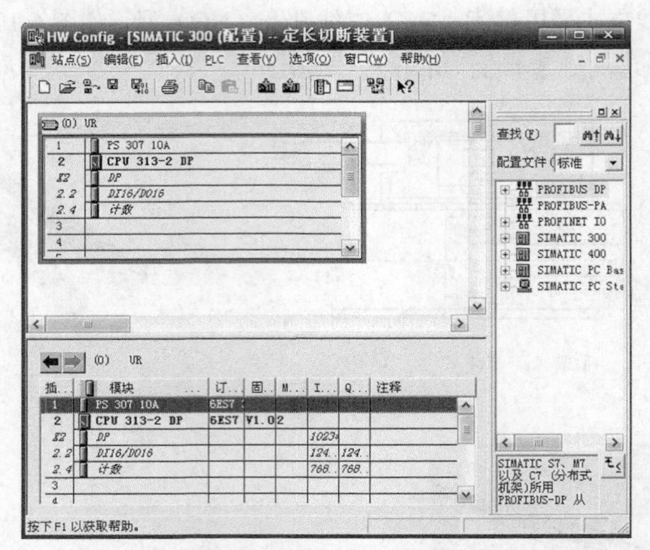

图 6-20　控制系统硬件组态

6.4　控制系统软件设计

6.4.1　系统资源分配

控制系统资源分配见图 6-21。

S7 程序 (符号) -- 定长切断装置\SIMATIC 300\CPU 313-2 DP

	状态	符号	地址		数据类型		注释
1		COUNT	SFB	47	SFB	47	Common counter module
2		DIS_IRT	SFC	39	SFC	39	Disable New Interrupts and Asynchronous Errors
3		EN_IRT	SFC	40	SFC	40	Enable New Interrupts and Asynchronous Errors
4		变频器控制	FB	2	FB	2	
5		测速计算	OB	35	OB	35	
6		测速模块	FB	1	FB	1	
7		初始化	OB	100	OB	100	
8		点动按钮控制	FB	6	FB	6	
9		分拣参数	DB	4	FB	4	
10		分拣流程	FB	4	FB	4	
11		分拣起始位置	I	124.5	BOOL		
12		分拣汽缸	Q	124.2	BOOL		
13		分拣终点位置	I	124.6	BOOL		
14		滑台起始位置	I	124.0	BOOL		
15		挤出速度	DB	1	FB	1	
16		计数清零	FC	2	FC	2	
17		计数数据	DB	47	SFB	47	
18		锯片起始位置	I	124.3	BOOL		
19		锯片切断位置	I	124.4	BOOL		
20		启动按钮	DB	6	FB	6	
21		启停按钮	I	124.7	BOOL		
22		启停设置	FC	3	FC	3	
23		切断参数	DB	3	FB	3	
24		切断分拣参数	DB	5	FB	5	
25		切断分拣流程	FB	5	FB	5	
26		切断流程	FB	3	FB	3	
27		切断汽缸	Q	124.1	BOOL		
28		输入预设值	FC	1	FC	1	
29		压板起始位置	I	124.1	BOOL		
30		压板压紧位置	I	124.2	BOOL		
31		压紧汽缸	Q	124.0	BOOL		
32		中断处理	OB	40	OB	40	

图 6-21　控制系统资源分配

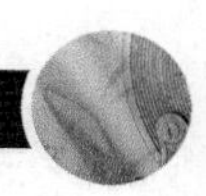

6.4.2 系统软件设计

1. 封装 SFB47 的作业功能

SFB47 的参数很多，大部分可以通过读写背景数据块直接操作，部分功能需要输入 JOB_ID 和 JOB_VAL 进行操作。鉴于 JOB_ID 不够直观，好的习惯是用 FC 封装不同作业，并扩展一些功能。就本例而言，我们需要输入预设值、计数清零。

增加 FC1，命名为“输入预设值”，双击 FC1 计入程序编写界面。

展开库列表，依次单击“Standard Library→System Function Blocks”，集成的 SFB 都在这个列表下，如图 6-22 所示。

双击 SFB47 插入到当前位置，指定背景数据块，定义一个输入参数 value，类型为 DINT，程序如图 6-23 所示。

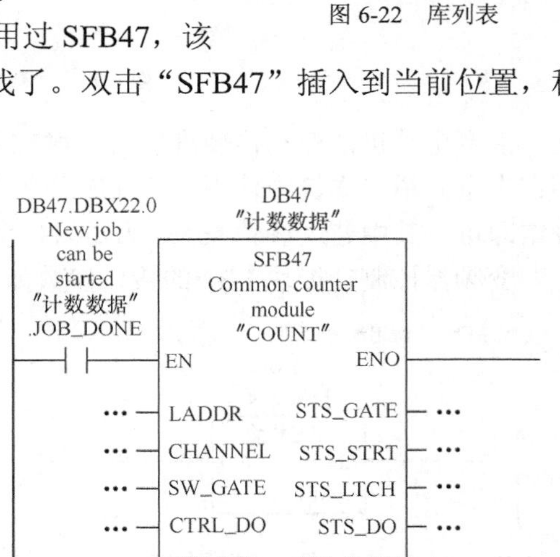

图 6-22 库列表

增加 FC2，命名为“计数清零”，由于已经调用过 SFB47，该 SFB 就出现在“SFB”的列表中，不用到库里寻找了。双击“SFB47”插入到当前位置，程序如图 6-24 所示。

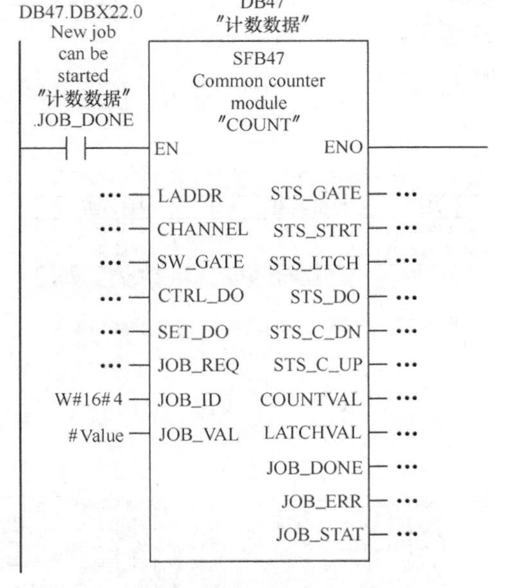

图 6-23 插入 SFB47

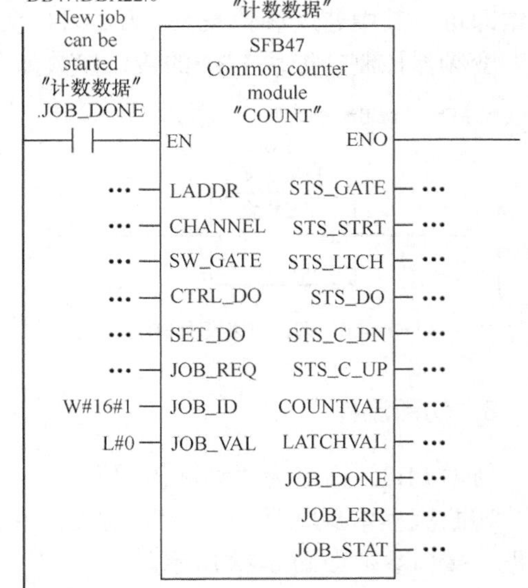

图 6-24 FC2 中插入 SFB47

2. 使用循环中断测速

增加 FB1，命名为“测速模块”。该模块将在循环中断 OB 中调用，计算循环时间间隔中产生的计数值，以此作为挤出速度。接口参数和程序如图 6-25 所示。

增加循环中断组织块 OB35，调用测速模块 FB1。程序如图 6-26 所示。

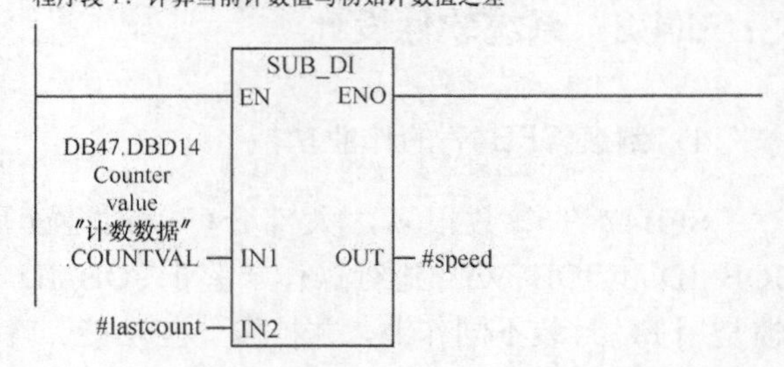

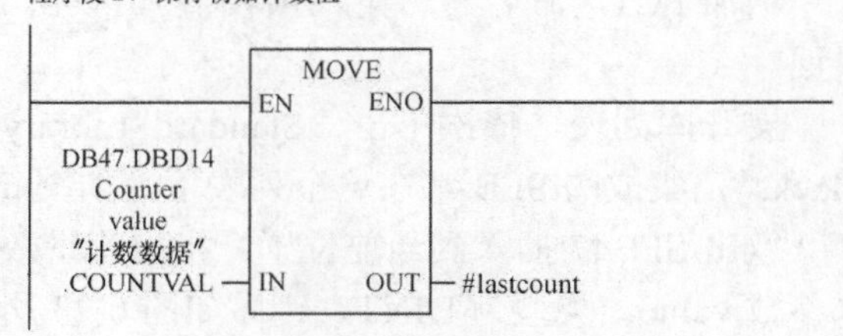

地址	声明	名称	类型	初始值	实际值	备注
0.0	stat	lastcount	DINT	L#0	L#0	初始计数值
4.0	stat	speed	DINT	L#0	L#0	速度值

（a）接口参数　　　　（b）梯形图

图6-25　“测速模块”接口参数和程序

滑台电动机的驱动需要准确的速度控制，必须使用变频器。变频器的专业内容很多，暂不在本章介绍。本例中使用一个FB作为变频器的接口，进行变频器的启停、正反转、速度设定即可。其中速度参数speed为零时，变频器全速运行。

变频器控制功能块FB2的接口参数如图6-27所示。

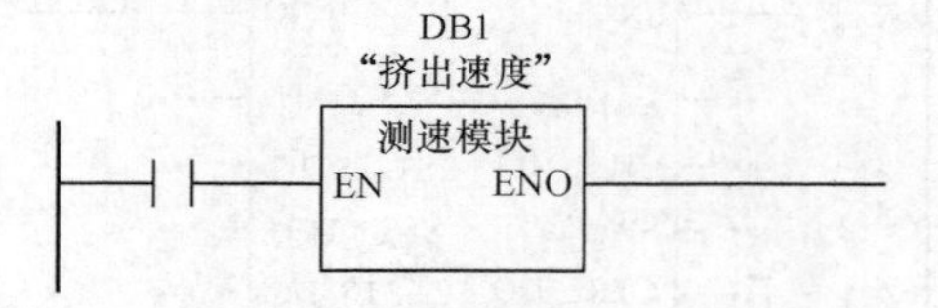

图6-26　调用测速模块FB1

内容：'环境\接口\IN'

名称	数据类型	地址	初始值
start	Bool	0.0	FALSE
direction	Bool	0.1	FALSE
speed	DInt	2.0	L#0

图6-27　变频器控制功能块FB2的接口参数

3. 切断流程

新增FB3，命名为“切断流程”。

切断流程本身既是一“步”，也是一个顺序控制流程，接口参数如图6-28所示。

地址	声明	名称	类型	初始值	实际值	备注
0.0	in_out	this_step	BOOL	FALSE	FALSE	当前步
0.1	in_out	next_step	BOOL	FALSE	FALSE	下一步
2.0	stat	step_0	BOOL	TRUE	TRUE	第一步
2.1	stat	step_1	BOOL	FALSE	FALSE	第二步
2.2	stat	step_2	BOOL	FALSE	FALSE	第三步
2.3	stat	step_3	BOOL	FALSE	FALSE	第四步
4.0	stat	cutlength	DINT	L#1000	L#1000	切断长度
8.0	stat	rlterror	DINT	L#0	L#0	相对误差
12.0	stat	abserror	DINT	L#0	L#0	绝对误差

图6-28　“切断流程”接口参数

第一步程序段如图6-29所示。

（1）滑台启动，控制变频器以指定速度正向运转，即start和direction参数为TRUE，速度值引用测速模块的背景数据块，变频器按预置的加速曲线运行，其工作细节本章暂不涉及。

（2）压紧汽缸启动，相应输出点置位即可。本例中所有汽缸动作各用一个输出点控制，置位则启动，复位则返回。

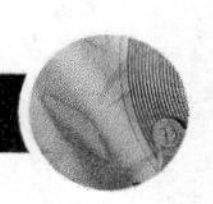

（3）保存初始计数，压紧汽缸启动到完全把工件压紧和滑台加速到与工件同步都需要时间。在此过程中，测量滚轮带动编码器还在计数，这就是误差的主要来源，所以先保存当前计数值，以便计算误差。计数值的保存使用移动指令即可。

（4）转移到下一步。

第二步在压板压紧到位后执行，程序段如图 6-30 所示。

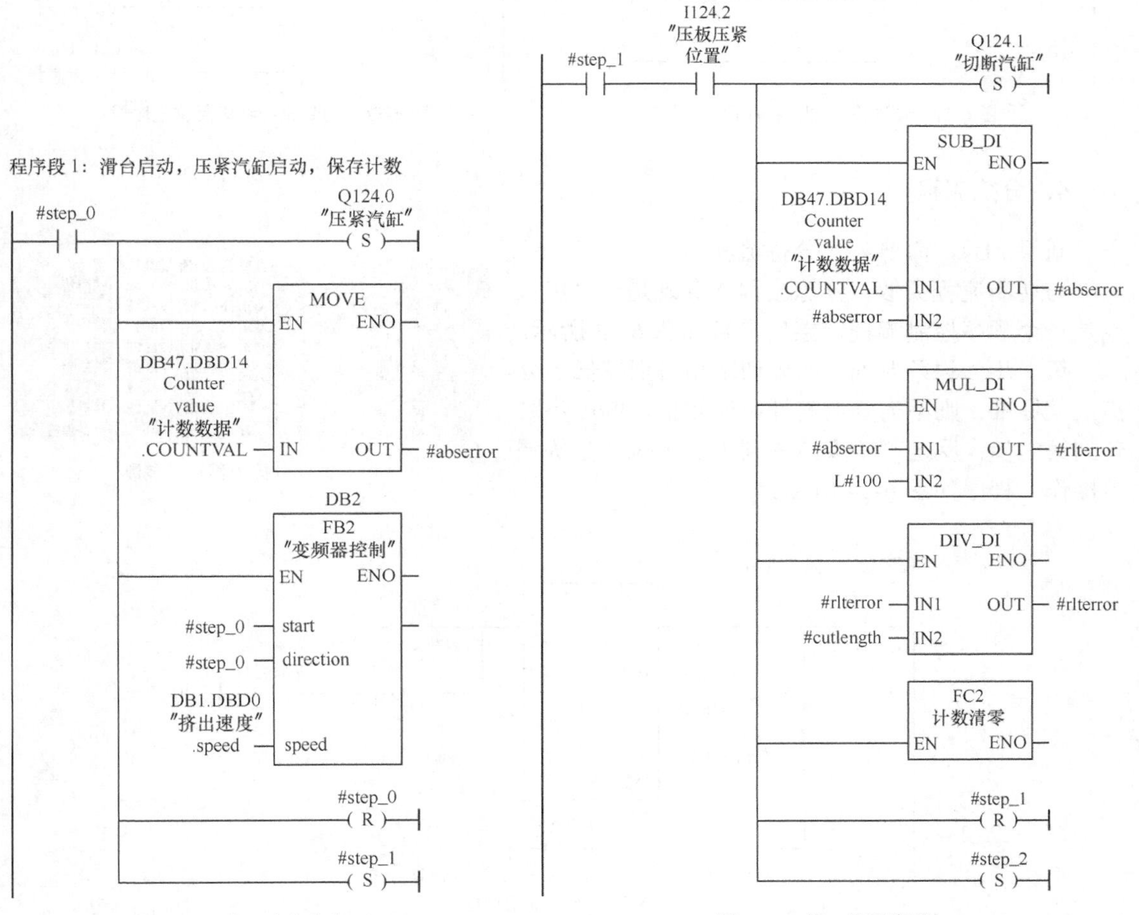

图 6-29　第一步程序段　　　图 6-30　第二步程序段

（1）切断汽缸输出点置位。

（2）误差计算，（当前计数−初始计数）× 100/切断长度。

（3）计数清零。

（4）转移到下一步。

第三步在锯片到达切断位置后执行，操作只有复位切断汽缸，并转移到下一步。程序段如图 6-31 所示。

第四步在锯片回到起始位置后执行，操作是把本模块的顺序状态转移到第一步，并改变本步状态，以结束外部程序对本步的调用。程序段如图 6-32 所示。

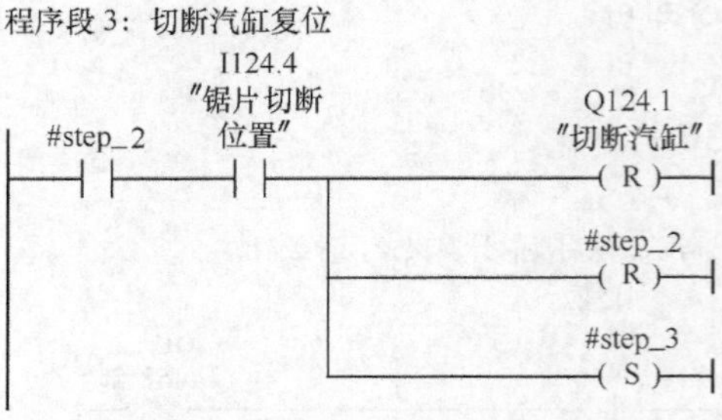

程序段 3：切断汽缸复位

#step_2
I124.4
"锯片切断
位置"
Q124.1
"切断汽缸"
(R)
#step_2
(R)
#step_3
(S)

图 6-31　切断汽缸复位程序段

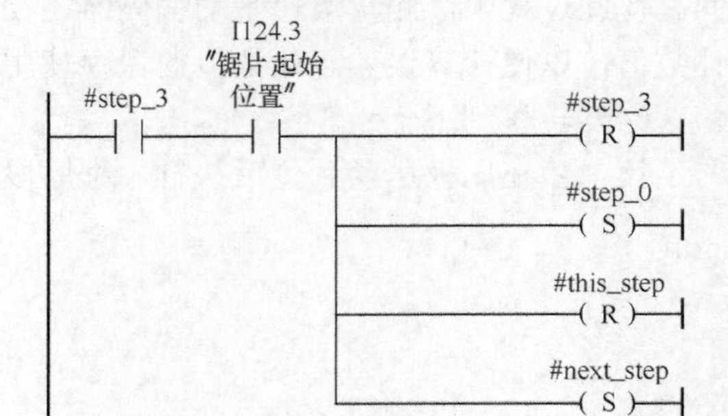

图 6-32　切断流程结束复位程序段

4．分拣流程

新增 FB4，命名为“分拣流程”。

与切断流程类似，分拣流程本身既是一“步”，也是一个顺序控制流程，接口参数如图 6-33 所示。

第一步为误差判断，如果切断相对误差低于分拣误差标准，则不需要调整计数比较值，顺序步跳转到第三步；反之顺序步转移到第二步执行分拣调整操作。程序如图 6-34 所示。

地址	声明	名称	类型	初始值	实际值	备注
0.0	in_out	this_step	BOOL	FALSE	FALSE	当前步
0.1	in_out	next_step	BOOL	FALSE	FALSE	下一步
2.0	stat	step_0	BOOL	TRUE	TRUE	第一步
2.1	stat	step_1	BOOL	FALSE	FALSE	第二步
2.2	stat	step_2	BOOL	FALSE	FALSE	第三步
2.3	stat	step_3	BOOL	FALSE	FALSE	第四步
2.4	stat	step_4	BOOL	FALSE	FALSE	第五步
4.0	stat	error	DINT	L#5	L#5	分拣误差标准

图 6-33　分拣流程接口参数

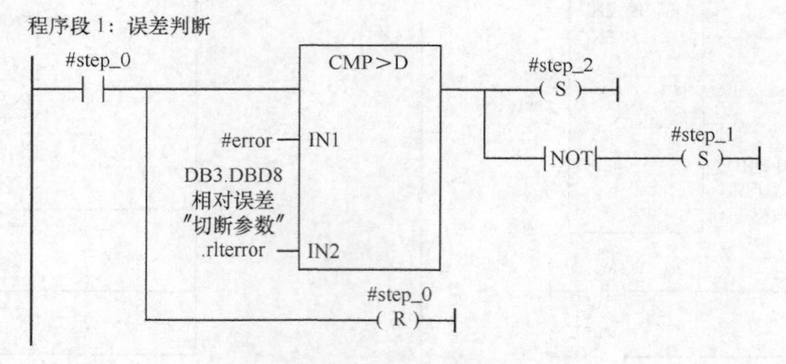

图 6-34　误差判断程序

第二步分拣调整，分拣汽缸启动，到达终点位置时，计算误差调整值（切断长度−绝对误差/2），最后顺序步转移到下一步。程序如图 6-35 所示。

第三步在分拣推板回到原位时执行，操作是压紧汽缸复位、停止滑台电动机并转移到下一步。程序如图 6-36 所示。

第四步在压板回到原位时执行，操作只有滑台反向移动并转移到下一步。速度 speed 参数为零表示以变频器预设的最高速度运行。程序如图 6-37 所示。

第五步在滑台回到起始位置后执行，操作是停止滑台移动，把本模块的顺序状态转移到第一步，并改变本步状态，以结束外部程序对本步的调用。程序段如图 6-38 所示。

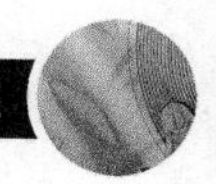

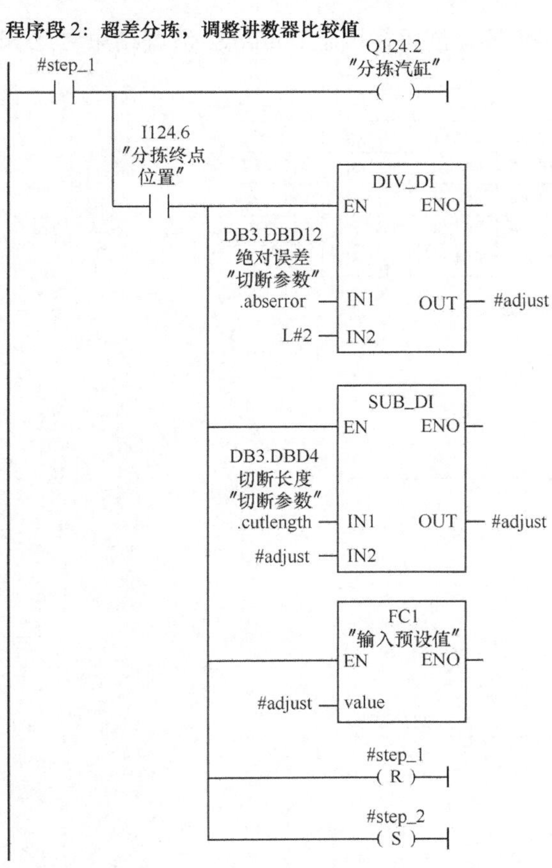

图 6-35　超差分拣程序段

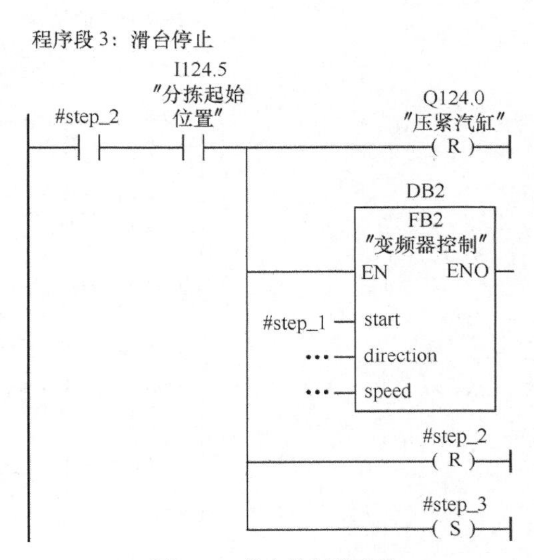

图 6-36　滑台控制程序段

程序段 4：滑台反向移动

I124.1
"压板起始
位置"
#step_3
DB2
FB2
"变频器控制"
EN　ENO
#step_3 — start
#step_2 — direction
L#0 — speed
#step_3 (R)
#step_4 (S)

图 6-37　滑台反向移动程序

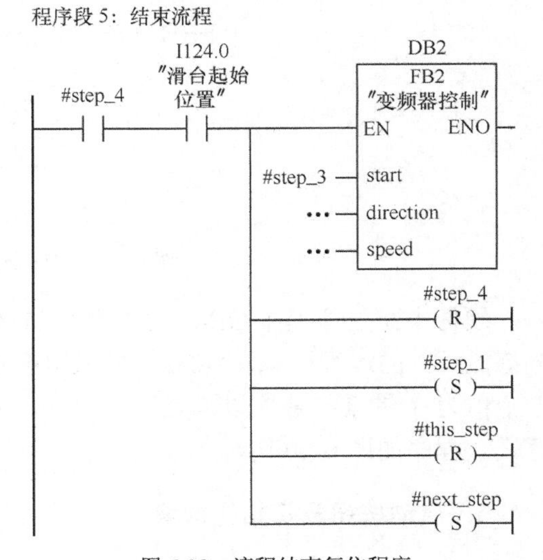

图 6-38　流程结束复位程序

5．组合切断分拣流程并设计中断程序

新增 FB5，命名为“切断分拣流程”。接口参数和程序如图 6-39 所示。此 FB 将在主循

环中以运行标志 running 为条件调用，中断处程序只置位运行标志 running，流程结束时此 FB 复位运行标志 running 以结束条件调用。

地址	声明	名称	类型	初始值	实际值	备注
0.0	stat	running	BOOL	FALSE	FALSE	运行标志
0.1	stat	step_0	BOOL	FALSE	FALSE	第一步
0.2	stat	step_1	BOOL	FALSE	FALSE	第二步
0.3	stat	step_2	BOOL	FALSE	FALSE	第三步

（a）接口参数

程序段 1：切断流程

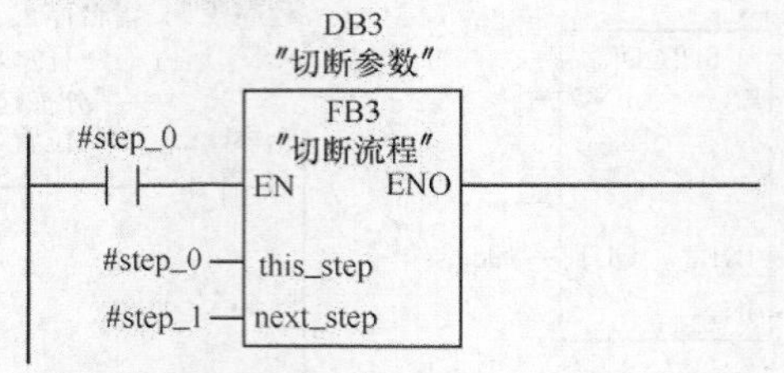

程序段 2：分拣流程

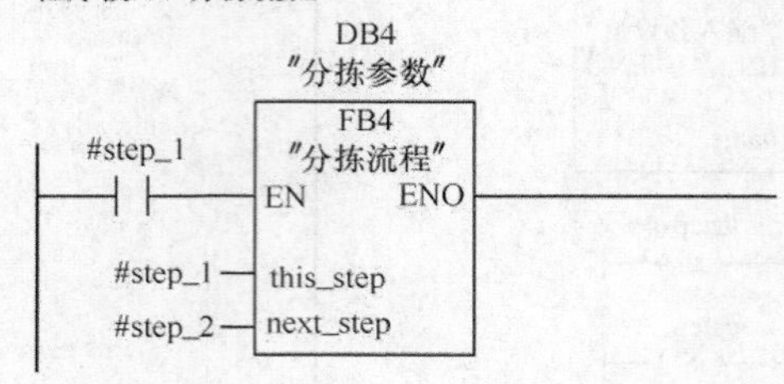

程序段 3：结束流程

（b）梯形图

图 6-39 “切断分拣流程”接口参数和程序

硬件中断处理程序 OB40。此程序只置位“切断分拣流程”的运行标志，M0.0 的并联组合只是提供一个恒为 1 的前导线圈以满足语法需要，并无特殊意义。程序如图 6-40 所示。

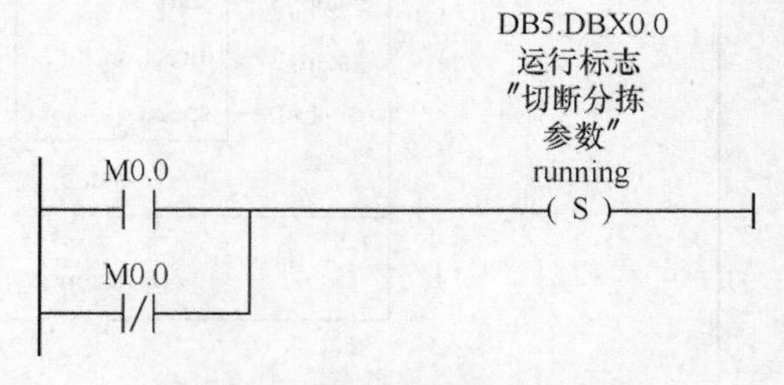

图 6-40 硬件中断处理程序 OB40

6．启动按钮及初始化模块

新增 FB6，命名为“启动按钮控制”，接口参数和程序如图 6-41 所示。

新增 FC3，命名为“启停设置”，程序如图 6-42 所示。

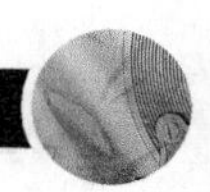

地址	声明	名称	类型	初始值	实际值	备注
0.0	in	button	BOOL	FALSE	FALSE	输入按钮
2.0	stat	pushed	BOOL	FALSE	FALSE	按下标志
2.1	stat	ON_OFF	BOOL	FALSE	FALSE	启动 / 停止标志
2.2	stat	JUST_ON	BOOL	FALSE	FALSE	刚启动信号
2.3	stat	JUST_OFF	BOOL	FALSE	FALSE	刚停止信号

（a）接口参数

程序段 1：ON_OFF 状态为 0 时

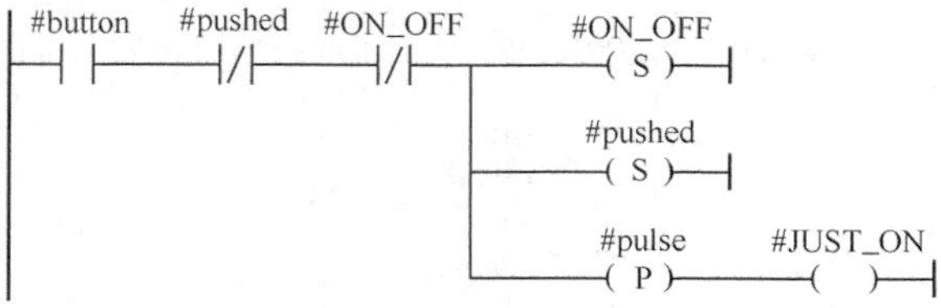

#button #pushed #ON_OFF #ON_OFF (S)

#pushed (S)

#pulse (P) #JUST_ON ( )

程序段 2：ON_OFF 状态为 1 时

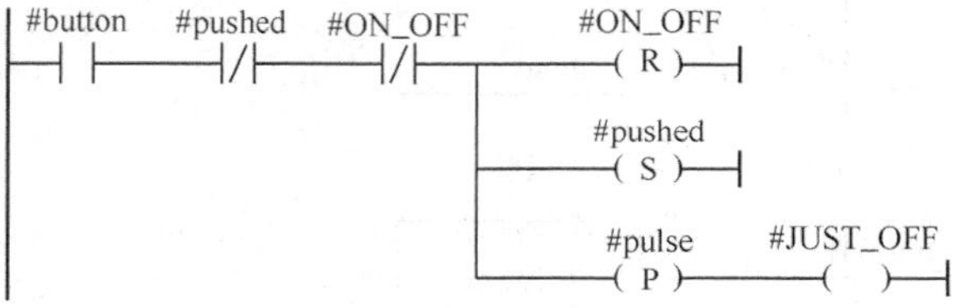

#button #pushed #ON_OFF #ON_OFF (R)

#pushed (S)

#pulse (P) #JUST_OFF ( )

程序段 3：松开按钮时

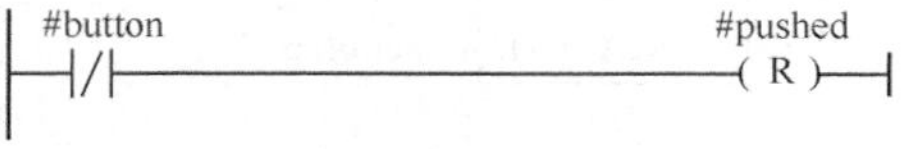

#button #pushed (R)

（b）梯形图

图 6-41 “启动按钮控制”接口参数和程序

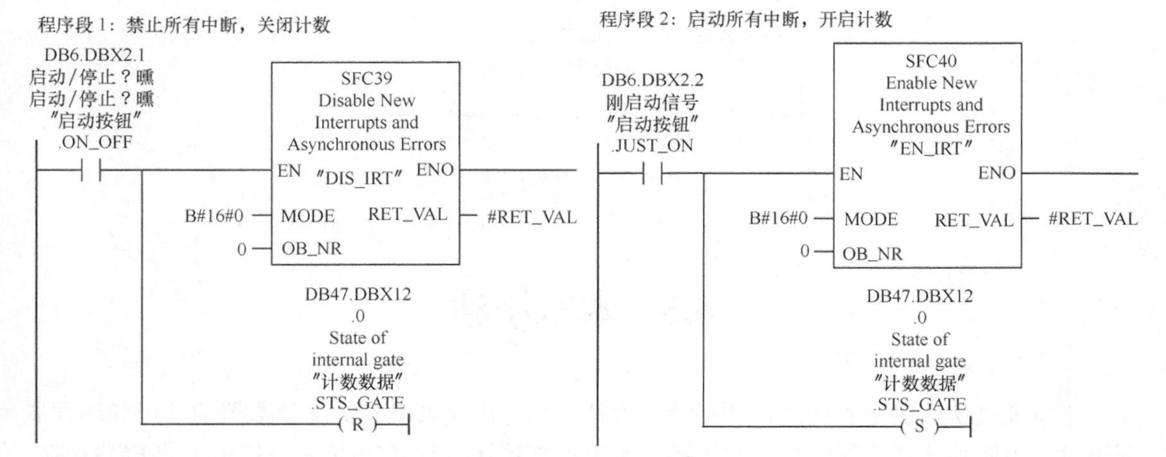

图 6-42 “启停设置”程序

启动初始化 OB100，见图 6-43。

程序段 1：设置计数器预设比较值

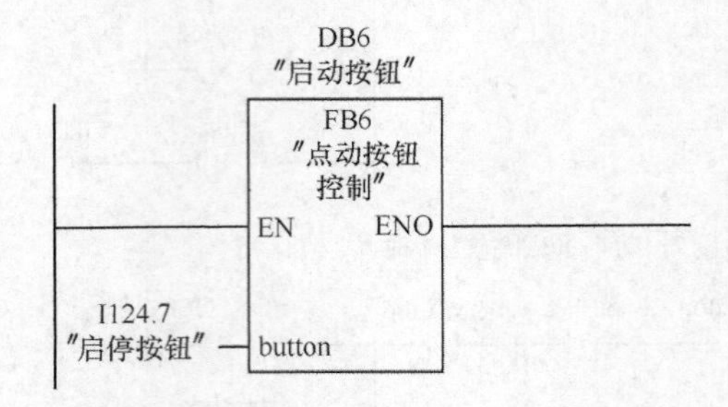

图 6-43　启动初始化 OB100

主循环 OB1 如图 6-44 所示。

程序段 1：启停按钮控制

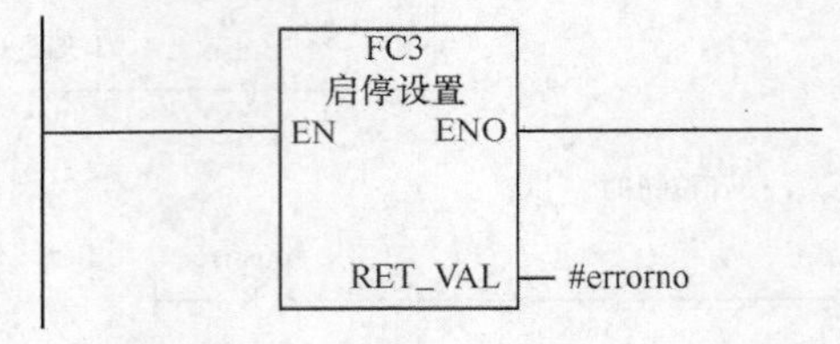

程序段 2：启停状态设置

FC3
启停设置
EN　ENO
RET_VAL — #errorno

程序段 3：工作流程

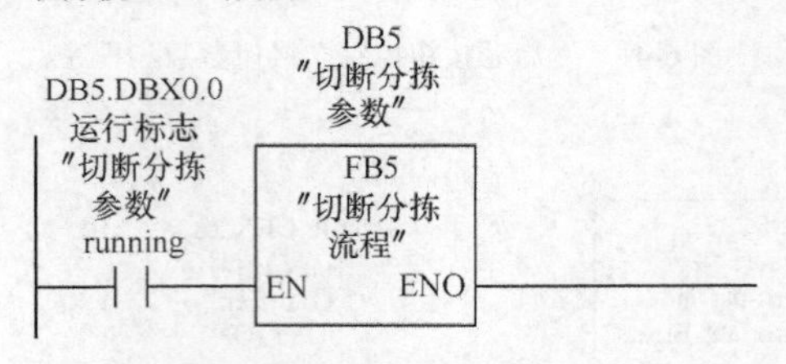

图 6-44　主循环 OB1

6.5　本章小结

本章通过切断机定长切断控制系统的设计，重点围绕紧凑型高速计数器的使用和编程展开讲解，力图使读者掌握完整的知识链。高速计数器还有独立的模块 FM350-1 和 FM350-2，其使用和配置与本例有较大差异，不可套用本例，提请读者注意。

第 7 章　PLC 机械手控制系统

机械手不仅可以代替人从事繁杂的劳动，也能在有害的环境下代替人进行操作，从而保护人的安全，实现生产的自动化，因此广泛应用于机械制造、冶金、轻工等行业。本章简要介绍机械手的组成及控制工艺，讲解机械手控制系统的硬件和软件控制系统的设计，并重点阐述西门子 PLC 实现位置及步进电动机的控制。

7.1　系统工艺及控制要求

机械手是一种能模拟人的手臂动作，按照设定程序、轨迹和要求，代替人手进行抓取、搬运工件或操持工具的机电一体化自动装置。按驱动方式的不同，机械手可分为液压式、气动式、电动式和机械式 4 种。

图 7-1 所示为机械手模型图片，机械手主要由手部机构、运动机构和控制系统三大部分组成。系统为台式结构，手部及运动机构包括滚珠丝杠、滑轨、气动元件、步进电动机、驱动模块、传感器、旋转编码器等，可实现物体的堆放和移动等。

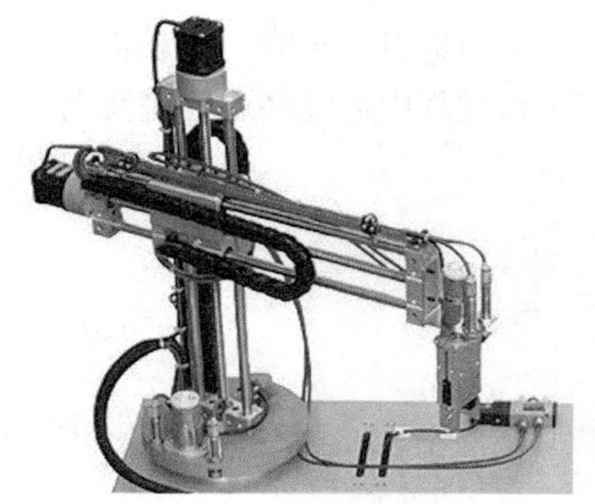

图 7-1　机械手模型

手部是用来抓持工件（或工具）的末端执行器，根据被抓持物的形状、尺寸、重量和作业要求等而有不同的结构形式，如夹持型、吸附型和托持型等。

运动机构则是使手部完成各种转动或摆动、移动或复合运动，以完成规定的动作，实现对被抓持物件的位置和姿势的控制。运动机构一般包括液压、气动、电气装置驱动 3 种。本系统中的运动机构由滚珠丝杠、滑轨、汽缸等机械元件组成。

自由度是机械手设计的关键参数。自由度越多，机械手的灵活性越大，通用性越广，但相应的结构也越复杂。运动机构的升降、伸缩、旋转等独立运动方式，称为机械手的自由度。

图 7-1 所示机械手包括二轴平移机构、旋转底盘、旋转手臂机构、气动夹手、支架、限位开关等部件。

机械手单元活动范围如下。

底盘的旋转角度大于 270°；

旋转手臂的范围大于 270°；

水平移动的范围小于 500mm；

垂直移动的范围小于 300mm。

图 7-2 所示为机械手结构示意图，包括机械手夹紧（C 轴）、机械手旋转夹紧部旋转即腕回转控制（H 轴）、机械手升降（U 轴）、机械手伸缩（L 轴）、机械手旋转（R 轴）5 个轴的协调控制。

机械手的控制要求如下。

（1）机械手机构前伸；

（2）机械手夹紧装置旋转到位；

（3）电磁阀动作，机械手张开；

（4）机械手机构竖轴下降；

（5）电磁阀复位，机械手夹紧物品；

（6）机械手机构竖轴上升；

（7）上升到位，机械手横轴缩回；

（8）底盘旋转；

（9）旋转到位，机械手横轴前升；

（10）机械手夹紧装置旋转；

（11）机械手机构竖轴下降；

（12）电磁阀动作，机械手张开，下放物品；

（13）机械手机构竖轴上升；

（14）复位。

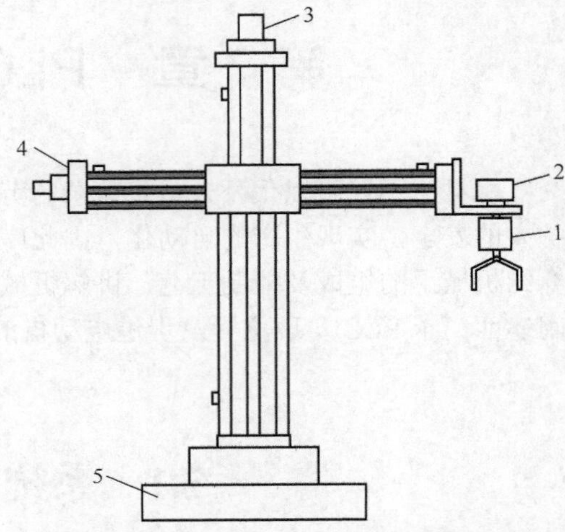

1—机械手夹紧电磁阀　2—机械手旋转直流电动机　3—机械手升降步进电动机　4—机械手伸缩步进电动机　5—底盘旋转直流电动机

图 7-2　机械手结构示意图

根据以上步骤，机械手可以通过设定程序的动作将工件从 A 处搬运到 B 处。其中机械手工作过程中通过接近开关及光电传感器来对极限位置进行控制。

7.2　相关知识点

7.2.1　直流电机

直流电机是将机械能转换为直流电能或将直流电能转换为机械能的一种装置。其中把机械能转换为电能的直流电机称为直流发电机（DC generator），把电能转换为机械能的直流电机称为直流电动机（DC motor）。图 7-3 所示为意大利 SELEMA 直流电动机。

1．直流电动机工作原理

直流电动机工作原理如图 7-4 所示。将直流电加到电刷上（B1 为+、B2 为−），线圈 AX 上就有电流通过（A 端为⊕、X 端为⊙），根据电磁力定律，载流导体在磁场中要受力，大小为：$f=B_x li$（N），方向由左手定则确定。

载流导体受力方向的确定：伸开左手使大拇指与四指呈 90°，当磁力线指向手心，四指的指向为导体中电流方向，则大拇指指向导体受力方向。

在图 7-4 中 A 受向左的切向力，X 受向右的切向力，这一对力形成了力矩 T（称电磁转矩），使电枢按逆时针方向旋转，则直流电动机带动负载逆时针旋转。

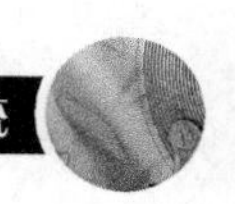

图 7-3　意大利 SELEMA 直流电动机

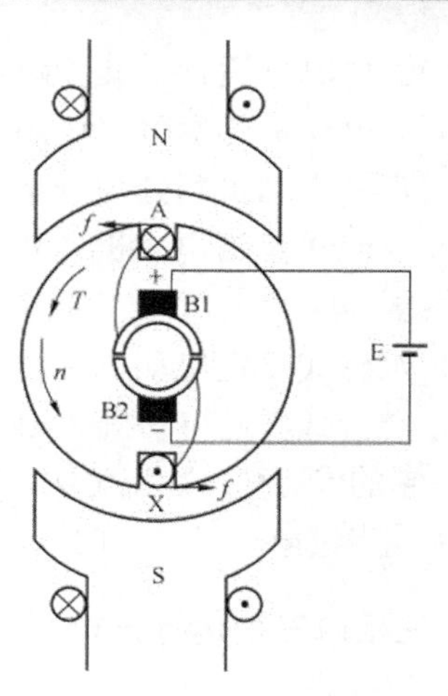

图 7-4　直流电动机工作原理

直流电动机按励磁方式的不同分为：直流他励电动机、直流并励电动机、直流串励电动机和直流复励电动机。直流他励电动机的励磁绕组与电枢没有电的联系，励磁电路是由另外的直流电源供给的。励磁电流不受电枢端电压或电枢电流的影响。直流并励电动机的并励绕组两端电压就是电枢两端电压，由于励磁绕组用细导线绕成，其匝数很多，因此具有较大的电阻，使得通过它的励磁电流较小。直流串励电动机的励磁绕组与电枢串联，因此这种电动机内的磁场随着电枢电流的改变有显著的变化。直流复励电动机的磁通由两个绕组内的励磁电流产生。

2. 直流电动机控制方法

由直流电动机的机械特性可得到式（7-1）。

$$\begin{aligned} n &= \frac{U_{\mathrm{a}}}{C_{\mathrm{e}}\Phi} - \frac{R_{\mathrm{a}}}{C_{\mathrm{e}}C_{\mathrm{tn}}\Phi^2}\cdot M \\ &= n_{\mathrm{o}} - KM \end{aligned} \tag{7-1}$$

由电动机的机械特性可以知道，调节直流电动机的电枢电压、电枢电阻、磁通均能调节直流电动机的转速，其中调节电动机的电枢电压可以得到一组斜率不变的平滑直线，实现电动机的平滑调速。

7.2.2　步进电动机

步进电动机是一种用电脉冲信号进行控制，并将电脉冲信号转换成相应的角位移或线位移的控制电动机，如图 7-5 所示。步距角和转速不受电压波动和负载变化的影响，仅与脉冲频率有关。在非超载的情况下，电动机的转速、停止的位置只取决于脉冲信号的频率和脉冲数，而不受负载变化的影响，即给电动机加一个脉冲信号，电动机则转过一个步距角。步进电动机每转一周都有固定的步数，

图 7-5　各种步进电动机

在不丢步的情况下运行，其步距误差不会长期积累，从而使它适合于在数字控制的开环系统中作为驱动电动机，也可用作闭环系统的驱动元件。

常用步进电动机可分为以下几种。

（1）反应式步进电动机（VR）。反应式步进电动机结构简单、生产成本低、步距角小、但动态性能差。

（2）永磁式步进电动机（PM）。永磁式步进电动机出力大、动态性能好、但步距角大。

（3）混合式步进电动机（HB）。混合式步进电动机综合了反应式、永磁式步进电动机两者的优点，它的步距角小、出力大、动态性能好，是目前性能最高的步进电动机。它有时也称作永磁感应子式步进电动机。下面以三相反应式步进电动机的控制为例介绍步进电动机的工作原理。

1．三相单三拍运行方式

如图 7-6 所示，“三相”指步进电动机的相数，“单”是指每次只给一相绕组通电，“双”则是每次同时给两相绕组通电，“三拍”指通电 3 次完成一个循环。按 A—B—C—A 的顺序通电，电动机转子在磁阻转矩作用下沿 ABC 方向转动，电动机的转速直接取决于控制绕组的换接频率。定子控制绕组每改变一次通电方式，称为一拍，如转子齿数为 Z_r，此时电动机转子所转过的空间角度称为步距角。

齿距角 $\theta_t = \dfrac{360°}{Z_r} = 90°$

步矩角 $\theta_s = \dfrac{\theta_t}{3} = \dfrac{90°}{3}$

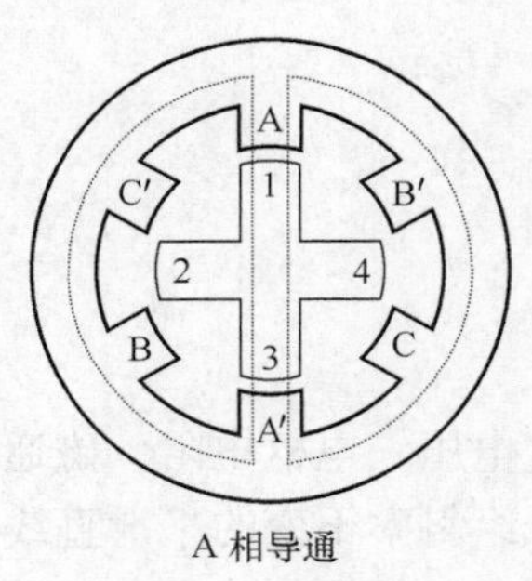

A 相导通

B 相导通

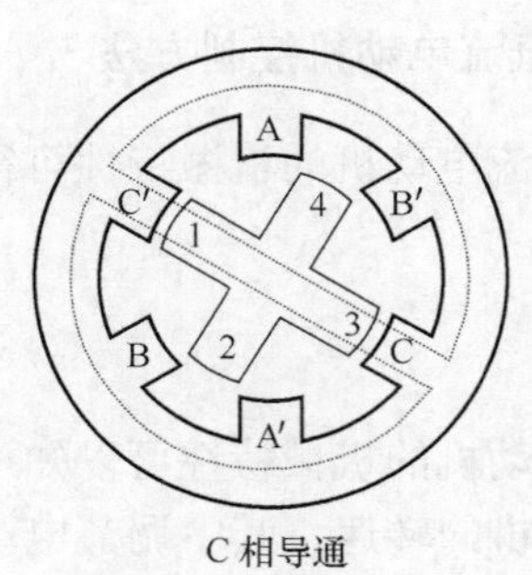

C 相导通

图 7-6　三相单三拍运行

2．三相双三拍运行方式

图 7-7 所示为三相双三拍运行方式，按 AB—BC—CA—AB 或相反的顺序通电，每次同时给两相绕组通电，且每 3 次换接为一个循环。其步距角与三相单三拍运行方式的步距角相同。

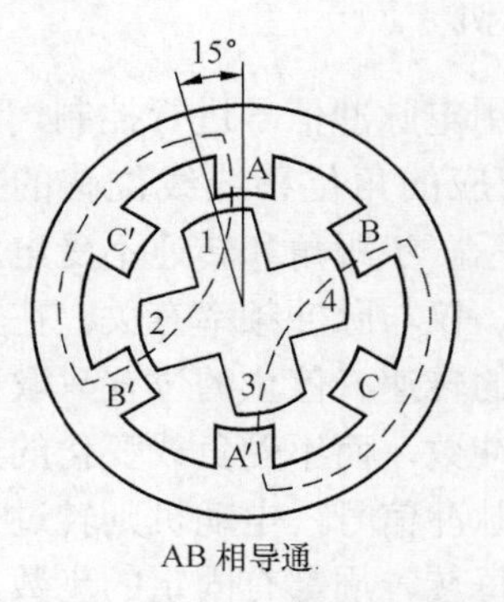

AB 相导通

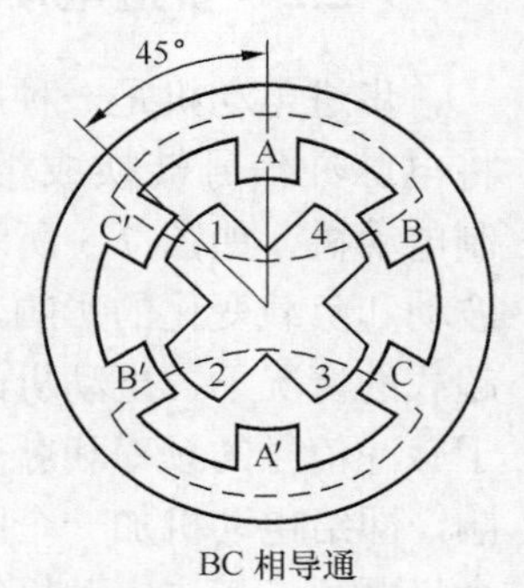

BC 相导通

图 7-7　三相双三拍运行方式

3．三相单、双六拍运行方式

图 7-8 所示为三相单、双六拍运行方

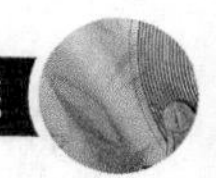

式，按 A—AB—B—BC—C—CA 或相反顺序通电，即需要六拍才完成一个循环，因此步距角为：

$$\theta_s = \frac{\theta_t}{6} = \frac{90°}{6} = 15°$$

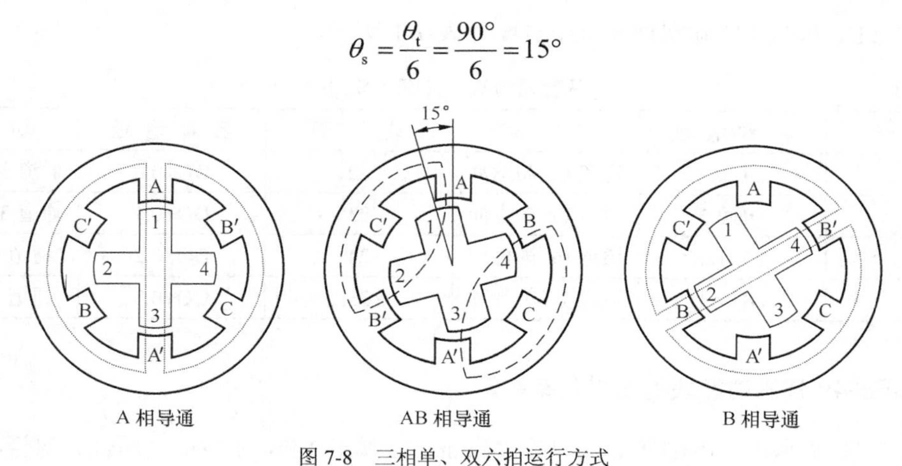

图 7-8 三相单、双六拍运行方式

4．细分驱动器

在步进电动机步距角不能满足使用的条件下，可采用细分驱动器来驱动步进电动机。细分驱动器的原理是通过改变相邻（AB）电流的大小，以改变合成磁场的夹角（见图 7-9）来控制步进电动机运转。

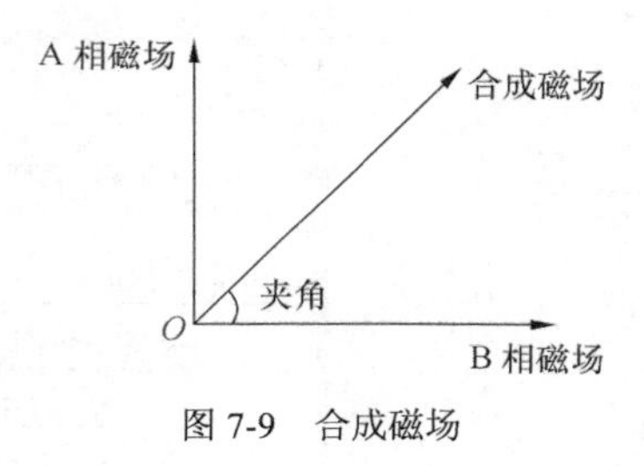

图 7-9 合成磁场

由以上分析可知，如果连续不断地输入脉冲，则电动机转子就连续旋转，其转速与脉冲频率有关。如每秒钟输入频率为 f 脉冲，拍数为 N，则电动机转速为：

$$n = \frac{60f}{Z_r N}$$

步进电动机驱动电源包括变频信号源和脉冲分配器。其中变频信号源是一个脉冲频率由几赫到几十千赫可连续变化的信号发生器，可以是计算机或振荡器；脉冲分配器是一种逻辑电路，由双稳态触发器和门电路组成，它可以将输入的电脉冲信号根据需要循环地分配到脉冲放大器进行功率放大，并使步进电动机按选定的运行方式工作。

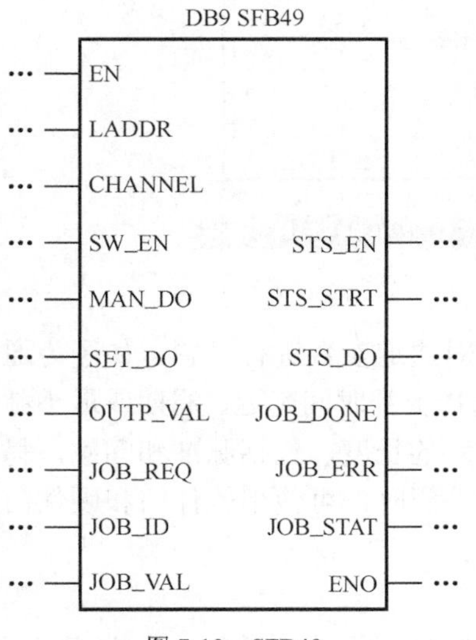

图 7-10 SFB49

7.2.3 脉宽调制功能块

对于紧凑型 CPU，可使用技术功能块 SFB-49 实现脉宽调制（PWM）功能，其 FBD 符号如图 7-10 所示。

根据相应的脉冲/间歇比，CPU 可将规定的输出数值（OUTP_VAL）转换为一个代码序列，经过上升延迟时间后，此代码序列可在数字输出 DO（输出顺序）中输出。该代码序列的输出频率为 0～2.5kHz，最小脉冲宽度 200μs。

1．高速计数PLC端子分配

314C-2 DP/PtP CPU 脉宽调制端子分配如表 7-1 所示。

表 7-1　　脉宽调制端子分配（X2）

端　　子	名 称/地 址	功　　能	端　　子	名 称/地 址	功　　能
4	DI+0.2	通道 0：A/脉冲	22	DO+0.0	通道 3：B/方向
7	DI+0.5	通道 0：B/方向	23	DO+0.1	通道 3：硬件门
12	DI+1.0	通道 0：硬件门	24	DO+0.2	通道 0：锁存
15	DI+1.3	通道 1：A/脉冲	25	DO+0.3	通道 1：锁存

2．SFB-49技术功能块的使用及参数定

如图 7-11 所示，双击硬件配置中的“Count”，弹出“Properties”（属性）对话框，选择“Pulse-width modulation”（脉宽调制）操作方式，同样，可分别对每个通道的功能及相关参数进行设置。

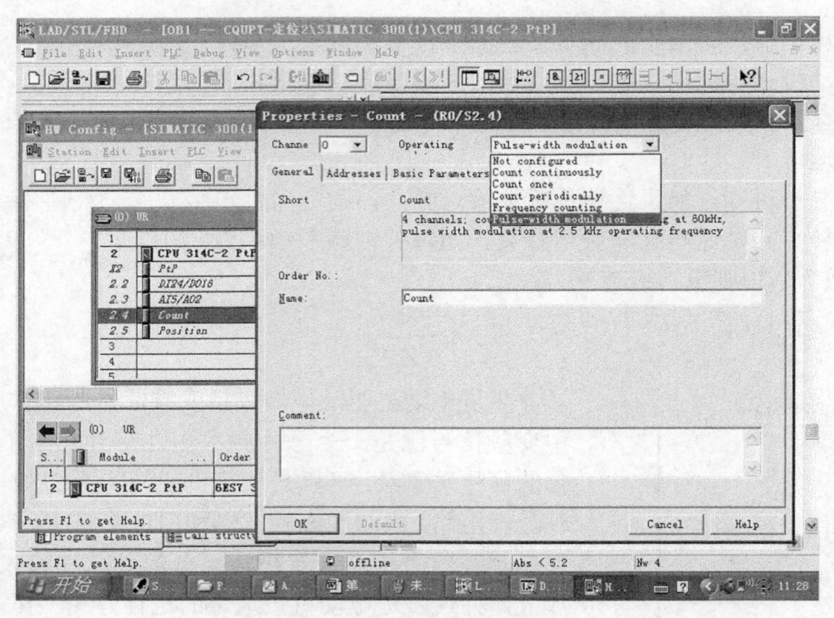

图 7-11　脉宽调制属性设置

如图 7-12 所示，单击“Pulse-width modulation”后，可对通道参数进行设置，如图为通道 0。在此对话框可设置输出格式为 Permil 或 S7 模拟值；选择上升时间延迟、周期或最小脉冲宽度的时基，可为 0.1ms 或 1.0ms；其中，周期为输出时序的长度，包括脉冲和间歇，另外比最小脉冲宽度小的输入脉冲和间歇都将被抑制。选择硬件门时，可使用软件门和硬件门进行门控制；未选择硬件门时，只能通过软件门进行门控制。

组态结束，编译保存并下载到 CPU。

然后，在“SysteMFunction Blocks（系统功能块）”>“Blocks（块）”下，在“Standard Library

（标准库）”中调用系统功能块 SFB PULSE（SFB49），可以实现脉宽调制功能，例如，CALL SFB49，DB7。SFB PULSE（SFB49）的背景数据块及各参数含义如表 7-2 所示。

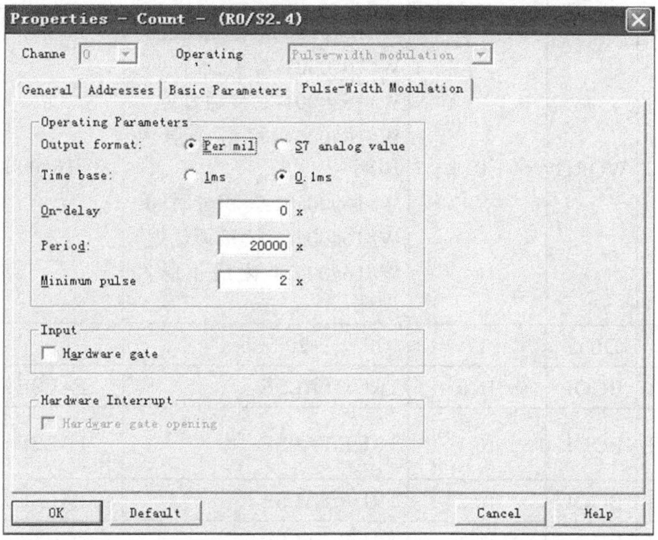

图 7-12 脉宽调制通道参数设置

表 7-2　　SFB49 的背景数据块及各参数含义

参数	声明	数据类型	地址（背景数据块）	取值范围	默认值	说明
LADDR	INPUT	WORD	0	CPU 设定	W#16#D300	在“HW Config”中指定的模块 I/O 地址。如果 I 和 O 的地址不同，按较小的地址指定
CHANNEL	INPUT	INT	2	CPU312C：0～1 CPU313C：0～2 CPU314C：0～3	0	通道号
SW_EN	INPUT	BOOL	4.0	TRUE/FALSE	FALSE	启动/停止输出的软件门控
MAN_DO	INPUT	BOOL	4.1	TRUE/FALSE	FALSE	使能手动输出控制
SET_DO	INPUT	BOOL	4.2	TRUE/FALSE	FALSE	控制输出
OUTP_VAL	INPUT	INT	6.0	以 ppm 表示：0～100；作为 S7 模拟值：0～27649	0	默认输出值，如果输出值 >1000 或 27649。CPU 将它限制在 1000 或 27648
JOB_REQ	INPUT	BOOL	8.0	TRUE/FALSE	FALSE	工作启动（上升沿）

续表

参数	声明	数据类型	地址（背景数据块）	取值范围	默认值	说明
JOB_ID	INPUT	WORD	10	W#16#0000-工作无功能 W#16#0001-写积分时间 W#16#0001-写接通延迟 W#16#0004-写最小脉冲周期 W#16#00@1-写积分时间 W#16#00@1-读接通延迟 W#16#00@4-读最小脉冲周期	W#16#0000	工作号
JOB_VAL	INPUT	DINT	12	-20^{-1}～$+20^{-1}-1$	0	写工作值
STS_EN	OUTPUT	BOOL	16.0	TRUE/FALSE	FALSE	使能状态
STS_STRT	OUTPUT	BOOL	16.1	TRUE/FALSE	FALSE	硬件门控状态（启动输入）
STS_DO	OUTPUT	BOOL	16.2	TRUE/FALSE	FALSE	输出状态
JOB_DONE	OUTPUT	BOOL	16.3	TRUE/FALSE	TRUE	可以启动新工作
JOD_ERR	OUTPUT	BOOL	16.4	TRUE/FALSE	FALSE	工作错误
JOB_STAT	OUTPUT	WORD	18	W#16#0000～ W#16#FFFF	W#16#0000	错误代码
无需分配的参数（静态局部变量）：						
JOB_OVAL	OUTPUT	DINT	20	-20^{-1}～$+20^{-1}-1$	0	读工作输出值

其中，输出方式可通过设置 SFB 参数“MAN_DO”实现，“MAN_DO=TRUE”，切换为手动控制模式，可以使用“SET_DO”控制输出；“MAN_DO=FALSE”，则输出代码序列。

7.2.4 定位模块 FM353

图 7-13 所示为定位模块 FM353。它是通过步进电动机，实现各种定位任务的智能模块，既可用于简单的点到点的定位，也可用于精度要求极高的复杂运动模式，通常用于进给轴、调整轴、设定轴和传送带式轴的定位控制。

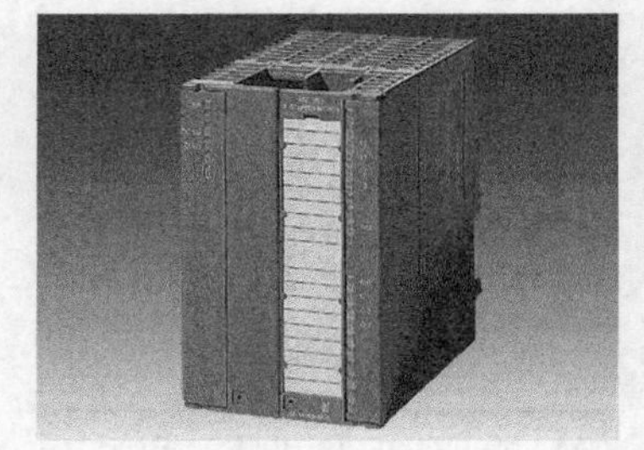

图 7-13 定位模块 FM353

1. 定位模块 FM353 控制程序原理

采用定位模块 FM353 可实现定位控制的所有控制运算，用户只需将相应的控制数据传送到用户数据块（DB），再从用户 DB 中读取反馈数据即可。如图 7-14 所示，主 CPU 通过调用 POS_CTRL（FC1）功能函数完成用户数据块与 FM353 的数据交换。因此，对 FM353 编程就是编写用户 DB 交换数据的程序。

表 7-3 所示为常用的用户 DB，为 14～27B，可通过给 DB 写入相应的数据来控制 FM，并从 DB 中读取相应的反馈信息。

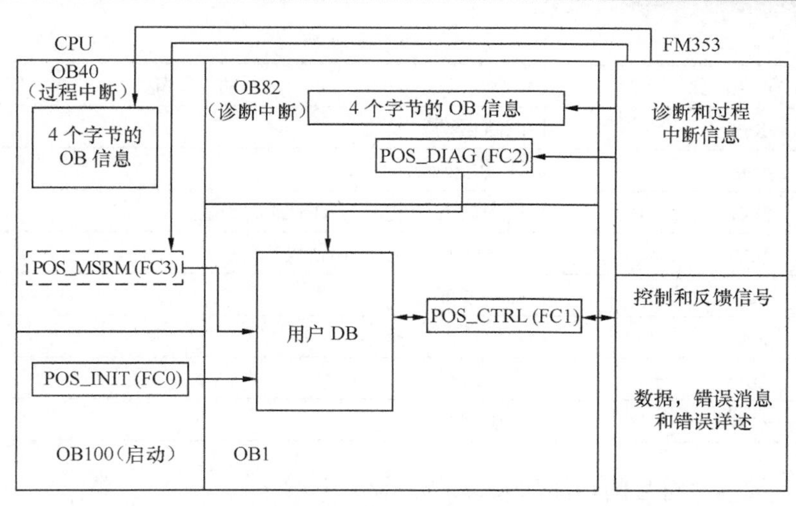

图7-14 FM353控制程序原理

表7-3 **用户DB常用数据**

B \ bit	7	6	5	4	3	2	1	0
控制信号								
14					BFQ/FSQ		TFB	
15	AF	SA	EFG	QMF	R+	R−	STP	ST
16	BA							
17	BP							
18	OVERR							
19								
反馈信号								
22	PARA			DF	BF/FS		TFGS	
23		PBR	T-L			WFG	BL	SFG
24	BAR							
25	PEH		FIWS	SRFG	FR+	FR−	ME	SYN
26	MNR							
27				AMF				

表7-3中控制信号符号的功能如表7-4所示。

表7-4 **控制信号符号功能**

符号名称	功能
TFB	如果置“1”，FM的控制权转给start-up控制面板
BFQ/FSQ	故障复位
ST	启动命令，用于自动、MDI、寻参模式
STP	停止命令，用于暂停运行程序或取消寻参过程
R−	负向运动

续表

符号名称	功能
R+	正向运动
QMF	M 功能确认
EFG	程序读入使能，自动模式时设置
SA	程序跳跃，用于自动模式
AF	驱动使能
BA	操作模式选择
BP	模式参数
OVERR	速度倍率

表 7-3 中反馈信号符号的功能如表 7-5 所示。

表 7-5 反馈信号符号功能

符号名称	功能
TFGS	如果为“1”，FM 的控制权转给 start-up 控制面板
BF/FS	操作故障
DF	数据故障
PARA	模块参数化完成
SFG	启动许可
BL	运行指示
WFG	等待外部使能信号
T-L	运行等待
PBR	程序块反向执行，用于自动模式
BAR	运行模式已激活
SYN	寻参（机电同步）完成
ME	测量功能完成
FR+	正向运行
FR−	反向运行
SRFG	驱动器准备好
FIWS	运行中设定实际位置完成
MNR	M 功能号
AMF	M 功能激活指示
PEH	到位停止指示

2．定位模块 FM353 操作模式

FM353 共有如下 7 种操作模式。

（1）点动模式：用于系统调试，可以检测定位轴是否按照所设定的速度及方向运行，主

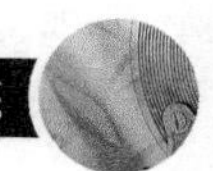

要用于调试。

（2）开环控制模式：用于系统调试，可以检测定位轴是否按照所设定的脉冲频率/电压及方向运行。

（3）参考点接近模式：机械参考点与模块电气参考点同步是完成精确定位控制必要条件。参考点接近模式可以实现机械参考点与电气参考点的同步。

（4）增量模式：应用增量模式可以实现简单的增量控制。

（5）手动数据输入（MDI）模式：应用 MDI 模式，可以使用 G 代码来实现多种定位控制（如绝对定位、相对定位等）。

（6）自动模式：在自动模式下，模块可以按照事先写好的 NC 程序运行，实现复杂的定位控制。

（7）自动单步程序块模式：与自动模式基本相同，但执行完一条 NC 程序后会停止运行，只有继续发出 DBX15.0（ST），程序才会继续执行。

要使用某种操作模式，必须填写相应的模式代码到 DBB16（BA），具体如表 7-6 所示。

表 7-6　FM353 操作模式

操 作 模 式	模 式 代 码
点动（ER）	01
开环控制（STE）	02
参考点接近（REF）	03
增量（REF）	04
手动数据输入（MDI）	06
自动（A）	08
自动单步（AE）	09

3. 定位模块 FM353 的 I/O 点

（1）数字量 I/O 接口 X1

数字量 I/O 接口如图 7-15 所示。端子 3～6 为 DI1～DI4，数字量输入，用于寻找参考点、外部启动和停止电动机等；端子 11～14 为 DQ1～DQ4，可通过设置，用于表示到达位置、运动方向等；端子 9、10 为 RM-P、RM-N，预备信号，表示从步进电动机驱动器过来的正、负逻辑信息；端子 19、20 为 L+、M，24V 电压输入，外接模板供电。

（2）与步进电动机驱动器接口 X2

图 7-16 所示为 FM353 与步进电动机驱动器接口 X2。其中端子 1、9 为脉冲输出，其脉冲输出的数量、频率大小决定了步进电动机的旋转角度和速度，最快输出频率为 200kHz；端子 2、10 为方向输出，决定步进电动机的旋转方向；端子 3、11 为使能输出，输出“ON”时激活步进电动机驱动器，输出“OFF”停止输出控制步进电动机的脉冲、关闭步进电动机的电源等；端子 4、12 为 PWM/BOOST 电流控制输出，PWM 为脉宽调制功能，0～100%调整步进电动机电流大小，BOOST 功能为放大步进电动机的电流；端子 15 为 READY1-N 步进电动机驱动器预备完毕 5V 电压信号。

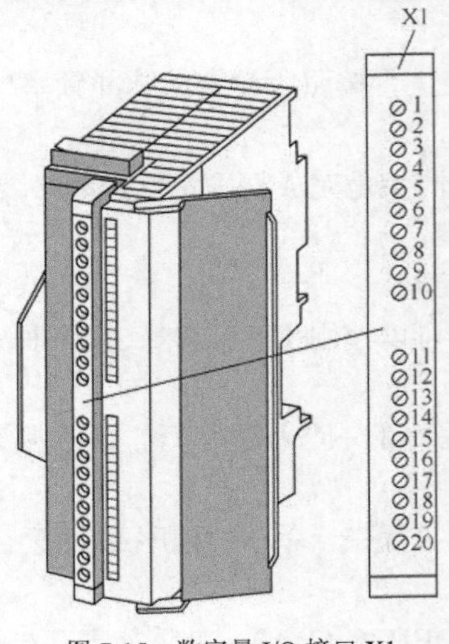

图 7-15　数字量 I/O 接口 X1

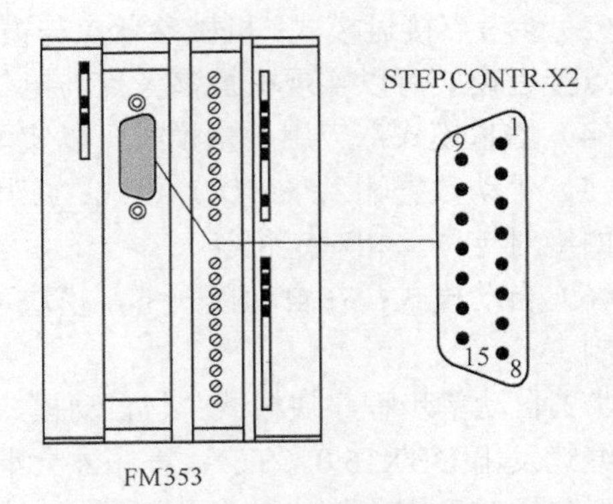

图 7-16　FM353 与步进电动机驱动器接口 X2

7.3　控制系统硬件设计

7.3.1　控制系统硬件选型

1. PLC 选型

由于 S7-300 系列 PLC 能满足中等性能要求的应用，其模块化、无排风扇结构、易于实现分布、具有丰富的且带有许多方便功能的 I/O 扩展模块等优点，使用户可根据实际应用选择合适的模块。针对控制系统要求选择 CPU 313C，该 CPU 可用于对过程处理能力和响应时间要求很高的场合，集成有 3 个用于高速计数或高频脉冲输出的特殊通道，3 个通道位于 CPU313C 集成数字量输出点首位字节的最低 3 位，通常情况下作为普通的数字量输出点来使用。当需要高频脉冲输出时，可通过硬件设置定义这 3 位的属性，将其作为高频脉冲输出通道来使用。

CPU313C 外观及端子分布见图 7-17。

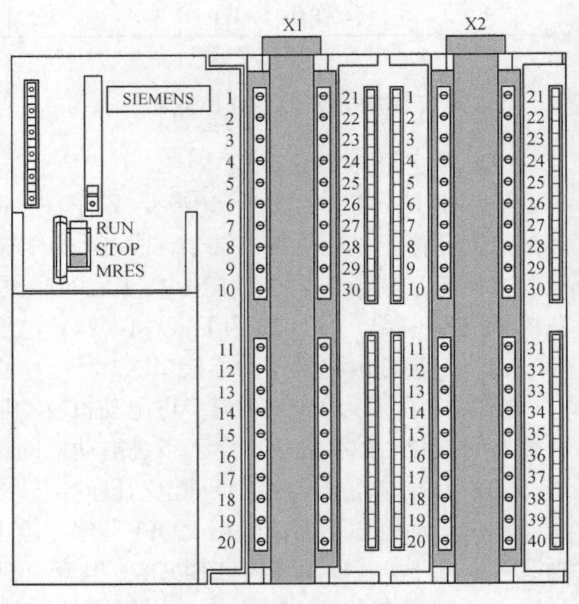

图 7-17　CPU313C 外观及端子分布

2. PLC 外部 I/O 元件选型

根据控制要求选择两台 573P79-5806A 步进电动机（见图 7-18），分别控制手臂的前进、后

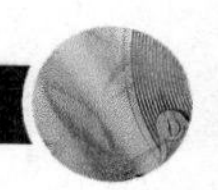

退以及上升和下降。步进电动机的相关参数见表7-7。并选择配套步进电机驱动器，见图7-19。

表7-7　　步进电动机参数表

电动机型号	步距角	相电压	相电感	相电阻	相电流	保持转矩	启动转矩	转动惯量	重量	长度
单轴	°	V	mH	Ω	A	N·m	kgf·cm	g·cm^2	kg	mm
573P42-5206A	1.2/0.6	6.76	1.4	1.3	5.2	0.45	2.1	110	0.45	42
573P56-5606A		4	1.7	0.7	5.6	0.90	4	300	0.75	56
573P79-5806A		6	2.4	1.05	5.8	1.5	6.8	480	1.10	79

图7-18　步进电动机

图7-19　步进电动机驱动器

PLC与驱动器的连接方式见图7-20。其中，当VCC端电压为5V时，R短接；当VCC端电压为12V时，R为1kΩ、大于1/8W的电阻；当VCC端电压为24V时，R为2kΩ、大于1/8W的电阻，且R必须接在控制器信号端。

另外，为了防止驱动器误动作和产生偏差，应满足驱动器所要求的时序工作。具体时序要求见图7-21。

选择直流电动机150W和20W各一台，分别控制手臂的转向和夹紧部件旋转操作。

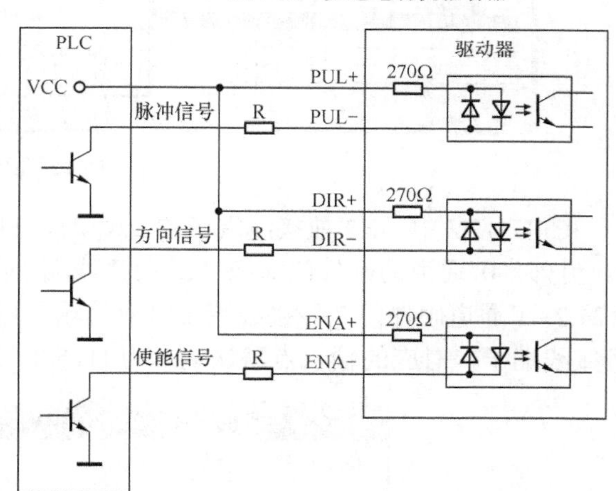

图7-20　PLC与驱动器的连接

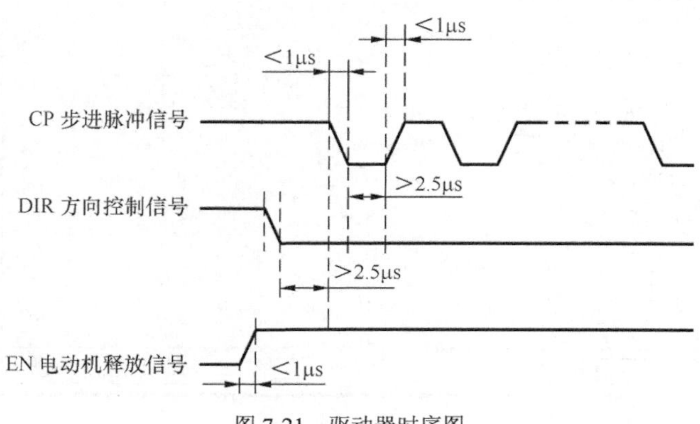

图7-21　驱动器时序图

7.3.2　控制系统硬件组态

控制系统硬件组态设置如图 7-22。同时设置通道 0 和通道 1 为脉宽调制（PWM）输出，2 号通道为高速计数输入。

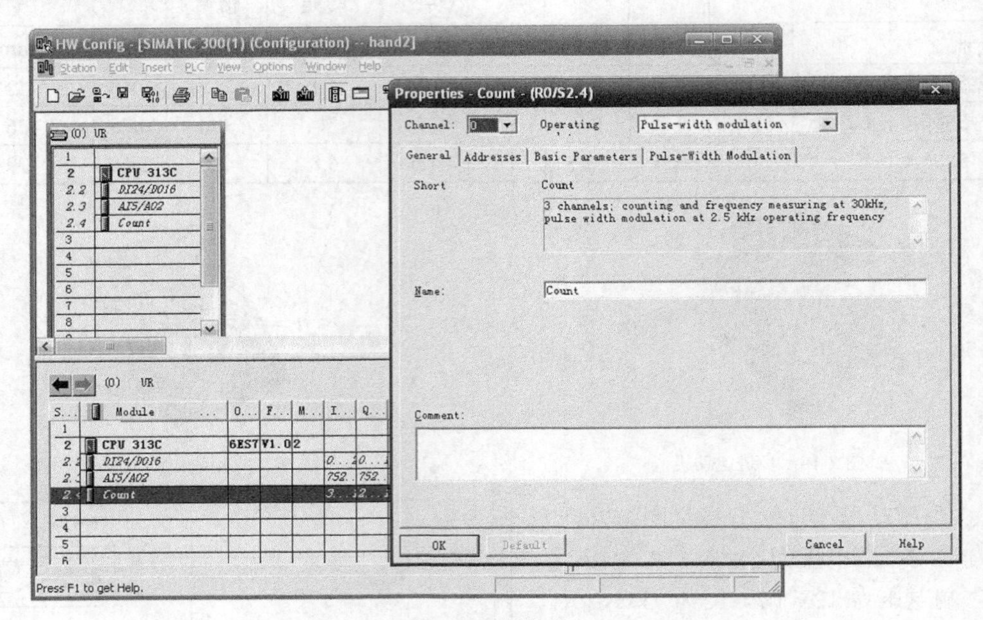

图 7-22　硬件组态

CPU313C 中，X2 前接线端子的 22、23、24 号接线端子分别对应通道 0、通道 1 和通道 2。另外，0 通道的硬件门对应 X2 前接线端子的 4 号接线端子，对应的输入点默认地址为 I124.2；1 通道硬件门 7 号接线端子对应的输入点默认地址为 I124.5；而 2 号通道硬件门为 12 号接线端子，对应的输入点默认地址为 I125.0。通过硬件配置设置为 0 开始，见图 7-23。

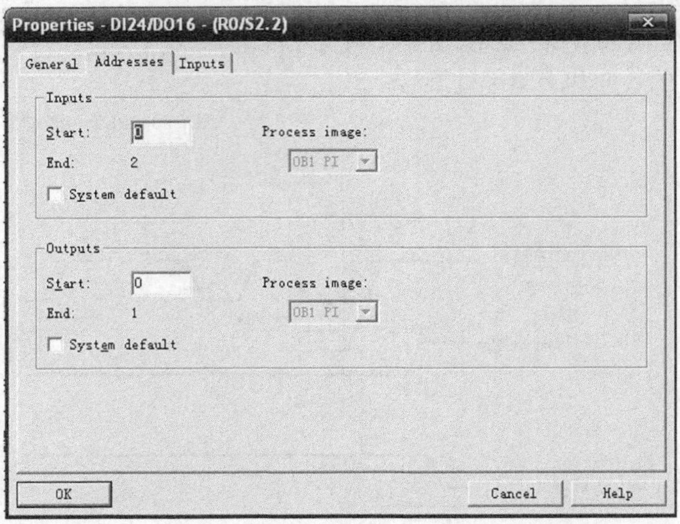

Properties - DI24/DO16 - (R0/S2.2)
General　Addresses　Inputs
Inputs
Start: 0　　Process image: OB1 PI
End: 2
System default
Outputs
Start: 0　　Process image: OB1 PI
End: 1
System default
OK　　Cancel　　Help

图 7-23　I/O 地址更改

系统 I/O 配置见图 7-24。

最后对硬件设置进行保存编译（save and compile）和下载（download），完成硬件设置。

Symbol Editor - [S7 Program(1) (Symbols) -- hand2\SIMATIC 30...

	Statu	Symbol	Address		Data typ	Comment
1		底盘初始位置	I	1.6	BOOL	
2		底盘转　到位	I	1.5	BOOL	
3		反转按钮	I	2.5	BOOL	
4		后退按钮	I	2.3	BOOL	
5		机械手后退到位	I	1.4	BOOL	
6		机械手前伸到位	I	1.3	BOOL	
7		机械手上到位	I	1.2	BOOL	
8		机械手下到位	I	1.1	BOOL	
9		夹紧恢复到位	I	0.5	BOOL	
10		夹紧旋转到位	I	0.4	BOOL	手夹紧旋转
11		启动	I	0.0	BOOL	机械手启动
12		前进按钮	I	2.2	BOOL	
13		上升按钮	I	2.0	BOOL	
14		手动	I	0.2	BOOL	手动工作状态
15		停止	I	0.1	BOOL	机械手停止
16		下降按钮	I	2.1	BOOL	
17		正转按钮	I	2.4	BOOL	
18		自动	I	0.3	BOOL	自动工作状态
19						

Number of symbols: 18/29

（a）输入配置

Symbol Editor - [S7 Program(1) (Symbols) -- hand2\SIMATIC 30...

	Statu	Symbol	Address		Data typ	Comment
1		底盘转电机方向	Q	1.0	BOOL	
2		底盘转电机启动	Q	0.7	BOOL	
3		电源指示灯	Q	0.3	BOOL	
4		机械手方向：前/后	Q	0.5	BOOL	
5		机械手方向：上/下	Q	0.6	BOOL	
6		夹紧电磁阀	Q	0.4	BOOL	
7		前后步进电机PW...	Q	0.0	BOOL	
8		上下步进电机PW...	Q	0.1	BOOL	
9						

Number of symbols: 8/29

（b）输出配置

图 7-24　I/O 配置

7.4　控制系统软件设计

7.4.1　系统资源分配

系统资源分配见图 7-25。

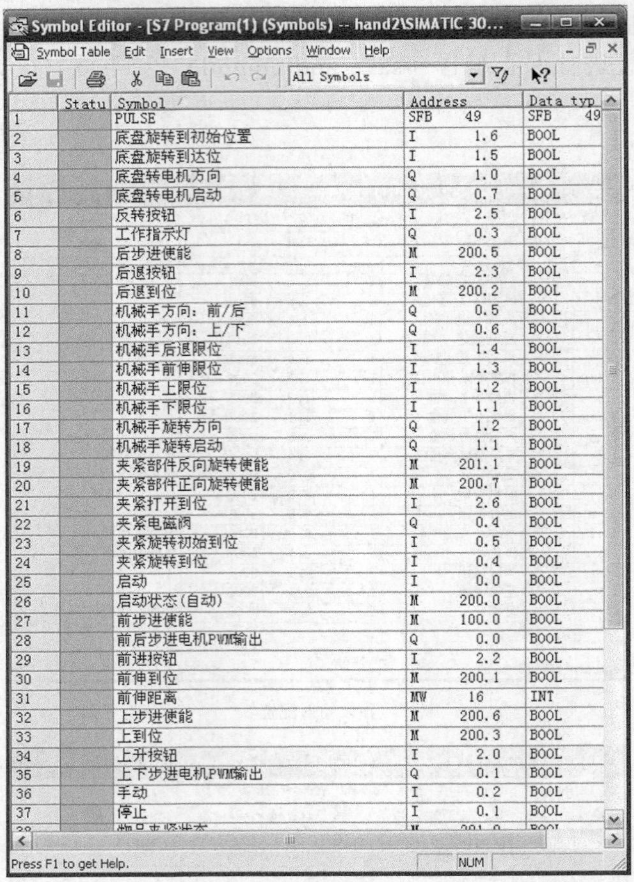

Symbol Editor - [S7 Program(1) (Symbols) -- hand2\SIMATIC 30...

Symbol Table　Edit　Insert　View　Options　Window　Help

All Symbols

	Statu	Symbol /	Address		Data typ
1		PULSE	SFB	49	SFB 49
2		底盘旋转到初始位置	I	1.6	BOOL
3		底盘旋转到达位	I	1.5	BOOL
4		底盘转电机方向	Q	1.0	BOOL
5		底盘转电机启动	Q	0.7	BOOL
6		反转按钮	I	2.5	BOOL
7		工作指示灯	Q	0.3	BOOL
8		后步进使能	M	200.5	BOOL
9		后退按钮	I	2.3	BOOL
10		后退到位	M	200.2	BOOL
11		机械手方向：前/后	Q	0.5	BOOL
12		机械手方向：上/下	Q	0.6	BOOL
13		机械手后退限位	I	1.4	BOOL
14		机械手前伸限位	I	1.3	BOOL
15		机械手上限位	I	1.2	BOOL
16		机械手下限位	I	1.1	BOOL
17		机械手旋转方向	Q	1.2	BOOL
18		机械手旋转启动	Q	1.1	BOOL
19		夹紧部件反向旋转使能	M	201.1	BOOL
20		夹紧部件正向旋转使能	M	200.7	BOOL
21		夹紧打开到位	I	2.6	BOOL
22		夹紧电磁阀	Q	0.4	BOOL
23		夹紧旋转初始到位	I	0.5	BOOL
24		夹紧旋转到位	I	0.4	BOOL
25		启动	I	0.0	BOOL
26		启动状态(自动)	M	200.0	BOOL
27		前步进使能	M	100.0	BOOL
28		前后步进电机PWM输出	Q	0.0	BOOL
29		前进按钮	I	2.2	BOOL
30		前伸到位	M	200.1	BOOL
31		前伸距离	MW	16	INT
32		上步进使能	M	200.6	BOOL
33		上到位	M	200.3	BOOL
34		上升按钮	I	2.0	BOOL
35		上下步进电机PWM输出	Q	0.1	BOOL
36		手动	I	0.2	BOOL
37		停止	I	0.1	BOOL

Press F1 to get Help.　NUM

图 7-25　系统资源分配

7.4.2　系统软件设计

1．自动状态启动控制程序

自动状态启动控制程序见图 7-26。M200.0 的状态为自动状态下的启动状态。

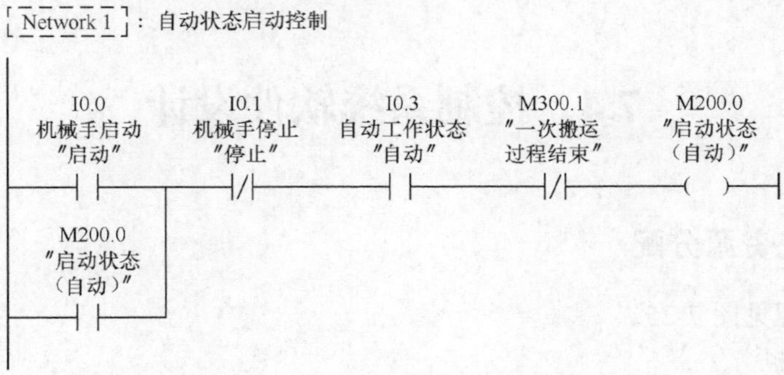

Network 1 ：自动状态启动控制

I0.0 机械手启动 "启动"　I0.1 机械手停止 "停止"　I0.3 自动工作状态 "自动"　M300.1 "一次搬运过程结束"　M200.0 "启动状态（自动）"

M200.0 "启动状态（自动）"

（a）梯形图

图 7-26　自动状态启动控制程序

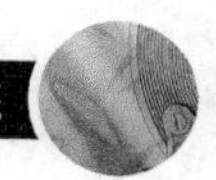

```
OB1:″Main Program Sweep (Cycle)″
Network 1:自动状态启动控制

    A(
    O      ″启动″                 I0.0      --机械手启动
    O      ″启动状态(自动)″       M200.0
    )
    AN     ″停止″                 I0.1      --机械手停止
    A      ″自动″                 I0.3      --自动工作状态
    AN     ″一次搬运过程结束″     M300.1
    =      ″启动状态(自动)″       M200.0
```

(b)语句表

图 7-26 自动状态启动控制程序(续)

2. 机械手前伸控制程序

机械手前伸控制程序见图7-27。由程序可知道,有两种情况可实现机械手前伸:一是自动启动时,二是当机械手臂夹紧物品并且底盘旋转到位时。

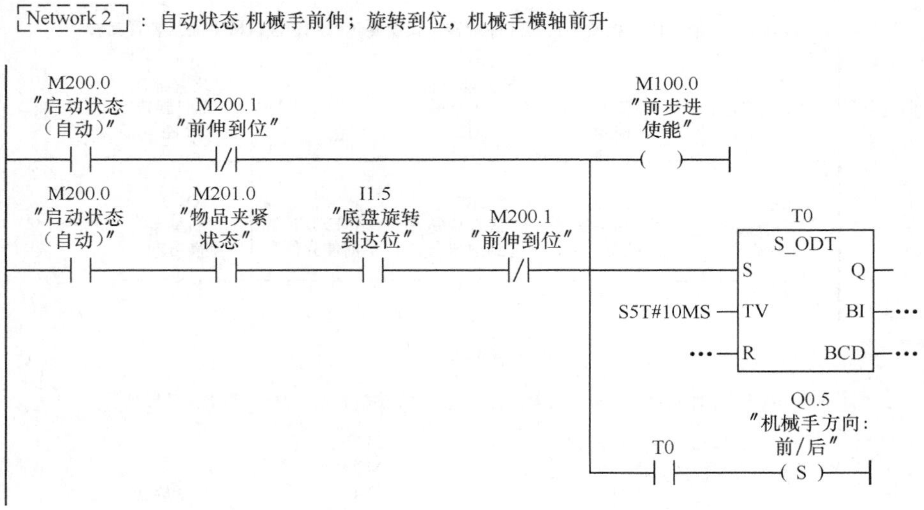

Network 2 :自动状态 机械手前伸;旋转到位,机械手横轴前升

(a)梯形图

```
Network 2:自动状态 机械手前伸;旋转到位,机械手横轴前升

    A      ″启动状态(自动)″       M200.0
    AN     ″前伸到位″             M200.1
    O
    A      ″启动状态(自动)″       M200.0
    A      ″物品夹紧状态″         M201.0
    A      ″底盘旋转到达位″       I1.5
    AN     ″前伸到位″             M200.1
    =      L  20.0
    A      L  20.0
    BLD    102
    =      ″前步进使能″           M100.0
```

图 7-27 机械手前伸控制程序

```
A      L  20.0
L      S5T#10MS
SD     T  0
NOP    0
NOP    0
NOP    0
NOP    0
A      L  20.0
A      T  0
S      "机械手方向：前/后"              Q0.5
```

（b）语句表

图 7-27　机械手前伸控制程序（续）

3. 机械手夹紧部件旋转控制程序

图 7-28 所示为机械手夹紧部件旋转控制程序。当自动启动时，机械手前伸到位，夹紧部件开始旋转。

Network 3：前伸到位，机械手夹紧部件旋转，底盘旋转到达，位机械手夹紧装置旋转

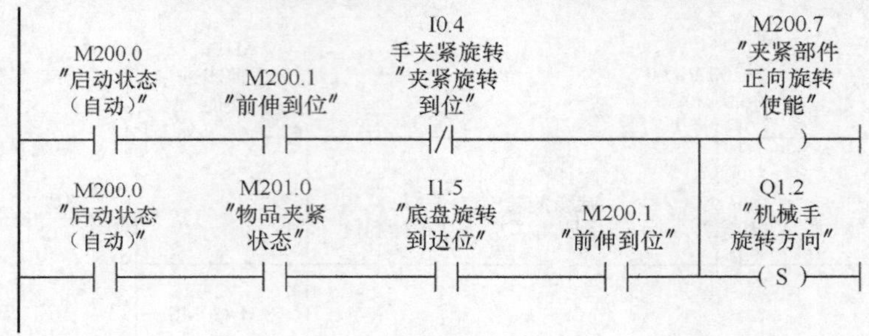

（a）梯形图

Network 3：前伸到位，机械手夹紧部件旋转，底盘旋转到达位，机械手夹紧装置旋转

```
A      "启动状态（自动）"          M200.0
A      "前伸到位"                  M200.1
AN     "夹紧旋转到位"              I0.4         --手夹紧旋转
O
A      "启动状态（自动）"          M200.0
A      "物品夹紧状态"              M201.0
A      "底盘旋转到达位"            I1.5
A      "前伸到位"                  M200.1
=      "夹紧部件正向旋转使能"      M200.7
S      "机械手旋转方向"            Q1.2
```

（b）语句表

图 7-28　机械手夹紧部件旋转控制程序

4. 机械手松开电磁铁控制程序

图 7-29 所示为机械手松开电磁铁控制程序。当自动启动后，机械手前伸到位，夹紧部旋转到位，机械手松开，准备抓取物品；另外当到达目的地，下放物品时也同样控制电磁铁得电，Q0.4 为“1”，机械手松开。

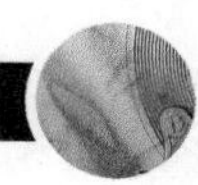

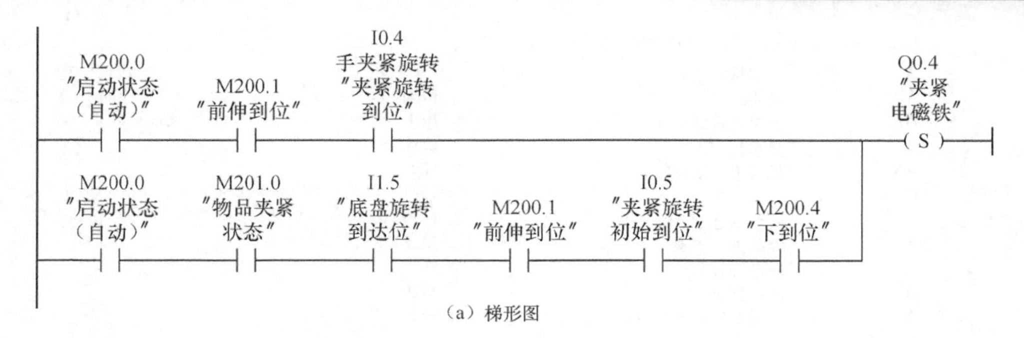

（a）梯形图

Network 4：前伸及旋转到位，机械手打开，自动状态

```
A     ″启动状态（自动）″       M200.0
A     ″前伸到位″               M200.1
A     ″夹紧旋转到位″           I0.4          -- 手夹紧旋转
O
A     ″启动状态（自动）″       M200.0
A     ″物品夹紧状态″           M201.0
A     ″底盘旋转到达位″         I1.5
A     ″前伸到位″               M200.1
A     ″夹紧旋转初始到位″       I0.5
A     ″下到位″                 M200.4
S     ″夹紧电磁铁″             Q0.4
```

（b）语句表

图7-29　机械手松开电磁铁控制程序

5. 机械手下降控制程序

图7-30所示为机械手下降控制程序。当机械手打开I2.6为“1”，机械手旋转、前伸到位，机械手下降使能为“1”。为了确保步进电动机的驱动时序，延时5ms后，机械手方向Q0.6为“1”，机械手向下移动。

Network 5：前伸、旋转、打开到位，机械手下降

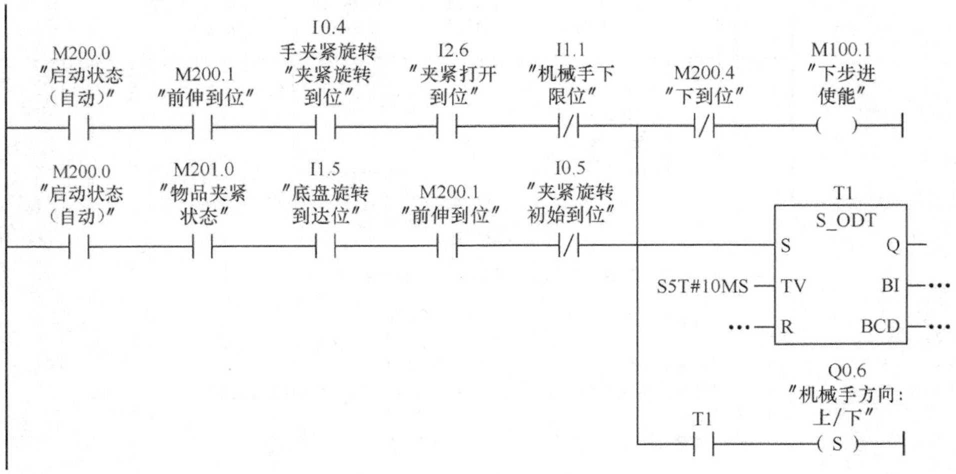

M200.0
″启动状态（自动）″
M200.1
″前伸到位″
I0.4
手夹紧旋转
″夹紧旋转到位″
I2.6
″夹紧打开到位″
I1.1
″机械手下限位″
M200.4
″下到位″
M100.1
″下步进使能″
M200.0
″启动状态（自动）″
M201.0
″物品夹紧状态″
I1.5
″底盘旋转到达位″
M200.1
″前伸到位″
I0.5
″夹紧旋转初始到位″
T1
S_ODT
S
Q
S5T#10MS
TV
BI
R
BCD
Q0.6
″机械手方向：上/下″
T1
S

（a）梯形图

图7-30　机械手下降控制程序

```
Network 5：前伸、旋转、打开到位，机械手下降
A        "启动状态(自动)"            M200.0
A        "前伸到位"                  M200.1
A        "夹紧旋转到位"              I0.4          --手夹紧旋转
A        "夹紧打开到位"              I2.6
AN       "机械手下限位"              I1.1
O
A        "启动状态(自动)"            M200.0
A        "物品夹紧状态"              M201.0
A        "底盘旋转到达位"            I1.5
A        "前伸到位"                  M200.1
A        "夹紧旋转初始到位"          I0.5
=        L   20.0
A        L   20.0
AN       "下到位"                    M200.4
=        "下步进使能"                M100.1
A        L   20.0
L        S5T#10MS
SD       T   1
NOP      0
NOP      0
NOP      0
NOP      0
A        L   20.0
A        T   1
S        "机械手方向：上/下"         Q0.6
```

（b）语句表

图 7-30　机械手下降控制程序（续）

6．机械手夹紧控制程序

图 7-31 所示为机械手夹紧控制程序。当机械手前伸、旋转并下到位时，夹紧电磁铁 Q0.4 复位，夹紧物品；或货物运送完成，机械手夹紧复位。

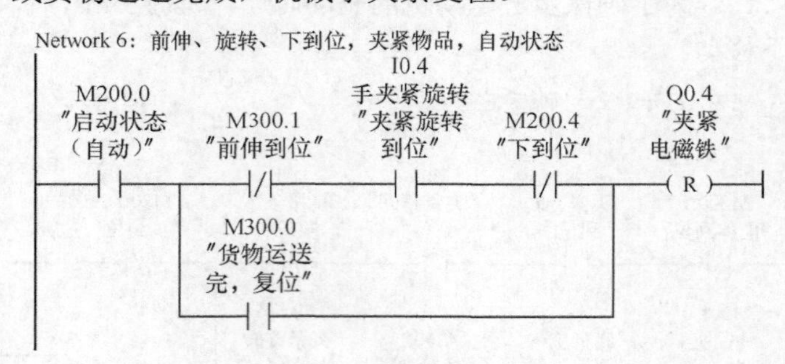

（a）梯形图

```
Network 6：前伸、旋转、下到位，夹紧物品，自动状态
A        "启动状态(自动)"        M200.0
A(
A        "前伸到位"              M200.1
A        "夹紧旋转到位"          I0.1          --手夹紧旋转
A        "下到位"                M200.4
O        "货物运送完，复位"      M300.0
)
R        "夹紧电磁铁"            Q0.4
```

（b）语句表

图 7-31　机械手夹紧控制程序

7．机械手上升控制程序

图 7-32 所示为机械手上升控制程序。首先记录物品夹紧状态 M201.0 为“1”，夹紧物品后，机械手上升，或者在运送物品到达并松开机械手 Q0.4 为“1”时，机械手上升。

Network 7：夹紧物品，机械手上升，自动状态

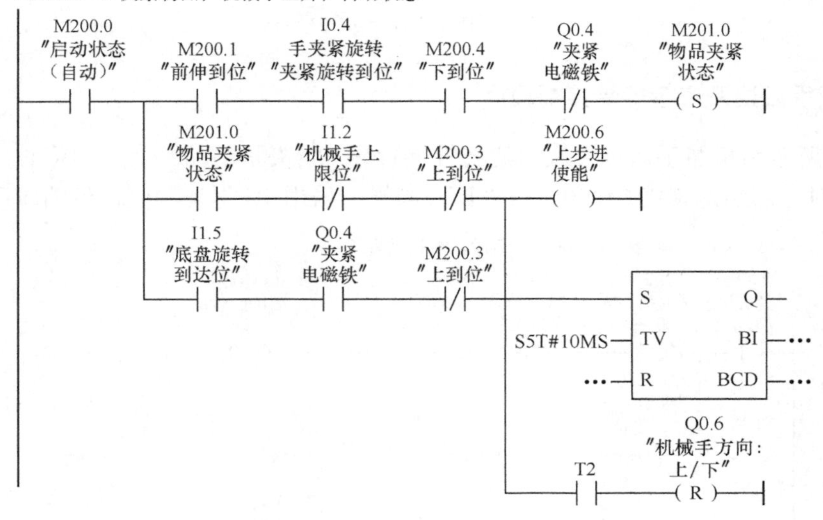

（a）梯形图

Network 7：夹紧物品，机械手上升，自动状态

```
A       "启动状态(自动)"      M200.0
=       L  20.0
A       L  20.0
A       "前伸到位"            M200.1
A       "夹紧旋转到位"        I0.4          --手夹紧旋转
A       "下到位"              M200.4
AN      "夹紧电磁铁"          Q0.4
S       "物品夹紧状态"        M201.0
A       L  20.0
A(
A       "物品夹紧状态"        M201.0
AN      "机械手上限位"        I1.2
AN      "上到位"              M200.3
O
A       "底盘旋转到达位"      I1.5
A       "夹紧电磁铁"          Q0.4
AN      "上到位"              M200.3
)
=       L  20.1
A       L  20.1
BLD     102
=       "上步进使能"          M200.6
A       L  20.0
L       S5T#10MS
SD      T  2
NOP     0
```

图 7-32　机械手上升控制程序

```
NOP     0
NOP     0
NOP     0
A       L  20.1
A       T  2
R       "机械手方向：上/下"      Q0.6
```

（b）语句表

图 7-32　机械手上升控制程序（续）

8．机械手后退及底盘旋转控制程序

图 7-33 所示为机械手后退及底盘旋转控制程序。当夹紧物品并上升到位时，或当货物运送结束复位时，后步进使能 M200.5 为“1”。同样，采用 T3 保证控制信号的时序。

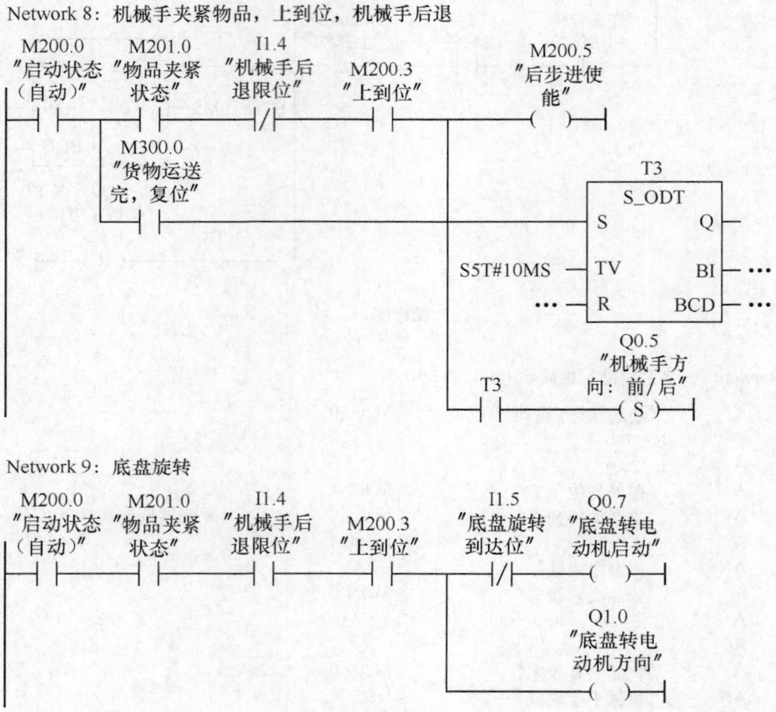

Network 8：机械手夹紧物品，上到位，机械手后退

Network 9：底盘旋转

（a）梯形图

Network 8：机械手夹紧物品，上到位，机械手后退

```
A       "启动状态（自动）"       M200.0
A(
A       "物品夹紧状态"           M201.0
AN      "机械手后退限位"         I1.4
A       "上到位"                 M200.3
O       "货物运送完，复位"       M300.0
)
=       L  20.0
A       L  20.0
```

图 7-33　机械手后退及底盘旋转控制程序

```
BLD     102
=       "后步进使能"              M200.5
A       L 20.0
L       S5T#10MS
SD      T 3
NOP     0
NOP     0
NOP     0
NOP     0
A       L 20.0
A       T 3
S       "机械手方向：前 / 后"      Q0.5
Network 9：底盘旋转
A       "启动状态（自动）"         M200.0
A       "物品夹紧状态"             M201.0
A       "机械手后退限位"           I1.4
A       "上到位"                   M200.3
AN      "底盘旋转到达位"           I1.5
O
A       "货物运送完，复位"         M300.0
AN      "底盘旋转到初始位置"       I1.6
=       L 20.0
A       L 20.0
BLD     102
=       "底盘转电动机启动"         Q0.7
A       L 20.0
AN      "货物运送完，复位"         M300.0
=       "底盘转电动机方向"         Q1.0
```

（b）语句表

图 7-33 机械手后退及底盘旋转控制程序（续）

9．夹紧部件控制程序

图 7-34 所示为夹紧部件反向旋转使能和夹紧控制输出部分程序。

Network 10：夹紧部件反向旋转复位

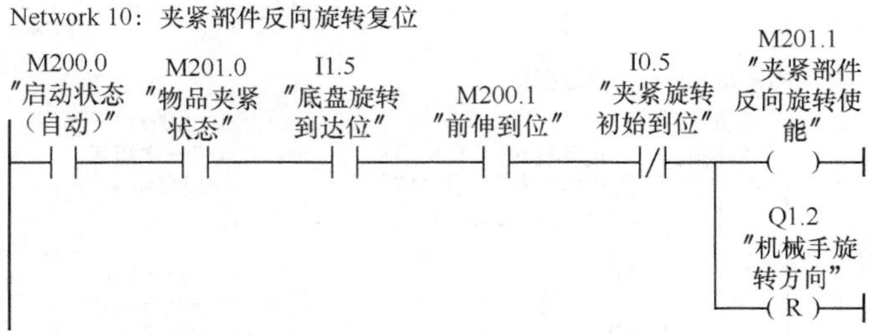

M200.0 "启动状态（自动）"
M201.0 "物品夹紧状态"
I1.5 "底盘旋转到达位"
M200.1 "前伸到位"
I0.5 "夹紧旋转初始到位"
M201.1 "夹紧部件反向旋转使能"
Q1.2 "机械手旋转方向"
R

图 7-34 夹紧部件控制程序

Network 11：夹紧部件旋转控制

M200.0 "启动状态（自动）"　M201.1 "夹紧部件反向旋转使能"　M200.7 "夹紧部件正向旋转使能"　Q1.7 "夹紧部件旋转使能"

（a）梯形图

Network 10：夹紧部件反向旋转复位

A	"启动状态（自动）"	M200.0
A	"物品夹紧状态"	M201.0
A	"底盘旋转到达位"	I1.5
A	"前伸到位"	M200.1
AN	"夹紧旋转初始到位"	I0.5
=	"夹紧部件反向旋转使能"	M201.1
R	"机械手旋转方向"	Q1.2

Network 11：夹紧部件旋转控制

A	"启动状态（自动）"	M200.0
A(		
O	"夹紧部件反向旋转使能"	M201.1
O	"夹紧部件正向旋转使能"	M200.7
)		
=	"夹紧部件旋转使能"	Q1.7

（b）语句表

图 7-34　夹紧部件控制程序（续）

10．复位及结束控制程序

图 7-35 所示为复位及结束控制程序。首先记录货物运送结束状态，从而控制机械手及底盘复位，并在所有动作结束后复位自动启动状态 M200.3 和 M250.0。

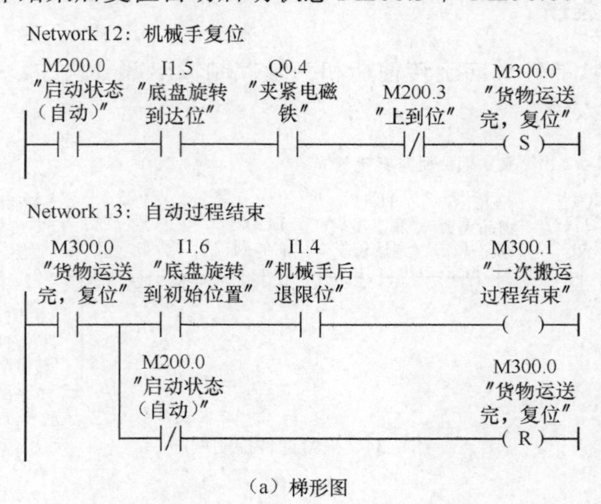

（a）梯形图

图 7-35　复位及结束控制程序

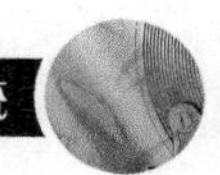

Network 12：机械手复位

```
A    "启动状态（自动）"        M200.0
A    "底盘旋转到达位"          I1.5
A    "夹紧电磁铁"              Q0.4
AN   "上到位"                  M200.3
S    "货物运送完，复位"        M300.0
```

Network 13：自动过程结束

```
A    "货物运送完，复位"        M300.0
=    L  20.0
A    L  20.0
A    "底盘旋转到初始位置"      I1.6
A    "机械手后退限位"          I1.4
=    "一次搬运过程结束"        M300.1
A    L  20.0
AN   "启动状态（自动）"        M200.0
R    "货物运送完，复位"        M300.0
```

（b）语句表

图 7-35　复位及结束控制程序（续）

11．软件门控制程序

图 7-36 所示为机械手前进/后退以及机械手上升/下降软件门控制程序。尽管在硬件配置中也设置了 2ms 的延时，但为了保证步进电动机控制时序，还增加了 T4、T5。

Network 14：机械手前进/后退 PWM 软件门控制

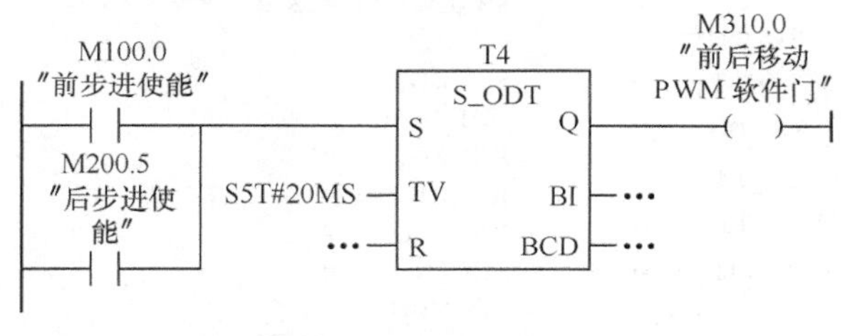

Network 15：机械手上升/下降 PWM 软件门控制

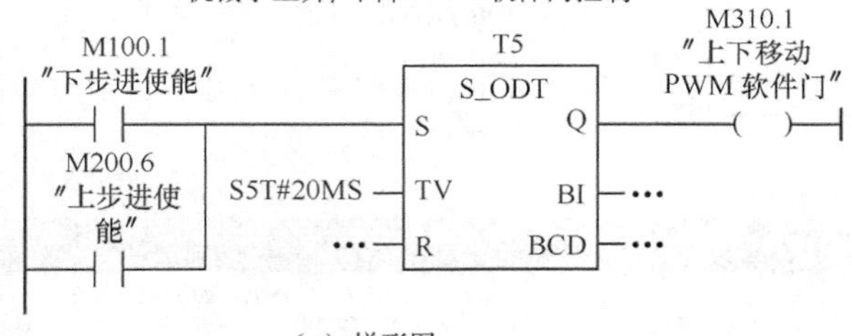

（a）梯形图

Network 14：机械手前进/后退 PWM 软件门控制

```
A(
O        "前步进使能"              M100.0
O        "后步进使能"              M200.5
)
L        S5T#20MS
SD       T  4
NOP      0
NOP      0
NOP      0
A        T  4
=        "前后移动 PWM 软件门"     M310.0
```

Network 15：机械手上升/下降 PWM 软件门控制

```
A(
O        "下步进使能"              M100.1
O        "上步进使能"              M200.6
)
L        S5T#20MS
SD       T  5
NOP      0
NOP      0
NOP      0
A        T  5
=        "上下移动 PWM 软件门"     M310.1
```

（b）语句表

图 7-36　PWM 软件门控制程序

12．PWM 输出控制

图 7-37、图 7-38 所示分别为机械手通过 PWM 功能块实现前后 PWM 和上下 PWM 输出控制程序。

采用 CPU312C 内部集成的脉冲输出功能块进行步进电动机的驱动，同时单独使用软件门控制。此时，高频脉冲输出单独由软件门 SW_EN 端控制，即 SW_EN 端为“1”时，脉冲输出指令开始执行（延时指定时间后输出指定周期和脉宽的高频脉冲）；当 SW_EN 端为“0”时，高频脉冲停止输出。

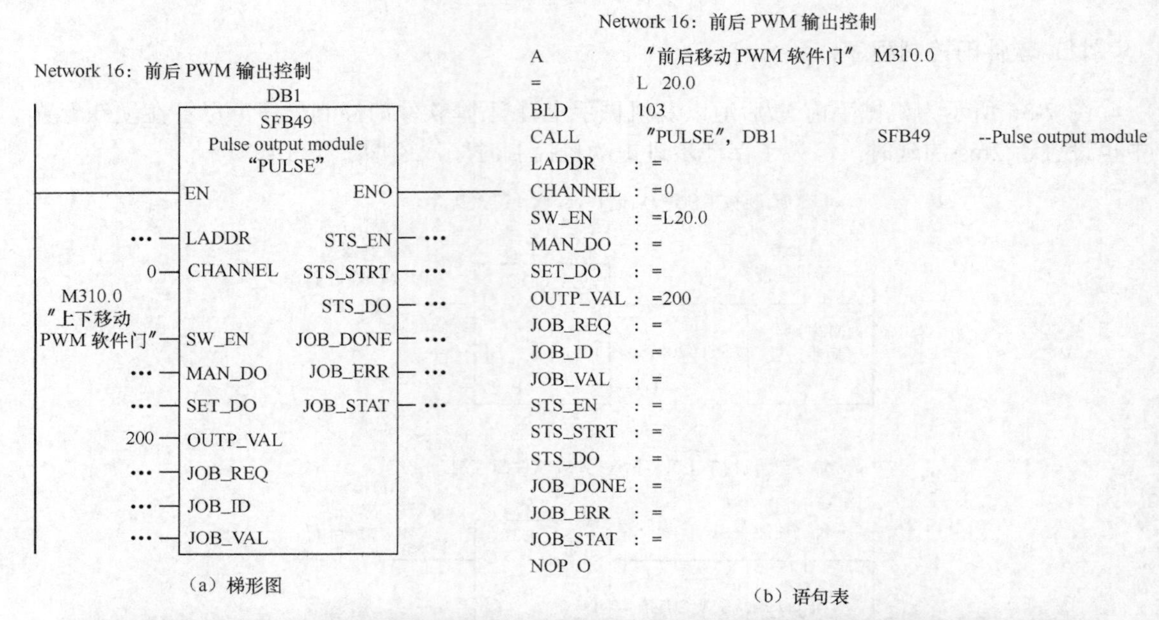

（a）梯形图

（b）语句表

DB1 -- ceshi\SIMATIC 300(1)\CPU 313C

	Address	Declaration	Name	Type	Initial value	Actual value	Comment
1	0.0	in	LADDR	WORD	W#16#300	W#16#300	Logical base address
2	2.0	in	CHANNEL	INT	0	0	Channel number
3	4.0	in	SW_EN	BOOL	FALSE	FALSE	Software enable
4	4.1	in	MAN_DO	BOOL	FALSE	FALSE	Manual DO enable
5	4.2	in	SET_DO	BOOL	FALSE	FALSE	Manual DO control
6	6.0	in	OUTP_VAL	INT	0	0	PWM output value
7	8.0	in	JOB_REQ	BOOL	FALSE	FALSE	Job request
8	10.0	in	JOB_ID	WORD	W#16#0	W#16#0	Job identification number
9	12.0	in	JOB_VAL	DINT	L#0	L#0	Job value
10	16.0	out	STS_EN	BOOL	FALSE	FALSE	State of internal enable
11	16.1	out	STS_STRT	BOOL	FALSE	FALSE	State of hardware gate
12	16.2	out	STS_DO	BOOL	FALSE	FALSE	State of DO
13	16.3	out	JOB_DONE	BOOL	TRUE	TRUE	New job can be started
14	16.4	out	JOB_ERR	BOOL	FALSE	FALSE	Job error
15	18.0	out	JOB_STAT	WORD	W#16#0	W#16#0	Job error code
16	20.0	stat	JOB_OVAL	DINT	L#0	L#0	Job output value

（c）背景数据块

图 7-37　机械手前后 PWM 输出控制程序

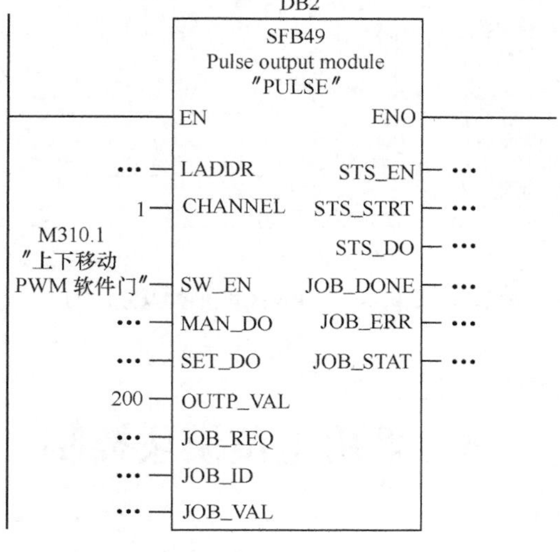

（a）梯形图

Network 17: 上下PWM输出控制

```
A           "上下移动PWM软件门"   M310.1
=           L  20.0
BLD         103
CALL        "PULSE", DB2          SFB49        --Pulse output module
LADDR     : =
CHANNEL   : =1
SW_EN     : =L20.0
MAN_DO    : =
SET_DO    : =
OUTP_VAL  : =200
JOB_REQ   : =
JOB_ID    : =
JOB_VAL   : =
STS_EN    : =
STS_STRT  : =
STS_DO    : =
JOB_DONE  : =
JOB_ERR   : =
JOB_STAT  : =
NOP  O    : =
```

（b）语句表

图7-38 机械手上下PWM输出控制程序

@DB2 -- hand2\SIMATIC 300(1)\CPU 313C ONLINE

	Address	Declaration	Name	Type	Initial value	@Actual value	Actual value	Comment
1	0.0	in	LADDR	WORD	W#16#300	W#16#0300	W#16#300	Logical base address
2	2.0	in	CHANNEL	INT	0	1	0	Channel number
3	4.0	in	SW_EN	BOOL	FALSE	FALSE	FALSE	Software enable
4	4.1	in	MAN_DO	BOOL	FALSE	FALSE	FALSE	Manual DO enable
5	4.2	in	SET_DO	BOOL	FALSE	FALSE	FALSE	Manual DO control
6	6.0	in	OUTP_VAL	INT	0	200	0	PWM output value
7	8.0	in	JOB_REQ	BOOL	FALSE	FALSE	FALSE	Job request
8	10.0	in	JOB_ID	WORD	W#16#0	W#16#0000	W#16#0	Job identification number
9	12.0	in	JOB_VAL	DINT	L#0	L#0	L#0	Job value
10	16.0	out	STS_EN	BOOL	FALSE	FALSE	FALSE	State of internal enable
11	16.1	out	STS_STRT	BOOL	FALSE	FALSE	FALSE	State of hardware gate
12	16.2	out	STS_DO	BOOL	FALSE	FALSE	FALSE	State of DO
13	16.3	out	JOB_DONE	BOOL	TRUE	TRUE	TRUE	New job can be started
14	16.4	out	JOB_ERR	BOOL	FALSE	FALSE	FALSE	Job error
15	18.0	out	JOB_STAT	WORD	W#16#0	W#16#0000	W#16#0	Job error code
16	20.0	stat	JOB_OVAL	DINT	L#0	L#0	L#0	Job output value

（c）背景数据块

图 7-38 机械手上下 PWM 输出控制程序（续）

7.5 采用定位模块控制

7.5.1 控制系统硬件选型

由于西门子公司的模块化中小型 PLC 系统 S7-300 能满足中等性能要求的应用，其模块化、无排风扇结构、易于实现分布、具有丰富的且带有许多方便功能的 I/O 扩展模块等优点，使用户可根据实际应用选择合适的模块。针对控制系统要求选择 CPU314，见图 7-39。该 CPU 可用于对过程处理能力和响应时间要求很高的场合，通过其工作存储器，也适用于中等规模的应用。

选择步进电动机定位控制模块 FM353，它把 CPU 发出的指令转化为内部指令，并将其发送至步进电动机驱动。

步进电动机功率驱动器将弱电控制信号转换为强电驱动信号，并用它来控制步进电动机，从而实现机械手的位置控制。采用开环控制，执行机构简单，并选用西门子 S7-300 配套步进电动机功率驱动器 FM-STEPDRIVE，如图 7-40 所示，使系统的兼容性与可靠性有所保障。

图 7-39 CPU314 的外观

图 7-40 FM-STEPDRIVE 的外观

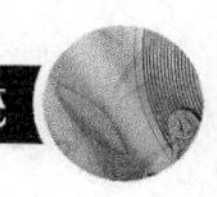

步进功率驱动器连接图如图 7-41 所示。

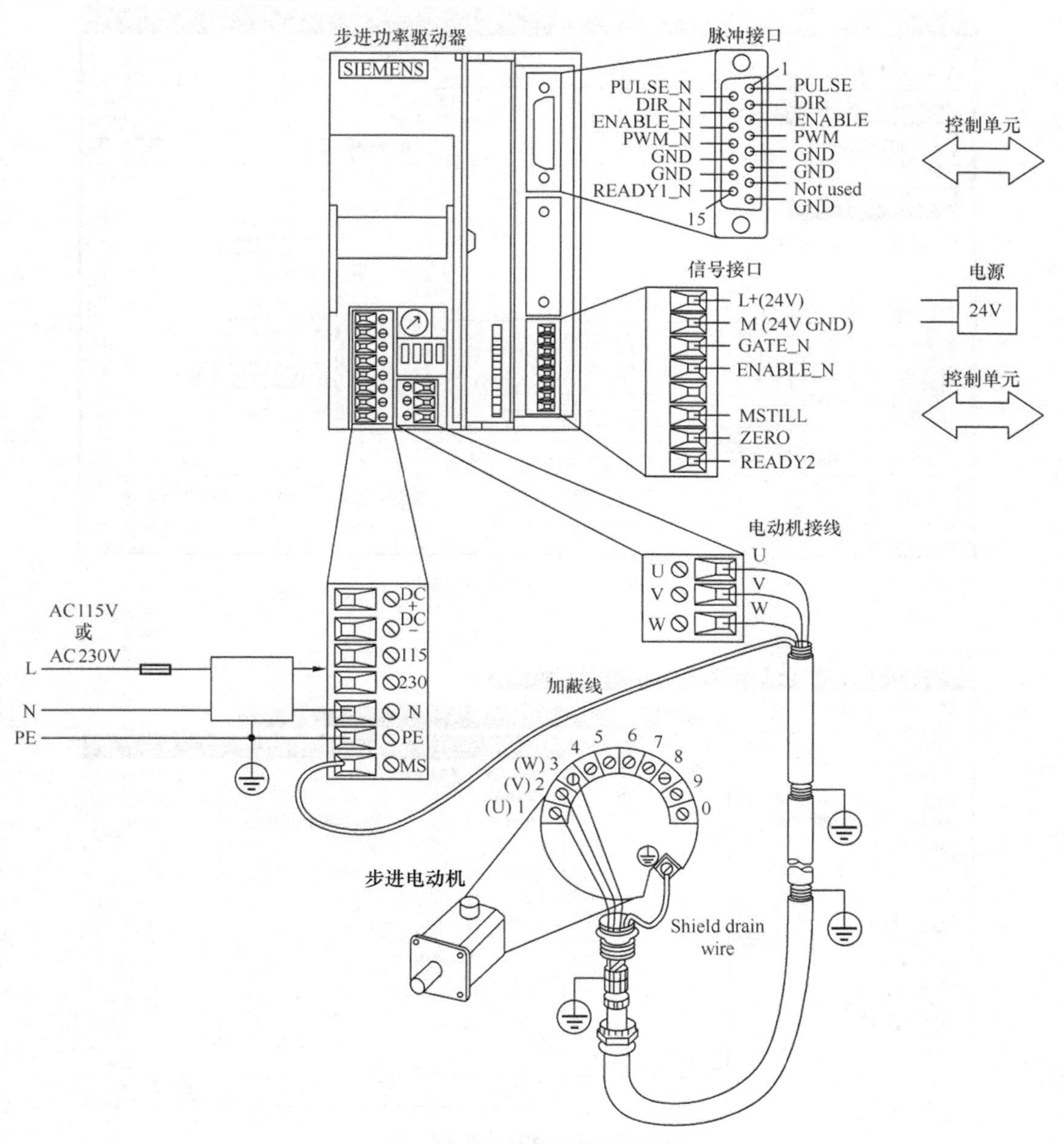

图 7-41　步进功率驱动器连接图

7.5.2　控制系统硬件组态

利用模板配套光盘安装 FM353 和 FM354 的组态包，该软件包也可在西门子官方网站下载。

按图 7-42 所示添加 FM353 模块。

添加 FM353 后，双击模块，弹出如图 7-43 所示界面。在此界面可以更改模块属性，包括 MPI 地址和基本参数等。

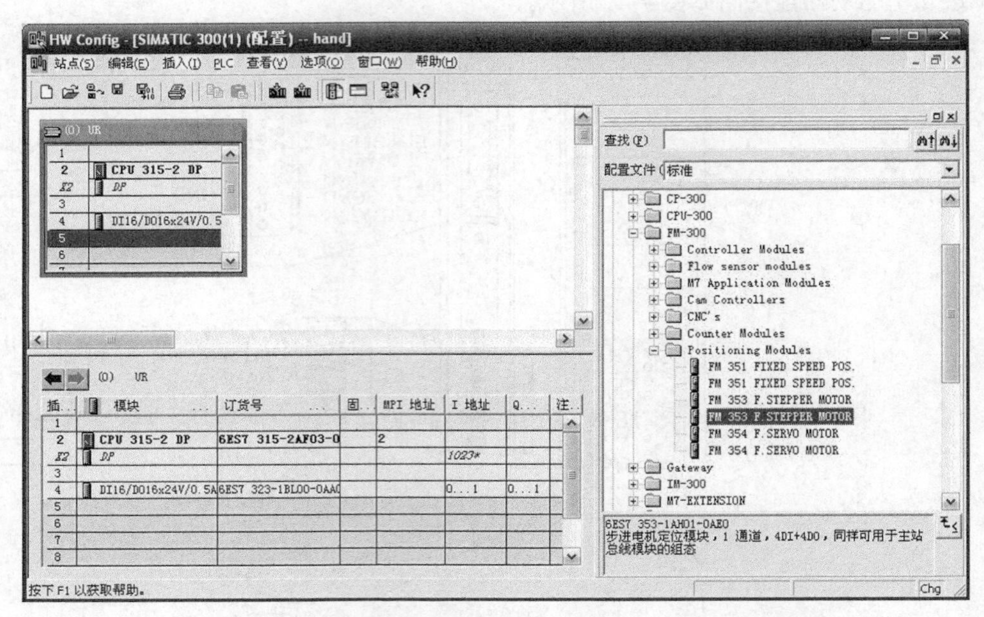

图 7-42　添加 FM353 模块

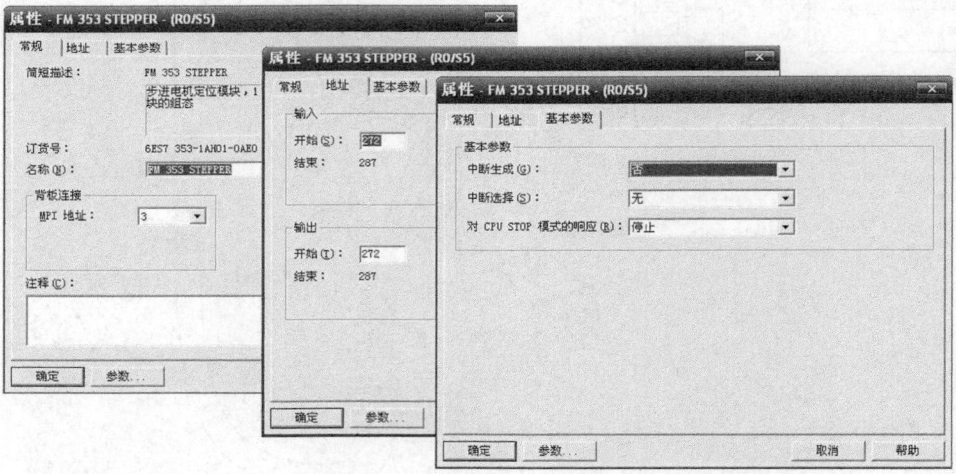

图 7-43　配置模块参数

单击“参数”按钮，根据步进电动机驱动器手册设置参数，见图 7-44。

参数设置结束单击“Close”，在弹出的界面单击“是”建立 FM353 模板系统数据块。然后在图 7-45 中单击“Transfer to FM”装载系统数据块到 FM353。

如图 7-46 所示，MD 按钮用来配置机器参数，SM 按钮用于输入增量表，WZK 按钮用于输入刀具补偿数据，VP 按钮用于输入 NC 程序，Startup 按钮用于启动调试用的控制面板，Error display 按钮用于打开故障诊断，Service data 按钮用于显示一些相关的运行数据，Trace 按钮可以显示相关变量随时间变化的曲线。

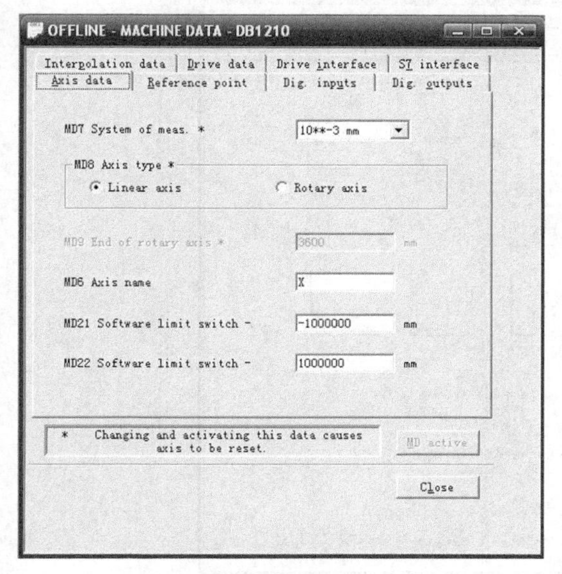

图 7-44 MD 参数设置

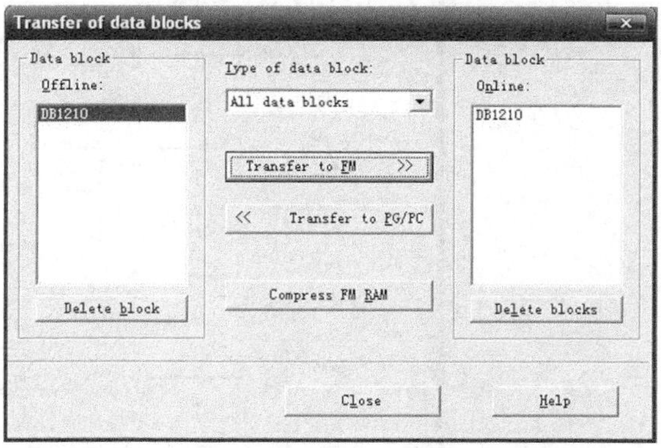

图 7-45 装载系统数据块到 FM353

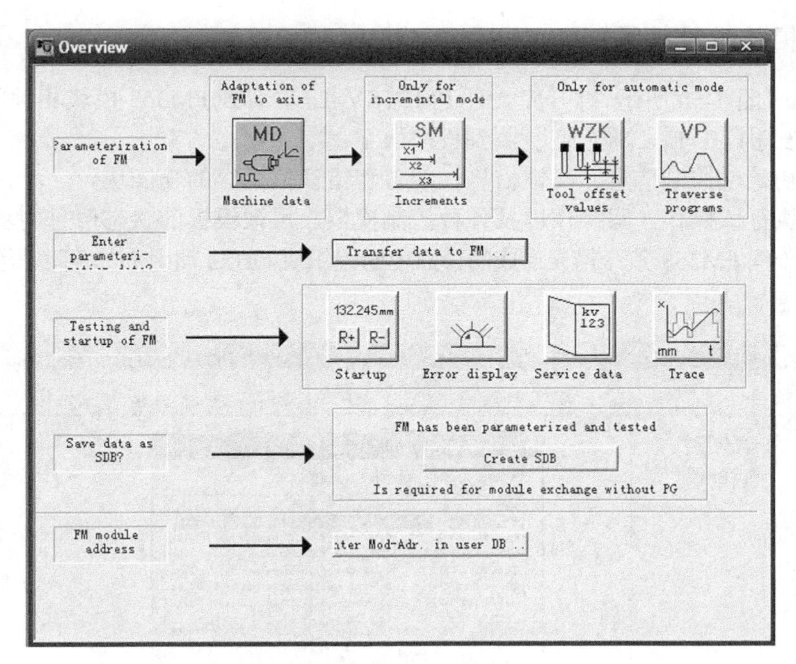

图 7-46 参数设置界面

如图 7-47 所示，单击菜单“Test”下的“Startup”，进行初步调试。然后单击“Create SDB”，数据块（DB）中存储的参数就会保存到 SDB 中。下载 SDB 后，CPU 上电时会自动将参数写到 FM353 中。

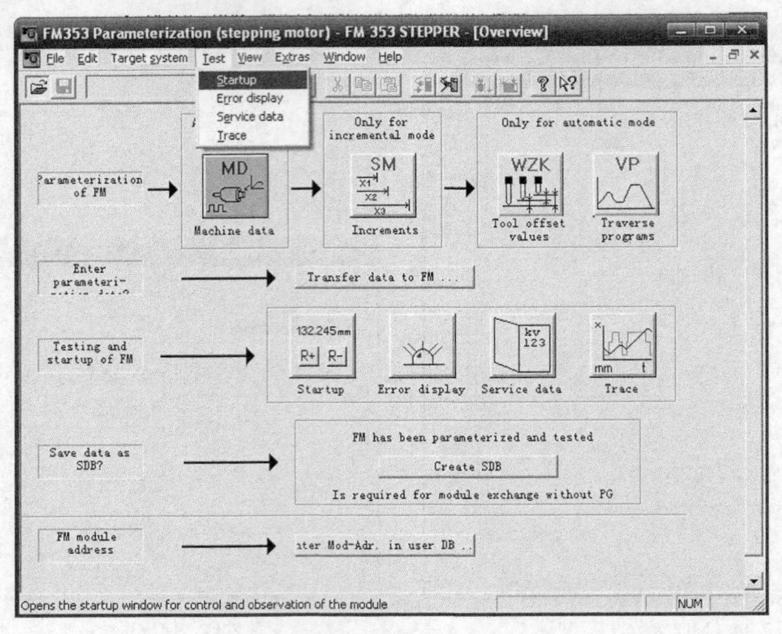

图 7-47 测试选择

7.5.3 相关软件编程

如图 7-48～图 7-50 所示，打开库文件 FMSTSV_L，可看到 FM353 模块相关的功能 FC0～FC3 以及数据结构 UDT1，将它们复制到程序块下。

FC0：是初始化控制信息、反馈信息、准备和错误信息等的功能块。

FC1：是执行读操作、写操作以及各种控制模板、反馈模板的状态信息的功能块。

FC2：在一些 FM353 致命错误造成的诊断中断组织块 OB82 调用 FC2 可以得到关于 FM353 模块的诊断信息。

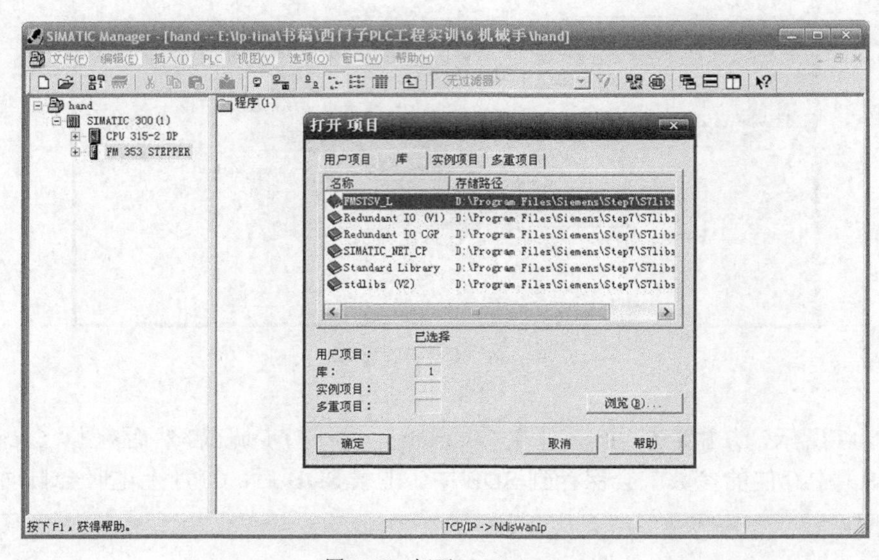

图 7-48 打开 FMSTSV_L

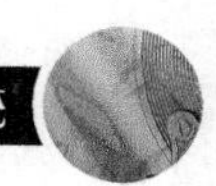

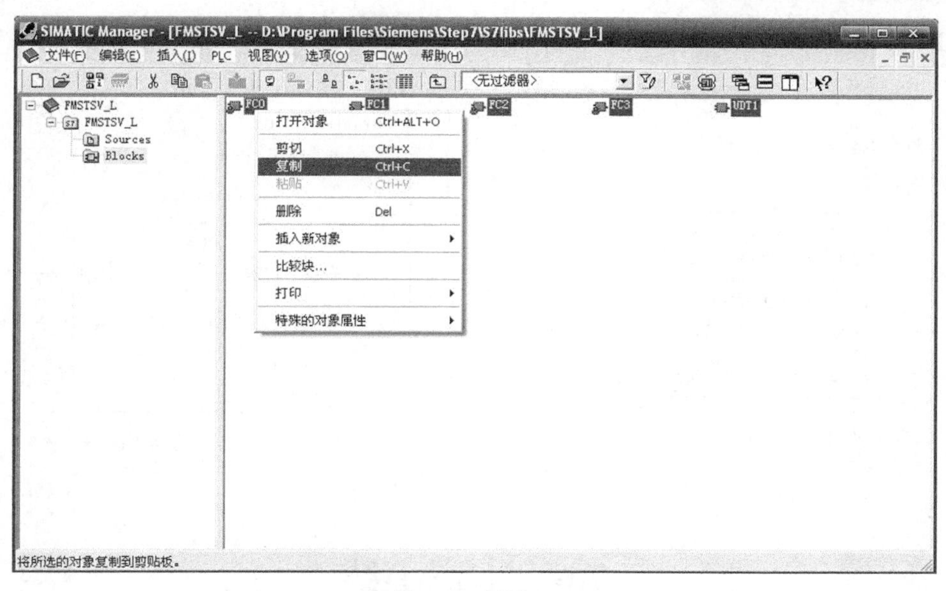

图 7-49　复制 FC

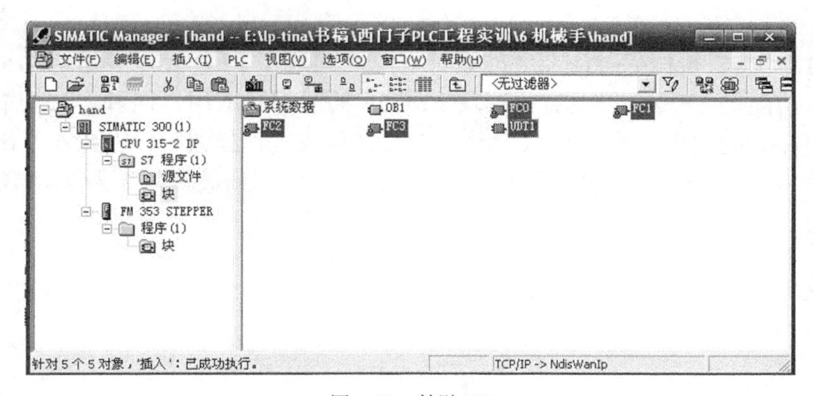

图 7-50　粘贴 FC

FC3：用于长度测量。

UDT1：包含了所有有关 FM353 的操作命令和状态返回信息等。如图 7-51 所示使用 UDT1 生成数据块 DB100，并定义工艺需要的数据。

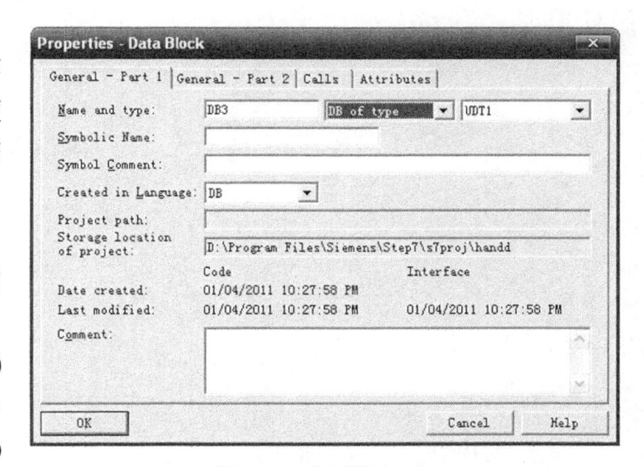

图 7-51　生成用户 DB

如图 7-52 所示，在 OB1 中调用 FC1，进行位置控制，其中 DB_NO 是用户 DB 的块号，本例中为 2。

如图 7-53 所示，在 OB100 中调用 FC0 进行初始化，DB_NO 为 UDT1 生成的用户 DB 的块号，如本例所示应为 2；在 CH_NO 中填写 1，LADDR 中填写 FM353 的硬件地址，在硬件组态中可查到相应的地址。另外如果 FM353 放在 ET200M 上，还需要在 OB86

中调用 FC0。

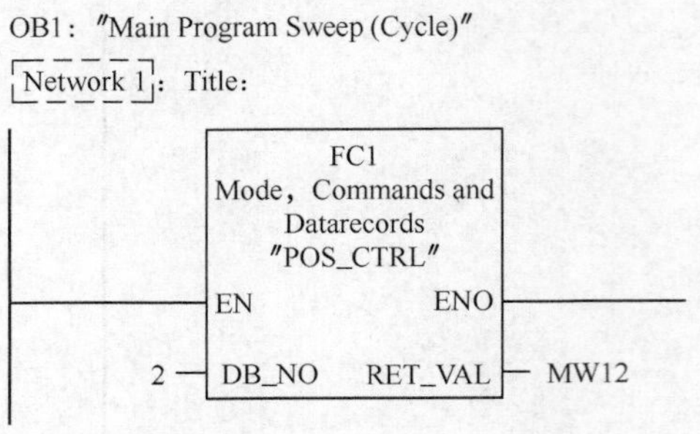

OB1："Main Program Sweep (Cycle)"
Network 1：Title：
FC1
Mode，Commands and
Datarecords
"POS_CTRL"
EN
ENO
2
DB_NO
RET_VAL
MW12

图 7-52　调用 FC1

OB100："Complete Restart"
Network 1：Title：
FC0
Initialize channel
datablock
"POS_INIT"
EN
ENO
2
DB_NO
RET_VAL
MW14
1
CH_NO
256
LADDR

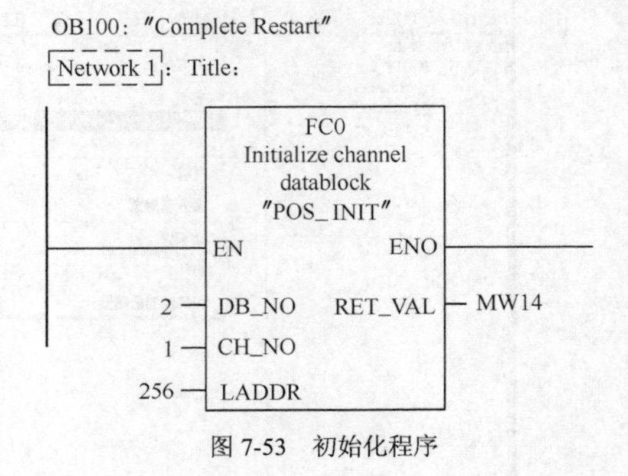

图 7-53　初始化程序

7.6　本章小结

本章通过对 PLC 机械手控制系统的设计，重点阐述了 PLC 控制步进电动机的方法，包括集成 PWM 功能块 SFB49 以及定位模块 FM353 的组态及应用，两种方法均能得到较好的效果。当需要在对应通道产生高频脉冲时，应选择集成工作模式，PWM 作为高频脉冲输出时，最大频率为 2.5kHz；当选择定位模块 FM353 时，可得到最大频率为 200kHz。

第 8 章　PLC 污水处理控制系统

SBR（Sequencing Batch Reactor Activated Sludge Process）污水处理技术是一种高效废水回用的处理技术，采用优势菌技术对生活污水进行处理，经过处理后可以用来浇灌绿地、花木、冲洗厕所及车辆等，从而达到节约水资源的目的。本章通过 PLC 污水处理控制系统的设计，重点阐述 WinCC Flexible 的项目建立、界面设计和脚本编程。

8.1　系统工艺及控制要求

SBR 废水处理系统分别由污水处理池、清水池、蓄水箱、电控箱以及水泵、罗茨风机、电动阀和电磁阀等部分组成，在污水处理池、清水池、蓄水池中分别设置液位开关，用以检测水池与水箱中的水位。SBR 废水处理系统示意图如图 8-1 所示。

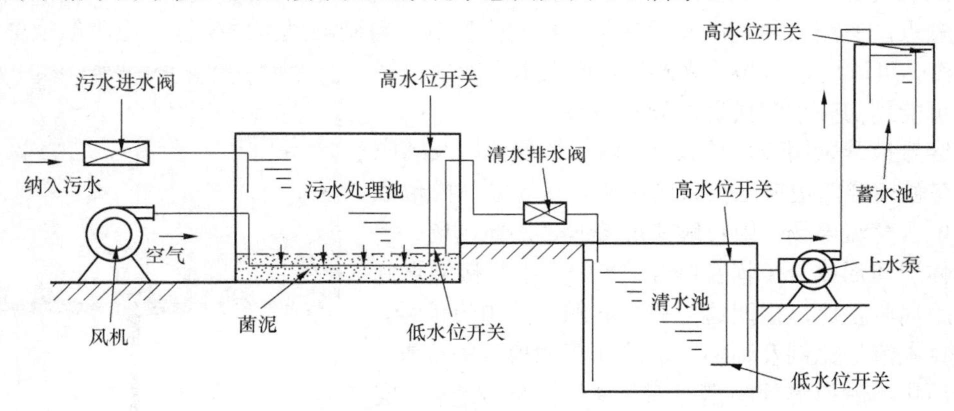

图 8-1　SBR 废水处理系统示意图

污水处理的第一阶段：当污水池中的水位处于低水位或无水状态时，电动阀会自动开启纳入污水；当污水池纳入的污水至高水位时，污水进水阀关闭，污水池中的污水呈微氧和厌氧状态。

污水处理的第二阶段：采用能降解大分子污染物的曝气法，可使污水脱色、除臭、平衡菌群的 pH 值并对污染物进行高效除污，即好氧（曝气）处理过程。整个好氧时间一般需要 6～8h。当污水进水阀关闭后，风机启动，污水池开始曝气。当曝气处理结束后，风机空载停机。经过 0.5h 的水质沉淀，清水排水阀开启，清水流入清水池。当清水池中的水位升至高水位或污水处理池降至低水位时，清水排水阀关闭，上水泵启动向蓄水池泵水，当蓄水池内达到高水位或清水池降至低水位时，上水泵停止运行，处理过程从第一阶段重新开始循环。

SBR 废水处理技术针对污水水质不同选用生物菌群不同，工艺要求也有所不同，电气控制系统应有参数可修正功能，以满足废水处理的要求。

SBR 废水处理系统方案要充分考虑现实生活中生活区较为狭小的特点，力求达到设备体积小、性能稳定、工程投资少。废水处理过程中环境温度对菌群代谢产生的作用直接影响废水处理效果，因此采用地埋式砖混结构处理池以降低温度对处理效果的影响。同时，SBR 废水处理技术工艺参数变化大，硬件设计选型与设备调试比较复杂，采用先进的 PLC 控制技术可以提高 SBR 废水处理的效率，方便操作和使用。

8.2 相关知识点

8.2.1 触摸屏

触摸屏作为一种特殊的计算机外设，是目前最简单、方便、自然的一种人机交互方式。主要包括电阻触摸屏、电容触摸屏、表面声波触摸屏、红外线触摸屏和近场成像触摸屏五种类型。其结构一般包括触摸屏控制器和触摸检测装置两个部分。通过触摸检测装置检测触摸点位置信息，并传送到触摸屏控制器，通过通信接口，将位置信息发送到 CPU，CPU 的控制命令发送到触摸屏控制器，并进行执行。

电阻触摸屏当手指触摸屏幕时，由透明隔离点隔开绝缘的两层导电层在触摸点位置产生一个接触点，侦测层的电压发生变化，检测变换后，得到触摸点的坐标。电阻触摸屏不怕灰尘和水汽，可以用任何物体来触摸，但太用力或使用锐器触摸可能划伤整个触摸屏而导致报废。

图 8-2　电阻触摸屏

电容触摸屏采用双玻璃设计，以保护导体层及感应器，并在触摸屏四边镀上狭长的电极，在导电体内形成一个低电压交流电场，用户触摸屏幕时，人体电场、手指与导体层间形成一个耦合电容，产生大小与接触点到电极的距离成正比，由四边电极流向触点的电流信号，通过计算电流的比例及强弱，准确计算触摸点的位置。

表面声波触摸屏的触摸屏部分是一块平玻璃屏，安装在显示器屏幕前，玻璃屏上安装了超声波发射换能器和超声波接收换能器，发射换能器产生声波能量，接收换能器将返回的表面声波能量变为电信号，通过波形信号的时间轴获取触摸点坐标，同时感知触摸压力。

红外线触摸屏通过在显示器上加上四边排列了红外线发射管及接收管的光点距架框，从而在屏幕表面形成一个红外线网，当手指或物体触摸屏幕某一点，使该点的横竖两条红外线被遮挡，从而获取触摸点的位置。红外线触摸屏价格便宜、安装容易、反应灵敏，但是易受外界光线变化影响。

近场成像触摸屏的两块层压玻璃中间有一层透明金属氧化物导电涂层，电信号施加在导电涂层上并在屏幕表面形成一个静电场，当有物体触摸时，静电场受到干扰，控制器探测这个干扰信号，获取其位置信息。

8.2.2 WinCC Flexible

WinCC Flexible 是西门子公司人机界面（HMI）的组态软件，是 ProTool 的后续产品。它可用于组态西门子公司所有新型的操作面板，也可以用于计算机。WinCC Flexible 可以移植 ProTool 的项目，还可以通过选件实现 OPC 通信、远程诊断等功能。WinCC Flexible 用于组态用户界面，以操作和监视机器与设备，提供了对面向解决方案概念的组态任务的支持。WinCC flexible 与 WinCC 十分类似，都是组态软件，而前者基于触摸屏，后者基于工控机。

在工艺过程日趋复杂、对机器和设备功能的要求不断增加的环境中，获得最大的透明性对操作员来说至关重要。HMI 提供了这种透明性。HMI 是人（操作员）与过程（机器/设备）之间的接口。PLC 是控制过程的实际单元。因此，在操作员和 WinCC Flexible（位于 HMI 设备端）之间以及 WinCC Flexible 和 PLC 之间均存在一个接口。HMI 系统承担下列任务。

（1）过程可视化；

（2）操作员对过程的控制；

（3）显示报警；

（4）归档过程值和报警；

（5）过程值和报警记录；

（6）过程和设备的参数管理。

SIMATIC HMI 提供了一个全集成的单源系统，用于各种形式的操作员监控任务。使用 SIMATIC HMI，可以始终控制过程并使机器和设备持续运行。

WinCC Flexible 包括了性能从 Micro Panel 到简单的 PC 可视化的一系列产品。因此，WinCC Flexible 的功能性可以与 ProTool 系列的产品和 TP Designer 相媲美。用户可以将现有的 ProTool 项目集成到 WinCC Flexible 中。

WinCC Flexible 的用户界面如图 8-3 所示。

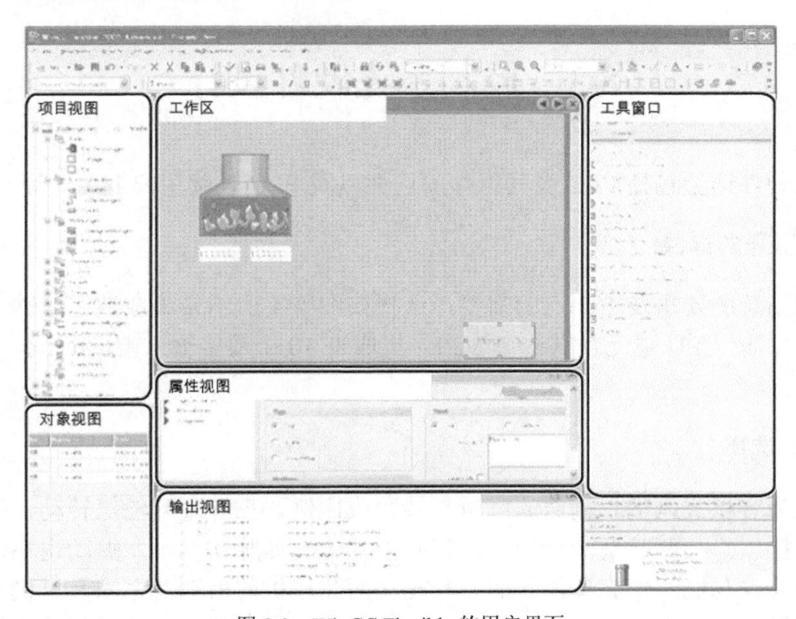

图 8-3　WinCC Flexible 的用户界面

（1）菜单和工具栏

可以通过 WinCC Flexible 的菜单和工具栏访问它所提供的全部功能。当鼠标指针移动到一个功能上时，将出现工具提示。

（2）工作区

在工作区域中编辑项目对象。所有 WinCC Flexible 元素都排列在工作区域的边框上。除了工作区域之外，可以组织、组态（例如，移动或隐藏）任一元素来满足个人需要。

（3）项目视图

项目中所有可用的组成部分和编辑器在项目视图中都以树形结构显示。作为每个编辑器的子元素，可以使用文件夹以结构化的方式保存对象。此外，屏幕、配方、脚本、协议和用户词典都可直接访问组态目标。在项目窗口中，可以访问 HMI 设备的设置、语言设置和版本管理。

（4）属性视图

属性视图用于编辑对象属性，例如画面对象的颜色。属性视图仅在特定编辑器中可用。

（5）工具箱

工具箱包含有选择对象的选项，可将这些对象添加给画面，例如图形对象或操作员控制元素。此外，工具箱也提供了许多库，这些库包含有许多对象模板和各种不同的面板。

（6）库

库是工具箱视图的元素。使用库可以访问画面对象模板。始终可以通过多次使用或重复使用对象模板来添加画面对象，从而提高编程效率。库是用于存储诸如画面对象和变量等常用对象的中央数据库。

（7）输出视图

输出视图显示例如在项目测试运行中所生成的系统报警。

8.3　控制系统硬件设计

控制系统硬件选型包括 PLC 及其组件的选型以及 PLC 外部用户 I/O 设备的选型。

1．PLC 型号的选择

根据控制系统的要求及 I/O 点的需要，选择如图 8-4 所示带集成数字量输入和输出的紧凑型 CPU312C，该 CPU 单元带有一个 MPI，集成有 10 个数字输入端、6 个数字输出端，可以满足要求。

2．风机的选择

罗茨风机为容积式风机，输送的风量与转数成比例，三叶型叶轮每转动一次由 2 个叶轮进行 3 次吸、排气。与两叶型叶轮相比，三叶型叶轮气体脉动性小，振动也小，噪声低。风机 2 根轴上的叶轮与椭圆形壳体内孔面、叶轮端面和风机前后端盖之间及风机叶轮之间始终保持微小的间隙，在同步齿轮的带动下风从风机进风口沿壳体内壁输送到排出的一侧。风机

内腔不需要润滑油，结构简单、运转平稳、性能稳定，适应多种用途，应用领域广泛。

罗茨风机的特点：高效节能、精度高、噪声低、寿命长、结构紧凑、体积小、重量轻、使用方便；产品用途广泛，遍布石化、建材、电力、冶炼、化肥、矿山、港口、轻纺、食品、造纸、水产养殖和污水处理、环保产业等诸多领域，大多用于输送空气，也可用来输送煤气、氢气、乙炔、二氧化碳等易燃、易爆及腐蚀性气体。其实物图片如图 8-5 所示。

图 8-4　CPU312C

图 8-5　罗茨风机

3．上水泵的选择

水泵是一种面大量广的通用型机械设备，它广泛应用于石油、化工、电力冶金、矿山、选船、轻工、农业、民用和国防各部门，在国民经济中占有重要的地位。

合理选泵，就是要综合考虑泵机组和泵站的投资与运行费用等综合性的技术经济指标，使之符合经济、安全、适用的原则。具体来说，有以下几个方面。

（1）必须满足使用流量和扬程的要求，即要求泵的运行工次点（装置特性曲线与泵的性能曲线的交点）经常保持在高效区间，这样既省动力又不易损坏机件。

（2）所选择的水泵既要体积小、重量轻、造价便宜，又要具有良好的特性和较高的效率。

（3）具有良好的抗气蚀性能，这样既能减小泵房的开挖深度，又不会使水泵发生气蚀，运行平稳、寿命长。

水泵的实物如图 8-6 所示。

4．电磁阀的选择

ZCS 水用电磁阀适用于以水或液体为工作介质，可自动控制或远程控制水、油液体等工作介质管路的通断。主阀采用橡胶密封，具有启闭迅速、可靠性高等优点。

ZCS 水用电磁阀为二次开阀的先导式电磁阀，其结构主要由导阀和主阀组成，主阀采用橡胶密封结构。常位时，活动铁芯封住导阀口，阀腔内压力平衡，主阀口封闭。当线圈通电时，产生电磁力将活动铁芯吸上，主阀腔内的介质自导阀口外泄，以至产生压力差，膜片或阀杯被迅速托起，主阀口开启，呈现通路。当线圈断电时，磁场消失，活动铁芯复位，封闭导阀口，导阀和主阀腔内压力平衡，阀又呈关闭常位。其实物如图 8-7 所示。

5．水位开关的选择

水位开关分为电子式水位开关、电极式水位开关、光电式水位开关、音叉式水位开关、浮球式水位开关等。

图 8-6 水泵

图 8-7 水用电磁阀

电子式水位开关通过内置电子探头对水位进行检测，再由芯片对检测到的信号进行处理，当被测水位到达动作点时，芯片输出信号使内置的继电器吸合，开关动作，从而实现对水位的控制。

电极式水位开关由一次电极式传感器和二次控制器组成一体式测量系统，水位开关安装在容器的顶部或容器的壁上，电极插入液体，测量时，当液位上升接触到电极时，电极间就有交流信号电流流过，产生液面信号。

光电式水位开关使用红外线探测，利用光线的折射及反射原理，当被测液体处于高位时，被测液体与光电开关形成一种分界面；当被测液体处于低位时，则空气与光电开关形成另一种分界面，这两种分界面使光电开关内部光接收晶体所接收的反射光强度不同，即对应两种不同的开关状态。

浮球式水位开关，当液位上涨时，浮球系统由于水的浮力也相应上涨，当上涨或下降到设定的位置时，浮球系统就会碰到在设定位置的开关，从而使开关发出电信号。

音叉式水位开关，音叉由晶体激励产生振动，当音叉被液体浸没时振动频率发生变化，这个频率变化由电子线路检测出来并输出一个开关量。

本例选用电子式水位开关，实物见图 8-8。

6. 触摸屏的选择

西门子多功能面板 MP270B、触摸面板 TP270 和操作面板 OP270 基于新颖的标准操作系统——Microsoft Windows CE。专用硬件解决方案的稳固与速度和 PC 的灵活性融为一体。

MP270B 代表“多功能平台”产品类别，具有变量调度的特点。该产品类别位于与过程相关、优化的应用组件（如操作面板、控制器和工业 PC）之间的产品体系中。

面板 TP270 和 OP270 是降级型号，价格较低，但仍然可提供令人满意的功能。

广泛的产品范围使得用户能选择最适合需求的 HMI 设备。所有 HMI 设备都具有下列优点。

（1）高组态效率。

（2）在组态计算机上进行组态模拟，不需要 PLC。

（3）使用基于 Windows 的用户界面，显示清晰，过程操作简单。

（4）组态期间，大量预定义画面对象可供选择。

（5）动态画面对象，例如，移动对象。

（6）在配方画面和配方视图中简单、快速处理配方和数据记录。

（7）记录报警、过程值和登录/退出过程。

（8）使用 WinCC Flexible 组态软件，不需外部图形编辑器就可创建矢量图形。

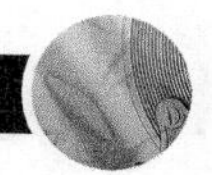

本例选用 TP270-10 触摸屏，见图 8-9。

图 8-8 电子式水位开关

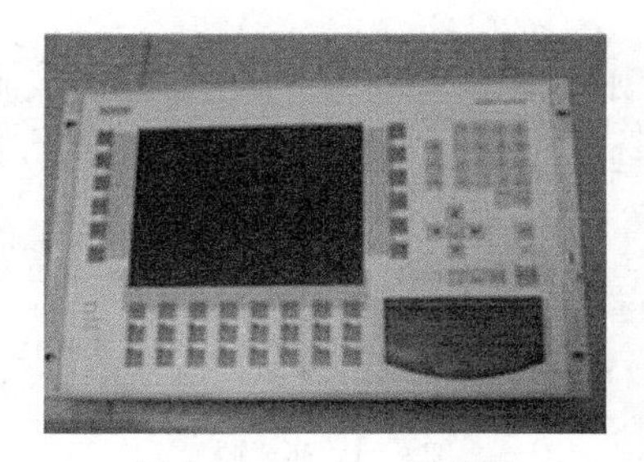

图 8-9 TP270-10 触摸屏

8.4 控制系统软件设计

8.4.1 系统资源分配

整个系统有 5 个数字输入量，分别对应污水处理池低水位开关、污水处理池高水位开关、清水池低水位开关、清水池高水位开关、蓄水池高水位开关；4 个数字输出量，分别对应风机、上水泵、污水进水阀和清水进水阀。符号表如图 8-10 所示。

符号	地址		数据类型
处理池低水位开关	I	0.0	BOOL
处理池高水位开关	I	0.1	BOOL
清水池低水位开关	I	0.2	BOOL
清水池高水位开关	I	0.3	BOOL
蓄水池高水位开关	I	0.4	BOOL
风机开关	Q	0.0	BOOL
污水进水阀开关	Q	0.1	BOOL
清水进水阀开关	Q	0.2	BOOL
上水泵开关	Q	0.3	BOOL

图 8-10 I/O 分配符号表

8.4.2 系统软件设计

1. PLC 程序设计

这是个典型的顺序结构程序，先依次设计各阶段的程序。

（1）进水阶段 FC1。处理池高水位开关未闭合时，污水进水阀开关保持开启；处理池高水位开关闭合时转移到下一顺序步。程序如图 8-11 所示。

（2）曝气阶段 FB2。这个阶段尽管只是定时，但由于定时器不能定时这么长时间，需要内部变量的辅助。FC 没有独立的数据块保持状态，只能使用 FB。接口参数如图 8-12 所示。

开始进入这一步时，running 标志为 FALSE，则置位 running，同时把计数初值 timeSet 赋予计数变量 times。为了方便后续 WinCC Flexible 的显示，计数初值的设定多了 1，所以赋值之后要减 1，程序如图 8-13 所示。

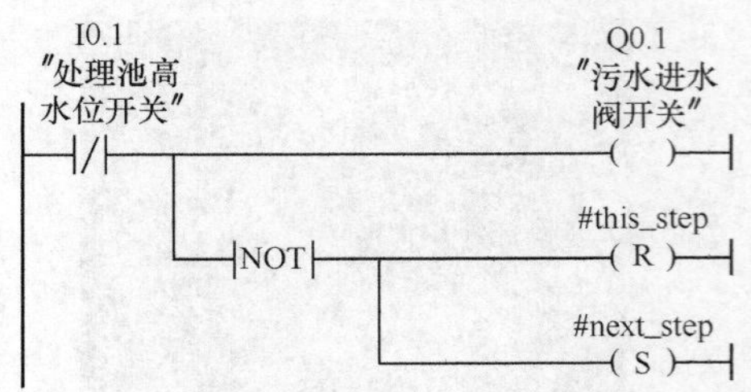

图 8-11　进水阶段

	地址	声明	名称	类型	初始值	实际值	备注
1	0.0	in_out	this_step	BOOL	FALSE	FALSE	
2	0.1	in_out	next_step	BOOL	FALSE	FALSE	
3	2.0	stat	times	INT	0	0	计时计数
4	4.0	stat	timesSet	INT	8	8	计数初值
5	6.0	stat	running	BOOL	FALSE	FALSE	运行标志

图 8-12　曝气阶段 FB2 接口参数

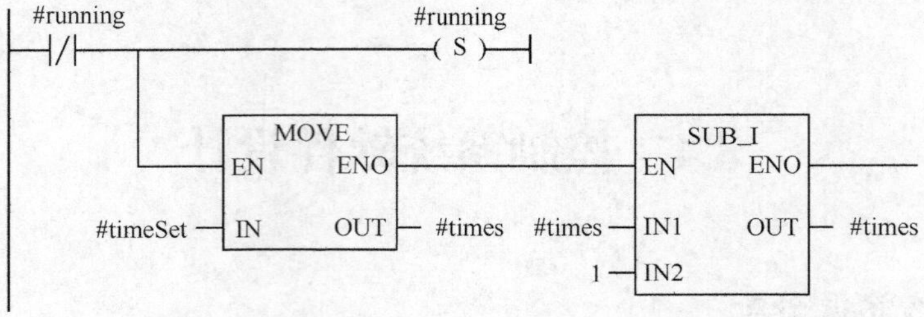

图 8-13　步初始化程序

使用延时接通定时器，定时 1h，每次定时器接通，把计数变量减 1，同时 start 变量拉低，使得定时器重新启动。程序如图 8-14 所示。

计数变量减到 0 的时候退出本步，复位 running。程序如图 8-15 所示。

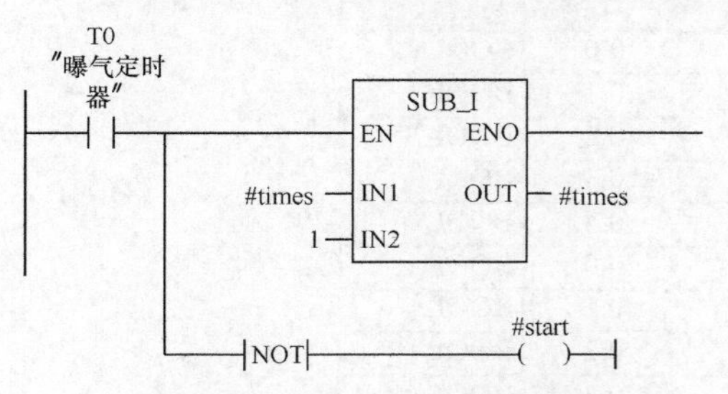

图 8-14　每小时定时处理程序

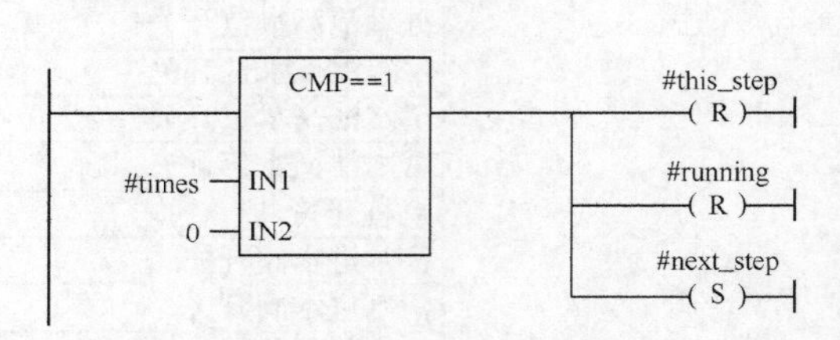

图 8-15　退出本步程序

启动延时接通定时器，定时值为 1h，计时值 BI 输出到“曝气处理时间 WM4”，程序如图 8-16 所示。

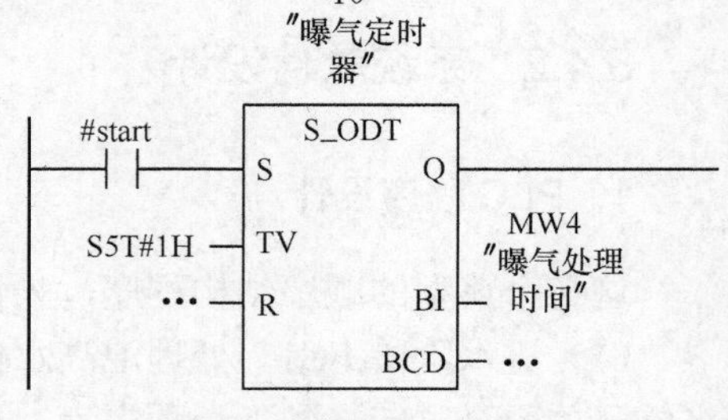

图 8-16　启动每小时定时器

本步运行期间“风机开关”保持接通，程序如图 8-17 所示。

（3）沉淀阶段 FC3。简单的 30min 定时，输出到“沉淀处理时间”，程序如图 8-18 所示。

（4）排水阶段 FC4。打开清水进水阀，清水池装满（清水池高水位开关闭合）或处理池排空（污水池低水位开关闭合）时结束本步，程序如图 8-19 所示。

（5）蓄水阶段 FC5。打开上水泵开关，清水池排空（清水池低水位开关闭合）或蓄水池装满（蓄水池高水位开关闭合）时结束本步，程序如图 8-20 所示。

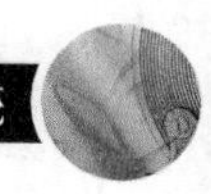

#this_step
Q0.0
″风机开关″

图 8-17　风机开关输出

I0.3
″清水池高水位开关″
#this_step
(R)
I0.0
″处理池低水位开关″
#this_step
(S)
#this_step
Q0.2
″清水进水阀开关″

图 8-18　FC4 程序段

T1
″沉淀定时器″
#this_step
(R)
#next_step
(S)

T1
“沉淀定时器”
#this_step
S_ODT
S
Q
S5T#30M
TV
MW6
“沉淀处理时间”
…
R
BI
BCD
…

图 8-19　FC3 程序段

I0.4
″蓄水池高水位开关″
#this_step
(R)
I0.2
″清水池低水位开关″
#next_step
(S)
#this_step
Q0.3
″上水泵开关″

图 8-20　FC5 程序段

（6）顺序控制过程 FB1。顺序控制过程需要保持每一步的状态，需要使用 FB。接口参数和程序如图 8-21 所示。

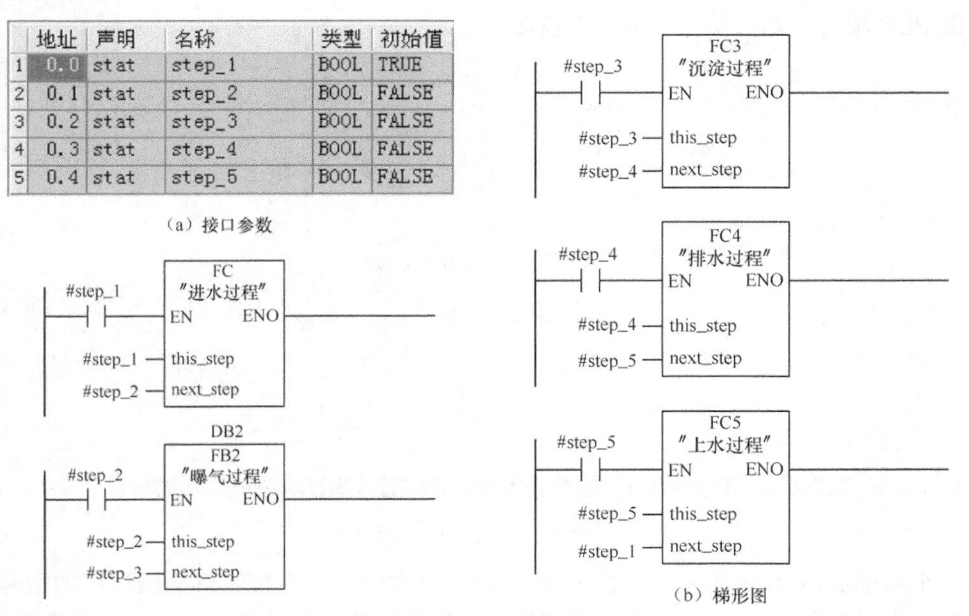

	地址	声明	名称	类型	初始值
1	0.0	stat	step_1	BOOL	TRUE
2	0.1	stat	step_2	BOOL	FALSE
3	0.2	stat	step_3	BOOL	FALSE
4	0.3	stat	step_4	BOOL	FALSE
5	0.4	stat	step_5	BOOL	FALSE

（a）接口参数

（b）梯形图

图 8-21　FB1 接口参数和程序段

（7）主程序 OB1，程序如图 8-22 所示。

DB1
FB1
自动流程
EN ENO

图 8-22 主程序

2. WinCC Flexible 程序设计

（1）用向导建立项目

运行 WinCC Flexible，开始界面如图 8-23 所示，选择“Create a new project with the Project Wizard”。

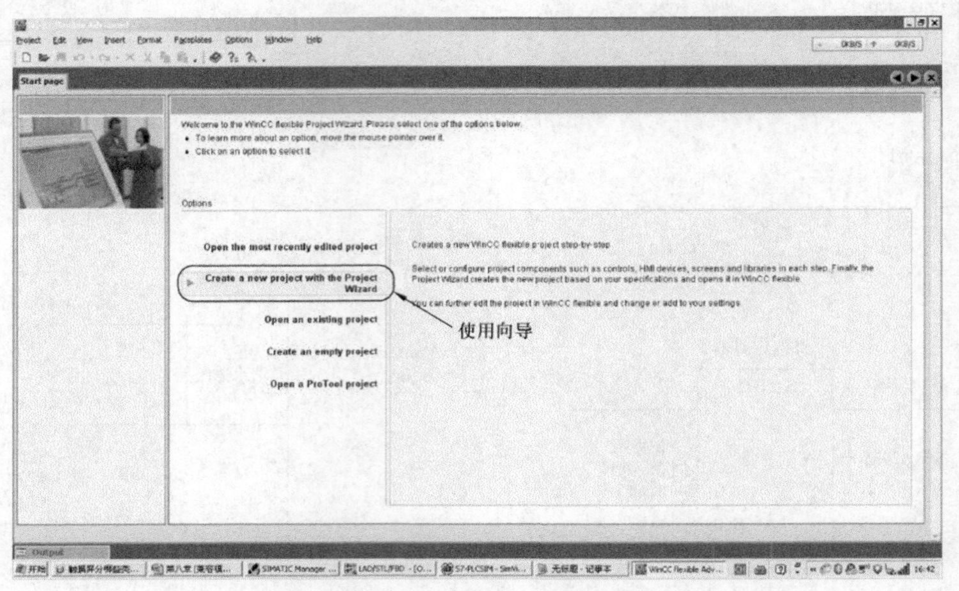

图 8-23 项目向导第一步

第二个界面如图 8-24 所示，选择“Small machine”，在下方输入框单击“...”按钮选择要集成的 PLC 项目，然后单击“Next”按钮。

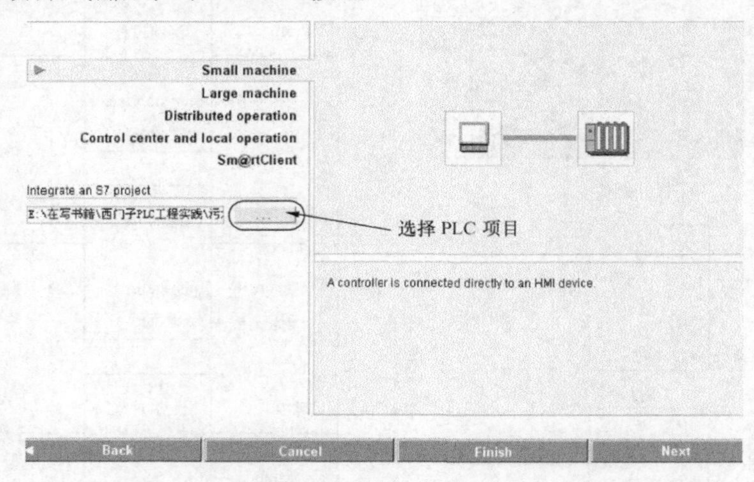

图 8-24 项目向导第二步

第三个界面如图 8-25 所示，单击 HMI device 下方的“...”按钮选择触摸屏的型号。

第四个界面如图 8-26 所示，配置屏幕模板，包括屏幕头部显示的名称和公司徽标、导航栏的位置、有无报警窗口。

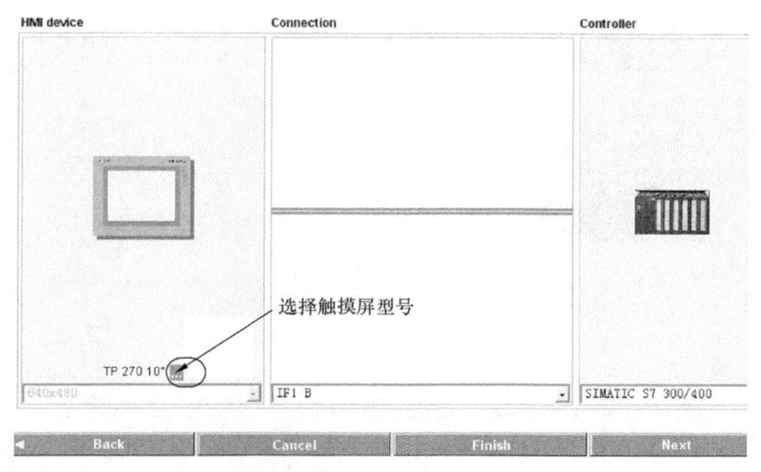

图 8-25 项目向导第三步

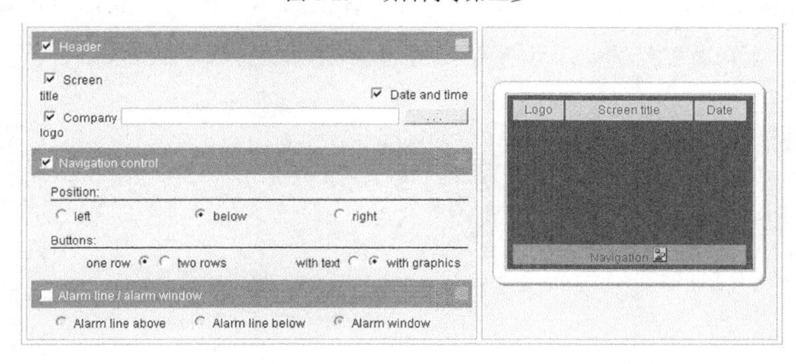

图 8-26 项目向导第四步

第五个界面如图 8-27 所示，配置屏幕层次结构。

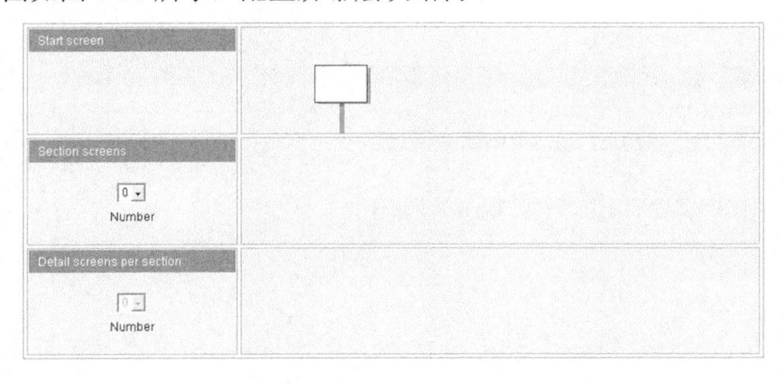

图 8-27 项目向导第五步

第六个界面如图 8-28 所示，配置屏幕导航。

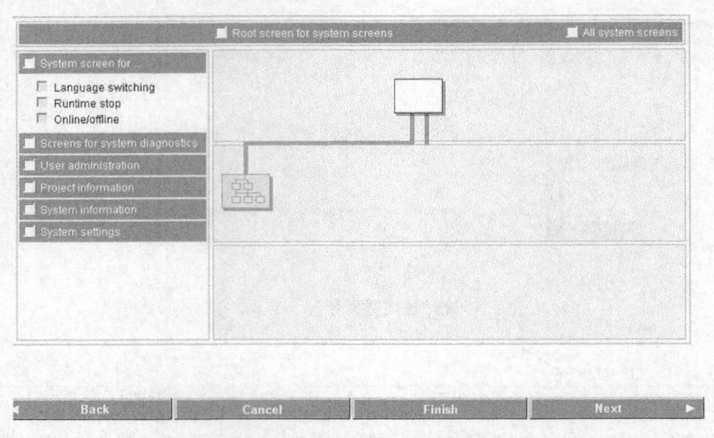

图 8-28　项目向导第六步

第七个界面如图 8-29 所示，选择要集成到项目里的库文件，一般都全部选择。

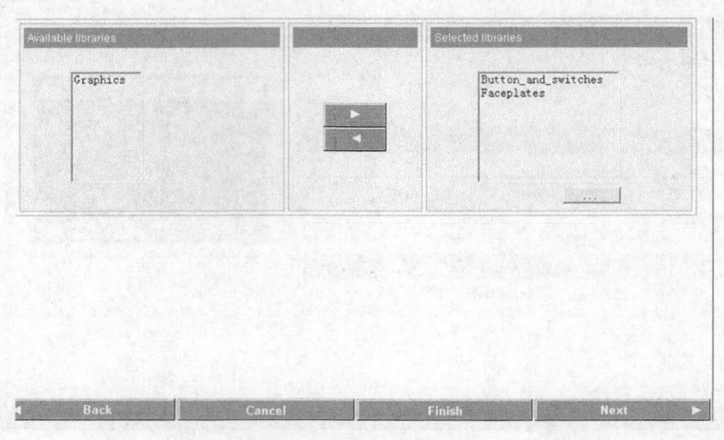

图 8-29　项目向导第七步

第八个界面如图 8-30 所示，确定项目名称、作者、日期、说明文字等，然后单击“Finish”即可生成项目。

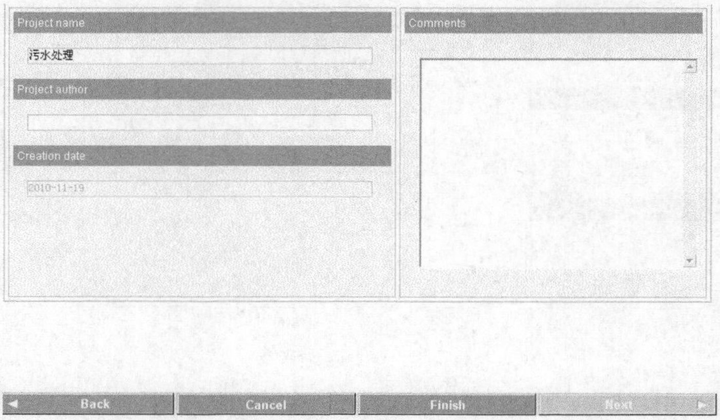

图 8-30　项目向导第八步

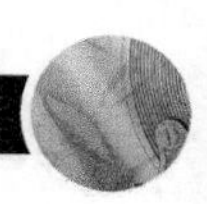

（2）创建变量

如图 8-31 所示，在“Project”视图下“Communication”目录的“Tags”节点上双击或者在右键弹出菜单选择“Open editor”打开变量编辑器。

WinCC Flexible 里的变量分为内部变量和外部变量。外部变量是与 PLC 通信的接口，每个变量对应于 PLC 项目中定义的符号或数据块(DB)中的地址。内部变量则在 WinCC Flexible 的脚本程序中使用，可能来自外部变量的换算，或者只是脚本程序功能上的需要。两者都在变量视图中定义和管理。定义好的变量表如图 8-32 所示。

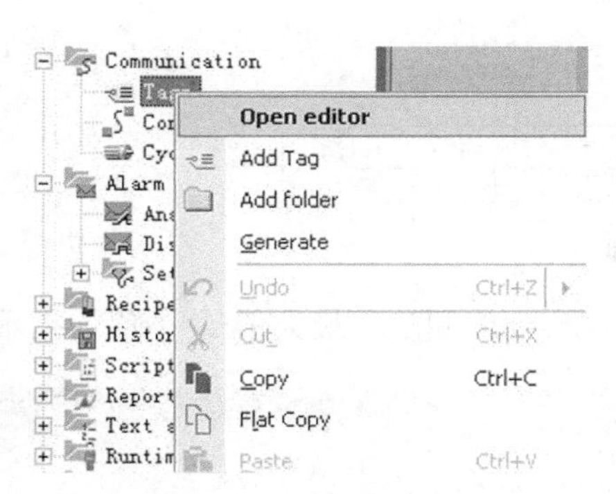

图 8-31 打开变量编辑器

Name	Connect...	Data type	Symbol	Address
沉淀处理时间	CPU 312C	Word	沉淀处理时间	MW 6
风机开关	CPU 312C	Bool	风机开关	Q 0.0
曝气计数	CPU 312C	Int	times	DB 2 DBW 2
清水进水阀开关	CPU 312C	Bool	清水进水阀开关	Q 0.2
清水池低水位传感器	CPU 312C	Bool	清水池低水位传感器	I 0.2
step_2	CPU 312C	Bool	step_2	DB 1 DBX 0.1
蓄水池高水位传感器	CPU 312C	Bool	蓄水池高水位传感器	I 0.4
step_3	CPU 312C	Bool	step_3	DB 1 DBX 0.2
step_4	CPU 312C	Bool	step_4	DB 1 DBX 0.3
曝气初始值	CPU 312C	Int	timesSet	DB 2 DBW 4
清水池高水位传感器	CPU 312C	Bool	清水池高水位传感器	I 0.3
曝气处理时间	CPU 312C	Word	曝气处理时间	MW 4
处理池高水位传感器	CPU 312C	Bool	处理池高水位传感器	I 0.1
step_5	CPU 312C	Bool	step_5	DB 1 DBX 0.4
污水进水阀开关	CPU 312C	Bool	污水进水阀开关	Q 0.1
step_1	CPU 312C	Bool	step_1	DB 1 DBX 0.0
上水泵开关	CPU 312C	Bool	上水泵开关	Q 0.3
处理池低水位传感器	CPU 312C	Bool	处理池低水位传感器	I 0.0
曝气时间显示	<Internal tag>	Double	<Undefined>	<No address>
沉淀时间显示	<Internal tag>	Double	<Undefined>	<No address>

图 8-32 定义变量表

（3）屏幕布局

屏幕是所有可视化对象的容器。工具视图（Tools）中的对象都可拖放进屏幕，组装成可视化界面。工具视图（Tools）中的对象有简单对象（Simple Objects）、增强对象（Enhanced Objects）、图形对象（Graphics）、预定义库对象(Library)。其中图形对象（包括文本框和矢量图形）主要作为静态素材使用，不能绑定变量。其他对象都有绑定机制的动态对象，能随绑定变量的状态产生变化，从而得到直观的显示效果。

1）指示灯设置。

本例用指示灯显示水位传感器、风机运行、电动阀开闭。指示灯使用“Library”中预定义的动态对象，如图 8-33 所示。

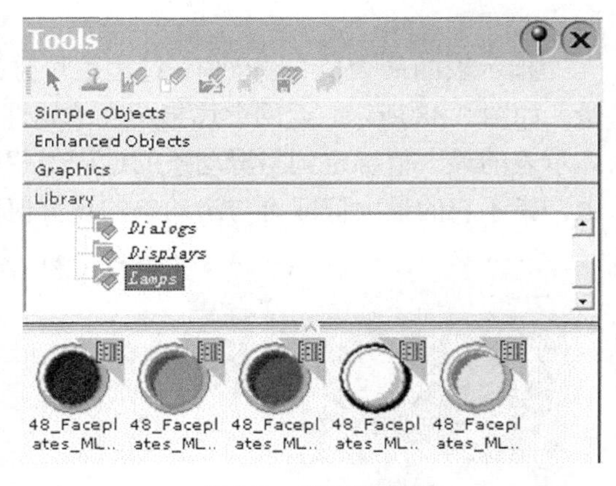

图 8-33 指示灯设置

拖动一个指示灯对象放到屏幕，在其属性视图设置绑定的外部变量，如图 8-34 所示。按此步骤设置其余指示灯，并绑定相应变量。

2）指示表设置。

本例用指针式仪表显示曝气时间和沉淀时间。指示表使用“Enhanced Objects”中的

“Gauge”对象，如图 8-35 所示。

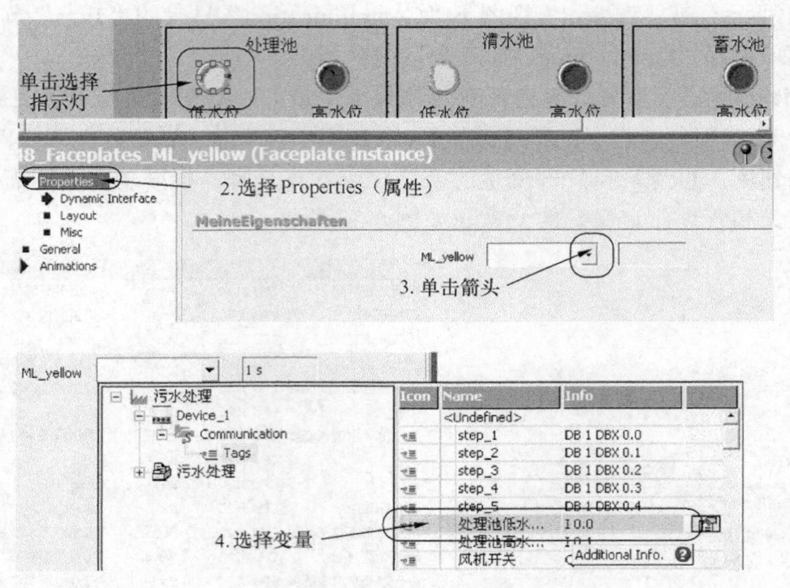

图 8-34　指示灯绑定变量

指示表的属性较多，比较复杂。指示标签、计量单位、刻度间隔、最大值/最小值的指示角度都可定义。最大值、最小值、过程值可分别绑定变量，如图 8-36 所示。沉淀时间的设置类似。

3）曝气时间设置。

工艺要求曝气时间为 6～8h，这就要求曝气时间在此范围内可调。本例使用“Enhanced Objects”中的“Slider”（滑动条对象）输入曝气时间，如图 8-37 所示。

指示表的最大值、最小值、过程值可分别绑定变量，如图 8-38 所示。返回上述指示表的属性视图，将指示表的最大值绑定到与滑动条的过程值相同的变量上，指示表的最大值即可与滑动条的设置值同步。

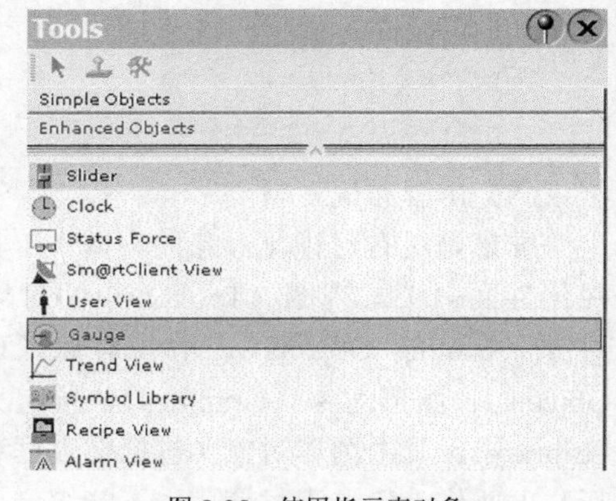

图 8-35　使用指示表对象

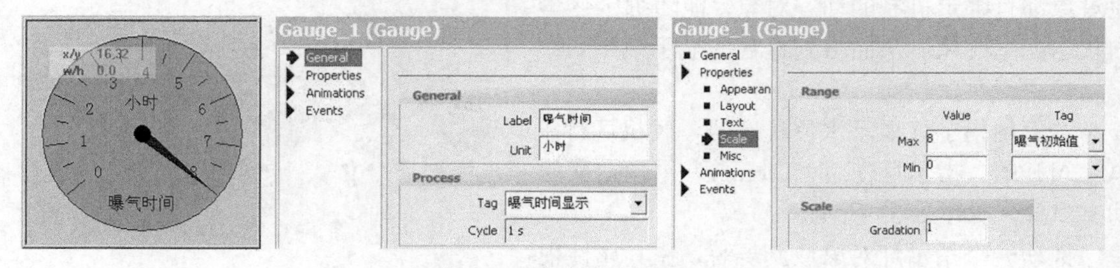

图 8-36　指示表变量绑定

4）屏幕布局。

调整对象在屏幕上的位置，用“Simple Objects”里的“TextField”（文本框）和“Rectangle”

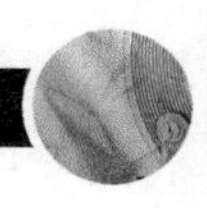

（方框）加强布局规划和文字说明。完成的布局如图8-39所示。

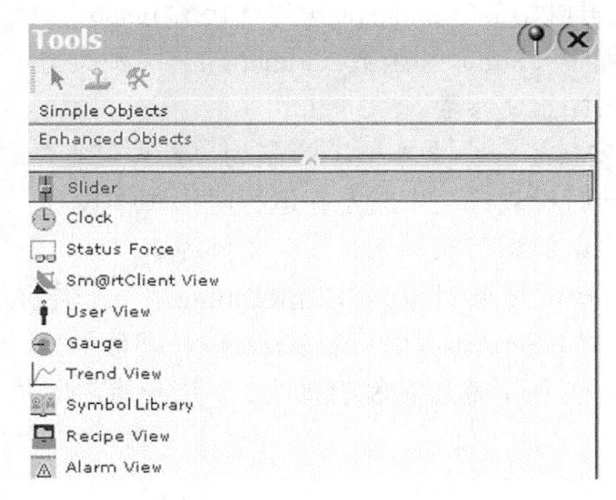

图8-37　使用滑动条对象

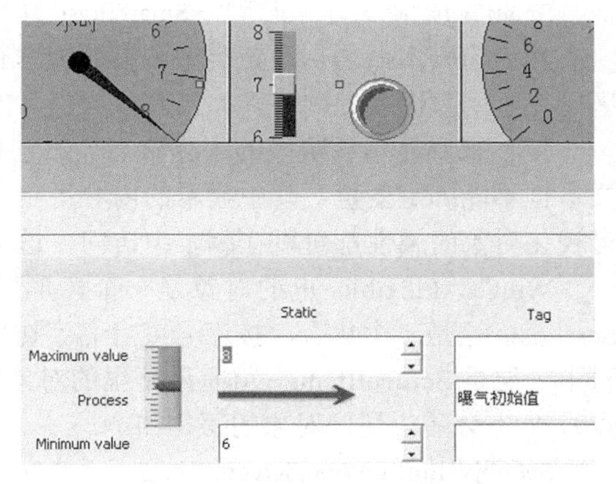

图8-38　滑动条变量绑定

（4）编写脚本程序

绑定外部二进制变量的对象不需要编程，对象的显示状态自动随PLC中的变量而改变。如果对象绑定的是内部变量，或者绑定的外部变量是其他类型，除非正好不用转换即可正常显示（例如滑动条对象指示的曝气时间），否则需要用到脚本。

在“Project”（项目视图）中的“Scripts”（脚本）分支下单击“Add Scripts”（增加脚本）目录条，即可进入脚本编辑界面，如图8-40所示。

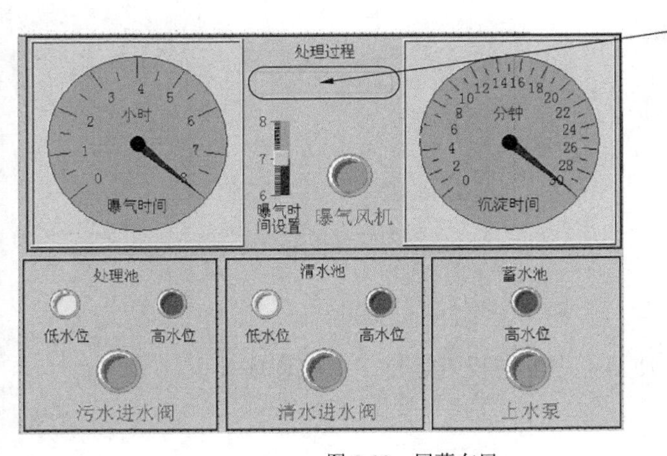

图8-39　屏幕布局

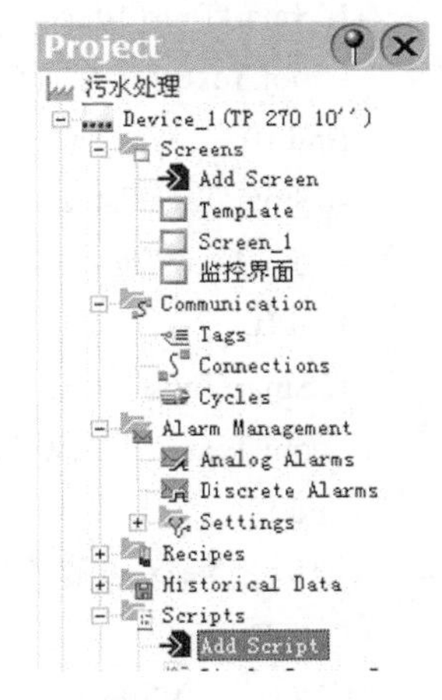

图8-40　添加脚本

先处理沉淀时间的显示。沉淀时间定时器固定为30min，时基为10s，即每10s减1，则30min的定时输出从180～0。而沉淀时间指示对象的设置是直观地显示0～30min，所以需要转换。那么如何访问变量呢？如果变量名符合命名规则，就可以直接引用。但实际上我们习惯用中文命名，使程序易读，那就要使用智能变量引用函数（SmartTags），程序如下。

SmartTags("沉淀时间显示")=SmartTags("沉淀处理时间")/6

曝气时间的计算稍复杂。曝气定时器每次定时1h，次数由“曝气计数”变量控制，定时器每小时输出从360～0，曝气时间指示对象的设置需要显示0～“曝气计数”(h)，则转换程序如下。

```
SmartTags("曝气时间显示")=(SmartTags("曝气处理时间")+360* SmartTags("曝气计数"))/360
```

然后为脚本命名，设置类型和参数脚本有子程序（Sub）和函数（Function）两种类型，区别在于函数需要返回值。如果有参数引入的话需先定义参数。

接下来要显示各阶段的工作状态。之前已经安排了一个文本框，命名为“处理进程”。文本框不能绑定变量，其中显示的内容不是在设计时设置好文本就是在运行时用脚本设置。可视化对象的属性都可以在脚本中访问，这需要先访问到对象，那么如何访问呢？

WinCC Flexible 里的对象是一个树形层次结构，顶层对象是 HmiRuntime，下一层是 Screens，这是一个集合，按序号或者名字访问，形如 Screens（0）或 Screens（"屏幕名"）。再下一层是 Screen Items，就是屏幕里的对象集合。再往下就是对象的属性了。层与层之间用点号“.”分隔。访问对象的语句如下。

```
Set obj=HmiRuntime.Screens("监控界面").ScreenItems("处理进程")
```

获得对象之后，就可以根据 PLC 中顺序步的状态显示不同的文本了，程序如下。

```
If SmartTags("step_1") Then
  obj.Text="污水注入"
End If
If SmartTags("step_2") Then
  obj.Text="正在曝气"
End If
If SmartTags("step_3") Then
  obj.Text="正在沉淀"
End If
If SmartTags("step_4") Then
  obj.Text="清水排出"
End If
If SmartTags("step_5") Then
  obj.Text="正在蓄水"
End If
```

把以上程序包裹在一个循环里面，使得程序能够反复运行，完整程序如下。

```
Dim obj
    While 1
    Set obj=HmiRuntime.Screens("监控界面").ScreenItems("处理进程")
    If SmartTags("step_1") Then
        obj.Text="污水注入"
    End If
    If SmartTags("step_2") Then
        obj.Text="正在曝气"
    End If
   If SmartTags("step_3") Then
```

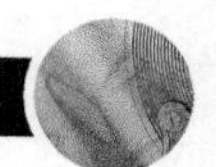

```
            obj.Text="正在沉淀"
        End If
        If SmartTags("step_4") Then
            obj.Text="清水排出"
        End If
        If SmartTags("step_5") Then
         obj.Text="正在蓄水"
        End If
        SmartTags("曝气时间显示")=(SmartTags("曝气处理时间")+360*SmartTags("曝气计数"))/360
        SmartTags("沉淀时间显示")=SmartTags("沉淀处理时间")/6
        Wend
```

最后，在脚本属性视图里为脚本命名，选择脚本类型，见图8-41。

（5）绑定脚本运行事件

WinCC Flexible中的脚本是由事件触发运行的，本例中我们希望脚本在屏幕载入完毕就启动。屏幕对象的属性视图中有载入事件，如图8-42所示。

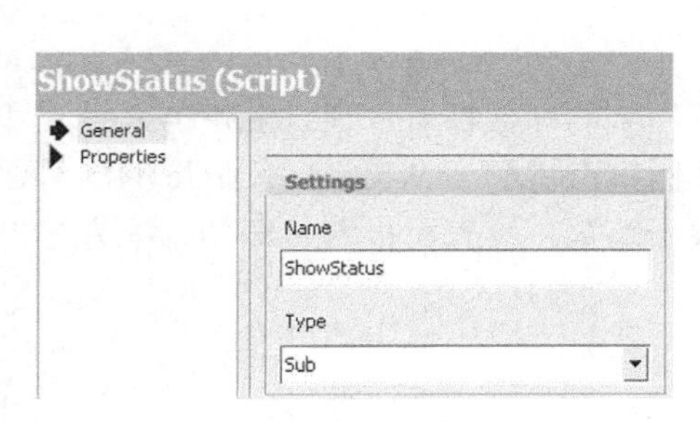

图8-41 脚本命名

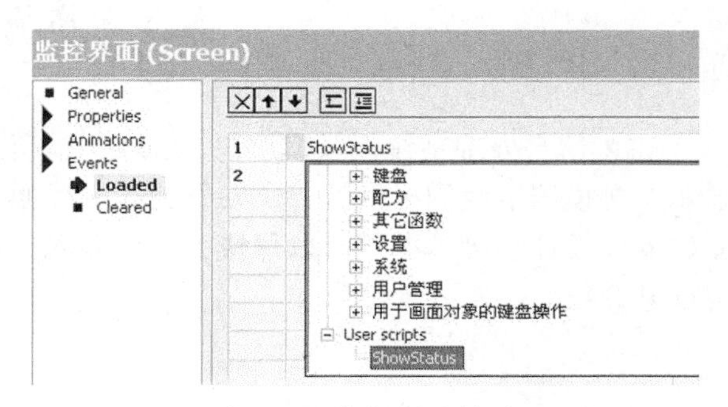

图8-42 脚本随界面启动

（6）传送操作

传送操作是指将完整的项目文件传送到要运行该项目的HMI设备上。

HMI设备必须处于传送模式才能进行传送操作。根据HMI设备类型的不同，传送模式的启用方式如下。

1）Windows CE系统。

HMI设备在进行首次调试时自动以传送模式启动。

如果在HMI设备的组态菜单中启用了此传送选项，HMI设备在其他传送操作开始时自动切换至传送模式；否则，重启动HMI设备并在开始菜单上调用传送小程序，或者在项目中组态改变操作模式系统函数。

2）PC。

如果HMI设备为尚未包含项目的PC，必须在第一次传送操作前在RT装载程序中手动启用传送模式。

用于传送操作的菜单命令位于“Project”→“Transfer”菜单中。

运行效果如图8-43所示。

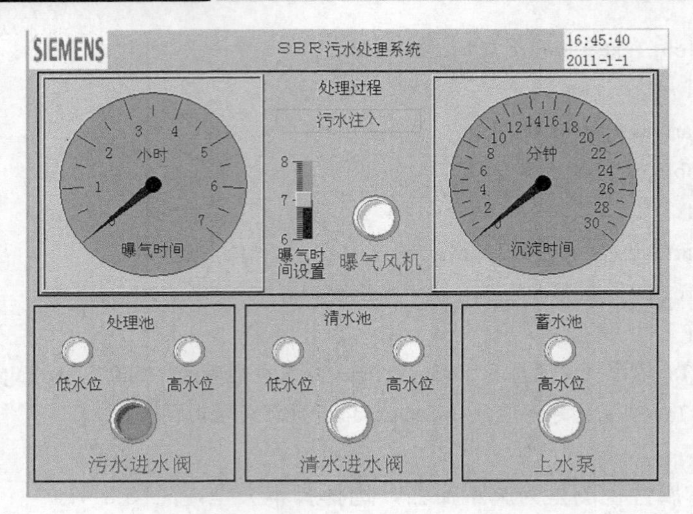

图 8-43　运行效果

8.5　本章小结

SBR 污水处理系统由触摸屏与 PLC 组成，所有运用到的参数都可以通过触摸屏来设置和显示。触摸屏给我们提供了一个友好的人机界面。本例重点讲解了 WinCC Flexible 的项目建立、界面设计和脚本编程，以尽快引导读者入门。限于篇幅，没有对报警、归档、配方等内容展开介绍。

第 9 章　PLC 挤出机控制系统

三大合成材料之一的塑料自问世以来得到迅猛发展，以塑代钢、以塑代有色金属、以塑代水泥等，被广泛地应用于农业、建材、包装、机械、电子、汽车、家电、石化和国防以及人们的日常生活等各个领域，塑料已成为最主要的原料之一。由于挤出成型是塑料加工的最主要形式，因此发展塑料挤出成型技术与设备具有重要意义。本章通过 PLC 挤出机控制系统的设计，重点介绍利用 WinCC 组态软件实现上位机与 PLC 进行通信，以及组态界面的建立、归档、报警等。

9.1　系统工艺及控制要求

双螺杆挤出机是塑胶加工机械中的一种重要设备，它不仅仅适用于高分子材料的挤出成型和混炼加工，它的用途已拓宽到饲料、电极、炸药、建材、包装、纸浆、陶瓷等领域。挤出机高速、高产，可使投资者以较低的投入获得较大的产出和高额的回报。但是，双螺杆挤出机螺杆转速高速化也带来了一系列需要克服的难点：如物料在螺杆内停留的时间减少会导致物料混炼塑化不均，物料经受过度剪切可能造成物料急骤升温和热分解，挤出稳定性控制困难会造成挤出物几何尺寸波动，相关的辅助装置和控制系统的精度必须提高，螺杆与机筒的磨损加剧需要采用高耐磨及超高耐磨材质，减速器与轴承在高速运转的情况下如何提高其寿命等问题都需要解决。

双螺杆挤出理论的研究尚处于初始阶段，工作过程的电气自动化控制也在不断发展，传统的电气控制都是采用单机自动化仪表实现的，如今已发展到采用人机界面技术、计算机技术、直流调速技术等构成的上位机、PLC 等电气控制系统。

9.1.1　挤出机的构成

挤出机主要由螺杆、机筒、加热系统、传动系统和控制系统等组成，如图 9-1 所示。

图 9-1　挤出机

1．螺杆和机筒

螺杆是挤出机中最重要的零部件，它直接关系到塑料机塑化效果和产量。螺杆在料筒内的旋转是在高温、高压、大扭矩下进行的，由于它要在转动中强力推动物料前移，同时，它本身还要承受强大的摩擦力和塑料分解腐蚀气体的侵蚀，因而螺杆的材料必须具有很高的力学强度、可承受巨大的扭力矩和在高温高压条件下不变形的性能。

螺杆在旋转过程中，主要靠螺棱对塑料进行剪切塑化，并推动塑料前移，因而螺棱承受巨大的剪切应力和摩擦力。由于长期在苛刻条件下工作，螺棱磨损，螺棱变小，与料筒的间隙增大，导致塑料挤出量降低，严重时会产生塑料回流，且塑化效果降低，出现晶粒和产能严重下降的现象。

熔融挤出的过程是将预混合好的物料从加料口送入挤出机机筒，经机筒第一段（为加料段），物料在此阶段不会熔融，随螺杆传动，物料被带入第二段（为压缩段），该段为加热阶段，物料开始熔融，物料间的摩擦力增加，形成高黏体，继续随螺杆传动进入高剪切的第三段（为均化段），使它很有效地分离颜料聚集体，达到充分分散的目的。目前，应用于粉末涂料中使用的挤出机设备有双螺杆挤出机、单螺杆挤出机和星形螺杆挤出机等。虽然挤出机的类型、内部构造各不相同，但是设计目的是一致的，即最大限度地使物料均匀分散，因此挤出机的好坏直接决定物料的分散程度。

螺杆泵的工作原理是：螺杆绕本身的轴线旋转的同时沿衬套内表面滚动，形成了密封的腔室，螺杆每转一周，密封腔内的液体向前推进一个螺距，随着螺杆的连续转动，液体螺旋形方式从一个密封腔压向另一个密封腔，最后挤出泵体。

2. 加热系统

挤出机的加热系统是为了保证挤出机能够正常运转，以及保持挤出机有稳定的工艺温度。在挤出机生产过程中，加热系统使机筒工作时温度恒定在一个需要的工艺温度范围内，保证了挤出机正常成型生产的顺利进行。塑料的熔融主要依靠机筒的热传导，所以挤出机必须要有足够的加热装置功率。机筒的加热方式，可采用电阻加热、电感应加热或者用载热体加热。加热的控制有位式控制和比例控制。位式控制比较简单，是开关控制，总是全功率加热或者切断，温度波动大。比例控制是按照实际温度和设定温度差来自动选择加热功率，因此热惯性比较小，温度波动小。

3. 传动系统

挤出机的传动系统要为挤出机提供螺杆运转动力，为了满足工艺要求，对挤出机的动力应有以下几项要求。

（1）螺杆能够有足够的转矩；

（2）螺杆能够从低速启动，然后调至所需要的转速，并且应该是恒转矩状态；

（3）运转平稳，转速不波动。

4. 控制系统

挤出机控制系统的主要作用是在挤出过程中实现对螺杆转速、机筒温度和熔体压力等工艺参数的控制，目前，以仪表控制系统、PLC 控制系统为主要选择。两者的功能分别为：温度控制中仪表控制系统可以实现开关量控制，也可以采用智能仪表实现简单比率控制；而 PLC 控制系统可以通过模拟量通信实现 PID 控制。前者压力控制显示熔体压力，而后者显示熔体压力并实现闭环控制；前者的测试功能只有显示功能，而后者可以实现测试单元的串口通信。挤出机的控制系统主要由电气、仪表和执行机构组成，其主要作用如下。

（1）控制主、辅机的拖动电动机，满足工艺要求所需的转速和功率，并保证主、辅机能协调地运行。

（2）控制主、辅机的温度、压力、流量和制品的质量。

（3）实现整个机组的自动控制。

（4）进行数据的采集和处理，实现闭环控制。

9.1.2 双螺杆挤出机的主要技术参数

双螺杆挤出机的主要技术参数如下。

（1）螺杆公称直径。螺杆公称直径是指螺杆外径，单位为 mm。对于变直径（或锥形）螺杆而言，螺杆直径是一个变值，一般用最小直径和最大直径表示，如 65/130。双螺杆的直径越大，表示机器的加工能力越大。

（2）螺杆的长径比。螺杆的长径比是指螺杆的有效长度与外径之比。一般整体式双螺杆挤出机的长径比在 7～18 之间。对于组合式双螺杆挤出机，长径比是可变的。从发展看，长径比有逐步加大的趋势。

（3）螺杆的转向。螺杆的转向有同向和异向之分。一般同向旋转的双螺杆挤出机多用于混料，异向旋转的挤出机多用于挤出制品。

（4）螺杆的转速范围。螺杆的转速范围是指螺杆的最低转速到最高转速（允许值）间的范围。同向旋转的双螺杆挤出机可以高速旋转，异向旋转的挤出机一般转速仅在 0～40r/min。

（5）驱动功率。驱动功率是指驱动螺杆的电动机功率，单位为 kW。

（6）产量。产量指每小时物料的挤出量，单位为 kg/h。

9.1.3 双螺杆挤出机的控制启动步序

双螺杆挤出机的控制启动步序如下。

（1）接通电源，按工艺调到一定的温度进行加热，等到温度达到要求以后，要保温一定时间，对料筒里的物料进行软化，然后把温控仪表调到工艺要求的温度进行控制。

（2）开启主机，在开启主机时要注意电动机的电流大小，如果电流过大，这时不能将速度调上去，要检查料筒里的物料是否被软化，或挤出机有没有故障。一定要等到正常后，再将速度调到制品所需要用的转速进行生产。

（3）开启辅机喂料机、牵引机、切割机。

挤出机的系统框图如图 9-2 所示。

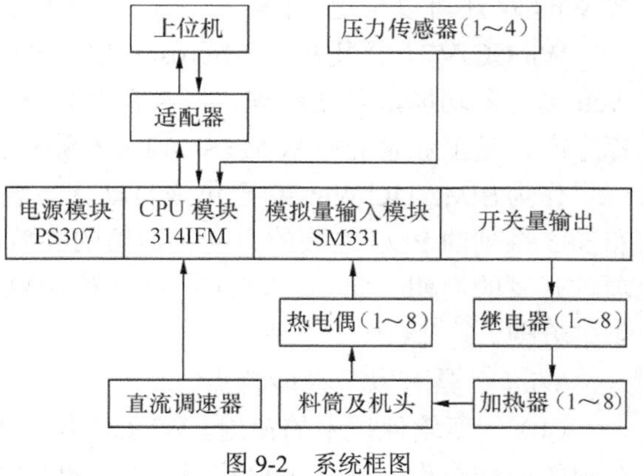

图 9-2 系统框图

其工作过程为：把上位机中的设定值通过通信线路传输到 PLC，同时料筒和机头上的当前温度通过热电偶传送到 PLC 进行 PID 运算，控制加热或冷却设备的工作，以保持设定温度。

PID 控制器的参数整定是控制系统设计的核心内容。它是根据被控过程的特性确定 PID 控制器的比例系数、积分时间和微分时间的大小。PID 控制器参数整定的方法很多，概括起来有两大类。一是理论计算整定法。它主要是依据系统的数学模型，经过理论计算确定控制器参数。这种方法所得到的计算数据未必可以直接用，还必须通过工程实际进行调整和修改。二是工程整定方法，它主要依赖工程经验，直接在控制系统的试验中进行，且方法简单、易于掌握，在工程实际中被广泛采用。PID控制器参数的工程整定方法主要有临界比例法、反应曲线法和衰减法。3种方法各有其特点，其共同点都是通过试验，然后按照工程经验公式对控制器参数进行整定。无论采用哪一种方法所得到的控制器参数都需要在实际运行中进行最后调整与完善。现在一般采用的是临界比例法。

本温控系统以西门子公司的S7-300PLC为核心，完成温度的采集及自动调节。系统要求实现8回路温度控制，4路用于料筒加热，4路用于机头加热。根据实际要求模拟量输入模块选用SM331，通道按2路一组划分，可测量8回路温度信号。

通过适配器将上位机串行口与PLC的多点接口（Multi-Point-Interface，MPI）连接，可实现PLC与上位机之间的通信。在上位机中编辑的程序，可经适配器下载到PLC中；也可将PLC中的程序上传，由上位机读出。另外，通过上位机还可对温度进行实时监控。

9.2 相关知识点

9.2.1 WinCC简介

西门子公司的视窗控制中心SIMATIC WinCC（Windows Control Center）是HMI/SCADA软件中的后起之秀，1996年进入世界工控组态软件市场，当年就被美国Control Engineering杂志评为最佳HMI软件。它以最短的时间发展成第三个在世界范围内成功的SCADA系统；而在欧洲，它无可争议地成为第一。

在设计思想上，SIMATIC WinCC秉承西门子公司博大精深的企业文化理念，性能最全面、技术最先进、系统最开放的HMI/SCADA软件是WinCC开发者的追求。WinCC是按世界范围内使用的系统进行设计的，因此从一开始就适合于世界上各主要制造商生产的控制系统（如A-B、Modicon、GE等），并且通信驱动程序的种类还在不断地增加。通过OPC的方式WinCC还可以与更多的第三方控制器进行通信。

WinCC-V7.0采用标准Microsoft SQL Server 2005数据库进行生产数据的归档，同时具有Web浏览器功能，可使经理、厂长在办公室内看到生产流程的动态画面，从而更好地调度指挥生产，是工业企业中从MES和ERP系统首选的生产实时数据平台软件。

作为SIMATIC WinCC全集成自动化系统的重要组成部分，WinCC确保与SIMATIC S5/S7和505系列的PLC连接的方便和通信的高效，WinCC与STEP7编程软件的紧密结合缩短了项目开发的周期。此外，WinCC还有对SIMATIC PLC进行系统诊断的选项，给硬件维护提供了方便。

WinCC具有以下性能特点。

（1）创新软件技术的使用。WinCC是基于最新发展的软件技术。西门子公司与Microsoft公司的密切合作保证了用户获得不断创新的技术。

（2）包括所有SCADA功能在内的客户机/服务器系统。即使最基本的WinCC系统也能

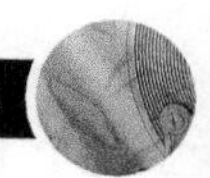

够提供生成复杂可视化任务的组件和函数，并且生成画面、脚本、报警、趋势和报表的编辑器也是最基本的 WinCC 系统组件。

（3）灵活裁剪，由简单任务扩展到复杂任务。WinCC 是一个模块化的自动化组件，既可以灵活地进行扩展，从简单的工程到复杂的多用户应用，又可以应用到工业和机械制造工艺的多服务器分布式系统中。

（4）众多的选件和附加件扩展了基本功能。已开发的、应用范围广泛的、不同的 WinCC 选件和附加件，均基于开放式编程接口，覆盖了不同工业分支的需求。

（5）使用 Microsoft SQL Server 2005 作为其组态数据和归档数据的存储数据库，可以使用 ODBC、DAO、OLE-DB、WinCC OLE-DB 和 ADO 方便地访问归档数据。

（6）强大的标准接口（如 OLE、ActiveX 和 OPC）。WinCC 提供了 OLE、DDE、ActiveX、OPC 服务器和客户机等接口或控件，可以很方便地与其他应用程序交换数据。

（7）使用方便的脚本语言。WinCC 可编写 ANSI-C 和 Visual Basic 化脚本程序。

（8）开放 API 编程接口可以访问 WinCC 的模块。所存的 WinCC 模块都有一个开放的 C 编程接口（C-API）。这意味着可以在用户程序中集成 WinCC 的部分功能。

（9）具有向导的简易（在线）组态。WinCC 提供了大量的向导来简化组态工作。在调试阶段还可进行在线修改。

（10）可选择语言的组态软件和在线语言切换。WinCC 软件是基于多语言设计的。这意味着可以在英语、德语、法语以及其他众多的亚洲语言之间进行选择，也可以在系统运行时选择所需要的语言。

（11）提供所有主要 PLC 系统的通信通道。作为标准，WinCC 支持所有连接 SIMATIC S5/S7/505 控制器的通信通道，还包括 PROFIBUS-DP、DDE 和 OPC 等非特定控制器的通信通道。此外，更广泛的通信通道可以由选件和附加件提供。

（12）与基于 PC 的控制器 SIMATIC WinAC 紧密接口，软/插槽式 PLC 和操作、监控系统在一台 PC 上相结合无疑是一个面向未来的概念。在此前提下，WinCC 和 WinAC 实现了西门子公司基于 PC 的强大的自动化解决方案。

（13）全集成自动化（Totally Integrated Automation，TIA）的部件。TIA 集成了西门子公司的各种产品，包括 WinCC。WinCC 是工程控制的窗口，是 TIA 的中心部件。TIA 意味着在组态、编程、数据存储和通信等方面的一致性。

（14）SIMATIC PCS7 过程控制系统中的 SCADA 部件，如 SIMATIC PCS7 是 TIA 中的过程控制系统；PCS7 是结合了基于控制器的制造业自动化优点和基于 PC 的过程工业自动化优点的过程处理系统（PCS）。基于控制器的 PCS7 对过程可视化使用标准的 SIMATIC 部件。WinCC 作为 PCS7 的操作员站。

（15）符合 FDA21 CFR Part11 的要求。

（16）集成到 MES（制造执行系统）和 ERP（企业资源管理）中。标准接口使 SIMATIC WinCC 成为在全公司范围 IT 环境下的一个完整部件。这超越了自动控制过程，将范围扩展到工厂监控级，为公司管理 MES 和 ERP 提供管理数据。

9.2.2 WinCC 界面

WinCC 的主窗口如图 9-3 所示。

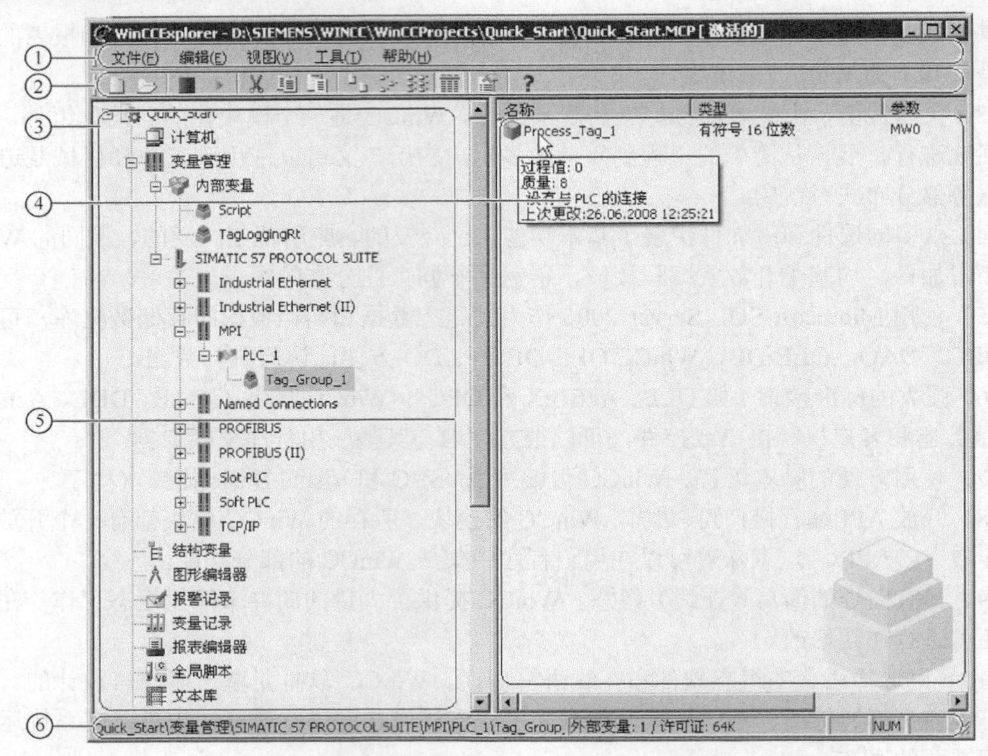

①工具栏 ②工具栏 ③浏览窗口 ④工具提示 ⑤数据窗口 ⑥状态栏

图 9-3 WinCC 主窗口

在 WinCC 项目管理器中，在浏览窗口和数据窗口都可进行工作。

在这些窗口中，使用鼠标右键可打开每个元素的上下文相关的帮助。如果某个项目在运行系统中处于激活状态，则工具提示可用于数据窗口中变量管理的各个元素。

（1）浏览窗口

浏览窗口包含 WinCC 项目管理器中的编辑器和功能的列表。双击列表或使用弹出式菜单可打开浏览窗口中的元素。

使用鼠标右键打开弹出式菜单，显示“打开”命令。视元素而定，还可以显示其他可选择的命令。

对于编辑器，“图形编辑器”和“报表编辑器”→“布局”，可以使用“显示列信息”选项显示数据窗口的“信息”列。此列中的条目显示相应对象的创建方法。

如果单击变量管理或结构变量条目前的“＋”号，将展开文件夹目录树。在这些文件夹中，可浏览、创建或移动对象。

图形编辑器和全局脚本编辑器也具有子目录。如果单击这些编辑器之一，WinCC 将显示这些目录。报表编辑器包含两个文件夹：“布局”和“打印作业”。全局脚本包含的两个文件夹是“Actions”和“Standard Functions”。

关于编辑器的更详细信息，参见 WinCC 信息系统的相关部分。

（2）数据窗口

如果单击浏览窗口中的编辑器或文件夹，数据窗口将显示属于编辑器或文件夹的元素。

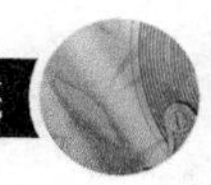

所显示的信息将随编辑器的不同而变化。

双击数据窗口中的元素以便将其打开。根据元素，WinCC 将执行下列动作之一。

1）在相应编辑器中打开对象；

2）打开对象的“属性”对话框；

3）显示下一级的文件夹路径。

使用鼠标右键，可显示元素的弹出式菜单，并打开元素的“属性”对话框。使用某些编辑器，可显示其他可选择的命令。

使用<F2>键或单击所选名称可重新命名数据窗口中的元素。

若运行系统处于激活状态，WinCC 将以工具提示的形式显示与变量和连接有关的信息。

9.3 控制系统硬件设计

控制系统硬件选型包括 PLC 及其组件的选型以及 PLC 外部用户 I/O 设备的选型。

1. PLC 型号的选择

根据控制系统的要求及 I/O 点的需要，选择如图 9-4 所示带集成数字量输入和输出的紧凑型 CPU314IFM。该 CPU 单元带有一个 MPI 接口，集成有 20 个数字输入端、16 个数字输出端、4 个模拟输入端、1 个模拟输出端，内部集成 PID 控制功能块，可以方便地实现 PID 控制。

2. 模拟量输入模块的选择

模拟量输入模块选用 SM331、AI8 × 12 位，参数通过模块上的量程和 STEP7 设定，通道按两路一组划分。实物图片如图 9-5 所示。

图 9-4　CPU314IFM

图 9-5　模拟量输入模块 SM331

3. 热电偶的选择

温度传感器选用 K 型热电偶，其测温范围适中，线性度较好，将 SM331 模块量程置于“A”。采用内部温度补偿方式。

4．动力系统的选择

挤出机需要重负载下启动、均匀调节转速，一般主机采用直流电动机。选用西门子 6RA 系列直流调速器，如图 9-6 所示。

5．压力传感器的选择

在挤出生产线中，熔体压力传感器在提高熔体质量、提高生产的安全性以及保护生产设备等方面都发挥着重要的作用。新型特制防腐耐磨 PT131/PT131B 压力温度双侧高温熔体压力传感器/变送器应用于化纤挤出机，喷丝挤出机，氨纶纺丝机，工业熔融纺丝、涤纶短丝、长丝粘胶设备，锦纶、丙纶 FDY 成套设备，聚酯片材挤出机，双螺杆挤出机，锥形双螺杆挤出机，橡胶塑料挤出机等设备的高温流体介质的压力及温度的测量与控制。

其主要技术参数如下。

量程：0～5～200MPa；综合精度：0.5%FS、1%FS；输出信号：1.5mV/V、2mV/V、3.33mV/V；供电电压：DC 10V；温度型号：J、K、E、PT100：膜片耐温：450℃；电气连接：五芯接插件（5 脚；过程连接：M14×1.5、M18×1.5、M22×1.5、特殊设计）。变送器输出信号有 0～10V、0～5V、4～20mA、0～20mA，可以自选，直接和 PLC 连接实现自动控制。实物见图 9-7。

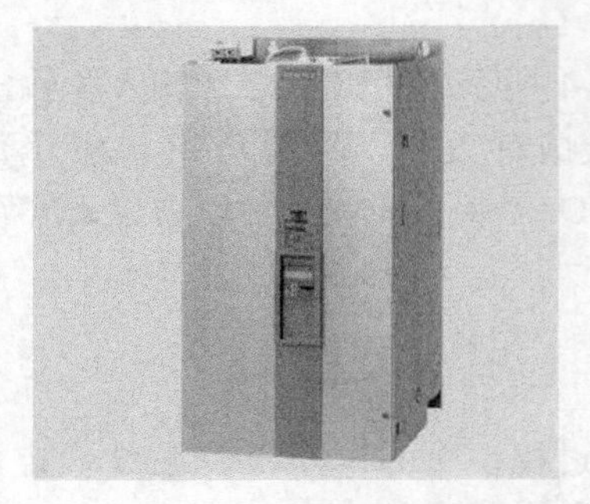

图 9-6　6RA 系列直流调速器

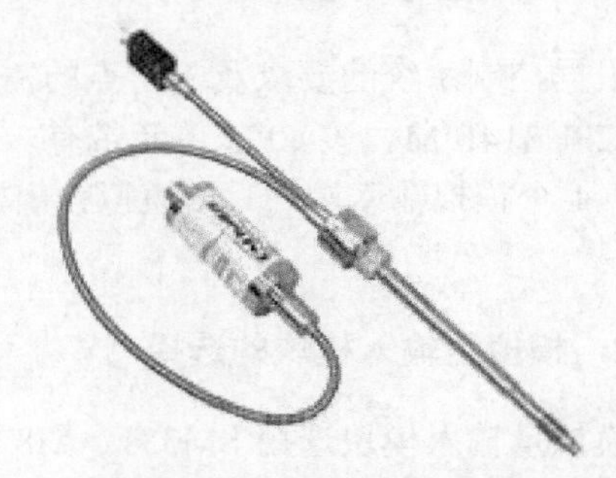

图 9-7　PT131/PT131B 高温熔体压力传感器/变送器

9.4　控制系统软件设计

1．PLC 程序设计

本温控系统中，我们采用梯形图语言进行编程。由于系统中每一回路采用的控制策略及所完成的功能均相同，为使程序清晰、简洁，易于修改、调试，我们通过结构化方法将每一回路的编程模块化，通过模块封装各加热段控制功能。下面就程序编制中的几个关键问题及技术处理进行说明。

首先设计一个比例调节功能块 FC1，它主要由功能块 FB41 和 FB43 组成，由 FB41 根据温度偏差进行 PID 运算，计算出被控量，再由 FB43 将其转换成脉冲信号，完成脉宽调制（PWM）功能。程序如图 9-8 所示。

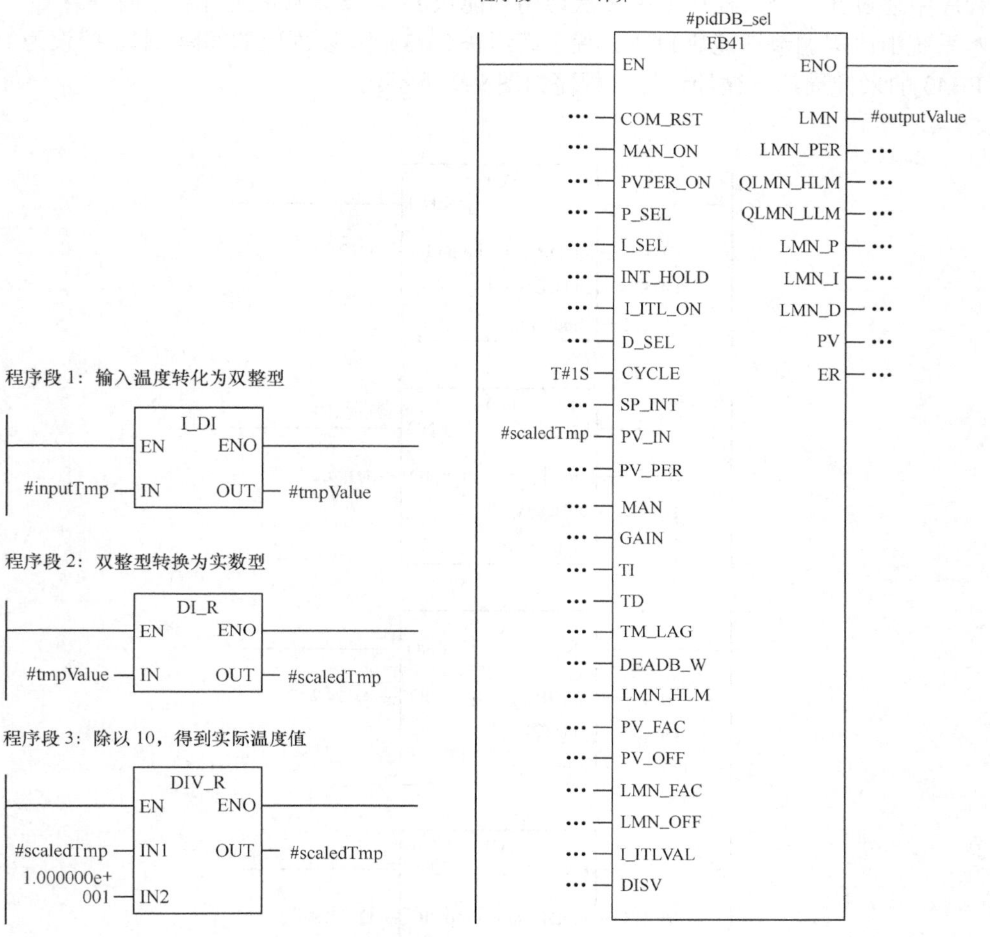
程序段 4：PID 计算
#pidDB_sel
FB41
EN
ENO
COM_RST
MAN_ON
PVPER_ON
P_SEL
I_SEL
INT_HOLD
I_ITL_ON
D_SEL
T#1S
CYCLE
SP_INT
#scaledTmp
PV_IN
PV_PER
MAN
GAIN
TI
TD
TM_LAG
DEADB_W
LMN_HLM
PV_FAC
PV_OFF
LMN_FAC
LMN_OFF
I_ITLVAL
DISV
LMN
#outputValue
LMN_PER
QLMN_HLM
QLMN_LLM
LMN_P
LMN_I
LMN_D
PV
ER
程序段 1：输入温度转化为双整型
I_DI
EN
ENO
#inputTmp
IN
OUT
#tmpValue
程序段 2：双整型转换为实数型
DI_R
EN
ENO
#tmpValue
IN
OUT
#scaledTmp
程序段 3：除以 10，得到实际温度值
DIV_R
EN
ENO
#scaledTmp
IN1
OUT
#scaledTmp
1.000000e+
001
IN2

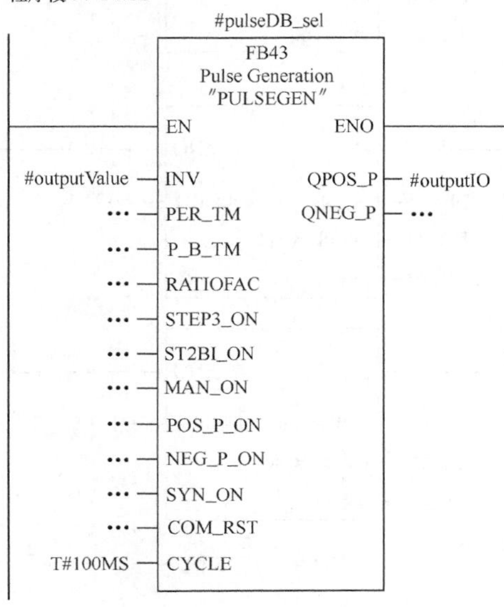
程序段 5：PWM
#pulseDB_sel
FB43
Pulse Generation
"PULSEGEN"
EN
ENO
#outputValue
INV
QPOS_P
#outputIO
PER_TM
QNEG_P
P_B_TM
RATIOFAC
STEP3_ON
ST2BI_ON
MAN_ON
POS_P_ON
NEG_P_ON
SYN_ON
COM_RST
T#100MS
CYCLE

图 9-8 FC1 程序

程序中通过在一个采样周期中 8 次调用功能块 FC1 来实现 8 回路温控调节。

本系统中比例调节功能块FC1放置在组织块OB35中，以固定的间隔（本系统设为100ms，等于 FB43 的采样周期）循环运行。程序如图 9-9 所示。

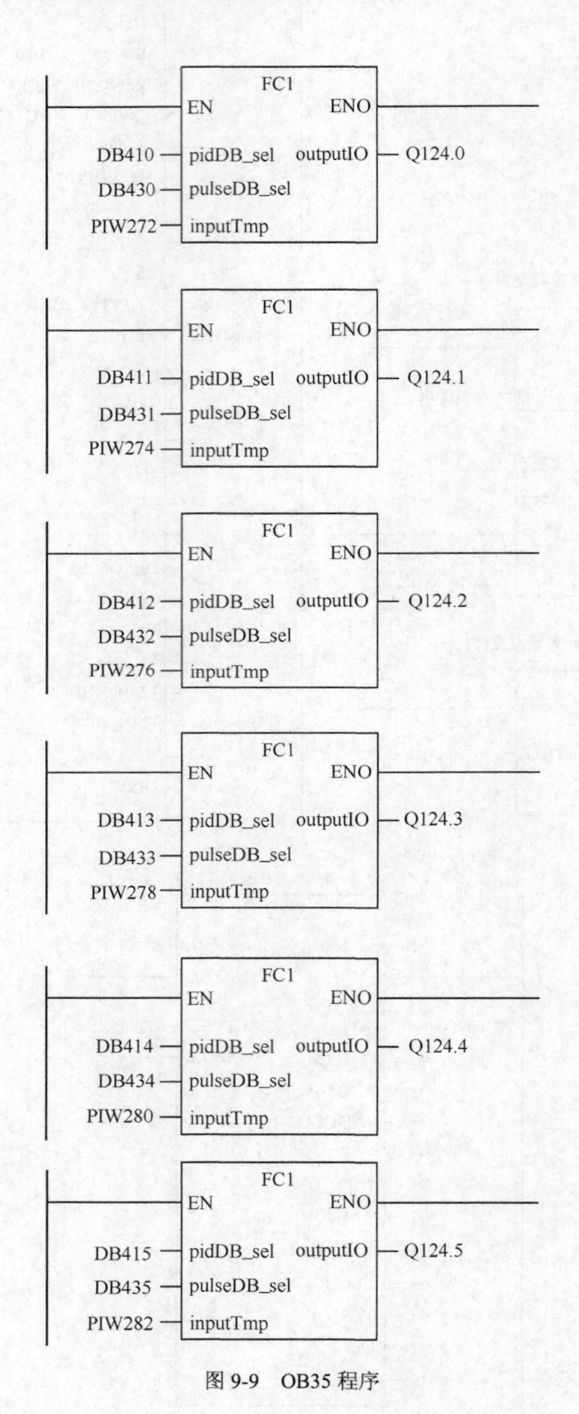

图 9-9　OB35 程序

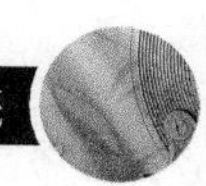

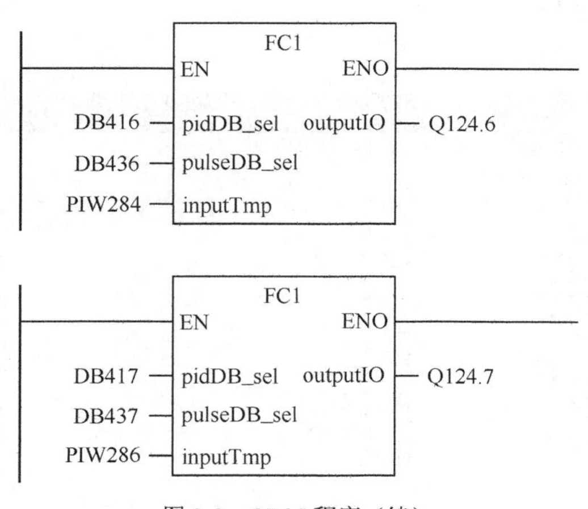

图 9-9 OB35 程序（续）

2. WinCC 程序设计

人机监控界面采用西门子组态软件 WinCC7.0（视窗控制中心，Windows Control Center）。通过读取 PLC 的 DB，在上位机上显示各加热段实际温度、加热器的开闭状态等。

（1）建立 WinCC 项目

首先建立 WinCC 项目，项目名称不要使用中文，否则变量记录运行系统无法启动。

单击“开始”菜单，选择“SIMATIC/WinCC/Windows Control Center 7.0”菜单项运行 WinCC，将出现一个对话框对新建项目的类型进行选择，如图 9-10 所示，包括单用户项目、多用户项目、客户机项目。在创建新项目对话框中输入项目名称，同时选择项目的路径，单击“创建”按钮，将打开 WinCC 资源管理器，如图 9-10 所示，资源管理器窗口左侧为已安装组件浏览窗口，右侧为所选左侧组件所对应的元件。

如图 9-11 所示，WinCC 运行系统的启动组件、使用语言、图形运行等可通过右击计算机图标，选择“属性”，在弹出的“计算机属性”对话框中进行设置。

（2）建立变量连接

WinCC 的变量分为外部变量和内部变量，其中外部变量来自 PLC 或上位机，需要添加相应的驱动程序。

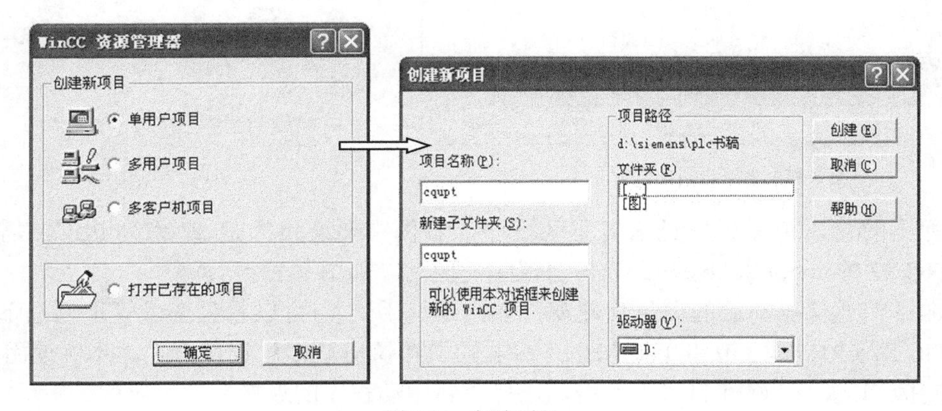

图 9-10 新建项目

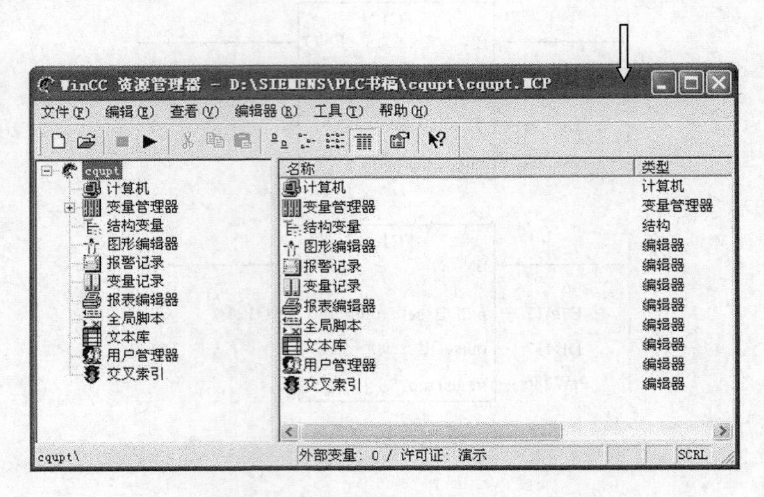

图 9-10　新建项目（续）

1）连接 PLC 变量。

在项目管理窗口中的变量管理目录上右击，在弹出的菜单中选择“添加新的驱动程序”，如图 9-12 所示。

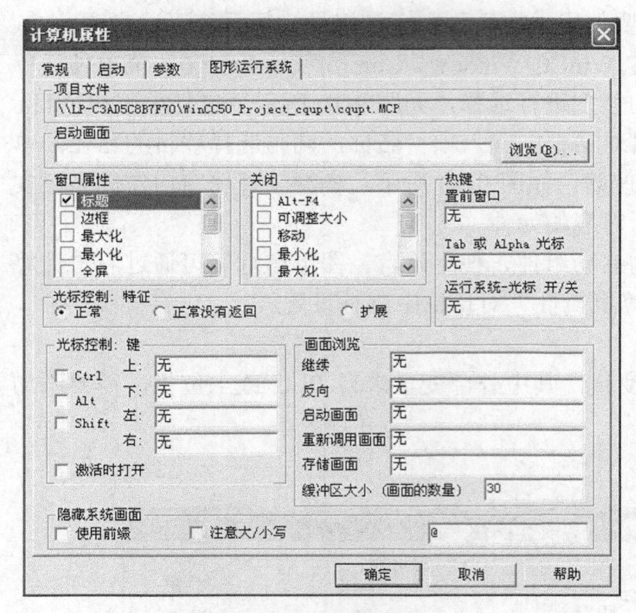

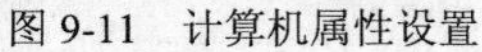

图 9-11　计算机属性设置

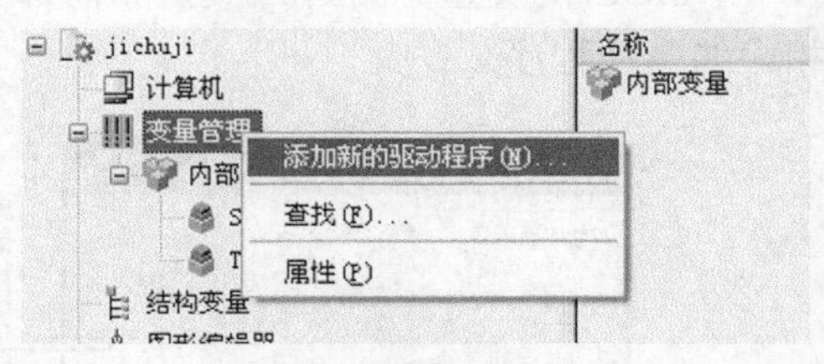

图 9-12　添加驱动程序

在弹出的窗口中可以看见诸多驱动程序，本例中要连接的是 S7 系列 PLC，需要添加“SIMATIC S7 Protocol Suite chn”通信协议集的驱动，如图 9-13 所示。

添加 S7 通信驱动后的项目管理窗口如图 9-14 所示，可以看见变量管理目录下增加了“SIMATIC S7 PROTOCOL SUITE CHN”分支，其下又分列多种连接方式。本例使用 MPI 通信协议连接 PLC，在 MPI 目录上右击，选择“新驱动程序的连接”。

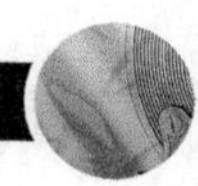

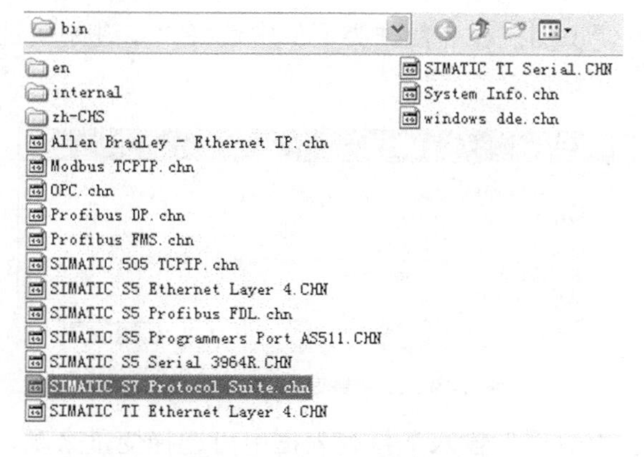

图 9-13　选择驱动程序

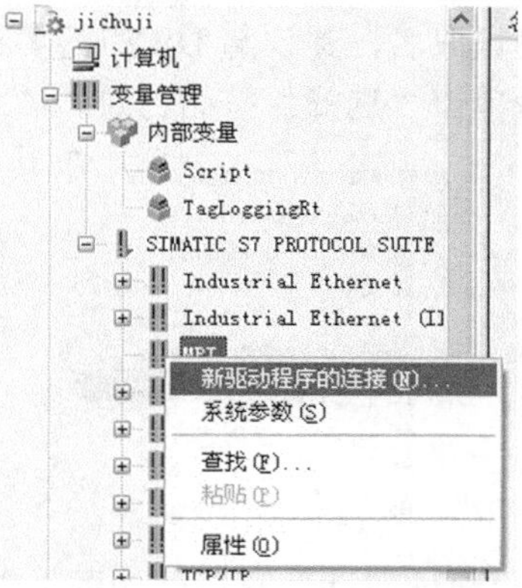

图 9-14　添加 PLC 连接

弹出的“连接属性”对话框如图 9-15 所示。在“服务器列表”中选择服务器，在“名称”输入框中填写此连接的名称，单击“属性”按钮进入此连接的参数设置。

参数设置对话框如图 9-16 所示。在其中填写 PLC 的 MPI 站编号和插槽号。

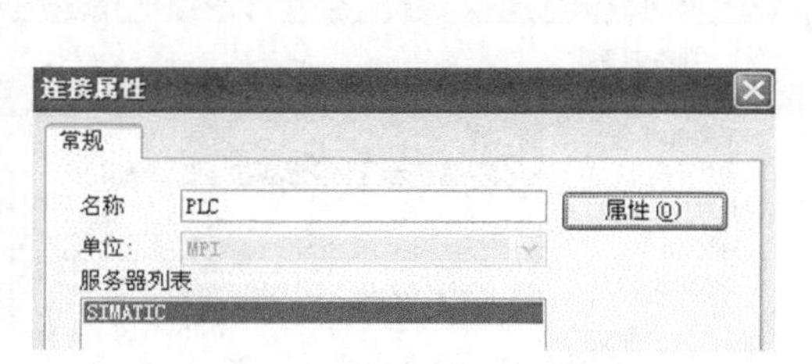

图 9-15　选择 SIMATIC 服务器

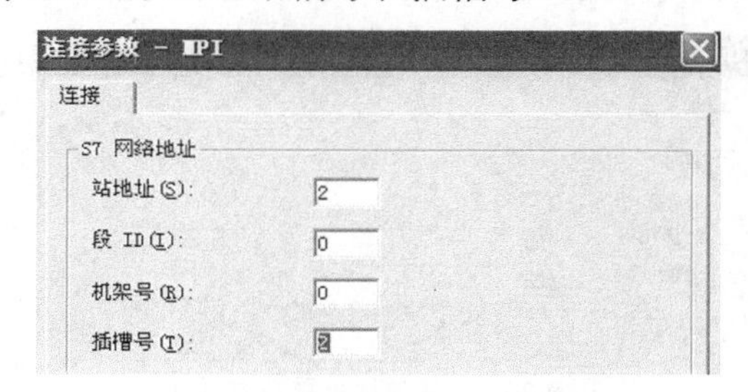

图 9-16　MPI 连接参数设置

增加 PLC 的连接后项目窗口如图 9-17 所示，在 MPI 目录下增加了一个握手图标，表示与 PLC 建立了连接。下面在这个连接上进行具体变量的连接。在 PLC 连接分支上右击，在弹出的菜单中有“新建组”和“新建变量”的选择。本例中 8 路温度控制对应 PLC 中的 8 个 DB，各路的变量定义相似，为方便管理和识别，先为每一控制回路建立变量组，选择“新建组”。

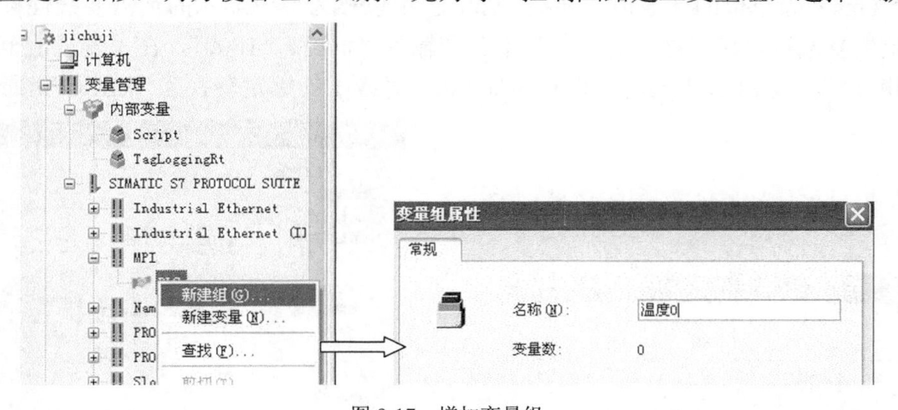

图 9-17　增加变量组

继续在新建立的变量组里建立变量，右击，选择新建变量，如图 9-18 所示。

“变量属性”对话框如图 9-19 所示。先演示二进制变量的连接，在“名称”输入框中为此变量取名，建议与 DB 中的名称一致，方便识别；在“数据类型”中选择“二进制变量”，然后单击“选择”按钮，进入“地址属性”对话框。

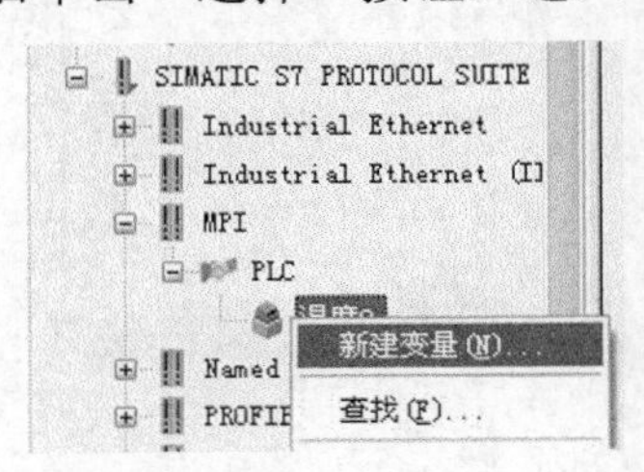

图 9-18 新建变量

图 9-19 二进制变量属性对话框

“地址属性”对话框如图 9-20 所示。在“数据”输入下拉列表框中可选择变量来源，有输入点、输出点、位存储区和 DB 的选择。目前设置的变量来自 DB，选择 DB 来源，填写相应的 DB 号，然后根据 DB 中的具体定义输入地址和位。

32 位浮点数的连接，属性对话框如图 9-21 所示，选择“浮点数 32 位 IEEE754”，格式调整为“FloatToFloat”，也就是不转换，再单击“选择”按钮进入地址属性设置。

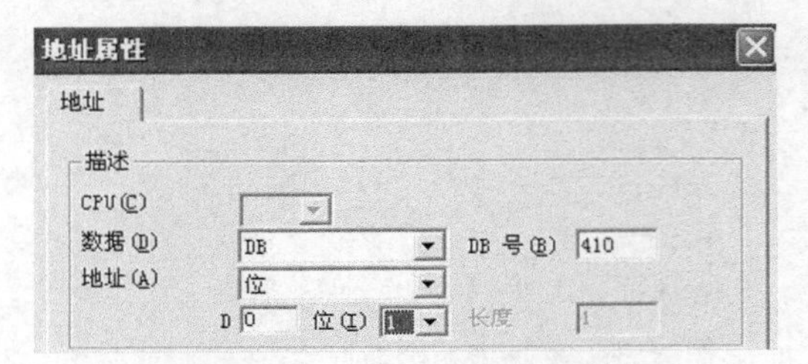

图 9-20 二进制地址属性对话框

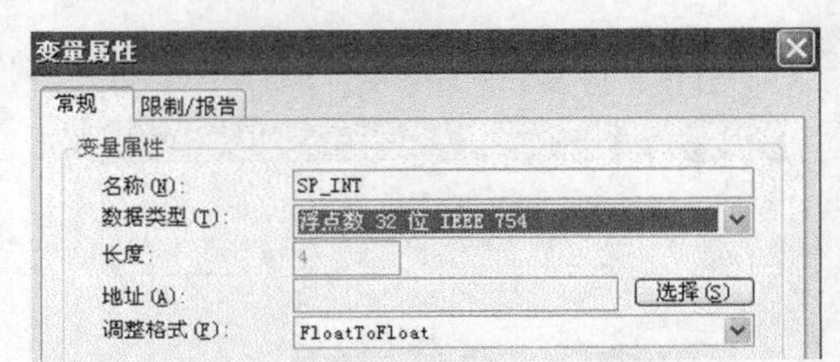

图 9-21 浮点数变量属性

地址属性对话框如图 9-22 所示，与二进制变量的地址属性对话框稍有差异，选择变量来源，填写 DB 号和地址即可。

PLC 中时间类型的变量需要转换，如图 9-23 所示。“数据类型”仍然是浮点数，“调整格式”选择“FloatToUnsignedDword”，即转换成无符号双字类型。由于 PLC 中的 T 类型时间是以毫秒（ms）为单位的计数值，要在 WinCC 中以秒为单位显示的话需要线性标定。勾选“线性标定”复选框，在“过程值范围”中分别输入“0”和“1000”，在“变量值范围”中输入“0”和“1”，则 PLC 中的时间即可按照 1000 对应 1 的标定转换为 WinCC 变量。

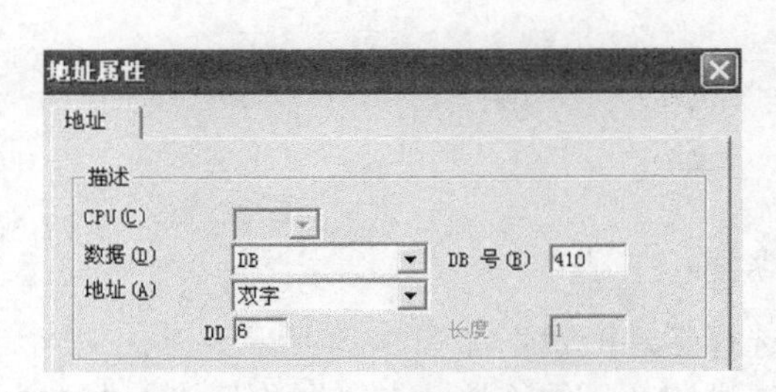

图 9-22 浮点数地址属性

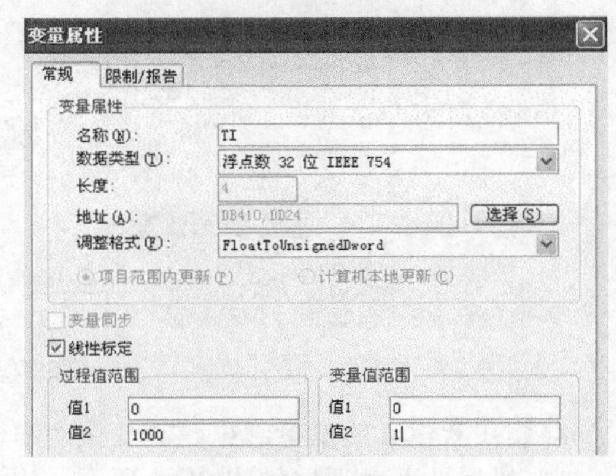

图 9-23 浮点数线性标定

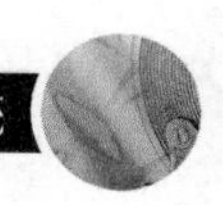

依次建立“温度 0”的所有变量，复制这个组，建立其余温度控制回路的变量。变量分组只是为方便管理和识别，在不同组之间的变量名也不能重名，在复制时同名变量会自动加序号区分，然后需要修改各组变量的具体地址。建立完毕的PLC变量如图9-24所示。

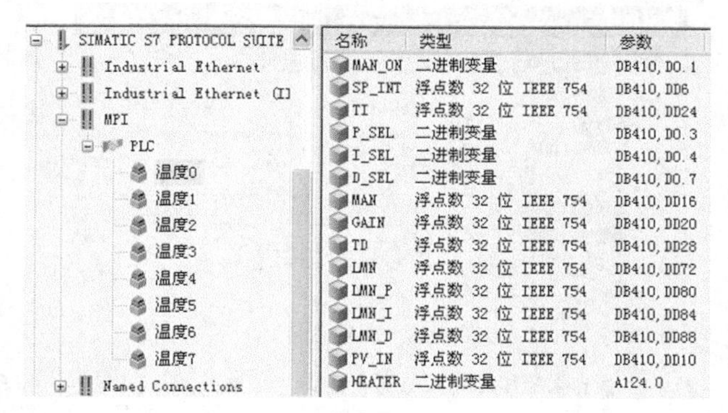

图 9-24 变量表

2）连接上位机变量。

WinCC 监控程序也需要了解上位机的运行情况，例如CPU的使用率、内存的使用情况、系统时间等。下面介绍如何建立与上位机的连接。

仍然如图9-12所示添加驱动，在驱动窗口中选择添加“System Info.chn”，如图9-25所示。

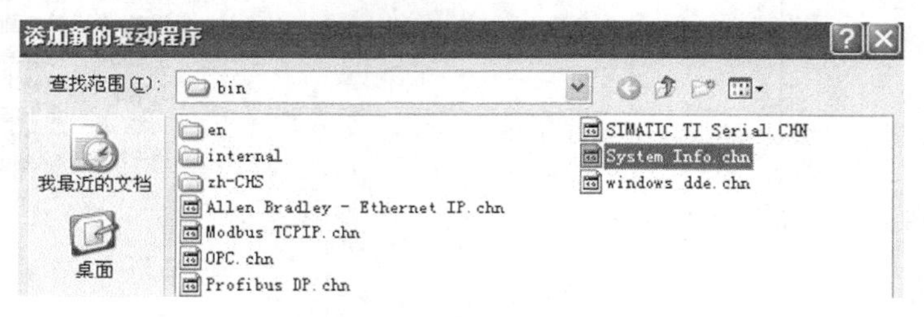

图 9-25 系统信息驱动程序

在“变量管理”目录下新增加了“系统信息”，如图9-26所示。继续添加与上位机的连接。在新建的连接上建立具体变量，如图9-27所示。

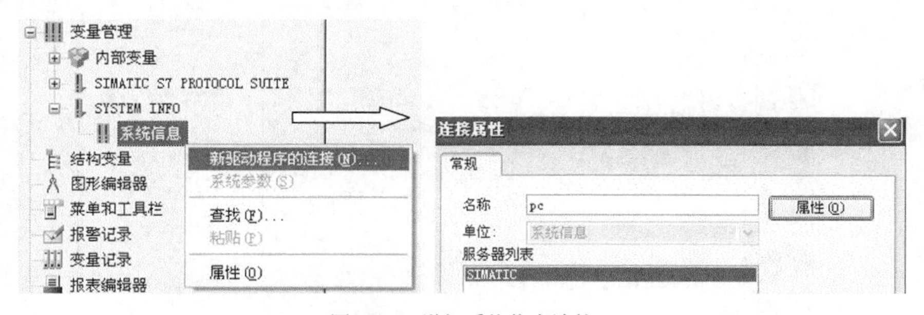

图 9-26 增加系统信息连接

为此变量命名，再单击“选择”按钮，如图9-28所示。

系统信息窗口如图9-29所示，在“函数”选择框里预置了此驱动能提供的上位机信息。

依次建立读取CPU使用率、内存使用率、系统时间的变量，如图9-30所示。

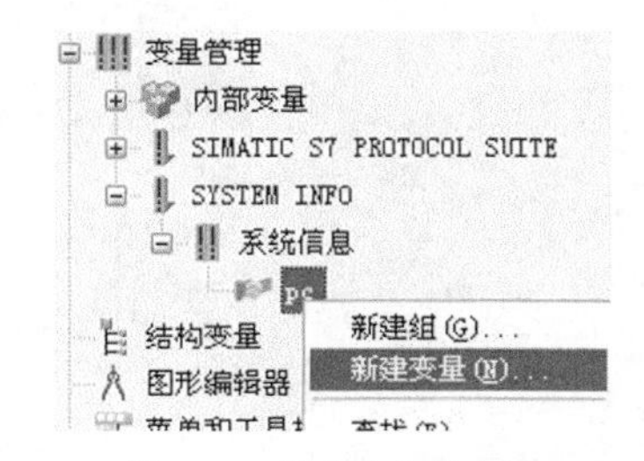

图 9-27 新建上位机变量

（3）建立监控界面

监控界面需要显示各加热区实际温度、加热器的开闭状态、螺杆转速、压力等，通过图形编辑器来实现，如图9-31所示。

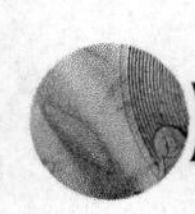

图 9-28　变量命名

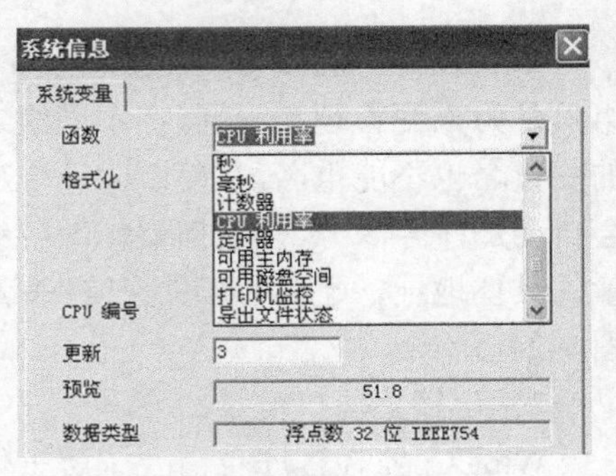

图 9-29　系统信息窗口

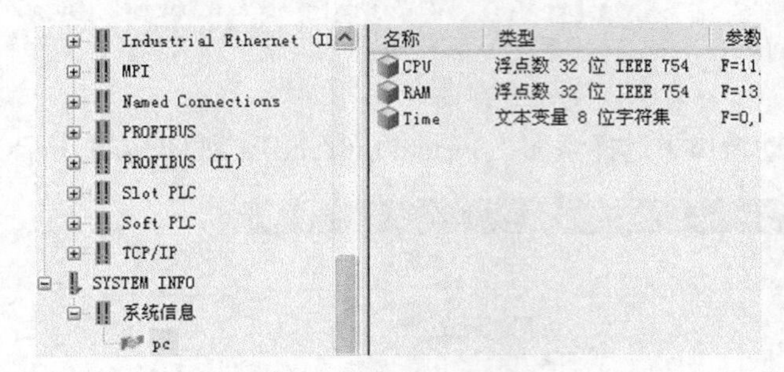

图 9-30　上位机信息变量表

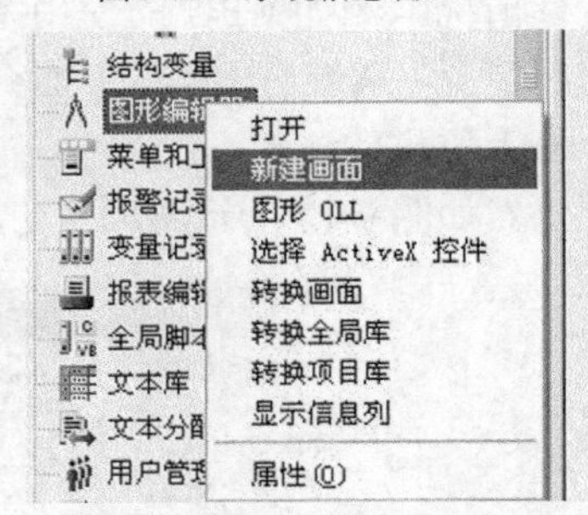

图 9-31　新建画面

1）主控画面。

布局如图 9-32 所示，左侧安排系统信息的显示和导航按钮，右侧上方安排 8 个画面窗口，分别显示 8 个回路的温度，右侧下方安排一个画面窗口，通过左侧的导航按钮分别显示转速压力监控画面、报警画面、归档画面。

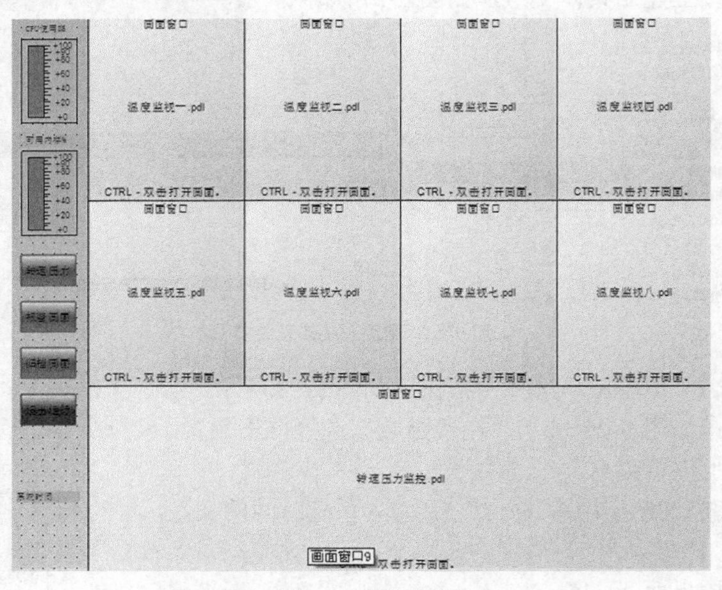

图 9-32　主控画面

画面窗口是画面的容器，通过改变其属性“画面名称”可以装入不同的画面，是布局和导航的主要工具。

2）温度监视画面。

WinCC 显示控件几乎所有的属性都可以绑定变量，以实现视觉动态化。图 9-33 所示画面由指示表、I/O 域、滑动块、静态文本和按钮等显示控件构成。右击控件，在弹出菜单里选择“属性”即可设置控件属性。类似的画面共 8 个，对应 8 个温度控制回路的监视。

画面中的“PID 设置”按钮的设计意图是当按下按钮时，画面转换到温度调整画面，以进行 PID 参数的调整，所以此按钮需要脚本来实现。右击该按钮，在弹出的菜单中单击“属性”，进入“对象属性”对话框，单击“事件”标签，如图 9-34 所示。在“鼠标动作”后面的闪电图标上右击，在弹出菜单中选择“VBS 动作”，即可进入 VB 脚本编制界面，见图 9-34。

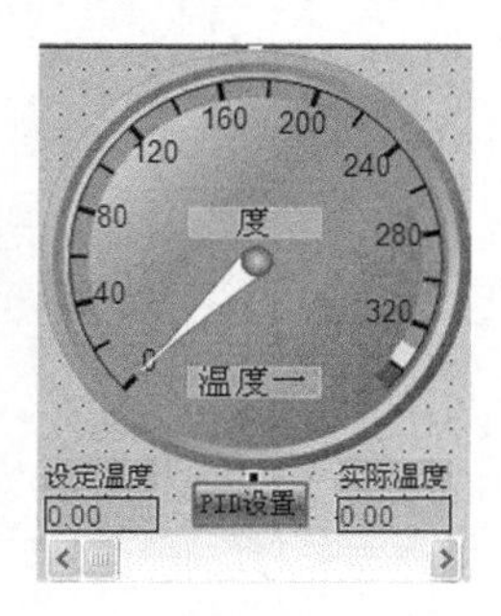

图 9-33　温度监视画面

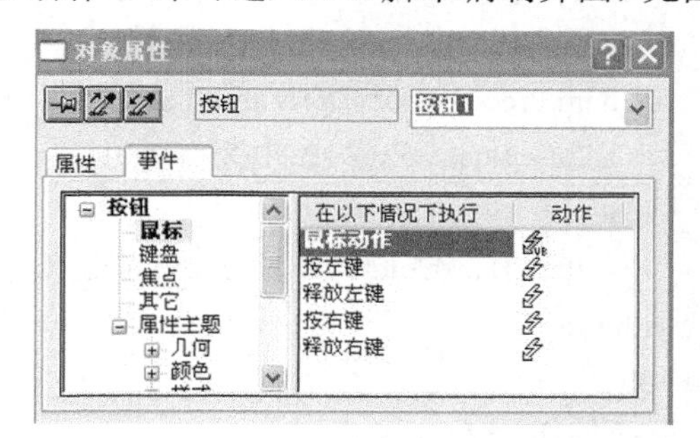

图 9-34　鼠标动作设置

编制脚本如下。

```
Sub OnClick（ByVal Item）
HMIRuntime.Screens（"主控画面"）.ScreenItems（"画面窗口 1"）.PictureName="温度调整一.pdl"
End Sub
```

3）温度调整画面。

图 9-35 所示是温度控制回路的 PID 控制参数调整画面。画面中上部区域用一个趋势控件（WinCC Online Trend Control）观察设定温度和实际温度的趋近变化，下方用静态文本、I/O 域、选择框等控件组成参数面板。类似的画面共 8 个，对应 8 个温度控制回路的 PID 调整。

其中“返回监视”按钮的设计意图是当按下按钮时，画面转换到温度监视画面，其脚本如下。

```
Sub OnClick（ByVal Item）
HMIRuntime.Screens（"主控画面"）.ScreenItems（"画面窗口 1"）.PictureName="温度监视一.pdl"
End Sub
```

4）转速压力监控画面。

图 9-36 所示是转速压力监控画面，由指示表、静态文本、I/O 域、棒图等控件组成。

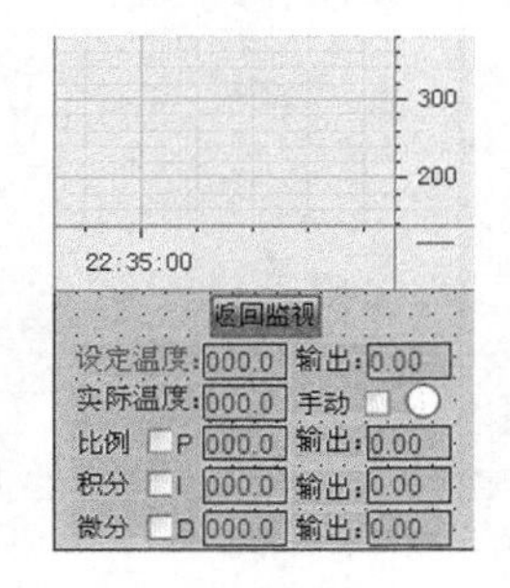

图 9-35　温度调整画面

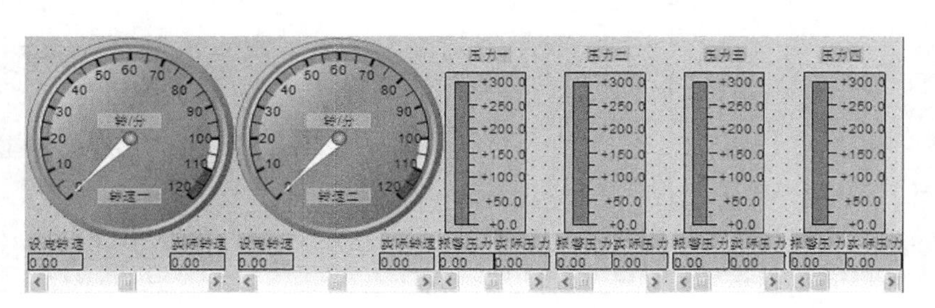

图 9-36　转速压力监控画面

棒图显示压力，当超过报警压力时显示成红色。报警压力是变数，先定义 4 个内部变量（报警压力一到报警压力四），对应 4 个压力段的报警值，然后右击棒图，在弹出菜单中选择“属性”进入属性窗口，按图 9-37 所示操作，即可进入对应于棒图数值改变时执行的 VBS 脚本编制窗口。

输入脚本如下。

```
Sub Process_OnPropertyChanged(Byval Item, Byval value)
    Dim objTag
    Set objTag = HMIRuntime.Tags("报警压力 1")
    objTag.Read
    If Item.Process > objTag.Value Then
        Item.BackColor2=RGB(255, 0, 0)
    Else
        Item.BackColor2=RGB(0, 255, 0)
    End If
End Sub
```

5）导航按钮。

左侧的导航按钮用于转换画面和退出 WinCC，分别用脚本实现。如图 9-38 所示，进入按钮的属性窗口，按图示操作。

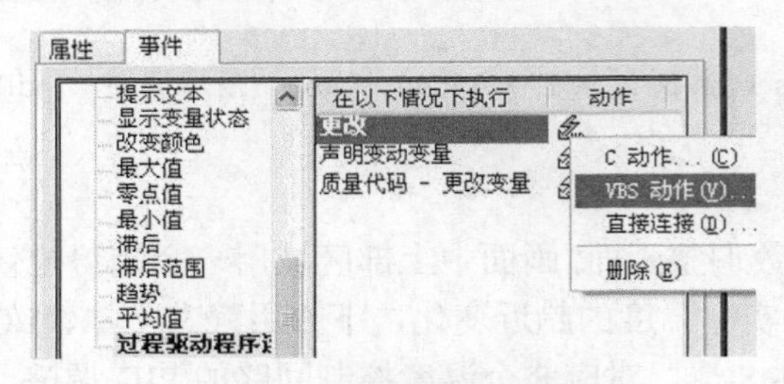

图 9-37　棒图数值改变脚本

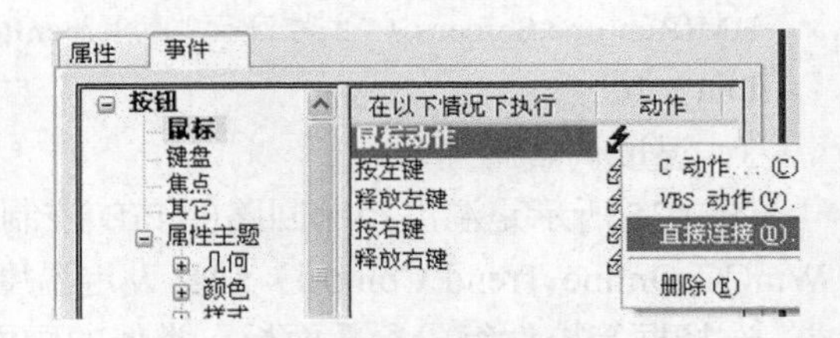

图 9-38　按钮的鼠标事件处理

如图 9-39 所示，“直接连接”即把一个值直接赋予某个对象的属性，从而改变其外观。

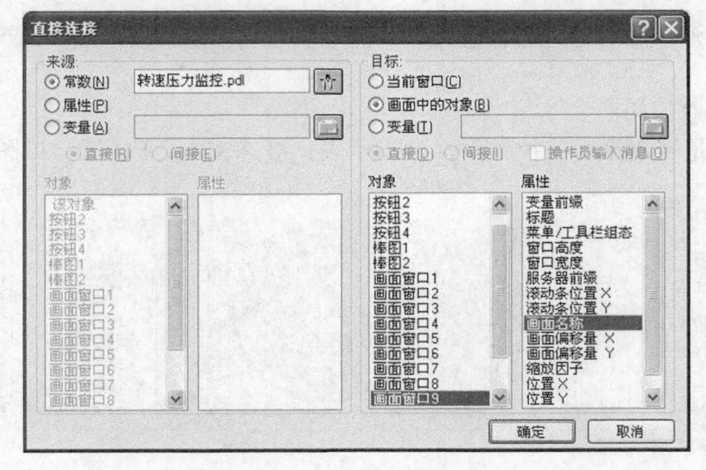

图 9-39　直接连接设置

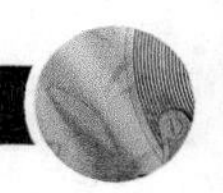

其余两个导航按钮操作类似，用不同的画面常数即可转换不同画面。最后一个按钮的功能是退出 WinCC，操作如图 9-40 所示。

C 脚本如下。

```
#include "apdefap.h"
void OnClick(char* lpszPictureName, char* lpszObjectName, char* lpszPropertyName)
{
#pragma option(mbcs)
ExitWinCC( );
}
```

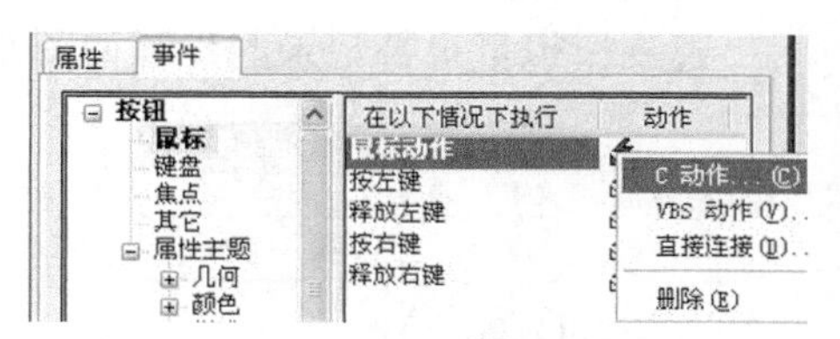

图 9-40 退出按钮设置

3. 报警组态

消息系统处理由在自动化级别以及在 WinCC 系统中监控过程动作的函数所产生的结果。消息系统通过图像和声音的方式指示所检测的报警事件，并进行电子归档和书面归档。直接访问消息和各消息的补充信息确保了能够快速定位和排除故障。

在报警记录中组态消息和消息归档。在 WinCC 项目管理器中双击报警记录便可将其启动。界面如图 9-41 所示。

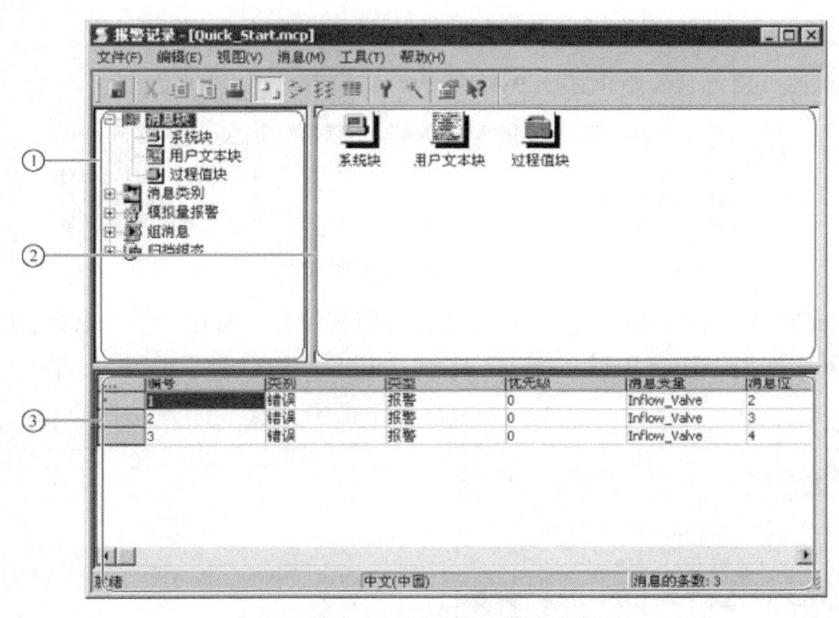

① 导航窗口 ② 数据窗口 ③ 表格窗口

图 9-41 报警编辑器

① 导航窗口。

要组态消息，按指定顺序访问树形视图中的文件夹。快捷菜单可访问单个区域和其元素。

② 数据窗口。

数据窗口包含可用对象的图标。双击对象，可访问相应的消息系统设置。可使用快捷菜单显示对象属性。这些属性随选定的对象而不同。

③ 表格窗口。

建立模拟量报警记录的步骤如图 9-42 所示。

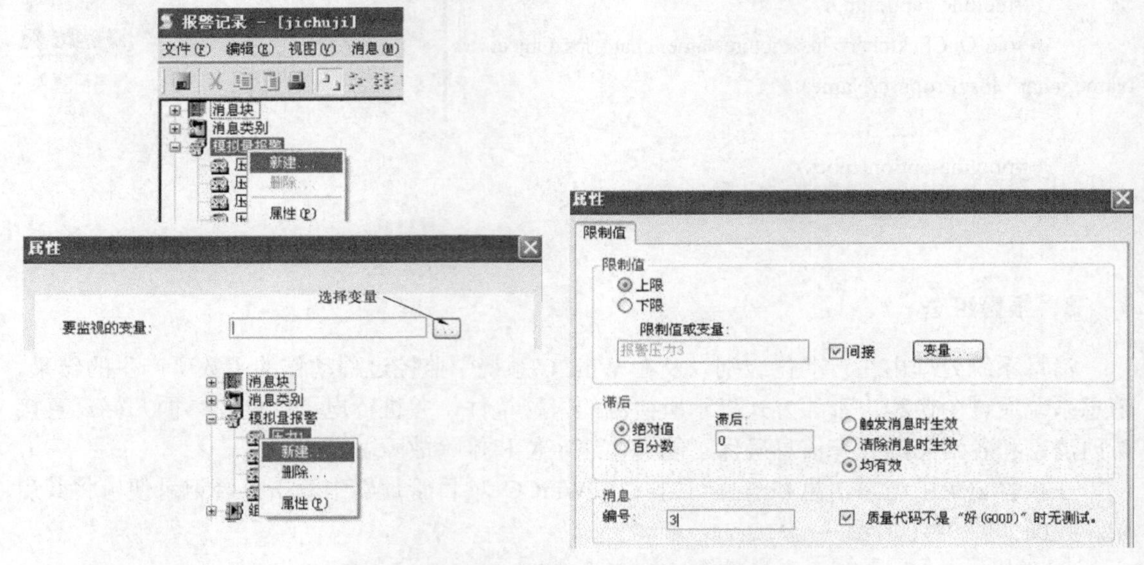

图 9-42　建立模拟量报警记录的步骤

依次建立各监控记录，结果如图 9-43 所示。

编号	类别	类型	优先级	消息变量	消息位	状态变量	状态位	消息文本
1	错误	报警	0		0		0	压力一超出限制
2	错误	报警	0		0		0	压力三超出限制
3	错误	报警	0		0		0	压力三超出限制
4	错误	报警	0		0		0	压力四超出限制

图 9-43　报警记录列表

使用 WinCC AlarmControl 这个 ActiveX 控件监视报警，新建一个“报警.pdl”画面，把此控件放入其中即可，如图 9-44 所示。

	日期	时间	编号	消息文本	错误点
90	21-12-10	10:40:52	90	TEXT	TEXT
91	21-12-10	10:40:53	91	TEXT	TEXT
92	21-12-10	10:40:54	92	TEXT	TEXT
93	21-12-10	10:40:55	93	TEXT	TEXT
94	21-12-10	10:40:56	94	TEXT	TEXT
95	21-12-10	10:40:57	95	TEXT	TEXT
96	21-12-10	10:40:58	96	TEXT	TEXT
97	21-12-10	10:40:59	97	TEXT	TEXT
98	21-12-10	10:41:00	98	TEXT	TEXT
99	21-12-10	10:41:01	99	TEXT	TEXT
100	21-12-10	10:41:02	100	TEXT	TEXT

就绪　待处理：0　待确认：0　已隐藏 0　列表：100　22:39:53

图 9-44　报警画面

4. 归档组态

归档系统负责运行状态下的过程值归档。归档系统首先将过程值暂存于运行数据库，然

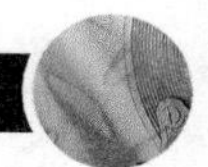

后写到归档数据库中。

过程值归档涉及下列 WinCC 子系统，如图 9-45 所示。

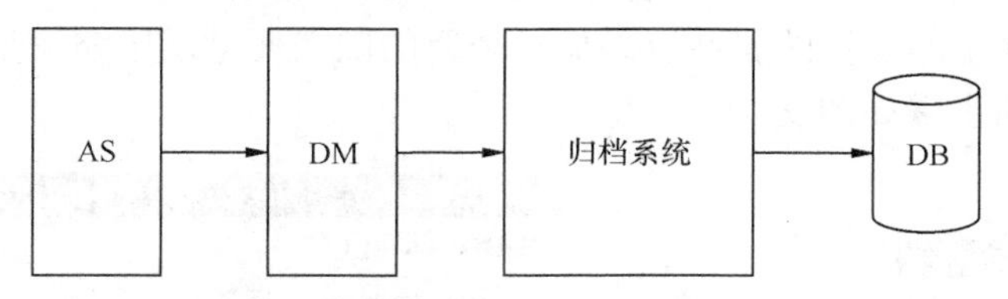

图 9-45　WinCC 子系统

自动化系统（AS）：存储通过通信驱动程序传送到 WinCC 的过程值。

数据管理器（DM）：处理过程值，然后通过过程变量将其返回到归档系统。

归档系统：处理采集到的过程值（例如产生平均值）。处理方法取决于组态归档的方式。

运行系统数据库（DB）：保存要归档的过程值。

可在变量记录中对归档、要归档的过程值以及采集时间和归档周期进行组态。此外，还可以在变量记录中定义硬盘上的数据缓冲区以及如何导出数据。

在 WinCC Explorer 中双击变量记录启动变量记录编辑器，如图 9-46 所示。

① 导航窗口。

此处选择是否想要编辑时间或归档。

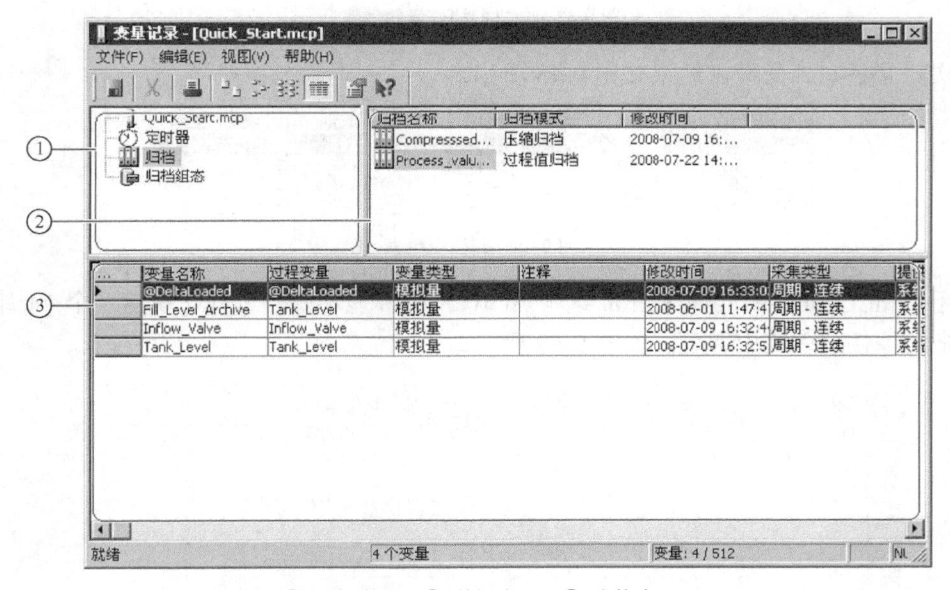

① 导航窗口　② 数据窗口　③ 表格窗口

图 9-46　变量记录编辑器

② 数据窗口。

根据在导航窗口中所做的选择，可在此处编辑已存在的归档或定时，或者创建新的归档或定时。

③ 表格窗口。

表格窗口是显示归档变量或压缩变量的地方，这些变量存储于在数据窗口中所选的归档中。可以在此改变显示的变量的属性或添加一个新的归档变量或压缩变量。

建立归档变量的步骤如图 9-47 所示。

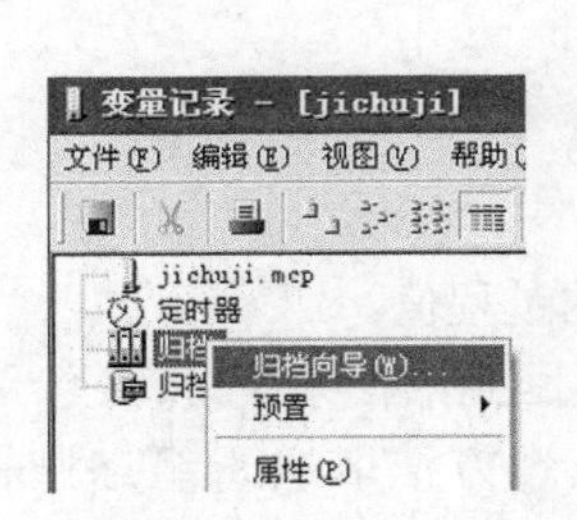

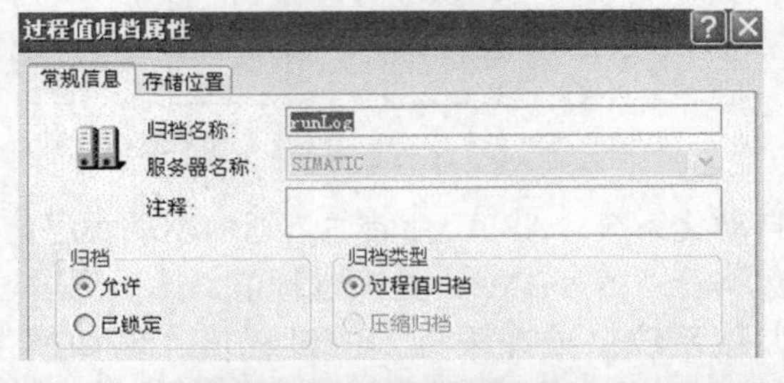

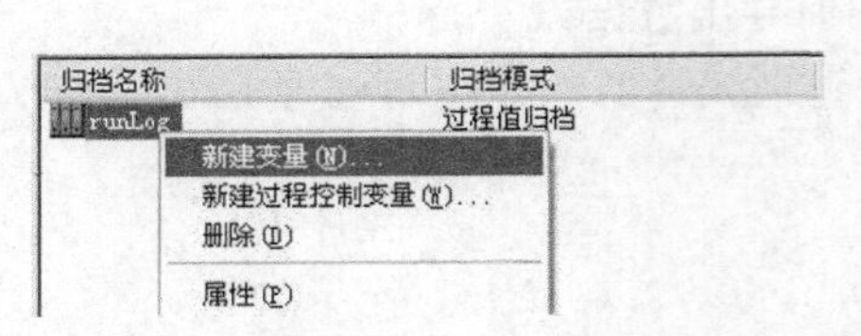

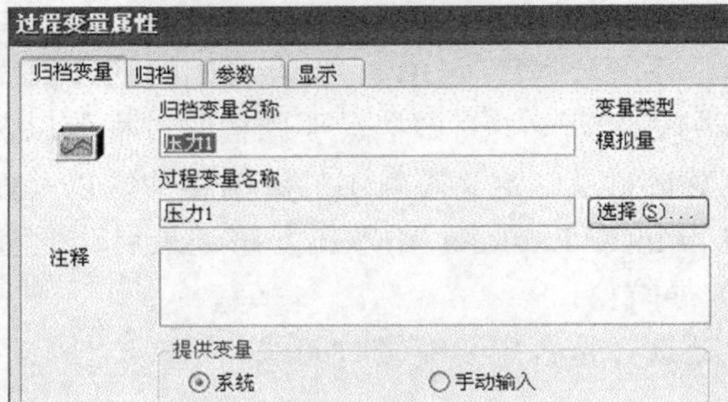

图 9-47　建立归档变量的步骤

依次建立各归档变量，结果如图 9-48 所示。

变量名称	过程变量	变量类型	注释	修改时间	采集类型	提供变量	归档
压力1	压力1	模拟量		2010-12-17 22:17	有变化时	系统	允许
压力2	压力2	模拟量		2010-12-21 22:45	有变化时	系统	允许
压力3	压力3	模拟量		2010-12-21 22:45	有变化时	系统	允许
压力4	压力4	模拟量		2010-12-21 22:46	有变化时	系统	允许

图 9-48　归档变量表

使用 WinCC OnlineTableControl 这个 ActiveX 控件显示归档过程，新建一个“归档.pdl”画面，把此控件放入其中即可，如图 9-49 所示。

	时间	压力一	压力二	压力三	压力四
1					
2					
3					
4					
5					
6					
7					
8					
9					
10					
11					

就绪　22:47:40

图 9-49　归档画面

右击“WinCC OnlineTableControl”控件，在弹出的菜单中选择“组态对话框”，组态要显示的归档变量，如图 9-50 所示。

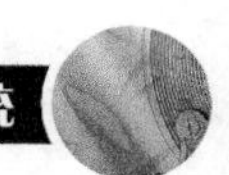

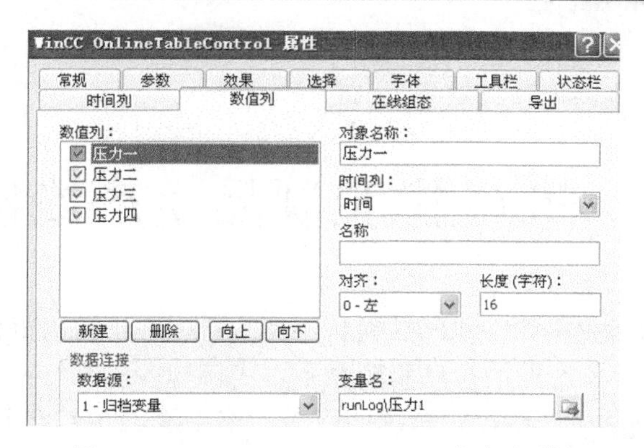

图 9-50　WinCC OnlineTableControl 组态对话框

把主控画面设为启动画面，启动运行，运行画面如图 9-51 所示。

图 9-51　运行画面

9.5　本章小结

本章通过介绍 PLC 挤出机控制系统的设计，系统介绍了 WinCC 及其相关知识，包括上位机与 PLC 的通信、交互界面的设计、数据归档、报警等。

第 10 章　PLC 橡胶制品生产线控制系统

近年来中国橡胶制品业累计实现产品销售不断上升。在形势大好的输送胶带及胶管、橡胶密封制品、汽车橡胶等制造业的拉动和刺激下，中国橡胶制品行业正快速向上发展。本章通过介绍 PLC 在橡胶制品生产线控制系统的应用，重点阐述 PLC 的通信与网络。

10.1　系统工艺及控制要求

橡胶制品加工设备包括密炼机、开炼机、挤出机、压延机、成型设备、硫化机和硫化罐、捏合机、精炼机、破胶机、切胶机、注射成型机、轮胎翻新设备、轮胎及橡胶检测设备、切断机等，服务于轮胎行业、汽车橡胶制品行业、密封制品、胶管、胶带、胶鞋、胶辊、工程机械制品以及其他工业橡胶制品等行业。其中汽车橡胶制品是汽车零部件工业中不可缺少的重要组成部分。汽车橡胶制品主要包括轮胎、各种胶管、密封制品（油封、密封条、圈垫等）、传动带（V 带、同步带）、减震橡胶、安全制品等多种。

密封条的生产线如图 10-1 所示，主要分为炼胶、挤出、高温定型、硫化、冷却、切断几个过程。其中挤出、硫化、切断是在一条生产线上进行的连续过程。

（图片来源 http://www.tlhcxs.com/Manufacture）

图 10-1　密封条生产线

汽车密封条生产线如图 10-2 所示，包括聚料架、成型机、挤出机、微波槽、热空气槽、冷却槽、牵引机、切断机等，不仅要实现温度的精确控制，还要实现各台设备之间牵引速度的协调。

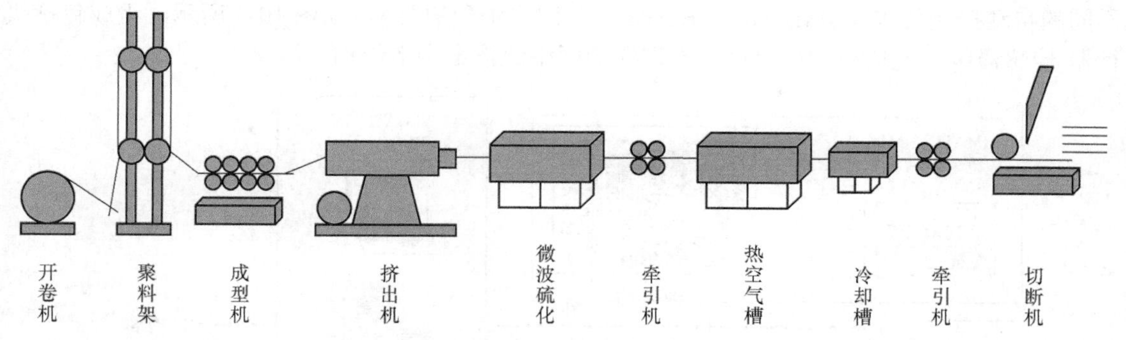

图 10-2　密封条生产线构成示意图

（1）开卷机：将钢带材料供给生产线。

（2）聚料架：在生产线上为了保证产品生产连续不间断地进行，其供料也必须实现不间断供给，实现零速接料。零速接料是指料卷在静止状态下完成粘接，而机器仍在正常运行，在此期间是由料卷储存装置——储料架向生产线供给和输送料带。

（3）挤出机：挤出机是密封条加工机械中的一种重要设备，挤出机主要由螺杆、机筒、加热系统、传动系统、控制系统等组成，并在挤出过程中实现对螺杆转速、机筒温度、熔体压力等工艺参数的控制。

（4）微波硫化：从挤出机挤出的成型品通过输送带或辊道传送，进入微波硫化装置，在此处橡胶迅速升温到硫化温度。硫化是橡胶加工的主要工艺过程之一，在这个工艺中，橡胶要经历一系列复杂的化学变化，由塑性的混炼胶变为高弹性的交联橡胶，从而获得更完善的物理机械性能和化学性能，提高和拓宽了橡胶材料的使用价值和应用范围。因此，硫化对橡胶及其制品的制造和应用具有十分重要的意义。

（5）热空气槽：密封条从微波硫化槽出来后，进入二次硫化的热风槽，橡胶在热风槽内一定温度下保持一定时间，即完成该产品的发泡及硫化过程。

（6）冷却槽：从热空气硫化槽出来的胶条温度较高，因此需要冷却槽对其进行冷却。

（7）牵引机：由于生产线通常都是几十甚至上百米长，因此需要牵引机对胶条进行牵引，保证生产线上各设备协调有序地进行工作。

（8）切断机：密封条成型产品通过切断机不仅要实现定长切断、超差分拣、自动纠偏，还需要协调连续挤出和间歇切断的运行，不能在切断过程中牵扯或阻挡挤出工件。

10.2　相关知识点

10.2.1　西门子 PLC 网络通信技术

以 ISO/OSI 为参考模型，西门子公司提供了开放的、应用于不同控制级别的工业环境的通信系统，统称为 SIMATIC NET，并定义网络通信的物理传输介质、传输元件、相关传输技术、在物理介质上传输数据所需的协议和服务以及 PLC 与 PC 联网所需的通信模块。为适应不同的自动控制要求，SIMATIC NET 提供了不同的通信网络，如图 10-3 所示，组成包括执行器/传感器级、现场级、单元级、管理级的网络通信金字塔结构。

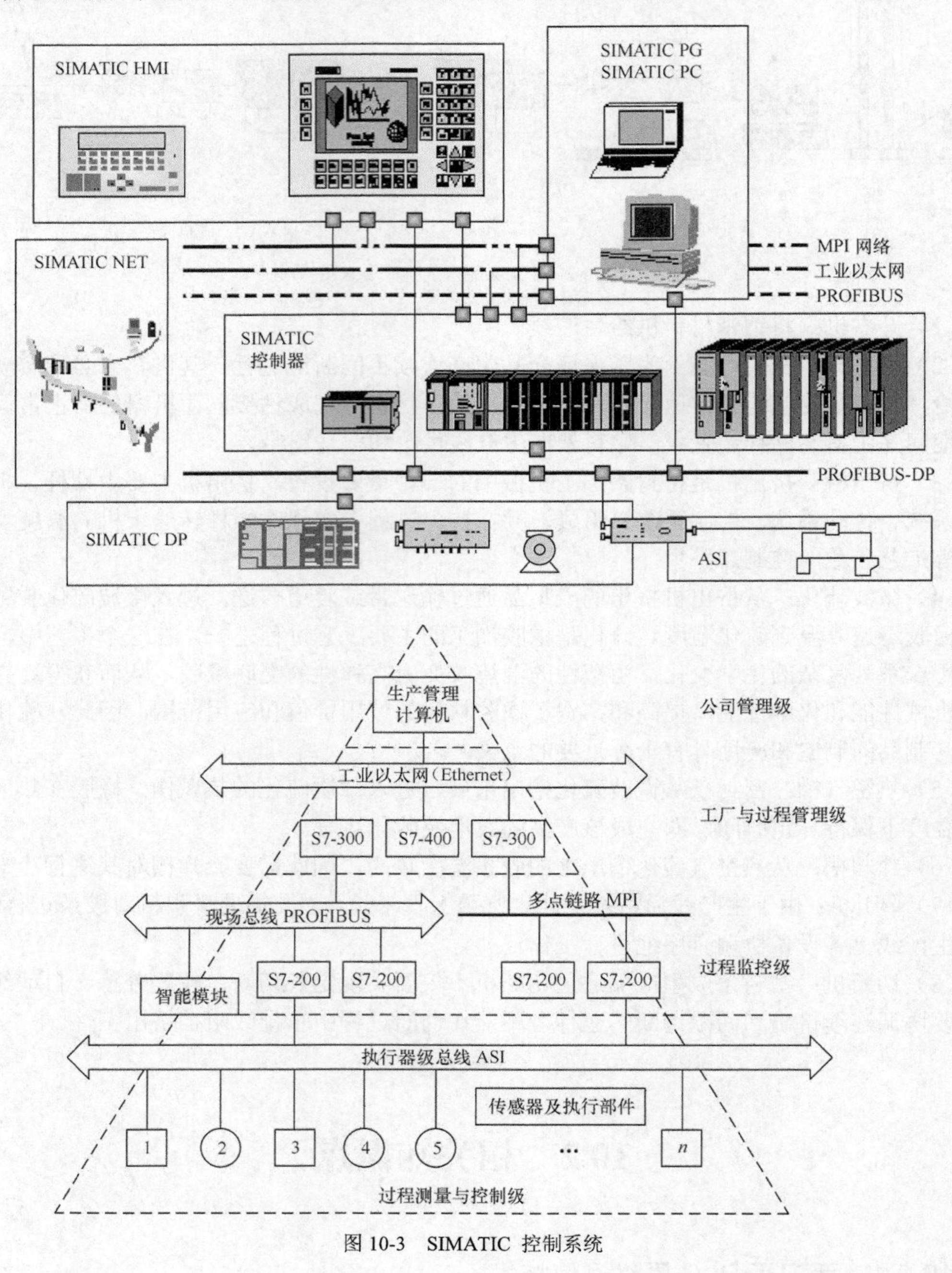

图 10-3　SIMATIC 控制系统

10.2.2　AS-Interface

AS-Interface（Actuator-Sensor Interface）也称为传感器/执行器接口，使用通信处理器（CP），通过 AS-I 总线电缆连接自动化系统中最底层的执行器及传感器，将信号传输至控制器，每个从站的最大数据为4bit。

10.2.3 点对点连接

点对点连接（Point-to-Point）简称为PtP通信，通过串口连接模块来实现。带有PtP通信功能的CPU或通信处理器可与PLC、计算机等带串口的设备（如扫描仪、打印机等）进行通信。PtP通信由于只有两个站点互联，一般不认为是一个子网。名称中带有PtP的CPU都有一个PtP接口作为第二个接口，例如CPU314C-2PtP。如果没有PtP接口，则需要使用PtP通信处理器，通信处理器CP340或CP341可实现S7-300模块的PtP通信，CP440或CP441可实现S7-400模块的PtP通信。

10.2.4 MPI通信

1. 网络结构

MPI（Multi-Point Interface）通信是当通信速率要求不高、通信数据量不大时，可采用的一种简单、经济的通信方式，是为S7/M7和C7系统提供的多点接口，多用于对PLC进行编程、连接上位机和少量PLC之间的近距离通信。可使用CP5512/CP5611/CP5613等MPI/PROFIBUS通信卡进行数据交换。其网络结构如图10-4所示。

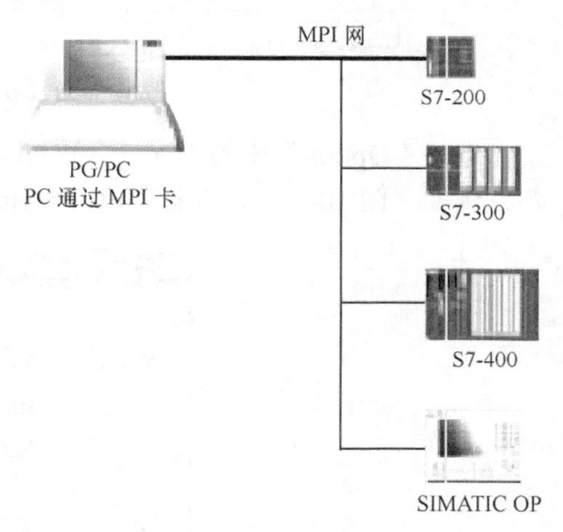

图10-4 MPI网络

2. 网络连接

MPI接口为RS485接口，接头为PROFIBUS总线连接器并带有终端电阻，连接电缆为PROFIBUS电缆。MPI网络的通信速率为19.2～12Mbit/s，通常默认设置为187.5kbit/s，通信数据包不大于122字节，最多连接32个节点，最大通信距离为50m，也可使用RS485中继器进行扩展。如图10-5所示，两个中继器之间的距离最大1000m。

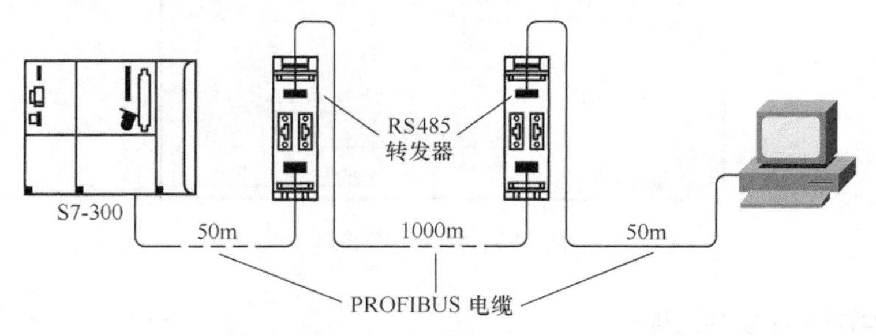

图10-5 使用中继器扩展MPI网络

3. 设置MPI接口

在硬件组态中单击“Properties”，如图10-6所示，在弹出的“Properties-CPU313C-2DP”

对话框中单击“Interface”下的“Properties”，弹出“Properties-MPI interface”对话框，选择“Properties”，可设置 CPU 地址、通信速率等 MPI 属性。

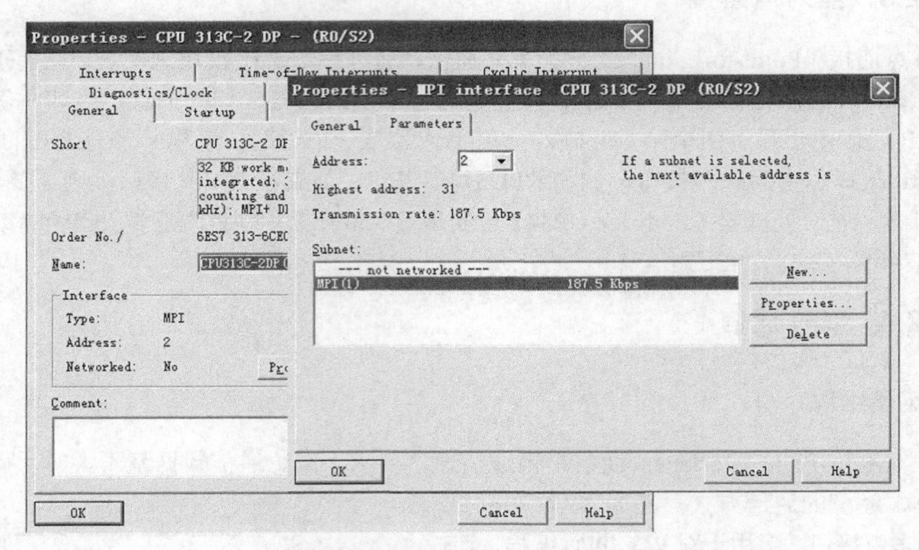

图 10-6 设置 PLC 的 MPI 属性

选择“Option”中的“Set PG/PC interface”选项，选择访问点 S7ONLIINE，选择所用设备，例如，图 10-7 中，选择“PC adapter”作为编程设备。

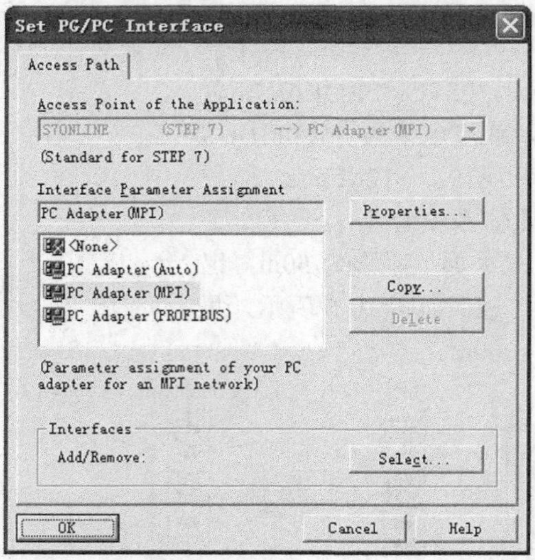

图 10-7 设置 MPI 接口

10.2.5 PROFIBUS 通信

1. PROFIBUS 介绍

PROFIBUS（Process Field Bus）符合国际标准 IEC61158，是目前国际上通用的现场总线

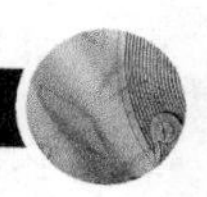

之一，是一种国际性的、开放式的现场总线标准。“开放”的通信接口和“透明”的通信协议允许不同厂家开发符合PROFIBUS协议的I/O装置和现场设备，这些装置和设备可连接于同一PROFIBUS网上，无需对接口进行特别处理或转换就可进行通信。PROFIBUS属于单元级和现场级的SIMATIC网络，适用于传输中小量的数据。

PROFIBUS采用ISO/OSI模型的第一层、第二层和第七层，包括PROFIBUS-DP、PROFIBUS-PA和PROFIBUS-FMS 3个组成部分，如图10-8所示。

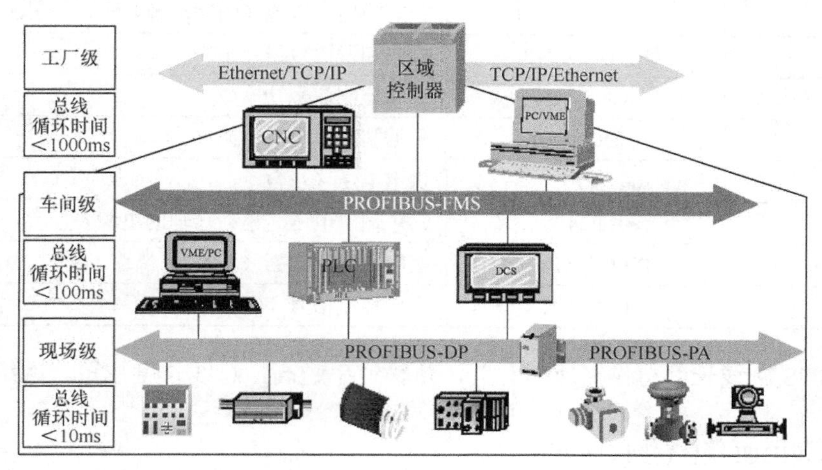

图10-8 PROFIBUS网络结构

（1）PROFIBUS-DP（Decentralized Periphery）：是制造业自动化主要应用的协议内容。使用ISO/OSI模型的第一层、第二层，精简的结构保证了数据的高速传送，扫描1000个I/O点的时间少于1ms，尤其适合PLC与现场分散I/O设备之间的通信。

（2）PROFIBUS-PA（Process Automation）：主要用于过程自动化的信号采集及控制。使用扩展的PROFIBUS-DP协议进行数据传输，符合IEC1158-2[7]标准，确保安全和通过总线对现场设备供电。通过DP/PA LINK或DP/PA耦合器可将PA设备方便地集成到PROFIBUS-DP网络中。

（3）PROFIBUS-FMS（Field bus Message Specification）：主要用于非控制信息的传输，可用于车间级监控网络，处理单元级（PLC和PC）的数据通信，使用ISO/OSI模型的第一层、第二层和第七层。FMS服务提供了广泛的应用范围和较强的灵活性，常用于复杂的通信系统。

PROFIBUS连接的系统包括主站和从站。主站能够控制总线，当主站获得总线控制权后，可主动发送信息，从站接收信号并给予响应，但无总线控制权。PROFIBUS支持主/从模式及多主/多从模式。多主站模式时，在主站之间按令牌传递顺序决定对总线的控制权。令牌是一种特殊的报文，它在主站之间传递着总线控制权，每个主站均能按次序获得一次令牌，传递的次序是按地址升序进行。令牌传递方式可保证每个主站在事先规定的时间间隔内都能获得总线的控制权。

2. 网络连接

PROFIBUS总线符合EIA RS485[8]标准，传输速率为9.6kbit/s～12Mbit/s，传输介质可为

光缆或屏蔽双绞线，总线终端都配有终端电阻。PROFIBUS 总线连接器使用 9 针 D 型连接器，总线终端和引脚定义见表 10-1。

表 10-1　　PROFIBUS 接口引脚定义

引　脚	信 号 名 称	说　　明
①	SHIELD	屏蔽或功能地
②	M24	24V 输出电压地（辅助电源）
③	RXD/TXD-P	接收和发送数据（正）
④	CNTR-P	方向控制信号 P
⑤	DGND	数据基准电位（地）
⑥	VP	供电电压（正）
⑦	P24	24V 输出电压（正）（辅助电源）
⑧	RXD/TXD-N	接收和发送数据（负）
⑨	CNTR-N	方向控制信号 N

PROFIBUS 总线长度与传输速率有关，传输速率越高，总线长度越短。网络扩展包括以下几种方式。

（1）PROFIBUS 电气接口网络

当需要扩展总线的长度或 PROFIBUS 从站数大于 32 个时，需通过具有信号放大和再生功能的 RS485 中继器进行扩展，如图 10-9 所示。一条 PROFIBUS 总线上最多可安装 9 个 RS485 中继器，使用中继器时，每个网络节点数最多 127 个，其网络拓扑结构包括总线型及通过中继器实现的树形和星形结构。

PROFIBUS 总线连接器都带有终端电阻，在网络的终端点需将终端电阻设置为“ON”，在网络的中间点需将终端电阻设置为“OFF”。在一条 PROFIBUS 总线上，总线两端任一站点掉电，都会失去终端电阻功能，整个网络通信中断。

（2）PROFIBUS 光电混合网络

对于长距离数据传输，电气网络常常不能满足要求。光纤网络可实现长距离传输并保持高的传输速率，同时其良好的传输特性可屏蔽干扰信号对整个网络的影响。采用 RS485 传输链接与光纤传输链接之间的耦合器可实现系统内 RS485 和光纤传输之间的转换，如图 10-10 所示。

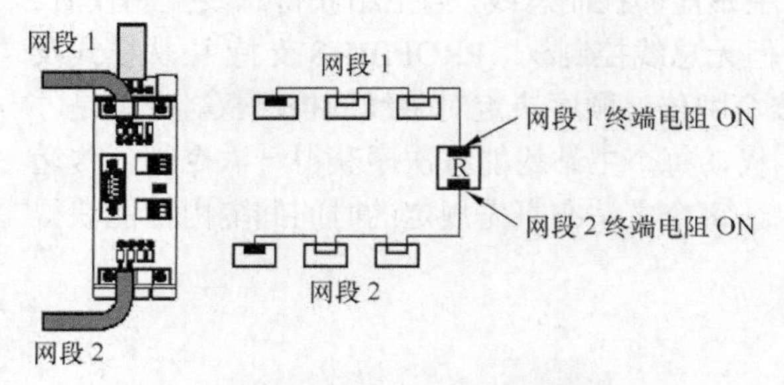

图 10-9　通过 RS485 中继器的网络拓扑

（a）OBT　　（b）OLM

图 10-10　RS485 传输链接与光纤传输链接耦合器

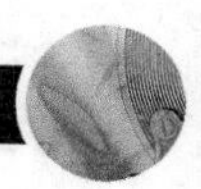

采用 OBT（Optical Bus Terminal）进行光电转换，见图 10-11。OBT 只适合连接无光纤接口的 PROFIBUS 到集成光纤接口（如 IM467 FO、CP342-5 FO）的光纤网上，为有源网络元件，在网段中也是一个站点。由于只能构成总线型网络，当中间任一站点损坏或光纤断开时，整个网络都不能工作。

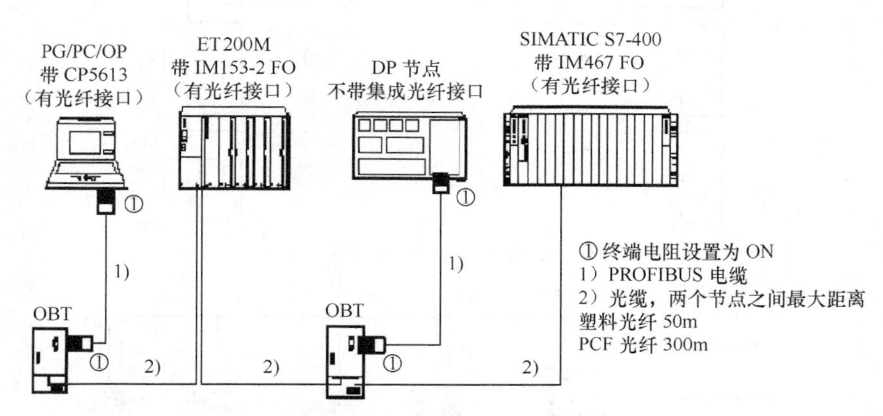

图 10-11　OBT 总线型网络拓扑结构

采用 OLM（Optical Link Module）进行光电转换，见图 10-12。OLM 可通过连接一对全双工的光纤组成总线型、星形、树形及冗余环网。网络扩展距离与光纤类型有关。OLM 为有源网络元件，在网段中也是一个站点。

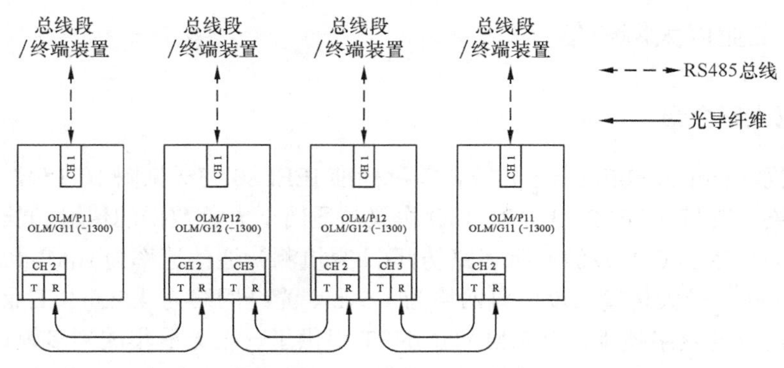

图 10-12　OLM 总线拓扑结构

（3）无线网络拓扑

利用符合 PROFIBUS 规则约束的红外线接口和激光接口可扩展 PROFIBUS 网络。如图 10-13 所示，ILM（Infrared Link Module）用于数据通过红外线通信的场合。IML 为有源网络元件，在网段中也是一个站点。其最大通信距离 15m，传输速率 9.6kbit/s～1.5Mbit/s。

（4）PROFIBUS-PA 总线

PROFIBUS-PA 总线使用扩展的 PROFIBUS-DP 协议进行数据传输，符合 IEC1158-2[7] 标准，通过 DP/PA Link 或 DP/PA 耦合器可将 PA 设备方便地集成到 PROFIBUS-DP 网络中。传输速率为 31.25kbit/s。一个 PROFIBUS-PA 网段在本安区最多连接 10 个站，在非本安区最多连接 32 个站。图 10-14 所示为 PROFIBUS-PA 非防爆区网络连接。

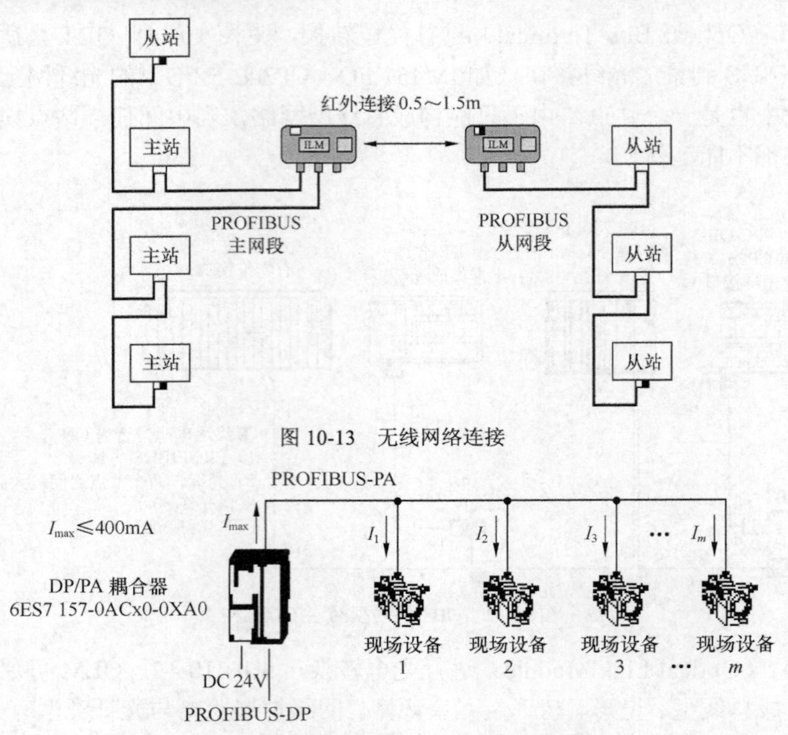

图 10-13　无线网络连接

图 10-14　PROFIBUS-PA 非防爆区网络连接

10.2.6　工业以太网通信

1．工业以太网介绍

工业以太网（Industrial Ethernet）符合国际标准 IEEE802.3（见图 10-15），是功能强大的区域和单元网络，支持 TCP/IP、UDP、ISO 协议，适用于大量数据的传输和长距离通信。其网络访问机制为 CSMA/CD（载波监听多路访问/冲突检测），通信速率为 10Mbit/s 和 100Mbit/s，通信数据量为 8kB，最大传输长度电气网络为 1.5km、光纤网络为 4.5km。工业以太网是目前工控世界最为流行的网络技术，为 SIMATIC NET 提供了一个无缝集成到多媒体世界的途径。物理连接上，其传输介质包括同轴电缆、双绞线、光纤及无线通信。工业以太网的通信利用第二层（ISO）和第四层（TCP）协议。西门子工业以太网的通信协议包括 ISO Transport、ISO-on-TCP、UDP、TCP/IP。

2．网络连接

在 SIMATIC 网络中，PLC 站可通过通信模块 CP，如 CP343-1（最大连接数 16）、CP443-1（最大连接数 48）连接到工业以太网；PC 必须通过网卡，如普通网卡或 CP1613（最大连接数 120）连接到工业以太网。以太网通信中，PLC 站之间的通信可通过 STEP7 及 NCM NE 等软件实现，PLC 与上位机的通信通过 SIMATIC NET 软件实现。

物理连接上，ITP 屏蔽双绞线使用 ITP 接口，标称通信距离可达 100m；常用的 TP 电缆与 RJ45 接口传输距离为 10m；SIMATIC NET 光纤产品主要是波长为 62.5/125nm 的玻璃光纤，

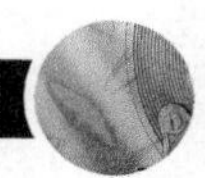

最大传输距离为3500m。工业以太网的网络结构包括以下几种。

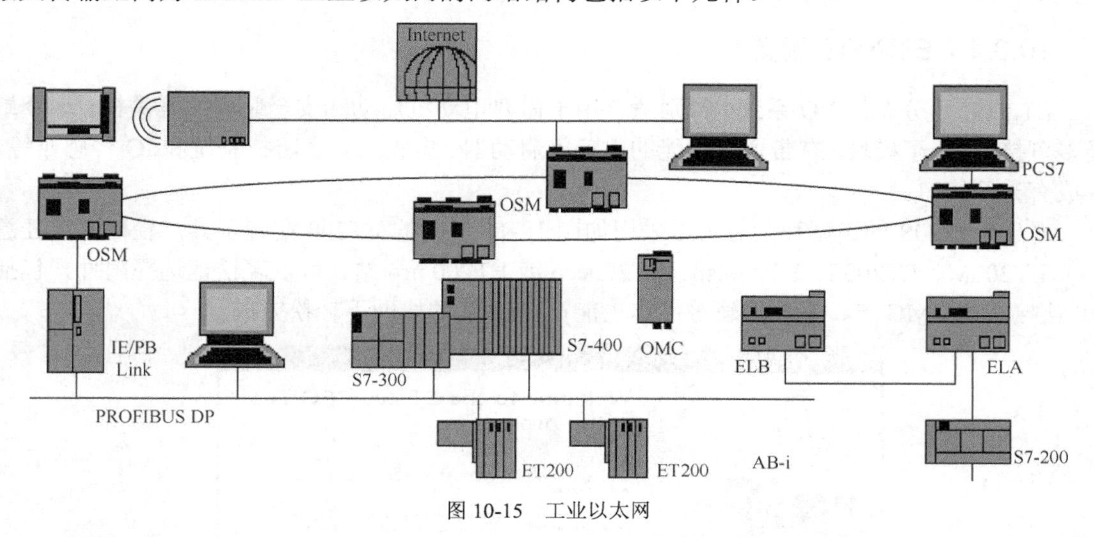

图10-15　工业以太网

（1）总线型网络

ELM（电气链路模块）最多级联13个，采用ITP电缆时，最大ELM间距离100m；OLM（光纤链路模块）最多级联11个，OLM间最大距离3100m。ELM或OLM可组成总线型网络。

（2）冗余网络连接

OLM的冗余结构：通过光纤将总线网络的首尾连接起来构成一个闭合环网。将某一OLM设为RM（冗余管理）模式，与总线型网络相比，当某个OLM故障或网线断开时，数据交换依然保持，但该OLM连接的设备将无法收发数据。因此环网提高了网络的实效性。

交换机网络结构：ESM（电路交换机模块）、OSM（光路交换机模块）与普通交换机相比应用了SNMP（简单网络管理协议），因此可以方便地监控整个网络的状态。同OLM冗余结构一样，通过光纤构成闭合环网时，应将其中某一OSM设为RM（冗余管理）模式，当网络发生故障时，不到300ms就可重构整个网络。同样，可将多个冗余环网通过设置后备（Standby）模式而互相冗余地连接在一起。

（3）无线以太网

构成无线以太网的产品包括将无线设备连接到以太网的无线网接入设备RLM（Radio Link Module）以及安装在PC或移动操作面板的PCMCIA插槽的无线网卡CP515（PC card）等。其最大通信速率可达11Mbit/s。

10.3　控制系统硬件设计

整个系统由上位机、PROFIBUS-DP主站、PROFIBUS-DP从站及其现场设备组成。PROFIBUS-DP总线将所有设备连接起来。其中，PROFIBUS-DP主站、PROFIBUS-DP从站均采用SIMATIC S7-300的模块系列，主站为CPU315-2DP系列模块，从站为相应I/O模块。

根据实际需要，选择带PROFIBUS接口的分散式I/O、传感器、驱动器等从站。从站性能指标首先应满足现场设备的控制需要，如从站不具备 PROFIBUS 接口，可考虑分散式 I/O 方案。

10.3.1 ET200S 配置

ET200S 是分布式 I/O 系统，特别适合用于需要电动机启动和安全装置的开关柜，一个站最多可接 64 个子模块。有带通信功能的电动机启动器、集成的安全防护系统和 IQ 传感器等，集成有光纤接口。

对于 ET200S 的选型和配置可以采用如图 10-16 所示的 ET200 配置工具，轻松配置任意一个 ET200M、ET200S、ET200isp、ET200eco 或 ET200 pro 站。可以轻松地选择附件，包括 DP 连接头、MMC 卡、安装导轨等操作也能在 ET200 的协助下轻松完成。

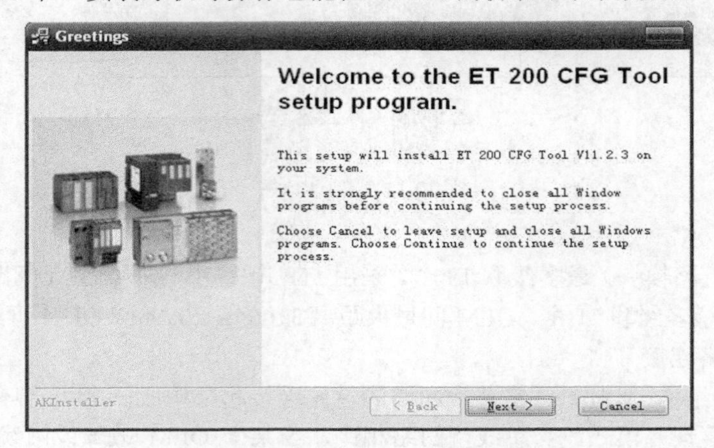

图 10-16　ET200 配置工具

如图 10-17 所示，选择语言“english”并单击“OK”进入配置界面。

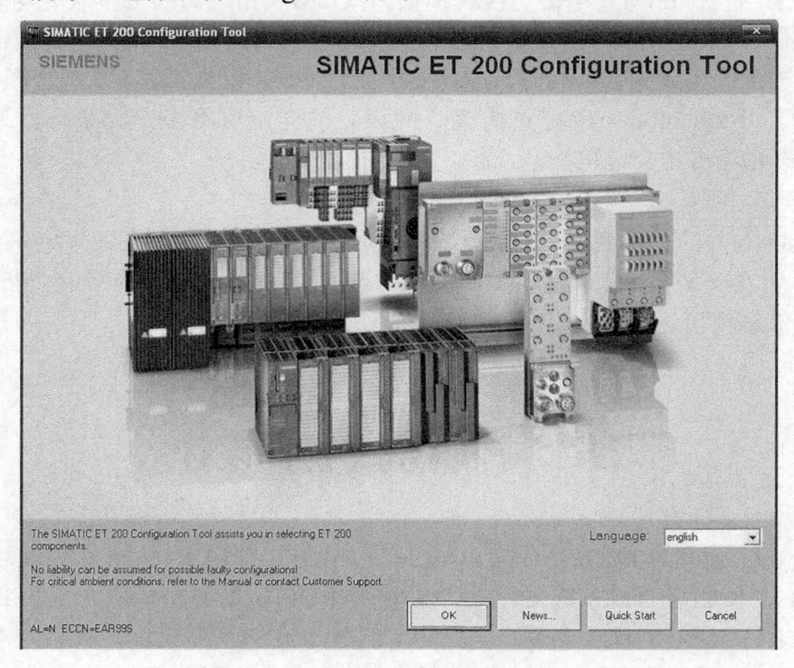

图 10-17　ET200 配置

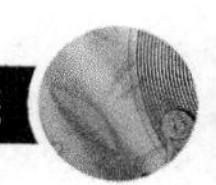

如图 10-18 所示，选择“NEW ET200S station”，新建一个 ET200S 站。

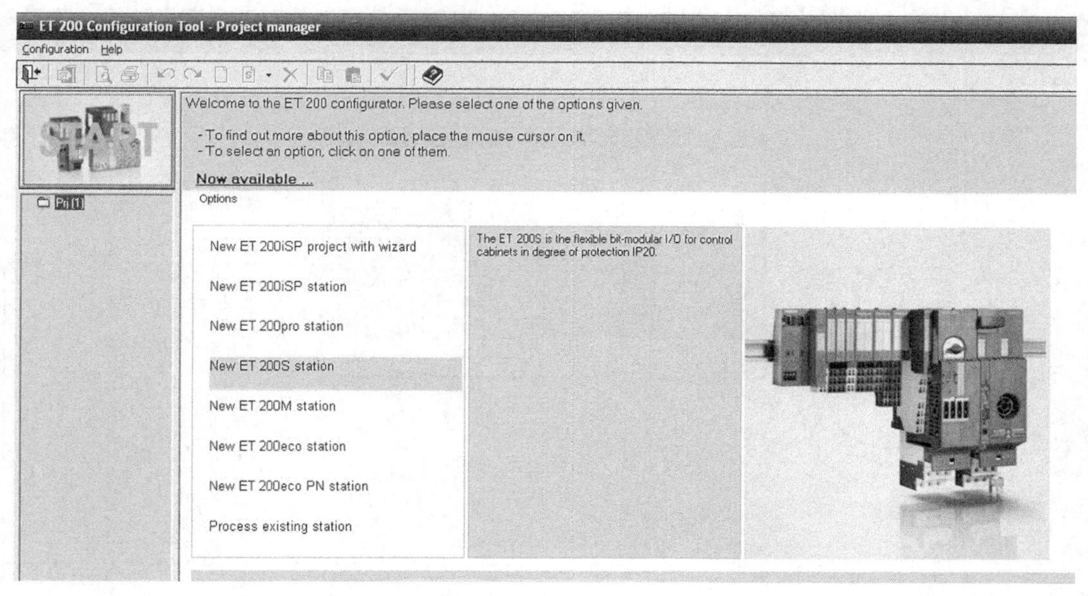

图 10-18　新建 ET200S 站

如图 10-19 所示，在“Module selection”中选择模块，并在“Accessories”中添加导轨等相关元件。

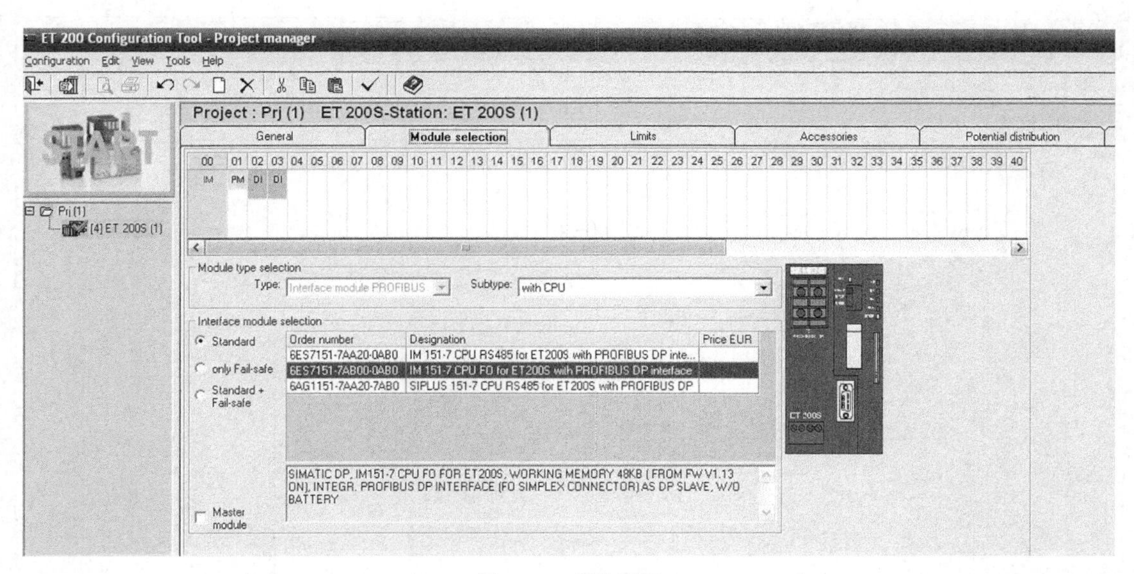

图 10-19　模块配置

通过站点检查功能可以检查所配置站点的准确性，如果配置有问题，会弹出消息窗，提示故障。如图 10-20 所示，提示未选择安装导轨。

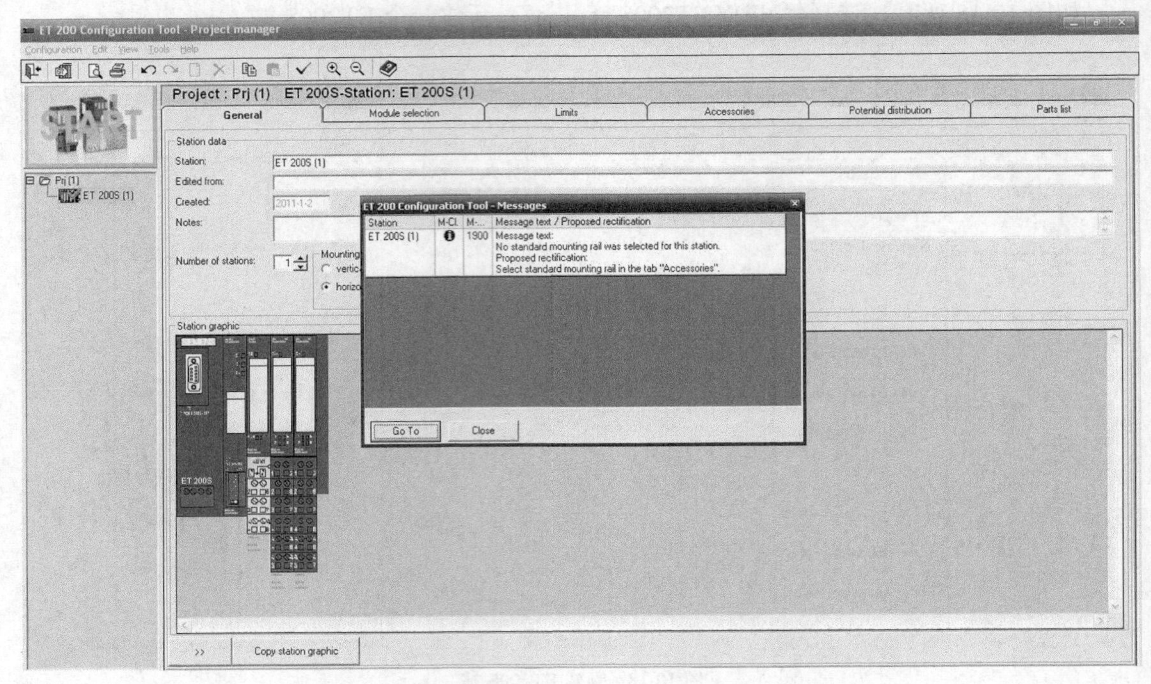

图 10-20　检查所配置站点

如图 10-21 所示，添加标准安装导轨。

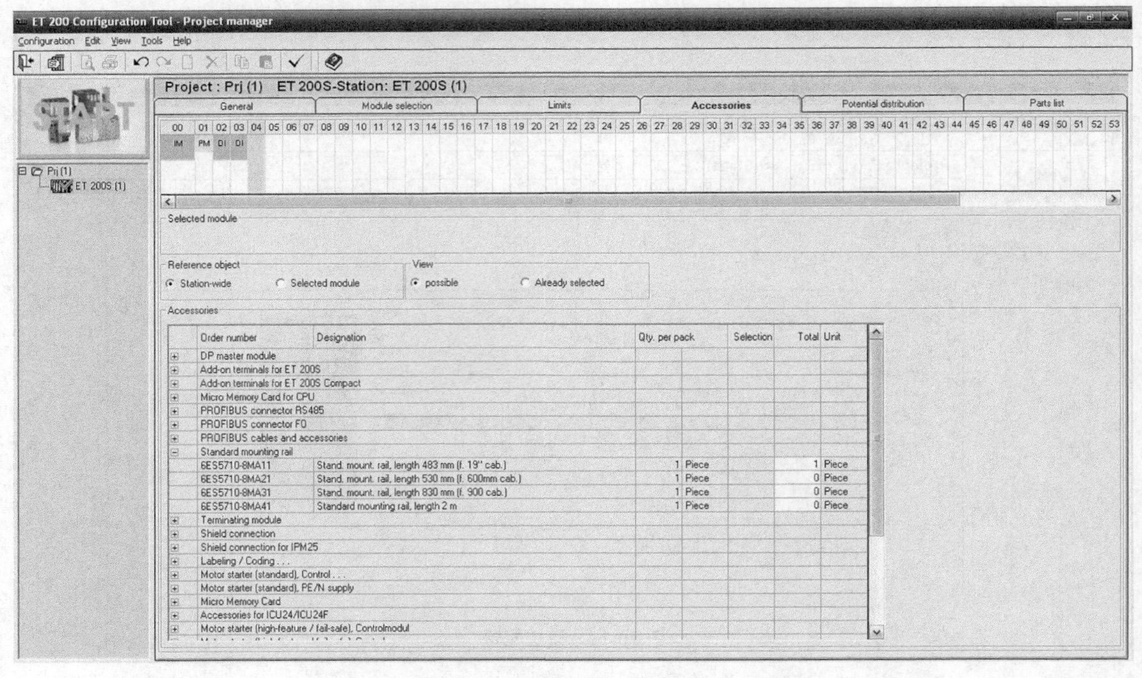

图 10-21　添加标准安装导轨

添加标准轨道后再单击“ √ ”检查所配置站点的准确性，如图 10-22 所示，配置正确。

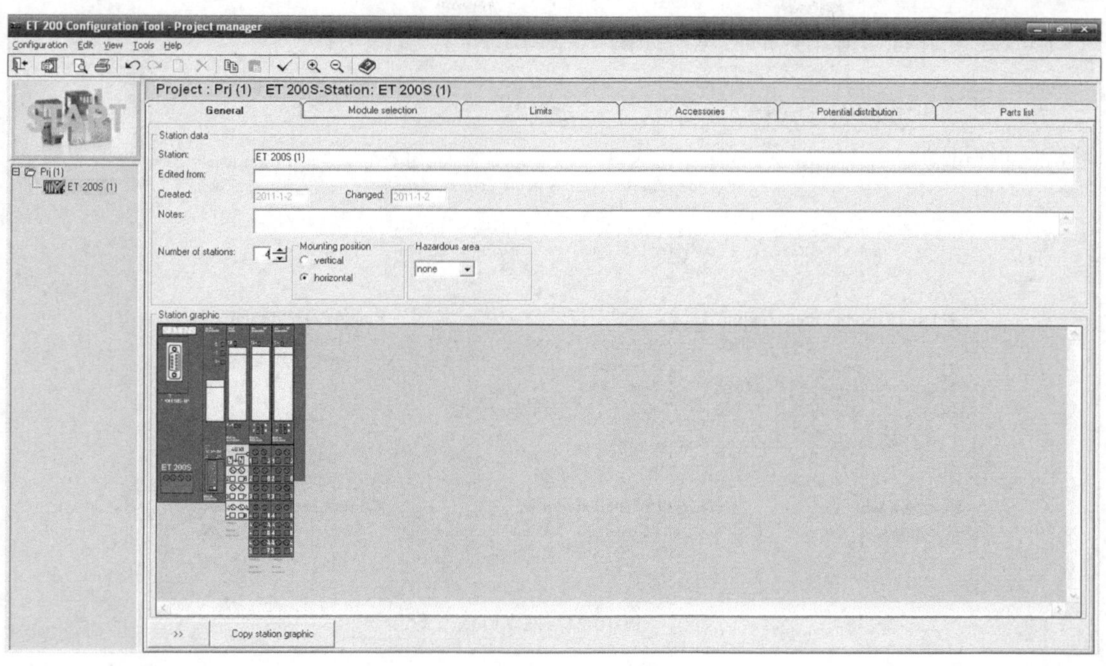

图 10-22 正确配置的 ET200S 站点

同时利用该配置工具，可以查看所配置站点的电位分布图，如图 10-23 所示，从而更有利于快速、准确地进行系统设计。

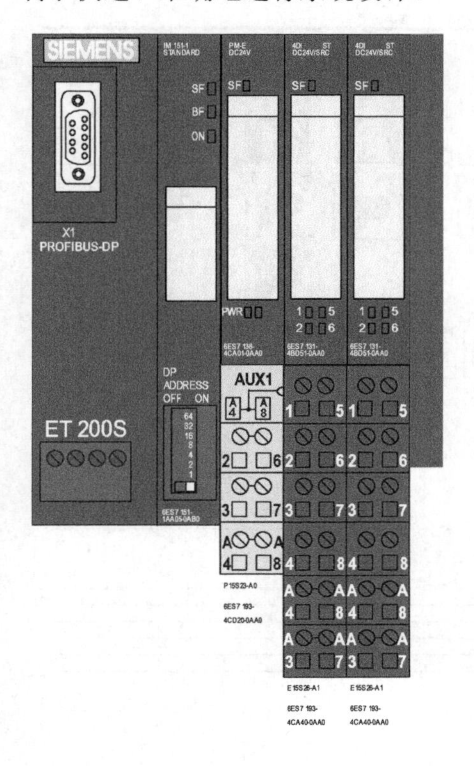

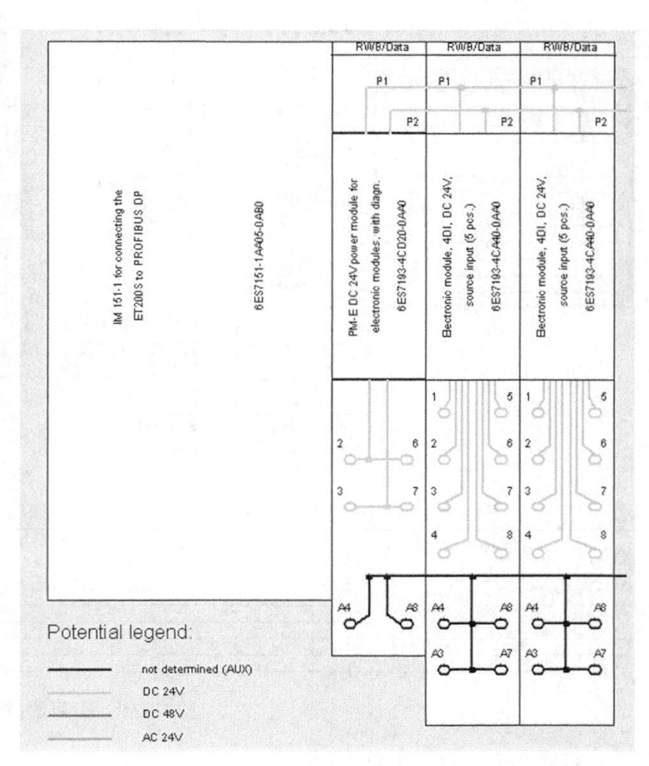

图 10-23 站点电位分布图

同时还可查看当前站点的信息，如图 10-24 所示。

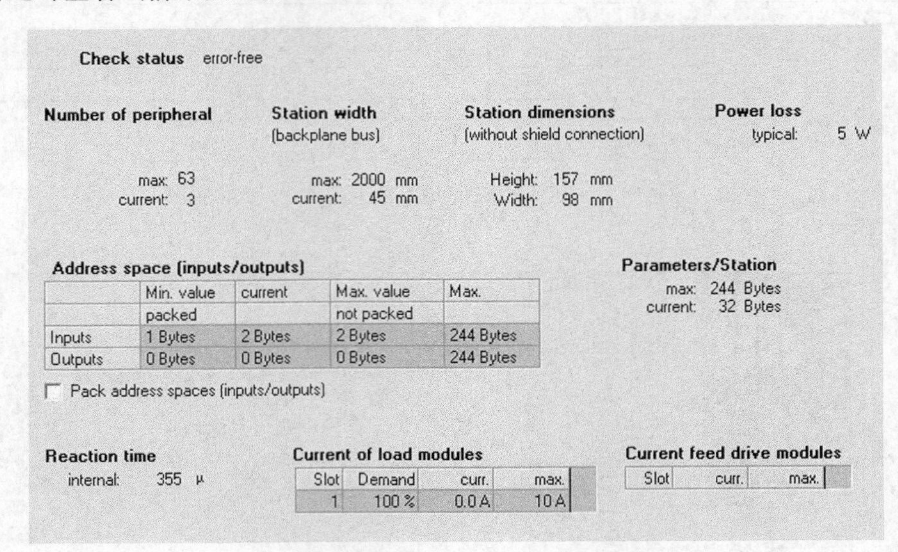

图 10-24　站点信息

10.3.2　系统硬件组态

系统硬件组态见图 10-25。

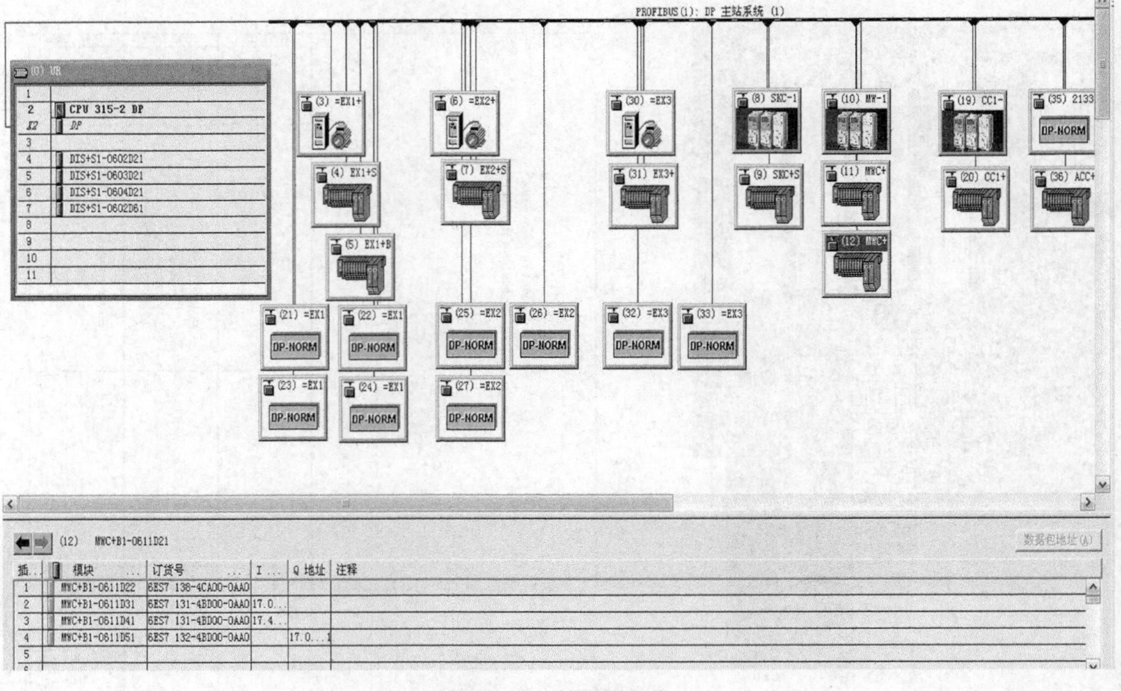

图 10-25　系统硬件组态

系统网络组态见图 10-26。

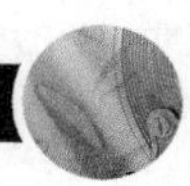

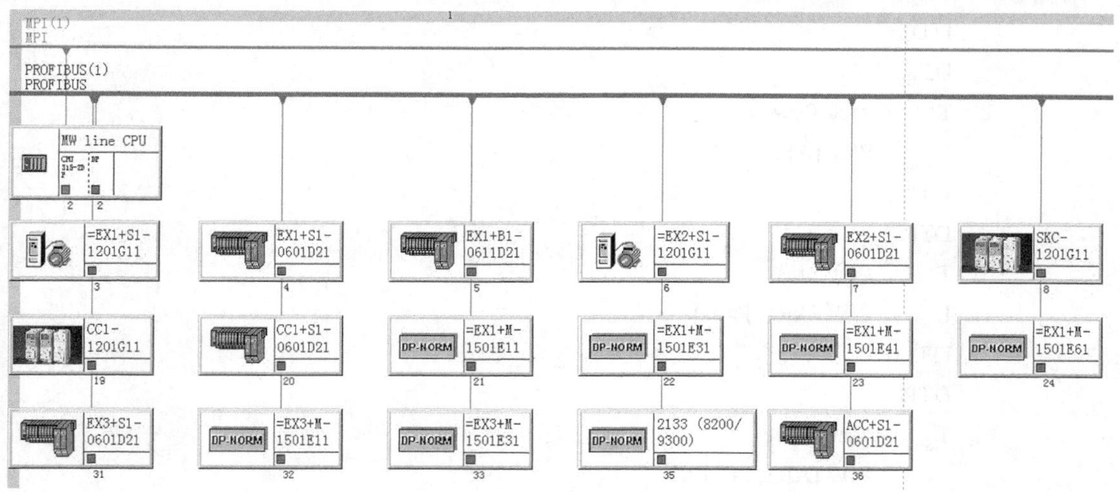

图 10-26　系统网络组态

10.4　控制系统软件设计

10.4.1　通信子程序

程序段 1：prepare address

```
L      #ADR_IN
SLW    3
LAR1
```

指令L将ACCU 1的原有内容保存到ACCU 2中，并将ACCU 1复位到“0”后，将#ADR_IN的值装载到ACCU 1中。再通过SLW 3，将ACCU 1中的位向左移动3位，最后通过LAR1将ACCU 1的内容（32位指针）装载到地址寄存器AR1。

程序段 2：read data

```
L      PIB [AR1, P#0.0]
T      #state_setp
L      PIW [AR1, P#1.0]
ITD
DTR
T      #act_temp
L      PIW [AR1, P#3.0]
ITD
DTR
T      #act_temp_rewind
L      PIW [AR1, P#5.0]
```

```
ITD
DTR
T       #act_flow
L       PIW [AR1, P#7.0]
ITD
DTR
T       #act_press
L       PIW [AR1, P#9.0]
ITD
DTR
T       #act_power
L       PIW [AR1, P#11.0]
ITD
DTR
T       #act_film
L       PIW [AR1, P#13.0]
SLW     8
SSI     8
T    #act_out
L       PIB [AR1, P#14.0]
T       #alarm1
L       PIB [AR1, P#15.0]
T       #alarm2
L       PIB [AR1, P#16.0]
T       #state
L       #state
T       LB      0
A        #temp_ 0
=       #running
CALL #lo_timerl
   IN:=#sml
   PT:=T#5S
   Q  :=#sml
   ET:=
L       #alarml
T       LB      0
A        #temp_ 0
S       #fault
A        #RESET
```

```
        R       #fault
        A       #ON
        =       #lo_timerl.IN
```

程序段 3：prepare address

```
        L       #ADR_OUT
        SLW     3
        LAR1
```

程序段 4：send data

```
        L       #SET
        RND
        T       PQW [AR1, P#0.0]
        L       0
        T       LB      0
        A       #ON
        =       #temp_0
        L       #CONTR
        L       LB      0
        OW
        T       PQB [AR1, P#2.0]
```

在分布式 I/O 系统中，可以如程序段 1～4 所示，直接通过逻辑运算指令、装载（L）/传送（T）指令进行编程，实现主站对从站 I/O 信号的读写操作，但一次读写的数据最大长度只能是双字（4 字节），如果需要读写多个数据，则需要使用系统程序块 SFC14“DPRD_DAT”、SFC15“DPWR_DAT”。SFC14/SFC15 为同步执行指令，可在一次 PLC 循环周期内完成读写操作，因此，可以像利用 PLC 的 I/O 信号一样方便地进行编程。

程序段 5：

```
       CALL     "DPWR_DAT"
        LADDR      :=#L_Adr
        RECORD     :=P#L 2.0 BYIE 12
        RET_VAL    :=#Pafe_send
```

程序段 6：

```
       CALL     "DPRD_DAT"
        LADDR      :=#L_Adr
        RET_VAL    :=#Pafe_fetch
        RECORD     :=P#L 12.0 BYIE 12
```

利用 SFC14/SFC15 每次可以读写的最大数据长度与主站 CPU 的配置和从站模块的型号有关，另外也可在 SFC14/SFC15 中通过数据接收存储区或发送存储区（RECORD）进行长度定义。RET_VAL 为 SFC 执行返回码，一般为错误代码，如为 0000 则无错误。LADDR 则是从站的 I/O 地址。

10.4.2 生产线急停控制程序

在生产线上，异常情况发生时采用急停按钮来实现对人员、设备及产品的保护。系统与急停相关的I/O 如图 10-27 所示符号表。

Symbol Editor - [S7-Prog (Symbole)

	Statu	Symbol	Address		Data typ	Comment
1		_ACC+S1-0502S21	I	78.4	BOOL	emergency stop accumulator
2		_ACC+S1-0502S41	I	76.3	BOOL	emergency stop
3		_CC+S1-0502S21	I	61.0	BOOL	emergency stop +B1
4		_CU+M-0504S41-51	I	15.5	BOOL	emergency stop +CU
5		_DIS+S1-0509K11-3	I	54.2	BOOL	emergency stop OK
6		_DIS+S1-0509K71	Q	54.1	BOOL	emergency stop reset
7		_MW+B1-0502S21	I	17.0	BOOL	emergency stop +B1
8		E54.7	I	54.7	BOOL	emergency stop
9		E61.7	I	61.7	BOOL	emergency stop
10		E71.5	I	71.5	BOOL	emergency stop
11		emergency stop !	FB	6	FB 6	emergency stop
12		M 1.3; FB6	M	1.3	BOOL	emergency stop O.K.
13		M 1.5; FB6	M	1.5	BOOL	emergency stop delayed
14		M1.6;FB6	M	1.6	BOOL	emergency stop OK delayed after reset
15		T15;FB6	T	15	TIMER	emergency stop reset
16						

图 10-27 急停符号表

同时，生产线故障状态保存在 DB1 中，见图 10-28。

Address	Name	Type	Initial valu	Comment
0.0		STRUCT		
+0.0	dbw0	WORD	W#16#0	fault message
+2.0	dbx2_0	BOOL	FALSE	DIS;+S1-0402;FB2;supply overcurrent control voltage
+2.1	dbx2_1	BOOL	FALSE	ACC;+S1-0402;FB2;accumulator overcurrent control voltage
+2.2	dbx2_2	BOOL	FALSE	EX1;+S1-0402;FB2;Extruder 1 overcurrent control voltage
+2.3	dbx2_3	BOOL	FALSE	EX2;+S1-0402;FB2;Extruder 2 overcurrent control voltage
+2.4	dbx2_4	BOOL	FALSE	EX3;+S1-0402;FB2;Extruder 3 overcurrent control voltage
+2.5	dbx2_5	BOOL	FALSE	SKC;+S1-0402;FB2;shock channel overcurrent control volta
+2.6	dbx2_6	BOOL	FALSE	MW;+S1-0402;FB2;microwave overcurrent control voltage
+2.7	dbx2_7	BOOL	FALSE	HA1;+S1-0402;FB2;hot air channel 1 overcurrent control voltage
+3.0	dbx3_0	BOOL	FALSE	HA2;+S1-0402;FB2;hot air channel 2 overcurrent control voltage
+3.1	dbx3_1	BOOL	FALSE	CC1;+S1-0402;FB2;caterpillar overcurrent control voltage
+3.2	dbx3_2	BOOL	FALSE	; ; ; dbx3.2
+3.3	dbx3_3	BOOL	FALSE	; ; ; dbx3.3
+3.4	dbx3_4	BOOL	FALSE	; ; ; dbx3.4
+3.5	dbx3_5	BOOL	FALSE	; ; ; dbx3.5
+3.6	dbx3_6	BOOL	FALSE	; ; ; dbx3.6
+3.7	dbx3_7	BOOL	FALSE	; ;FB2;general overcurrent control voltage
+4.0	dbx4_0	BOOL	FALSE	DIS;+S1-0201Q21;FB3;supply fault switch cabinet blower
+4.1	dbx4_1	BOOL	FALSE	ACC;+S1-0201Q21;FB3;accumulator fault switch cabinet blower
+4.2	dbx4_2	BOOL	FALSE	EX1;+S1-0201Q21;FB3;Extruder 1 fault switch cabinet blower
+4.3	dbx4_3	BOOL	FALSE	EX2;+S1-0201Q21;FB3;Extruder 2 fault switch cabinet blower
+4.4	dbx4_4	BOOL	FALSE	EX3;+S1-0201Q21;FB3;Extruder 3 fault switch cabinet blower
+4.5	dbx4_5	BOOL	FALSE	SKC;+S1-0201Q21;FB3;shock channel fault switch cabinet blower
+4.6	dbx4_6	BOOL	FALSE	MW;+S1-0201Q21;FB3;microwave fault switch cabinet blower
+4.7	dbx4_7	BOOL	FALSE	HA1;+S1-0201Q21;FB3;hot air 1 fault switch cabinet blower
+5.0	dbx5_0	BOOL	FALSE	HA2;+S1-0201Q21;FB3;hot air 2 fault switch cabinet blower
+5.1	dbx5_1	BOOL	FALSE	CC1;+S1-0201Q21;FB3;caterpillar fault switch cabinet blower

图 10-28 故障信息 DB1

如图 10-29 所示，当聚料架及生产线急停按钮按下时，产生聚料架设备急停信号。图 10-30 所示为挤出机急停信号控制程序。

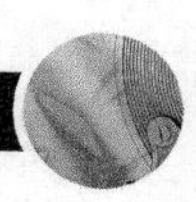

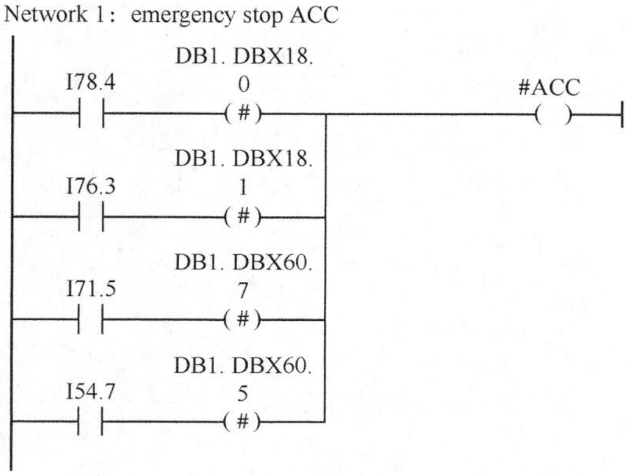

Network 1：emergency stop ACC
I78.4
DB1. DBX18.
0
(#)
#ACC
I76.3
DB1. DBX18.
1
(#)
I71.5
DB1. DBX60.
7
(#)
I54.7
DB1. DBX60.
5
(#)

图 10-29　聚料架急停信号控制程序

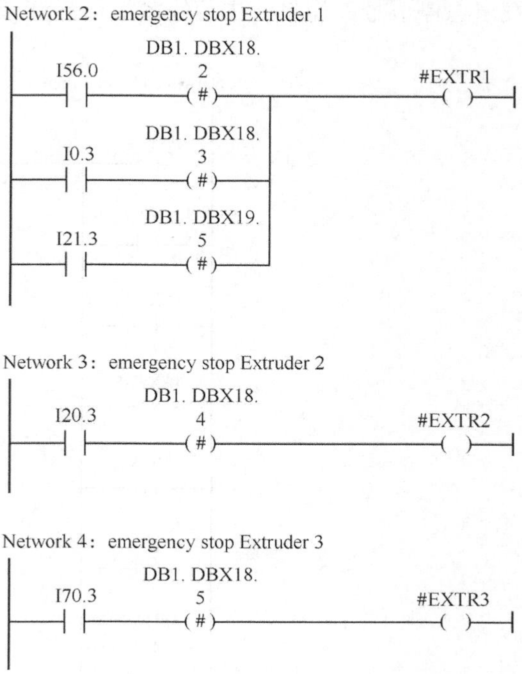

Network 2：emergency stop Extruder 1
I56.0
DB1. DBX18.
2
(#)
#EXTR1
I0.3
DB1. DBX18.
3
(#)
I21.3
DB1. DBX19.
5
(#)
Network 3：emergency stop Extruder 2
I20.3
DB1. DBX18.
4
(#)
#EXTR2
Network 4：emergency stop Extruder 3
I70.3
DB1. DBX18.
5
(#)
#EXTR3

图 10-30　挤出机急停信号控制程序

图 10-31 所示分别为快速加热、微波槽、热空气槽、冷却槽及切断机的急停信号控制程序。

Network 5：emergency stop SKC
"M 1.0;
OB1"
"DB1".
DBX18_6
(#)
#SKC
Network 6：emergency stop MW
"_MW+B1-
0502S21"
"DB1".
DBX18_7
(#)
#MW
"M 1.0;
OB1"
"DB1".
DBX19_0
(#)
Network 7：emergency stop HA 1 [E25. 2 alt]
"_HA1+M-
0502S21"
"DB1".
DBX19_1
(#)
#HA1
Network 8：emergency stop HA 2 [E33. 2 alt]
"_HA2+M-
0502S21"
"DB1".
DBX19_2
(#)
#HA2
Network 9：emergency stop CC
"_CC+S1-
0502S21"
"DB1".
DBX19_3
(#)
#CC
Network 10：emergency stop CU
"_CU+M-
0502S41-51"
"DB1".
DBX19_4
(#)
#CU
"E61. 7"
"DB1".
DBX60_6
(#)

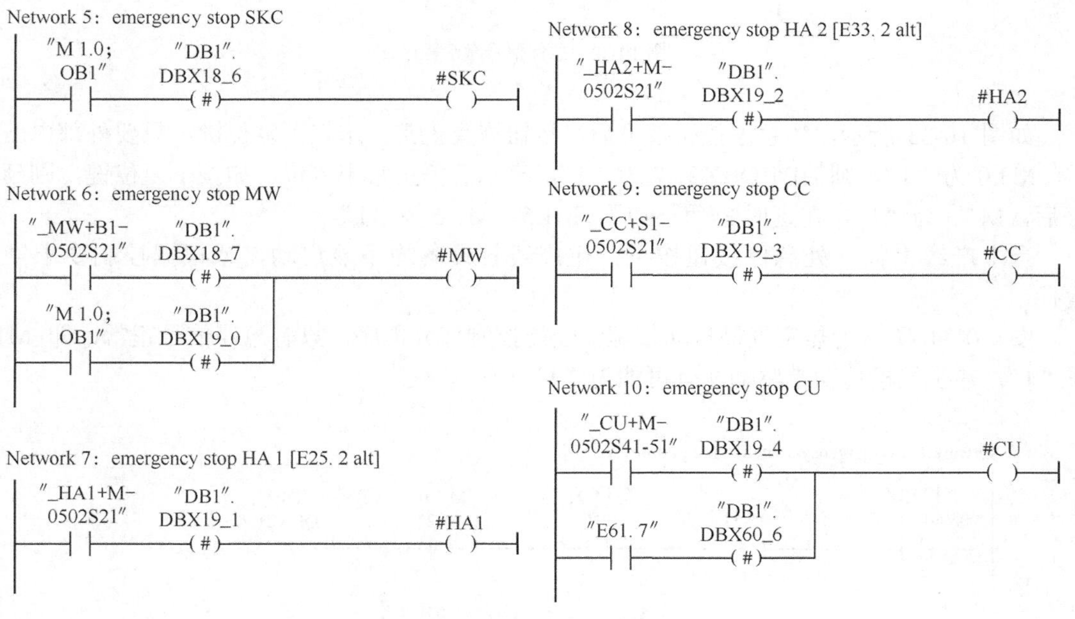

图 10-31　急停信号控制程序

如图 10-32 所示，当聚料架、挤出机 1～3、热空气槽 1 和 2、冷却槽、切断机任一设备发出急停信号，均将产生急停激活信号#E_AKTIV 为“1”。

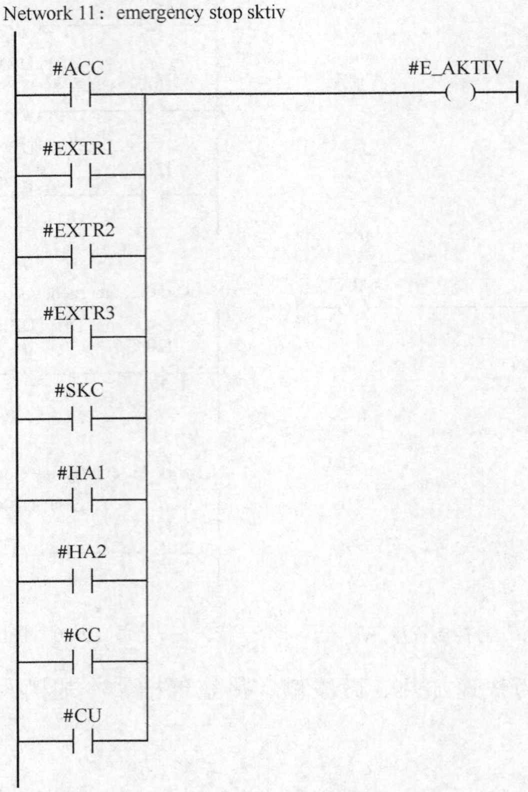

Network 11：emergency stop sktiv

#ACC
#E_AKTIV
#EXTR1
#EXTR2
#EXTR3
#SKC
#HA1
#HA2
#CC
#CU

图 10-32　急停信号激活程序

如图 10-33 所示，如急停按钮按下后，按钮恢复正常，未按下复位键，只要外部电压正常，M3.0 为“1”，则 DB1.DBX21.7 为“1”，表示急停正常未复位。如按下复位键，则延时 4s 后，M1.3 为“1”，在延时 3s 和 5s 后，M1.5、M1.6 为“1”。

当生产线上任一处急停按钮按下，生产线各设备均不能启动，或根据控制要求停止运行。

图 10-34 所示为热空气槽传动带驱动使能控制部分程序，只有急停信号正常，即 M1.3 为“1”，热空气槽传动带驱动才有可能为“1”。

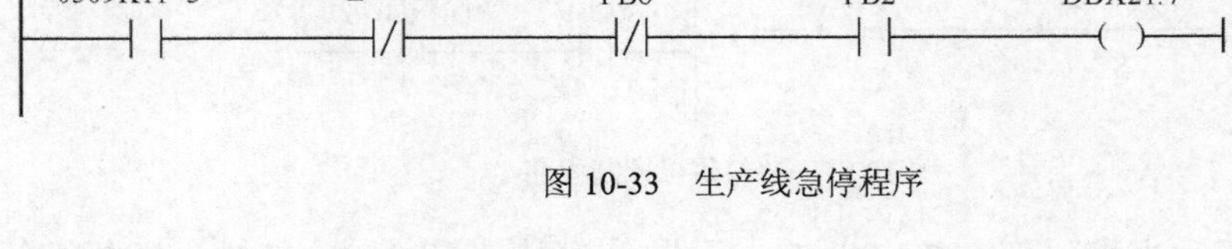

Network 12：emergency switch o. k. but not reset

″_DI+S1-0509K11-3″
#E_AKTIV
″M 1.3;FB6″
″M 3.0;FB2″
″DB1″.DBX21.7

图 10-33　生产线急停程序

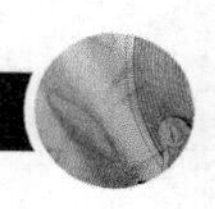

Network 13：emergency stop o. k.

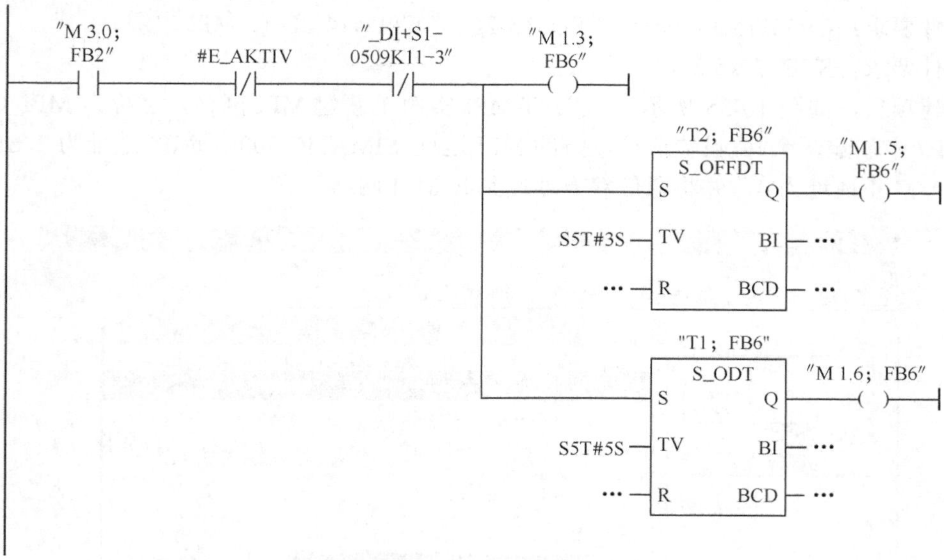

"M 3.0; FB2"　#E_AKTIV　"_DI+S1-0509K11-3"　"M 1.3; FB6"

"T2；FB6"　S_OFFDT　S　Q　"M 1.5; FB6"　S5T#3S — TV　BI — …　… — R　BCD — …

"T1；FB6"　S_ODT　S　Q　"M 1.6；FB6"　S5T#5S — TV　BI — …　… — R　BCD — …

Network 14：emergency stop reset

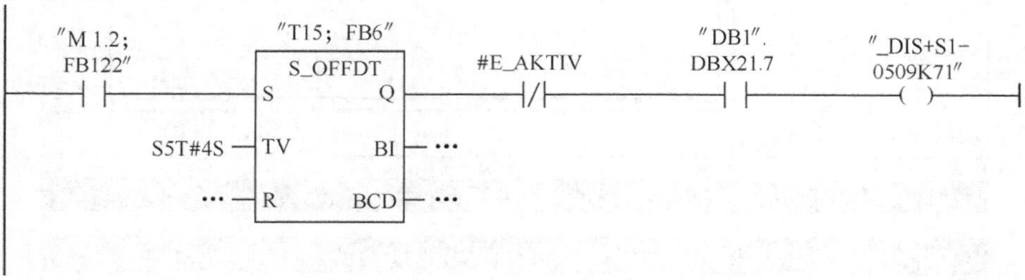

"M 1.2; FB122"　"T15；FB6"　S_OFFDT　S　Q　#E_AKTIV　"DB1". DBX21.7　"_DIS+S1-0509K71"　S5T#4S — TV　BI — …　… — R　BCD — …

图 10-33　生产线急停程序（续）

Network 15：enable drive

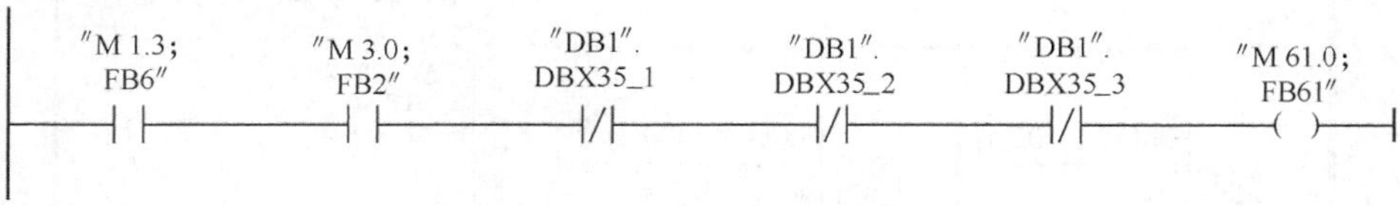

"M 1.3; FB6"　"M 3.0; FB2"　"DB1". DBX35_1　"DB1". DBX35_2　"DB1". DBX35_3　"M 61.0; FB61"

图 10-34　热空气槽传动带驱动使能控制程序

10.5　PLC 主站与从站的通信实例

10.5.1　S7-300 与 S7-400 之间通过 MPI 通信

PLC 之间通过 MPI 通信的方式包括全局数据包（GD）通信方式、不需要组态连接的通信方式和需要组态连接的通信方式。本实例中采用组态连接通信方式，这种通信方式只适合 S7-300

之间及 S7-400 与 S7-300 之间（此时 S7-300 只能作服务器，S7-400 作客户端）的 MPI 通信。

硬件要求：CP5611MPI 网卡、CPU315-2DP、CPU414-2DP、MPI 电缆。

软件要求：STEP7 V5.2 SP1。

新建项目，如图 10-35 所示。CQUPT-MPI 实例 1 新建 MPI 网络，名称为 MPI（1），并在 STEP7 中创建两个站，设置通信双方的 MPI 地址，SIMATIC 300（1）MPI 地址为 2，SIMATIC 400（1）MPI 地址为 4，并将通信双方连接到此 MPI 网络。

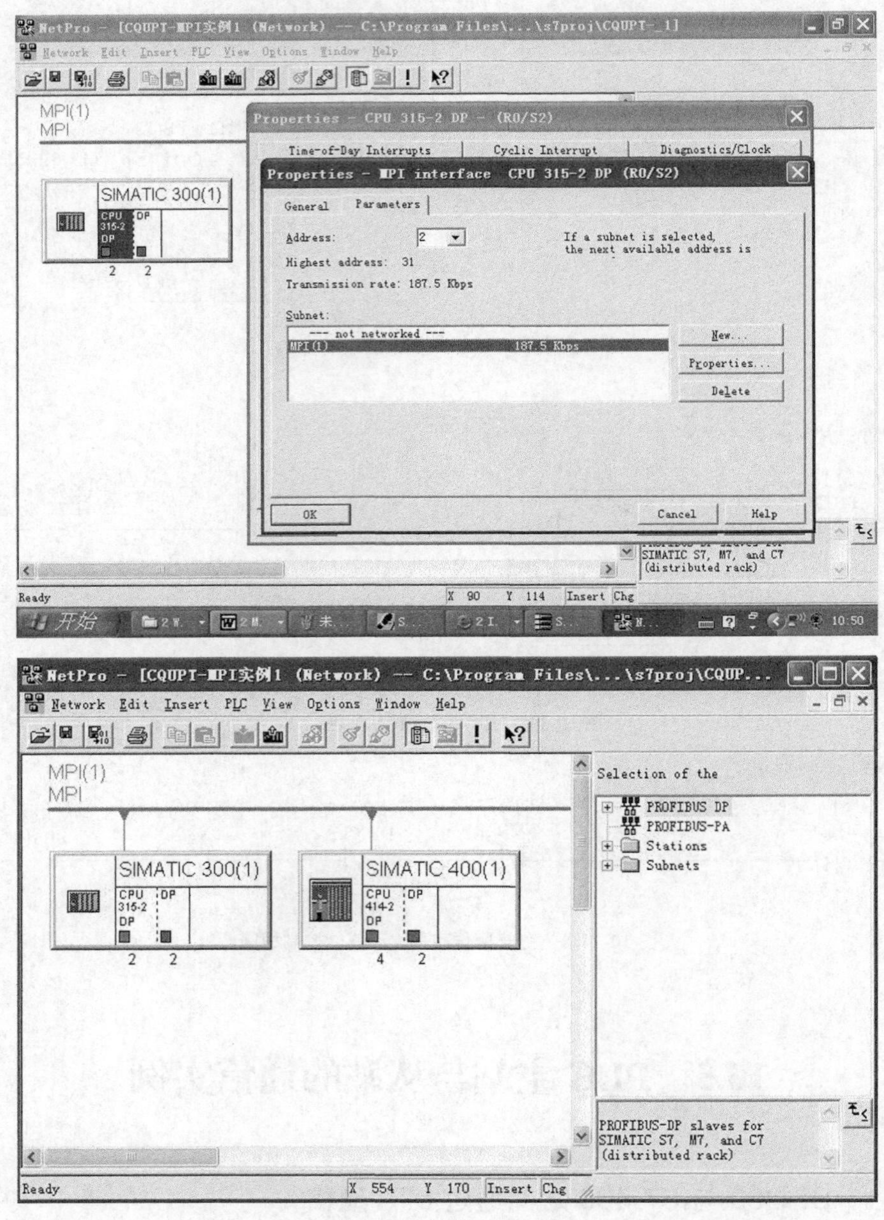

图 10-35 设置 MPI 网络

在“NetPro”窗口中组态网络，如图 10-36 所示，单击“SIMATIC 400（1）”的“CPU414-

2DP”，在连接表中添加一个新的连接。

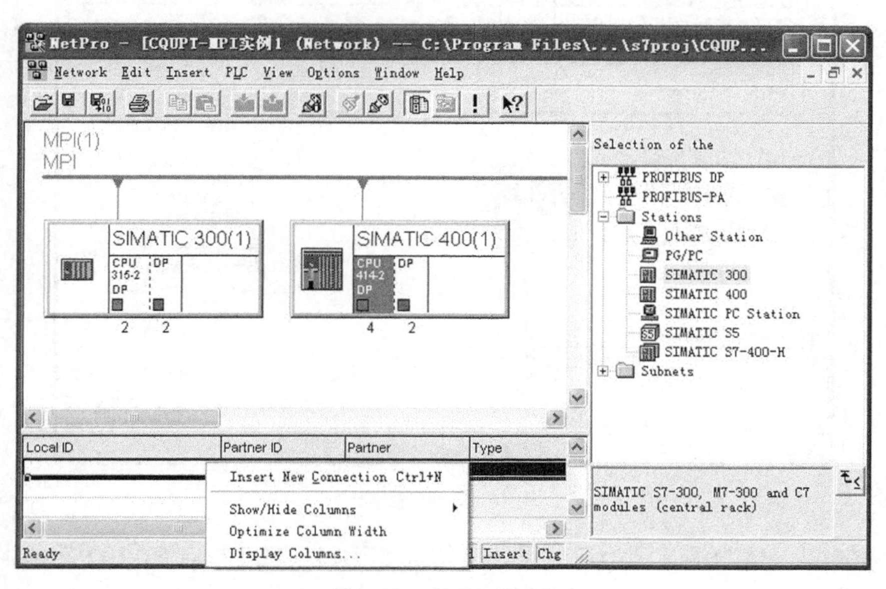

图 10-36　新建网络连接

如图 10-37 所示，在弹出的“Insert New Connection”窗口选择所需连接的 CPU。这里选择“CPU315-2DP”，选择连接类型为“S7 connection”，单击“Apply”按钮建立连接，并弹出连接表详细属性对话框。

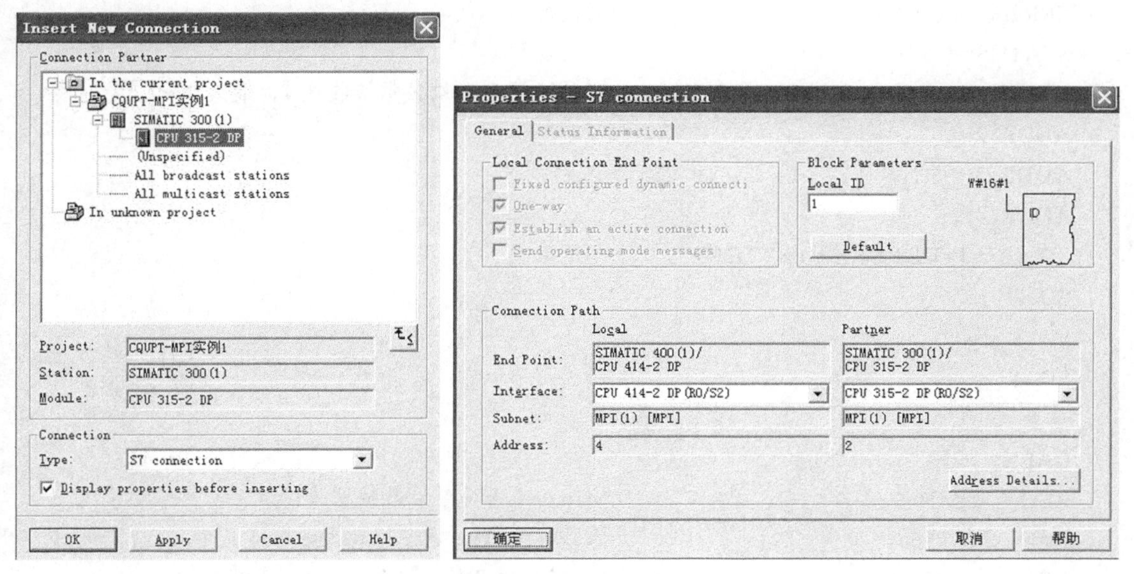

图 10-37　设置新建连接

单击“确定”按钮，在连接列表中就建立了一个 ID 号为 1 的连接，如图 10-38 所示。编译存盘并将连接组态通过 MPI 网卡 CP5611 分别下载到 CPU，完成硬件组态及网络组态。

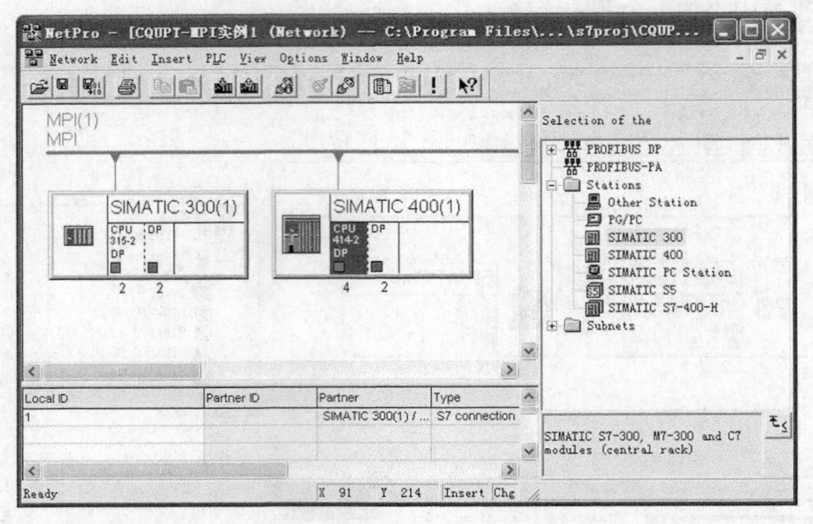

图 10-38 网络连接

在 S7-400 站（客户端）调用通信系统功能块 SFB15（PUT）向 S7-300 站（服务器端）发送数据，调用通信系统功能块 SFB14 读取 S7-300 站的数据，程序如下。

```
CALL   "PUT" ,   DB15
REQ    :=M10.5                          //M10.5=1 上升沿触发数据发送请求
ID     :=W#16#1                         //本地连接 ID 号，见连接表详细属性
DONE   :=M11.5                          //0：任务未开始或进行中；1：成功
ERROR :=M11.6                           //错误检测
STATUS:=MW2                             //错误显示
ADDR_1:=P#DB1.DBX0.0 BYTE 20            //S7-300 服务器端数据接收区 1，最大 20 字节
ADDR_2:=
ADDR_3:=
ADDR_4:=
SD_1   :=P#DB1.DBX0.0 BYTE 20           //本地数据
SD_2   :=
SD_3   :=
SD_4   :=

CALL   "GET" ,   DB14
REQ    :=M10.6                          //M10.6=1 上升触发数据接收请求
ID     :=W#16#1                         //本地连接 ID，见连接表详细属性
NDR    :=M11.2                          //0：任务未开始或进行中；1：成功
ERROR :=M11.3                           //错误检测
STATUS:=MW4                             //错误查询
ADDR_1:=P#DB1.DBX0.0 BYTE 20            //S7-300 服务器端源数据区 1，最大 20 字节
```

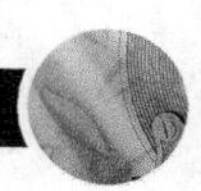

```
ADDR_2:=
ADDR_3:=
ADDR_4:=
RD_1   :=P#DB2.DBX0.0 BYTE 20        //本地数据
RD_2   :=
RD_3   :=
RD_4   :=
```

10.5.2 S7-400（主站）与S7-300（从站）PROFIBUS-DP连接

PROFIBUS-DP以传输速度块、数据量大、可扩展性良好等优点，成为普遍采用的通信方式。

硬件要求：MPI网卡CP5611、CPU315-2DP（从站）、CPU416-2DP（主站）、MPI电缆、ROFIBUS电缆及接头。

软件要求：STEP7 V5.2 SP1。

新建项目，如图10-39所示，例如取项目名称CQUPT-PRPFIBUS实例1，分别插入SIM ATIC 400站和SIMATIC 300站，并组态硬件配置。

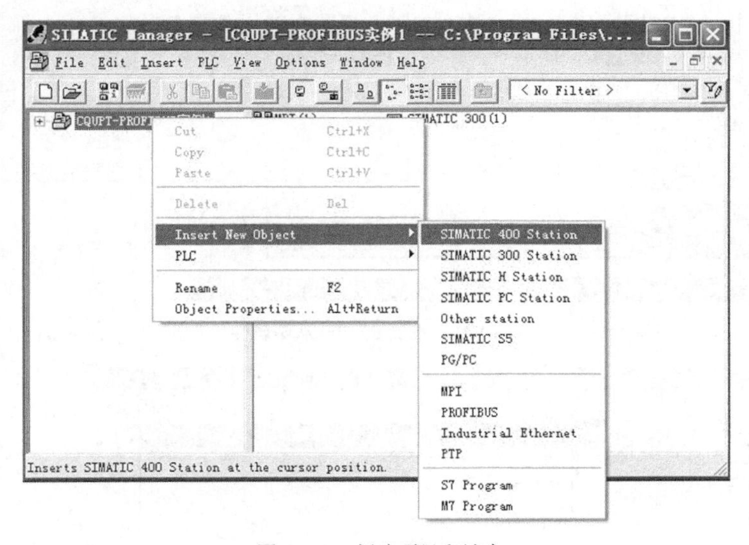

图10-39 新建项目和站点

组态从站，在“Properties-PROFIBUS interface”对话框中单击“New”，弹出“Properties-New subnet PROFIBUS”对话框，新建PROFIBUS（1），并组态PROFIBUS地址，如图10-40所示，地址为4，行规为DP，传输速率为1.5Mbit/s。

右击“CPU315-2DP”下的“DP”，如图10-41所示，在“Properties-DP”对话框中单击“Operating Mode”，设置“DP slave”模式。

如图10-42所示，单击“Configuration”，单击“New”，设置从站S7-300通信接口区。本例中选择按字节进行通信，设置一个Input区（对应I区），设置一个Output区（对应Q区），长度为12字节。

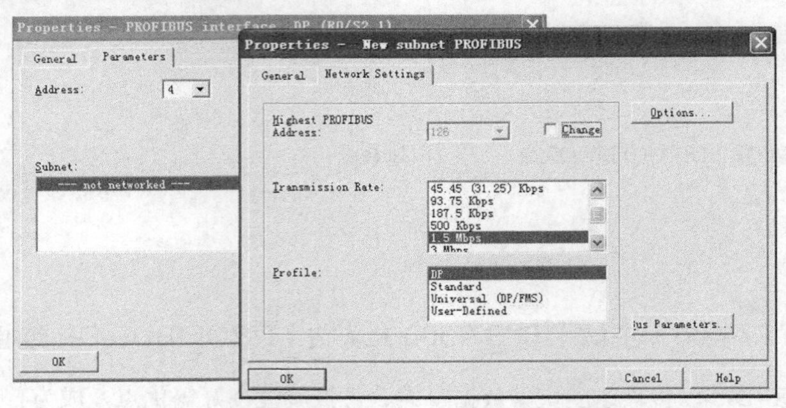

图 10-40　新建 PROFIBUS（1）

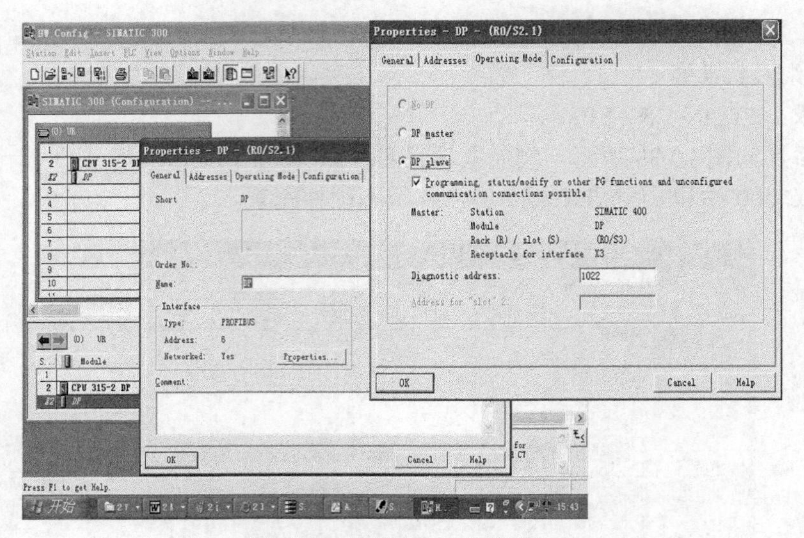

图 10-41　设置 S7-300 从站属性

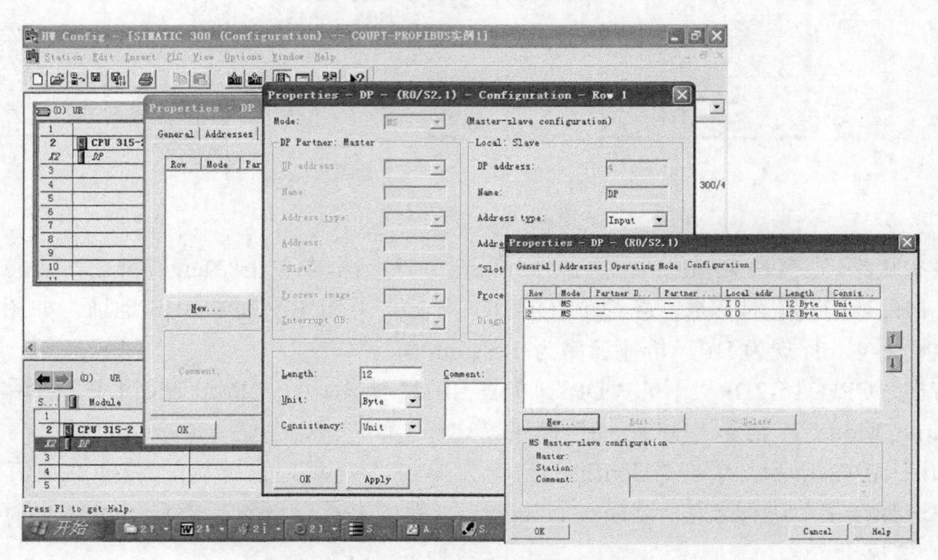

图 10-42　S7-300 从站通信参数设置

组态主站的方法同从站的组态，组态如图 10-43 所示。

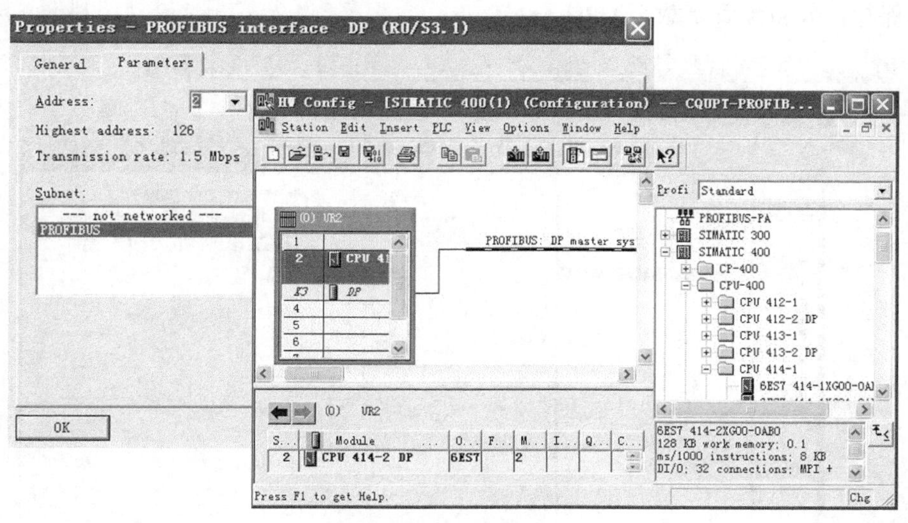

图 10-43　S7-400 主站组态

如图 10-44 所示，在主站硬件组态窗口中，选择“PROFIBUS DP/Configuration Station”，将 CPU31x 拖至 PROFIBUS 总线上，单击弹出的“DP-slave properties”对话框中的“Connect”，将已组态的 S7-300 从站连接到网络。

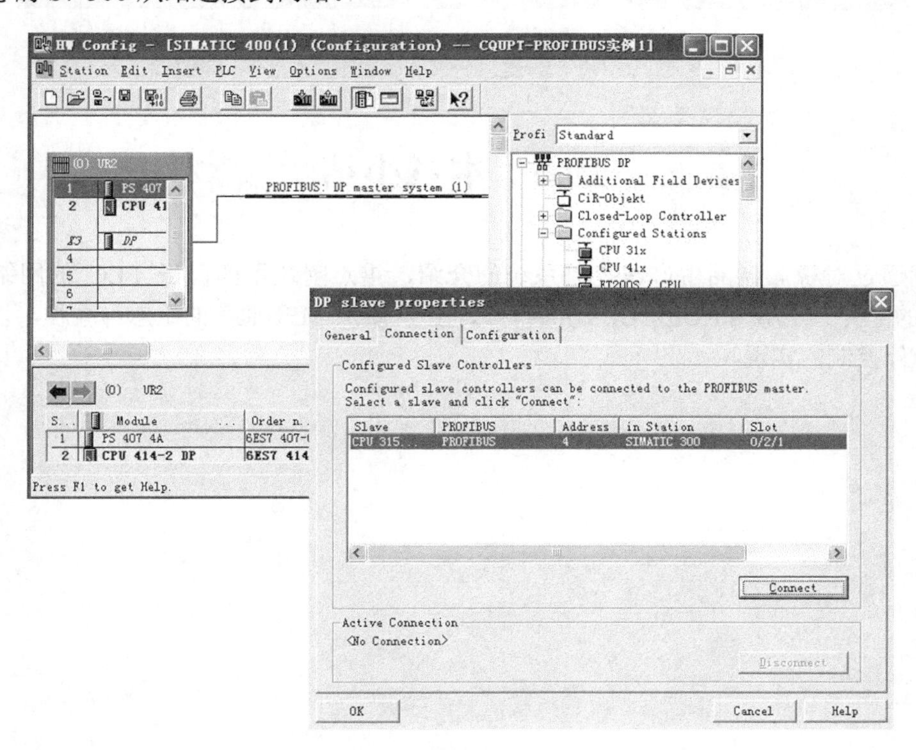

图 10-44　连接 S7-300 从站

单击“Configuration”按钮，单击“New”按钮，如图 10-45 所示，对主站通信接口区进行设置。如图 10-45 所示，从站的 Input 对应主站的 Output，从站的 Output 对应主站的 Input。编译保存，并将配置下载至 CPU。

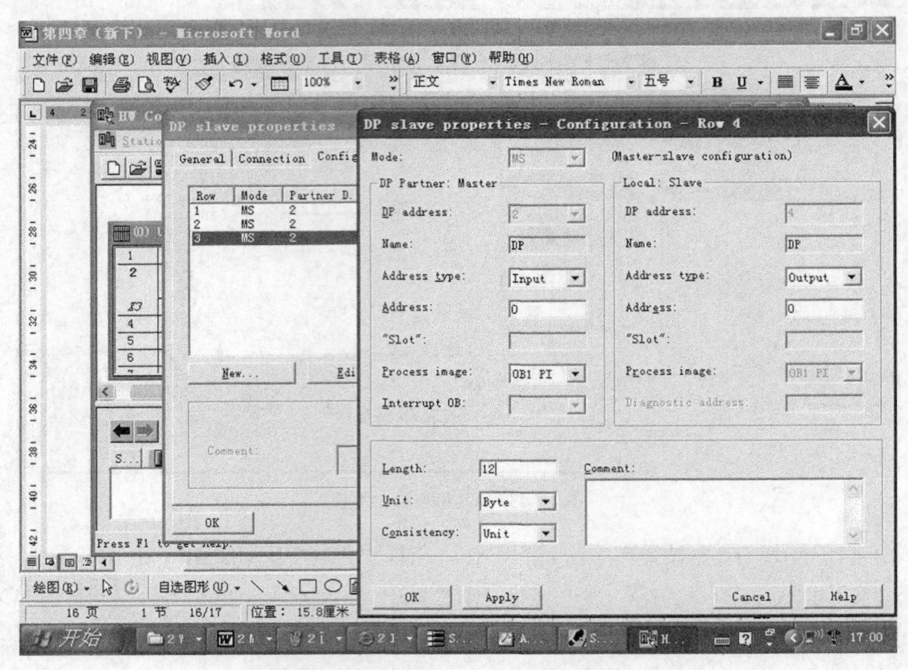

图 10-45　S7-400 主站通信接口区设置

10.6　本章小结

本章通过对橡胶制品生产线控制系统的介绍，重点阐述了西门子 PLC 的网络通信、ET200S 的配置、主/从 PROFIBUS 站的组态、主/从站点 MPI 通信的组态与编程，以及在生产线上急停控制的实现。

第 11 章　PLC 三轴运动控制系统

数控技术的发展水平高低，代表着国家工业发展水平的高低，而三轴运动控制系统的研发和改进都是随着现代工厂中数控技术的发展而变化的。对于现阶段的工业制程，三轴运动控制系统是最简单也是最有效的加工（辅助）装置，因此广泛应用于机械制造、冶金、轻工等行业。本章简要介绍三轴运动控制系统的组成及控制工艺，讲解三轴运动控制系统的硬件和软件控制系统的设计，并重点阐述西门子 PLC 实现步进电机运动控制的过程。

11.1　系统工艺及控制要求

三轴运动控制系统是一种能在立体空间实现三维移动，通过手动控制移动或按照设定程序、轨迹和要求，完成工件位移或频繁移动的机电一体化自动装置。现阶段较为可靠的三轴运动控制系统方案主要有 4 种：采用单片机系统实现运动控制、采用专业运动控制 PLC 实现运动控制、采用专用数控系统实现运动控制以及采用 PC+运动控制器实现运动控制。当前的运动控制平台，无论是开放式还是封闭式，一般只采用其中一种控制方案。

图 11-1 所示为三轴运动装置模型图片，三轴运动装置主要由平台基座、运动装置、监控装置和控制系统四大部分组成。控制系统是独立的箱式控制装置，如图 11-2 所示。整个装置为台式结构，包括丝杆滑台、滑轨、光电式限位传感器、步进电动机、舵机、驱动模块（步进电机和舵机）、PLC、直流电源、HMI 触摸屏、OpenMV 摄像头等，可实现特定目标的的抓取和堆放等。

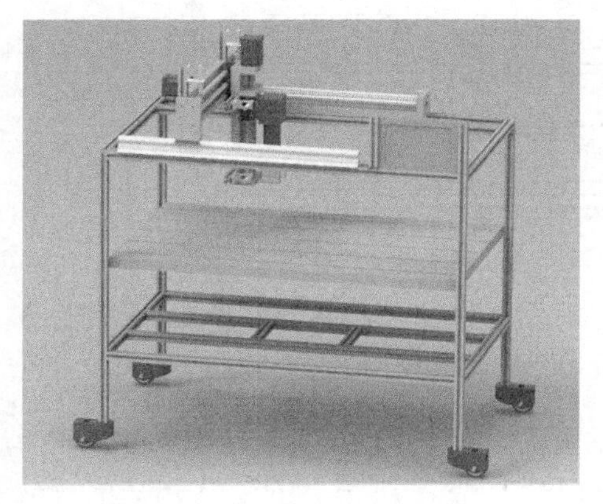

图 11-1　三轴运动装置模型

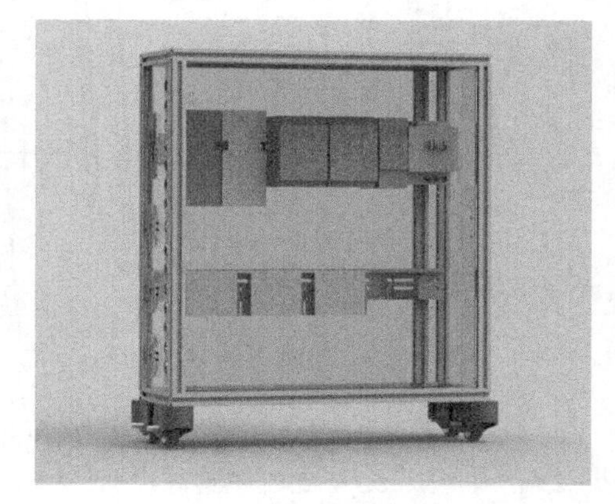

图 11-2　三轴运动装置控制系统模型

平台基座是整个平台的基础结构，其它装置安装在平台基座上以实现各种功能，平台基座底部的万向轮可锁死，方便整个装置快速移动和固定位置。

运动装置是执行机构，通过 XYZ 三轴的空间运动带动机械爪和 OpenMV 模块运动，从而使机械爪实现对目标物体的抓取和摆放，完成规定的任务。运动部分一般包括液压、气动、电气装置驱动 3 种，鉴于电动方式的高操作性，本系统中的运动装置机构由丝杆滑台、滑轨等电气部件组成。

监控装置是现场控制操作的辅助工具，HMI 触摸屏带有可定义的虚拟按钮，可自行定义按钮功能，实现对各轴运动及机械爪的控制。

控制装置作为本系统的“大脑”，包括 PLC 模块、电源模块、驱动器模块、空气开关。其中 PLC 模块包括 CPU、通信模块、分线器，分别负责处理采集信号及给出控制信号、与所述物体识别模块连接通信、以及与其它装置的连接；直流电源包括 24V 直流电源和 5V 直流电源，24V 直流电源负责给三轴的步进电机驱动器、光电开关以及 HMI 触摸屏供电，5V 直流电源负责给舵机驱动模块、夹持机械爪的舵机供电；步进电机驱动器控制步进电机的转动方向与速度，舵机驱动模块控制舵机转动角度；空气开关则负责整个装置的供电开关。

三轴运动装置活动范围如下。

1）水平移动的范围小于 500mm；

2）纵向移动的范围小于 400mm；

3）垂直移动的范围小于 300mm；

4）机械爪开合的范围为 0~100mm。

图 11-3 为三轴运动控制系统的总体结构示意图。

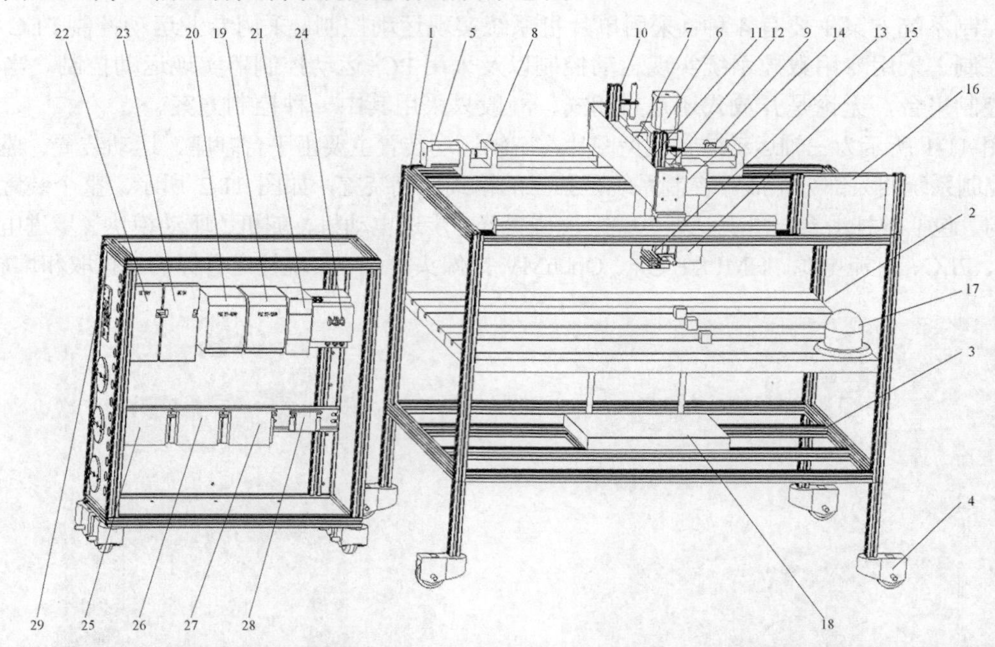

1. 铝型材长方体结构框架；2. 操作平台；3. “H”型固定结构；4. 万向轮；5. X 轴丝杆滑台；6. Y 轴丝杆滑台；7. Z 轴丝杆滑台；8. X 轴限位传感器 1；9. X 轴限位传感器 2；10. Y 轴限位传感器 1；11. Y 轴限位传感器 2；12. Z 轴限位传感器 1；13. Z 轴限位传感器 2；14. OpenMV 模块；15. 机械爪；16. HMI 触摸屏；17. 网络摄像头；18. 路由器；19. PLC CPU；20. PLC 通信模块；21. PLC 分线器；22. DC24V 电源；23. DC5V 电源；24. 空气开关；25. X 轴步进电机驱动器；26. Y 轴步进电机驱动器；27. Z 轴步进电机驱动器；28. 舵机驱动模块；29. 控制箱

图 11-3 远程运动控制装置结构图

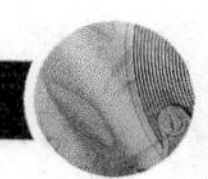

图 11-4 为三轴运动控制系统的实物示意图。

三轴运动控制系统的控制要求如下。

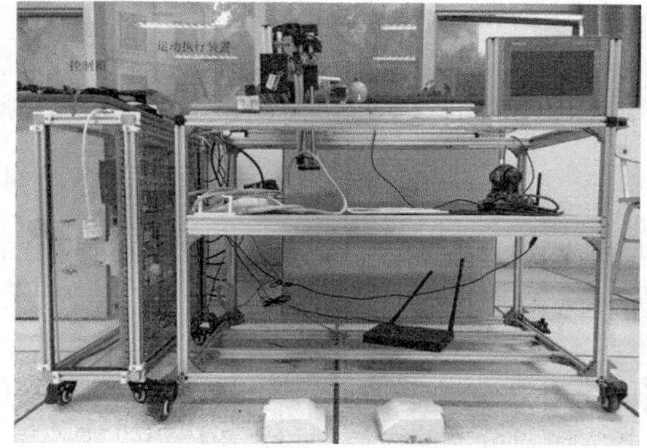

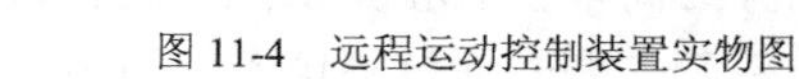
图 11-4 远程运动控制装置实物图

（1）三轴运动装置 Z 轴下移；

（2）三轴运动装置机械爪打开；

（3）OpenMV 摄像头模块开始工作；

（4）三轴运动装置 X、Y 移动，扫描操作平面；

（5）OpenMV 摄像头模块给出识别信号，机械爪合拢，夹紧目标物体；

（6）三轴运动装置 Z 轴上升；

（7）上升到位，三轴运动装置 X、Y 轴回移；

（8）三轴回零到位；

（9）根据 OpenMV 识别结果，X、Y 轴移动到指定位置；

（10）三轴运动装置夹紧装置旋转；

（11）三轴运动装置 Z 轴下移；

（12）三轴运动装置机械爪张开，下放物品；

（13）三轴运动装置 Z 轴上升；

（14）复位。

根据以上步骤，三轴运动装置可以通过设定程序的动作将特定目标从 A 处搬运到 B 处。其中三轴运动装置工作过程中通过光电式限位传感器来对极限位置进行控制。

11.2 相关知识点

11.2.1 驱动元件

驱动元件是一种能量转换元件，一般处于机电控制系统的机械运行机构和智能控制器的联接处，能够在智能控制器的作用下，将各种形式的能量转换为机械能。按输入能量的种类来分，常见的驱动元件主要有电磁式、液压式、气压式及其他式。电磁式驱动元件可用一般商业电源供电，信号与动力传送方向相同，操作简单、编程容易、能实现定位伺服控制、响应快、易与计算机连接；此外体积小、动力大、无污染；缺点是受外界噪声影响大，只适宜工作在弱电磁环境下。从各方面考虑，电磁式是最适合本系统的选择。

11.2.2 步进电动机

步进电机是将电脉冲信号转变为角位移或线位移的开环控制元件。在非超载的情况下，电机的转速、停止的位置只取决于脉冲信号的频率和脉冲数，而不受负载变化的影响。当步进驱动器接收到一个脉冲信号，它就驱动步进电机按设定的方向转动一个固定的角度，称为“步距角”，它的旋转是以固定的角度一步一步运行的。可以通过控制脉冲个数来控制角位移量，从而达到准确定位的目的；同时可以通过控制脉冲频率来控制电机转动的速度和加速度，从而达到调速的目的。

与第 7 章类似，在步进电动机步距角不能满足使用的条件下，可采用细分驱动器进行细分来驱动步进电动机。控制系统每发出一个脉冲信号步进电机实际步进角为

$$\theta = \frac{\theta_0}{m} \tag{11-1}$$

式中，θ 为实际步进角；θ_0 为固定步进角；m 为细分数。

11.2.3　控制器

由于驱动元件是步进电机，所以本系统的主要工作可以看作是对电机的控制。对电机的控制可以分为简单控制和复杂控制两种。

简单控制主要是通过继电器、可编程控制器和开关元件等来实现电机的启动、制动、正反转及顺序控制。复杂控制则可以完成电机转速、转角、转矩及电流等的控制，而且可以满足高精度的要求。

要完成电机的复杂控制需要使用智能控制器。智能控制器主要有单片机、可编程逻辑控制器、运动控制卡和运动控制器 4 类。

1．单片机

单片机具有很强的灵活性及适应性，可以使电路变得简单，同时控制精度高，可以实现一些复杂的控制。但是其开发周期一般比较长，所以常用于大批量的产品，不太适用于本系统，此处不予考虑。

2．运动控制卡

运动控制卡是第四代的功率集成电路，是电力电子技术和微电子技术的产物。它将半导体功率器与驱动电路、检测和诊断电路、逻辑控制电路以及保护电路集成在一块芯片上。运动控制卡一般配合工业控制计算机使用，具有开放性好、人机交互性优良、精确性高和系统稳定等优点。

3．运动控制器

运动控制器是工业控制计算机和运动控制卡的组合体，可以实现高速规矩插补和多轴协调控制。运动控制器同样是靠发脉冲来控制伺服或者步进，但是运动控制器的程序写入，大部分是在控制器上通过其固有的编程方式写程序，或者靠上位计算机传程序来执行相应的命令指令。运动控制器种类繁多，可以满足各种控制要求，所以这类控制器在当今自动化领域有着较为广泛的应用。总体来说在工业实用阶段，采用运动控制卡比较科学；但是对于实验阶段，采用运动控制器可以减少许多麻烦。

若采用 PC 机和运动控制器作为主要的开发平台，则 PC 机通过人机交互界面向运动控制器发送控制指令，运动控制器在接收到控制指令后，控制步进电机驱动器来驱动步进电机，从而带动三轴平台的滚珠丝杠运动，最后带动工作台运动（也可使用运动控制器手动控制单步步进）。安装在工作台上的光纤传感器反馈位移信号给运动控制器，传输给 PC 机，就构成

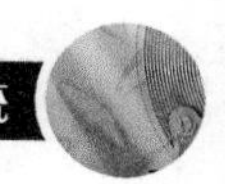

本闭环控制系统。

4. 可编程逻辑控制器（PLC）

可编程逻辑控制器（PLC）可以应用在许多行业和机器上，作为一个硬实时系统，它能够很好地适应各种自动化任务。不同于通用计算机，PLC 的设计可以用于多个输入和输出的安排，扩展温度范围，抗电气噪声和抗振动和冲击。PLC 通常应用在高度定制的系统中，相比于一个特定的定制控制器的设计成本而言，打包的 PLC 的成本比较低。另一方面，在大规模制造的商品的情况下，由于各组分的成本较低，可最佳地选择一个“通用”的代替，所以定制的 PLC 控制系统是比较经济的。

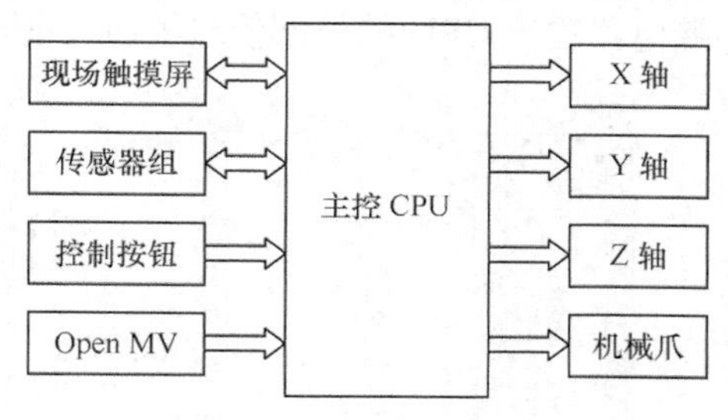

图 11-5 三轴运动控制系统示意图

本系统需要构建如图 11-5 所示的控制系统，整个运动控制系统工作过程涉及到三个步进电机的控制和一个伺服电机（舵机），另外还涉及光电接近传感器，OpenMV 元件信号的采集和控制，主控 CPU。

11.2.4 脉宽调制功能块

1. 脉冲发生器（PTO/PWM）参数设置及参数定义

使用西门子的 CPU1214C，可利用高速脉冲计数功能实现脉宽调制（PWM）功能，其配置方式如下。

如图 11-6 所示，首先在“项目树”中单击“PLC_1”，然后点击鼠标右键，弹出设置对话框，选择“属性”，弹出“属性”对话框。

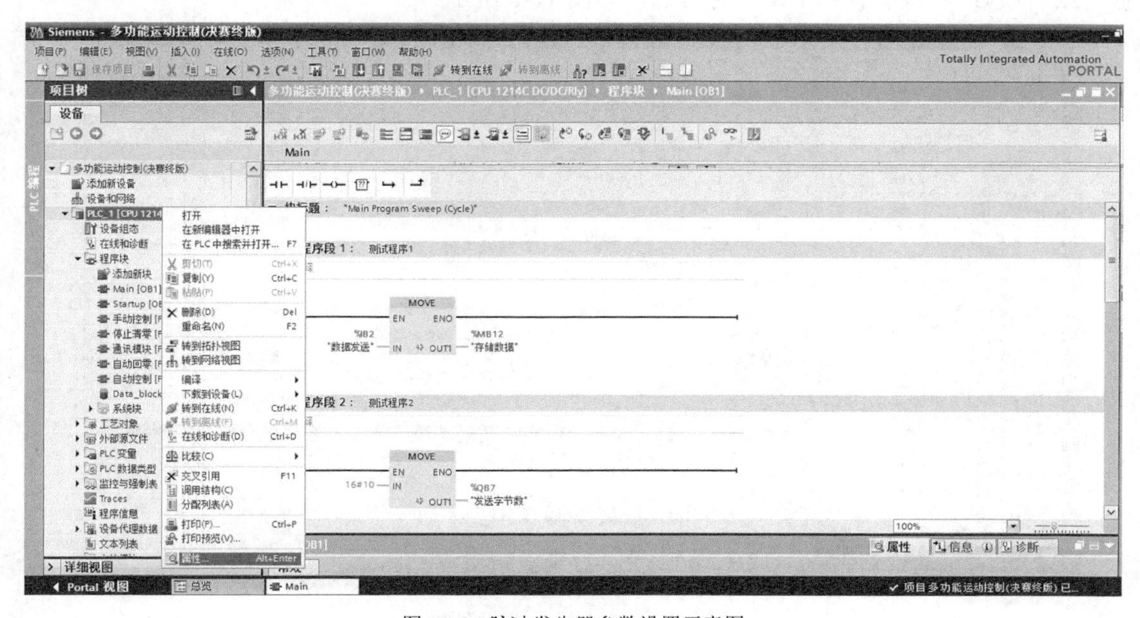

图 11-6 脉冲发生器参数设置示意图

选择“常规”栏下的“脉冲发生器（PTO/PWM）”。将“启用该脉冲发生器”前的方框勾选，然后在“项目信息”中的“名称”中为这一路 PWM 波命名；在“参数分配”的“脉冲选项”中有 5 个参数需要操作者自行配置，“信号类型”负责选择脉冲发生器的信号类型，有两类共五种选择（如图 11-7 所示），PWM（脉宽调制）由 CTRL_PWM 指令控制，PTO（脉冲串输出）由“轴”工艺对象使用。只有在使用集成有数字量输出的 CPU 时或连接了用于带继电器输出 CPU 的外部信号板时才能选择这项功能。本系统使用的是“PWM”脉冲调制功能。

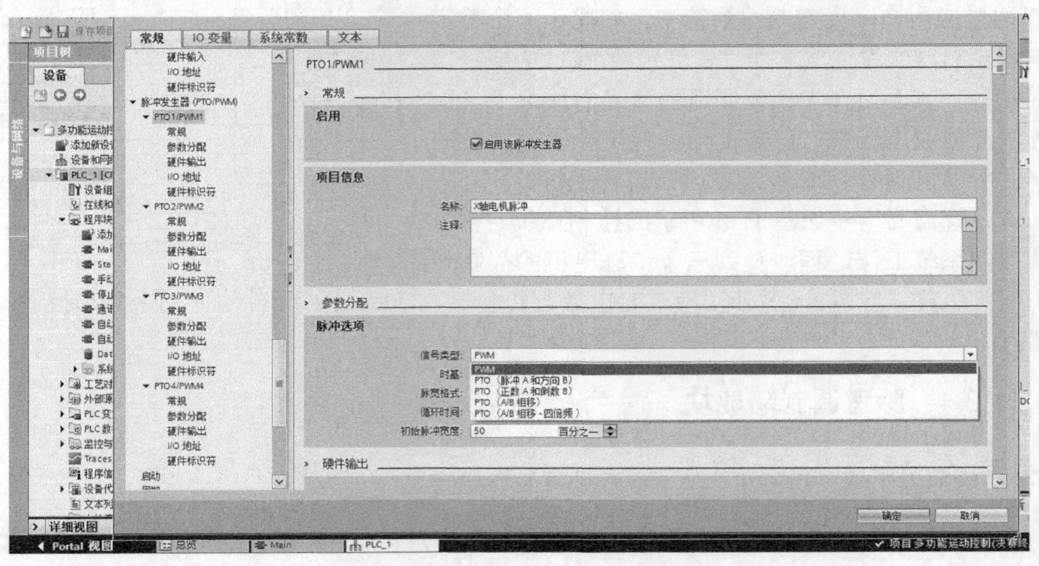

图 11-7 “信号类型”设置示意图

“脉冲选项”的第 2 个参数是“时基”，用于选择用作脉冲宽度计算基础的时间单位，“毫秒”或“微妙”，只有使用 PWM 时可选，如图 11-8 所示。

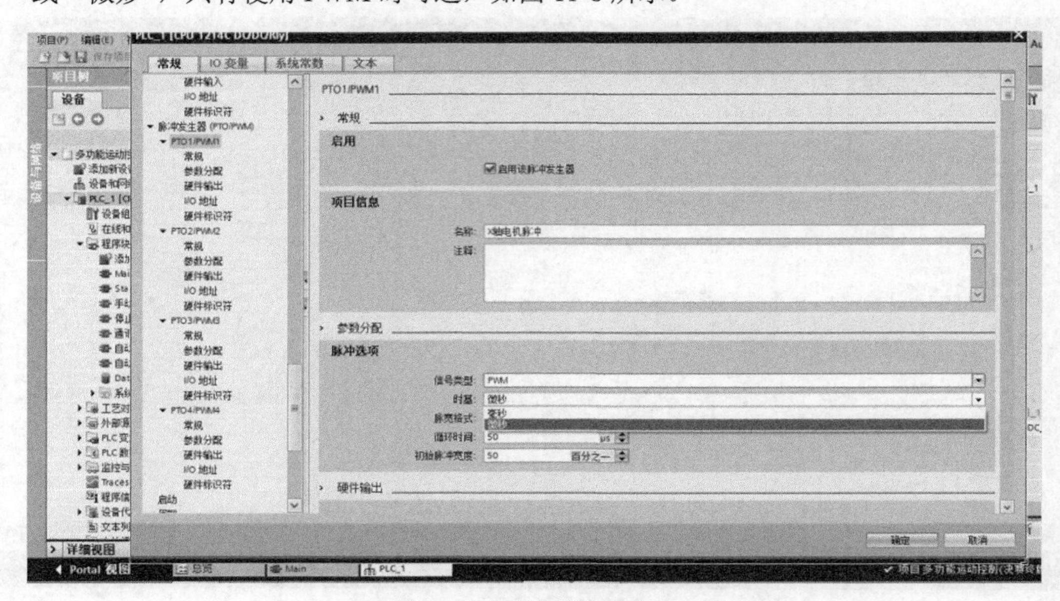

图 11-8 “时基”设置示意图

“脉冲选项”的第 3 个参数是“脉宽格式”，用于选择用于指定脉冲宽度的时间单位，分为“百分之一”、“千分之一”、“万分之一”及“S7 模拟量格式”，只有使用 PWM 时可选。如图 11-9 所示。

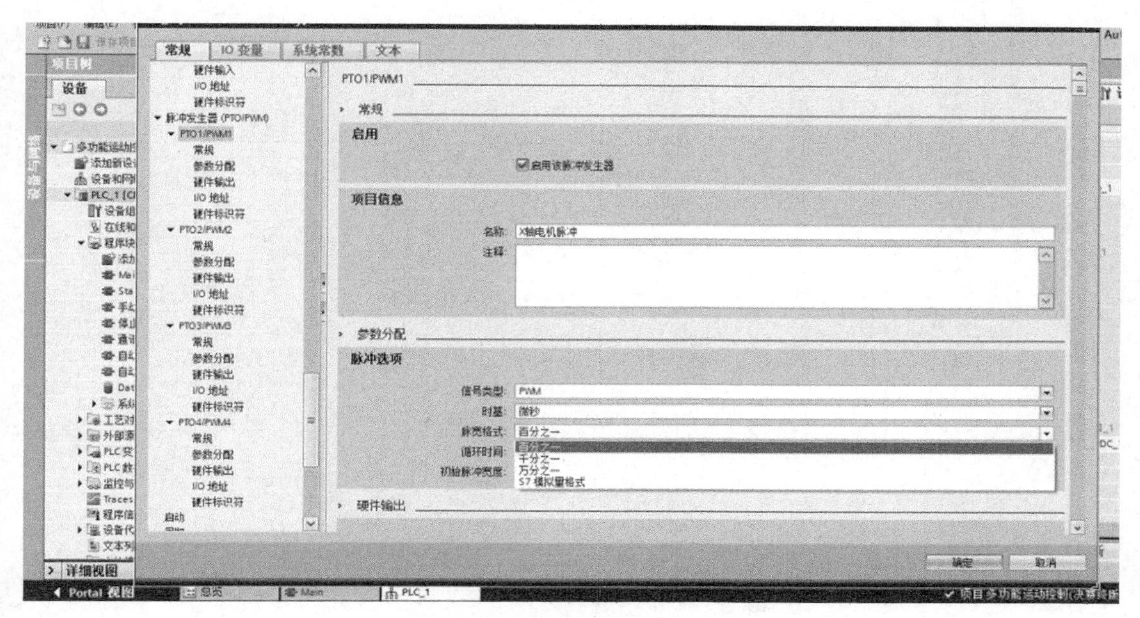

图 11-9 “脉宽格式”设置示意图

“脉冲选项”的第 4 个参数是“循环时间”，与第 2 参数相关联，实际是设置 PWM 波的频率。

“脉冲选项”的第 5 个参数是“初始脉冲宽度”，与第 3 参数相关联，实际即设置 PWM 占空比。

而后需要设置的是“硬件输出”，选择“PWM”信号类型的脉冲只需要设置“脉冲输出”的输出地址，可选的输出地址会在选项栏中自动列出。若选择“PTO”信号类型，还需要设置“方向输出”的地址。

“I/O 地址”的设置是指这一路 PWM 波在 PLC 内部寄存器的地址，需要根据操作者实际需要设置“起始地址”和“结束地址”，“组织块”和“过程影像”均选择“自动更新”，随程序一同运行。

“硬件标识符”为 PLC 内部自动生成，操作者需要记住每一路 PWM 对应的硬件标识符，以便在设置 CTRL_PWM 指令时使用。

2. 脉冲发生器的使用

以 X 轴步进电机脉冲为例，本系统中的 PWM 参数设置如图 11-10 所示。

在编写 PLC 梯形图时，要使用 PWM，需要调用 CTRL_PWM 指令，如图 11-11 所示。组态结束，编译保存并下载到 CPU。

CTRL_PWM 指令参数具体含义见表 11-1。

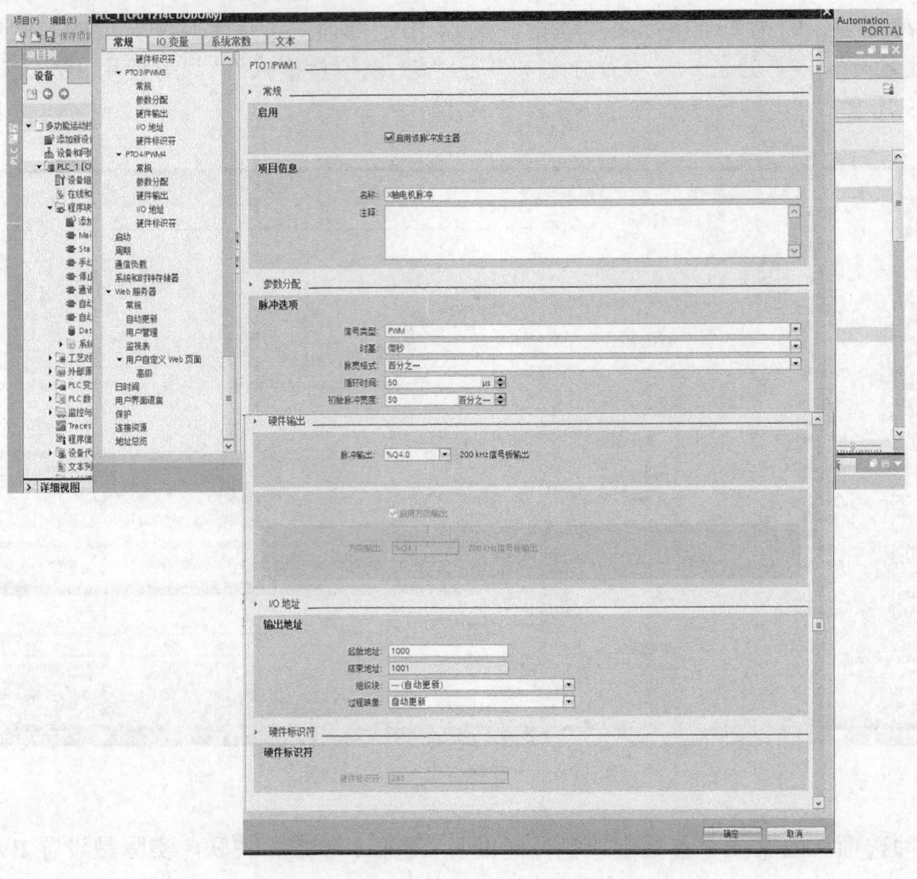

图 11-10　X 轴 PWM 波参数设置

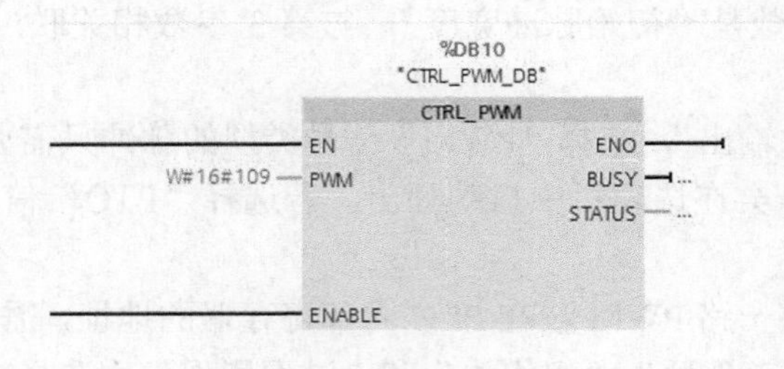

图 11-11　X 轴 CTRL_PWM 指令

表 11-1　　CTRL_PWM 指令参数表

参数	声明	数据类型	存储区	说明
PWM	Input	HW_PWM	I、Q、M、D、L 或常数	脉冲发生器的硬件 ID，该硬件 ID 位于设备视图的脉冲发生器属性中，同时位于系统常量中
ENABLE	Input	BOOL	I、Q、M、D、L 或常数	脉冲输出在 ENABLE=TRUE 时启用，而在 ENABLE=FALSE 时禁用
BUSY	Output	BOOL	I、Q、M、D、L	处理状态
STATUS	Output	WORD	I、Q、M、D、L	指令状态，“0”代表无错误，“80A1”代表脉冲发生器的硬件 ID 无效

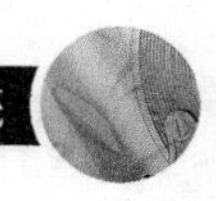

11.2.5 定位方式

对步进电动机的定位控制，在本书 7.2.4 节曾介绍了一种使用 FM353 定位模块实现对机械手各运动轴的定位控制，鉴于本系统对定位精度要求不高，此处给出另外一种简单的定位方式。

根据式（11-2），步进电机电机旋转一圈所需要的脉冲数为

$$n = \frac{360°}{\theta} \tag{11-2}$$

式中，n 为单周脉冲数。

在实际应用中，操作者设置的往往是位移数值，通过测试可知电机旋转一圈滚珠丝杠的位移值，所以每次行程存在关系式

$$L = \frac{N}{n} \times L_1 \tag{11-3}$$

式中，L 为设定位移值；N 为单程总脉冲数；n 为单圈脉冲数；L_1 为单圈位移值。

根据式（11-3），本系统采用定时记脉冲的方法，通过计量脉冲接通时间 T（单位为 ms）与脉冲之间的数量关系来计算坐标值，以 X 轴为例，X 的坐标为

$$x = \frac{f \times t}{n} \times L_1 \tag{11-4}$$

式中，f 为每毫秒脉冲数（考虑到电机的执行能力，PWM 波脉冲为 20kHz）；t 为 PWM 波接通时间；n 为单圈脉冲数；L_1 为单圈位移值。

由于这种方式没有编码器计数作为反馈，故而是一种开环定位方式，存在一定误差，不适用于定位精度较高的场合或控制系统。

11.3 控制系统硬件设计

11.3.1 控制系统硬件选型

1. PLC 选型

S7-1200 系列 PLC 能满足中等性能要求的应用，其模块化、无排风扇结构易于实现分布式安装和组合，同时具有丰富的且带有许多方便功能的 I/O 扩展模块，使用户可根据实际应用选择合适的模块。综合考虑控制系统所需的高速脉冲输出端口、I/O 点数、存储器容量等因素，本系统采用西门子 S7-1200 CPU1214C（I/O 点数 24 个，14 个输入，10 个输出，最大本地 I/O 数字量 284 个）。配合 S7-1200 数字输出模组信号板 SB1222 DC（200KHz，4DQ，24V 输出，0.1A）作为主控模块，主控模块负责外部信号的收集与处理，而后给出相应控制指令。

CPU1214C 外观及信号板见图 11-12、图 11-13。

图 11-12　西门子 S7-1200 PLC

图 11-13　SB1222 信号板

2．PLC 外部 I/O 元件选型

根据控制要求，本系统最终选择两相混合式步进电机 42HBS48BL4-TR0（0.4A，0.5nm）作为驱动元件，其额定步矩角为 1.8°，如图 11-14 所示。电机具体参数见表 11-2。

表 11-2　　步进电机 **42HBS48BL4-TR0** 参数表

基础参数			
类型	混合式步进电机	型号	42HBS48BL4-TR0
相数	2	温升	80K MAX
环境温度	–40℃～+55℃	绝缘等级	B 级别
绝缘电阻	100MΩ	绝缘强度	500VAC　50Hz　1mA1min
机械参数			
机身长	48mm	止口	22mm
定位孔距	31mm	出轴长	22mm
轴径	5mm	轴处理	圆轴
出线方式	接插件	出线数	4
净重	0.33kg		

本系统选择的驱动器是两相 128 细分 2A ZD-2HD318 驱动器（见图 11-15），其接口采用高速光耦隔离。最大输入电压 32V，最大输出电流 1.8A，内部每秒 0-10k 脉冲，最大支持 128 细分。具有高集成度、高可靠性等特点。驱动器具体参数见表 11-3。

图 11-14　步进电机 42HBS48BL4

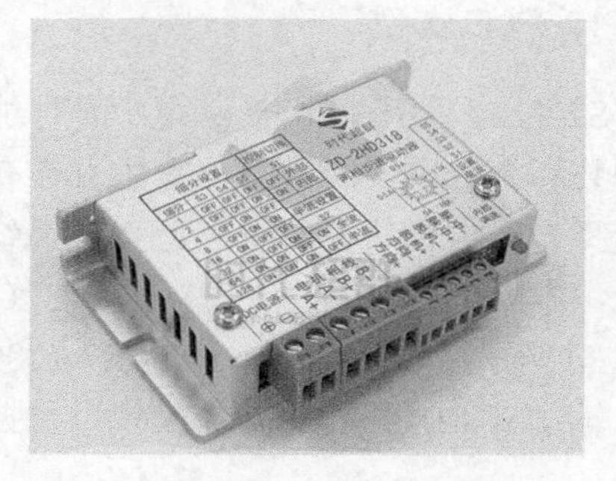

图 11-15　ZD-2HD318 驱动器

表 11-3　ZD-2HD318 驱动器参数表

工作条件					
项目		最小	额定	最大	单位
环境温度		-20	-	80	℃
输入电压（DC）		9	-	32	V
输入频率		0	-	150	kHz
输出电流		0	-	1.8	A
控制接口电压	H	4.5	5	5.5	V
	L	0	0	0.5	V

其中，PLC 与驱动器使用共阴极接法，CP-（脉冲-）与 DIR-（方向-）接在一起作为共阴极，接在 PLC 的 GND 上；PLC 脉冲输出接 CP+，PLC 方向输出接在 DIR+上，如图 11-16 所示。

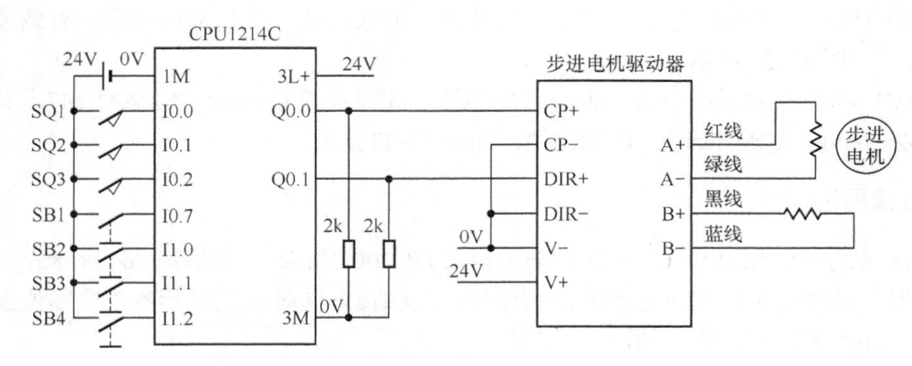

图 11-16　PLC 与驱动器 I/O 接线图

本控制系统中的机械爪是通过控制舵机转动角度来控制开合角度的，其控制原理可简化如图 11-17 所示。通过改变 PLC 输出的 PWM 占空比即可控制舵机转动角度。

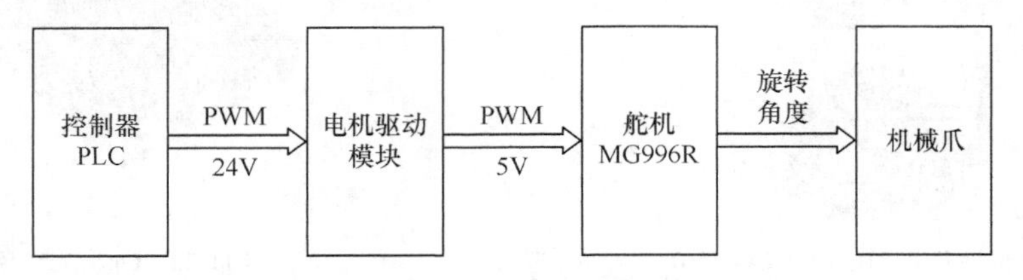

图 11-17　机械爪控制原理模型

本系统选用的舵机型号为 MG996R（见图 11-18），工作电压 4.8～7.2V；工作电流 120～1450mA；速度为 4.8V 下 0.19sec/60°，6.0V 下 0.18sec/60°；扭力为 4.8V 下 9kg/cm，6.0V 下 11kg/cm；角度偏差为回中误差 0 度，左右各 45°误差≤3°。舵机的连线方式如图 11-19 所示，舵机的输出轴转角与输入信号的脉冲宽度之间的关系如图 11-20 所示。

图 11-18　舵机 MG996R

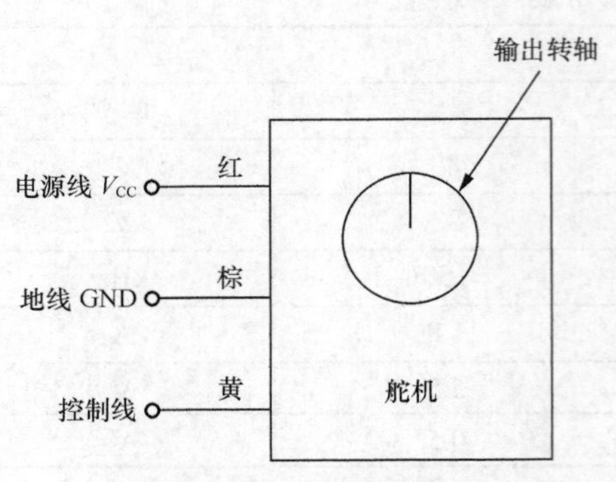

图 11-19　舵机接线示意图

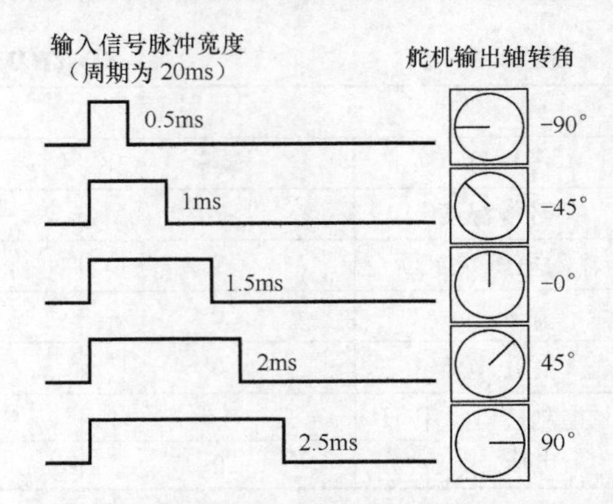

图 11-20　输出轴转角与输入信号脉冲宽度对应关系

此外，本系统还需要数据发送/获取模块来收集系统实际运行状况的信息，即传感器组，包括 6 个接近开关和一个 Open MV 模块，为保证精度，光电限位传感器采用欧姆龙 CHE12-4NA-A710 LJ12A3-4-Z/BX 型号（三线 NPN 常开，非接触式，可检金属材质，有效监测距离≤3.2mm），如图 11-21 所示。

OpenMV 模块在本系统中负责识别目标物体，此处选择 OpenMV3 CAM M7，其主控芯片为 stm32f765vit6（2Mflash），性能优越，如图 11-22 所示。

3. 触摸屏选型

本控制系统使用 SIMATIC HMI 精简面板 KTP 700 Basic（分辨率：640×480；带 40KB 配方存储器）触摸屏进行相应运动的控制操作。此触摸屏同时可以显示各轴实际位置及其他相关信息，并实现故障监测，如图 11-23 所示。

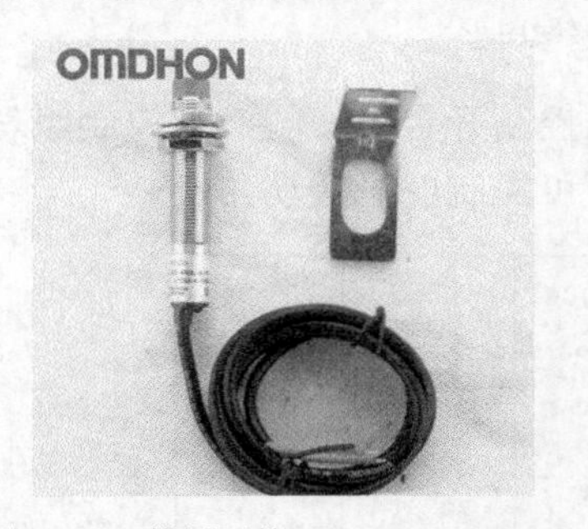

图 11-21　接近开关 CHE12-4NA-A710

图 11-22　Open MV 模块

11.3.2　控制系统硬件组态

控制系统硬件组态设置如图 11-24、图 11-25 所示。

操作者在使用时，需要根据实际需要进行配置，包括 CPU 型号选择及相应硬件设置、扩展模块选择及相应硬件设置、网络视图连接、通用模块地址计算及 PG/PC 通信端口设置等。

将所有需要使用的硬件设置配置完成后，对硬件设置进行保存编译（save and compile）和下载（download），即可完成硬件设置。若中间有配置信息变动，应将变动信息同样保存并编译下载至相应硬件设备。

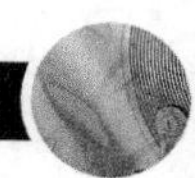

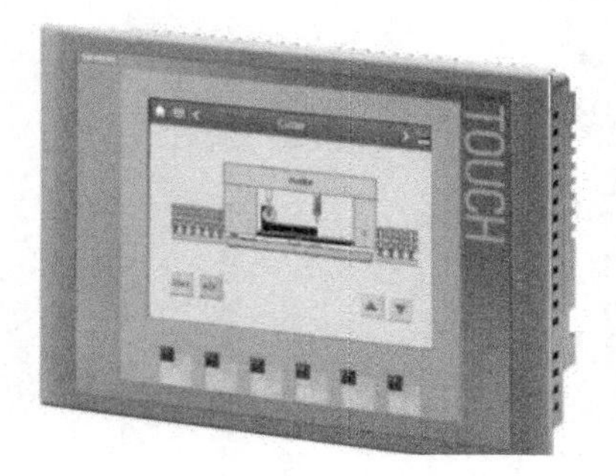

图 11-23　HMI 精简面板 KTP 700 Basic

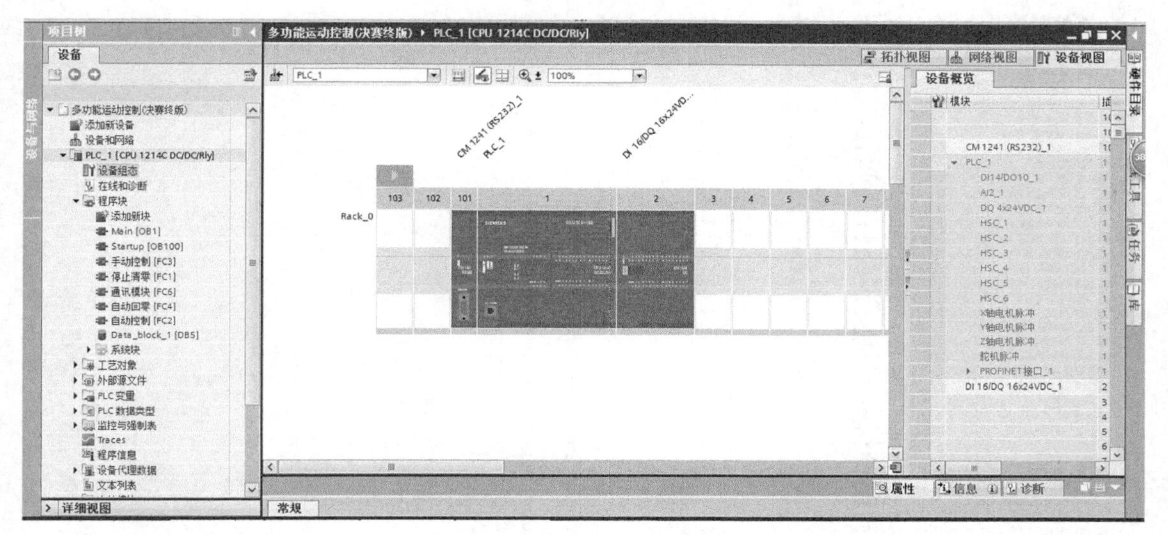

图 11-24　硬件组态

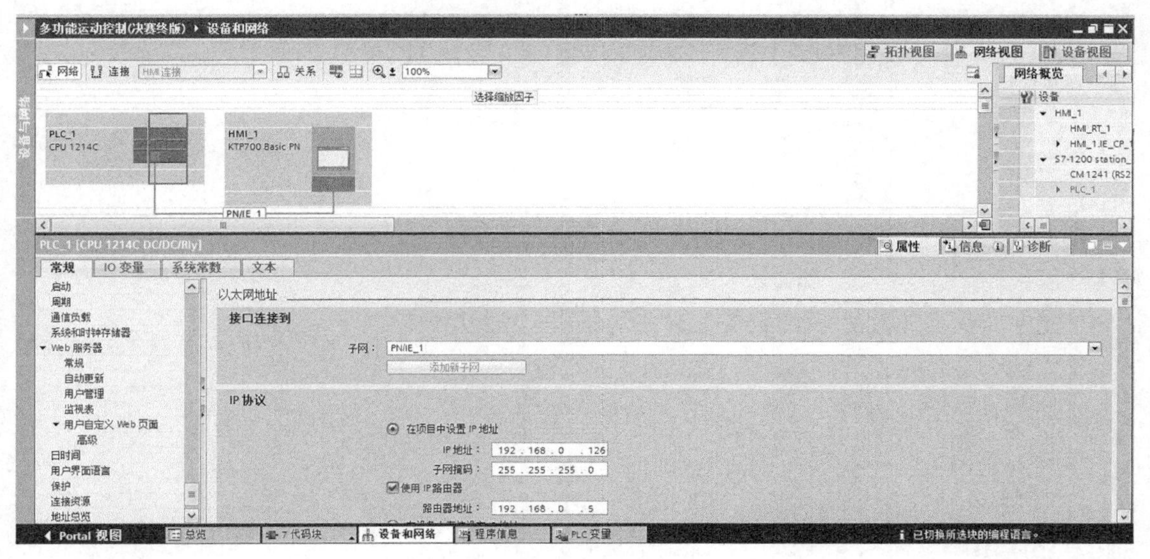

图 11-25　网络视图

本控制系统 I/O 配置见图 11-26。

PLC 变量

	名称	变量表	数据类型	地址	保持	在 H...	可从 ...	注释
1	PWM4 占空比	默认变量表_1	UInt	%MW20	☐	☑	☑	
2	停止	默认变量表_1	Bool	%M0.1	☐	☑	☑	
3	启动	默认变量表_1	Bool	%M0.0	☐	☑	☑	
4	数据发送	默认变量表_1	Byte	%IB2	☐	☑	☑	
5	存储数据	默认变量表_1	Byte	%MB12	☐	☑	☑	
6	发送字节数	默认变量表_1	Byte	%QB7	☐	☑	☑	
7	启动上电信号	默认变量表_1	Bool	%M1.0	☐	☑	☑	
8	舵机占空比递增	默认变量表_1	Bool	%M0.4	☐	☑	☑	
9	舵机占空比递减	默认变量表_1	Bool	%M0.5	☐	☑	☑	
10	X轴电机方向	默认变量表	Bool	%Q0.0	☐	☑	☑	
11	启动上升沿存储	默认变量表	Bool	%M3.0	☐	☑	☑	
12	减速上升沿存储	默认变量表	Bool	%M3.1	☐	☑	☑	
13	加速上升沿存储	默认变量表	Bool	%M3.2	☐	☑	☑	
14	检测物体信号	默认变量表	Bool	%M5.0	☐	☑	☑	
15	停止上升沿存储	默认变量表	Bool	%M2.5	☐	☑	☑	
16	Y轴电机方向	默认变量表	Bool	%Q0.2	☐	☑	☑	
17	细分数	默认变量表	DInt	%MD76	☐	☑	☑	
18	实际步矩角	默认变量表	Real	%MD72	☐	☑	☑	
19	电机一圈对应脉冲数	默认变量表	Real	%MD68	☐	☑	☑	
20	单脉冲行进距离	默认变量表	Real	%MD64	☐	☑	☑	
21	自动/手动切换	默认变量表	Bool	%M1.1	☐	☑	☑	
22	准备完毕	默认变量表	Bool	%M1.2	☐	☑	☑	
23	Z轴电机方向	默认变量表	Bool	%Q0.4	☐	☑	☑	
24	X轴左移	默认变量表	Bool	%M0.2	☐	☑	☑	
25	X轴右移	默认变量表	Bool	%M1.4	☐	☑	☑	
26	X轴电机计数圈数	默认变量表	Real	%MD140	☐	☑	☑	
27	X轴行进长度	默认变量表	Real	%MD144	☐	☑	☑	
28	自动控制确认	默认变量表	Bool	%M1.7	☐	☑	☑	
29	手动夹取	默认变量表	Bool	%M4.3	☐	☑	☑	
30	Y轴左移	默认变量表	Bool	%M2.2	☐	☑	☑	
31	Y轴右移	默认变量表	Bool	%M2.6	☐	☑	☑	
32	Z轴上移	默认变量表	Bool	%M2.7	☐	☑	☑	
33	Z轴下移	默认变量表	Bool	%M3.3	☐	☑	☑	
34	X轴限位开关2	默认变量表	Bool	%I2.1	☐	☑	☑	
35	X轴限位开关1	默认变量表	Bool	%I2.0	☐	☑	☑	
36	Y轴限位开关1	默认变量表	Bool	%I2.2	☐	☑	☑	
37	Y轴限位开关2	默认变量表	Bool	%I2.3	☐	☑	☑	
38	Z轴限位开关1	默认变量表	Bool	%I2.4	☐	☑	☑	
39	Z轴限位开关2	默认变量表	Bool	%I2.5	☐	☑	☑	
40	Y轴电机计数圈数	默认变量表	Real	%MD148	☐	☑	☑	
41	Y轴行进长度	默认变量表	Real	%MD158	☐	☑	☑	
42	Z轴电机计数圈数	默认变量表	Real	%MD162	☐	☑	☑	
43	Z轴行进长度	默认变量表	Real	%MD166	☐	☑	☑	
44	远程数据	默认变量表	Int	%MW30	☐	☑	☑	
45	X轴计数1	默认变量表	DInt	%MD44	☐	☑	☑	
46	自动夹取完毕	默认变量表	Bool	%M8.0	☐	☑	☑	
47	自动夹取	默认变量表	Bool	%M8.1	☐	☑	☑	
48	暂停	默认变量表	Bool	%M3.7	☐	☑	☑	
49	夹取完毕	默认变量表	Bool	%M4.4	☐	☑	☑	
50	X轴脉冲	默认变量表	Bool	%Q4.0	☐	☑	☑	
51	PWM1	默认变量表	UInt	%QW1000	☐	☑	☑	
52	Y轴脉冲	默认变量表	Bool	%Q4.1	☐	☑	☑	
53	Z轴脉冲	默认变量表	Bool	%Q4.2	☐	☑	☑	
54	PWM2	默认变量表	UInt	%QW1002	☐	☑	☑	
55	PWM3	默认变量表	UInt	%QW1004	☐	☑	☑	
56	自动回零按钮	默认变量表	Bool	%M1.6	☐	☑	☑	
57	X轴计数2	默认变量表	DInt	%MD40	☐	☑	☑	
58	X坐标计数1	默认变量表	UDInt	%MD48	☐	☑	☑	
59	X坐标计数2	默认变量表	UDInt	%MD52	☐	☑	☑	
60	X坐标脉冲数	默认变量表	UDInt	%MD56	☐	☑	☑	
61	Y轴计数1	默认变量表	DInt	%MD80	☐	☑	☑	
62	Y轴坐标计数1	默认变量表	DInt	%MD84	☐	☑	☑	
63	Y轴计数2	默认变量表	DInt	%MD88	☐	☑	☑	
64	Y轴坐标计数2	默认变量表	DInt	%MD92	☐	☑	☑	
65	Y坐标脉冲数	默认变量表	DInt	%MD96	☐	☑	☑	
66	Z轴计数1	默认变量表	DInt	%MD100	☐	☑	☑	
67	Z轴坐标计数1	默认变量表	DInt	%MD104	☐	☑	☑	
68	Z轴计数2	默认变量表	DInt	%MD108	☐	☑	☑	
69	Z轴坐标计数2	默认变量表	DInt	%MD112	☐	☑	☑	
70	Z坐标脉冲数	默认变量表	Real	%MD116	☐	☑	☑	
71	Z轴初始到位	默认变量表	Bool	%M0.3	☐	☑	☑	
72	摆放完毕	默认变量表	Bool	%M4.0	☐	☑	☑	
73	Tag_1	默认变量表	Bool	%M0.7	☐	☑	☑	
74	归零	默认变量表	Bool	%M1.3	☐	☑	☑	
75	PWM4	默认变量表	UInt	%QW1006	☐	☑	☑	
76	分区编号	默认变量表	DInt	%MD120	☐	☑	☑	
77	区域1	默认变量表	Bool	%M5.1	☐	☑	☑	
78	区域2	默认变量表	Bool	%M5.2	☐	☑	☑	
79	区域3	默认变量表	Bool	%M5.3	☐	☑	☑	
80	区域4	默认变量表	Bool	%M5.4	☐	☑	☑	
81	区域5	默认变量表	Bool	%M5.5	☐	☑	☑	
82	区域6	默认变量表	Bool	%M5.6	☐	☑	☑	
83	区域7	默认变量表	Bool	%M5.7	☐	☑	☑	
84	区域8	默认变量表	Bool	%M6.0	☐	☑	☑	
85	区域1上升沿	默认变量表	Bool	%M6.1	☐	☑	☑	
86	区域2上升沿	默认变量表	Bool	%M6.2	☐	☑	☑	
87	区域3上升沿	默认变量表	Bool	%M6.3	☐	☑	☑	
88	区域4上升沿	默认变量表	Bool	%M6.4	☐	☑	☑	
89	区域5上升沿	默认变量表	Bool	%M6.5	☐	☑	☑	
90	区域6上升沿	默认变量表	Bool	%M6.6	☐	☑	☑	
91	区域7上升沿	默认变量表	Bool	%M6.7	☐	☑	☑	
92	区域8上升沿	默认变量表	Bool	%M7.0	☐	☑	☑	
93	激活组态更改	默认变量表	Bool	%M9.0	☐	☑	☑	
94	组态指令状态参数	默认变量表	Bool	%M9.1	☐	☑	☑	
95	NDR	默认变量表	Bool	%M9.2	☐	☑	☑	
96	Error	默认变量表	Bool	%M9.3	☐	☑	☑	
97	扫描完毕无物体信号	默认变量表	Bool	%M10.0	☐	☑	☑	
98	接收完毕	默认变量表	Bool	%Q0.1	☐	☑	☑	
99	错误	默认变量表	Bool	%Q0.3	☐	☑	☑	
100	清空缓存区上升沿	默认变量表	Bool	%M9.4	☐	☑	☑	

图 11-26　I/O 配置

11.4 控制系统软件设计

11.4.1 控制流程设计

本控制系统软件设计的基础是电机的闭环控制，如图 11-27 所示。通过构造闭环控制系统，可以检测各器件性能。测试阶段结束后，进行编程控制调试并加上触摸屏，组建完整运动控制系统。

本控制系统的主程序流程图如图 11-28 所示。

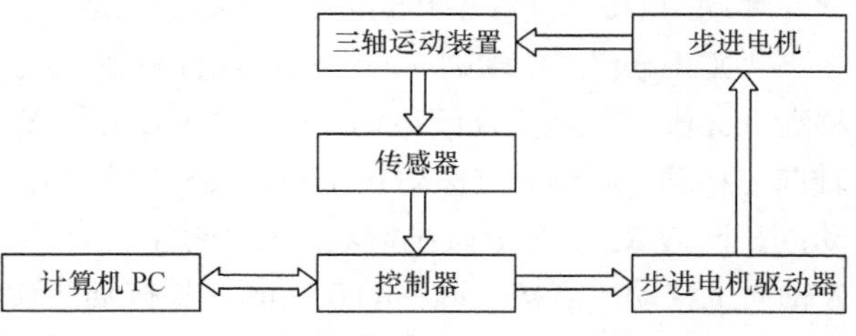

图 11-27 闭环控制系统

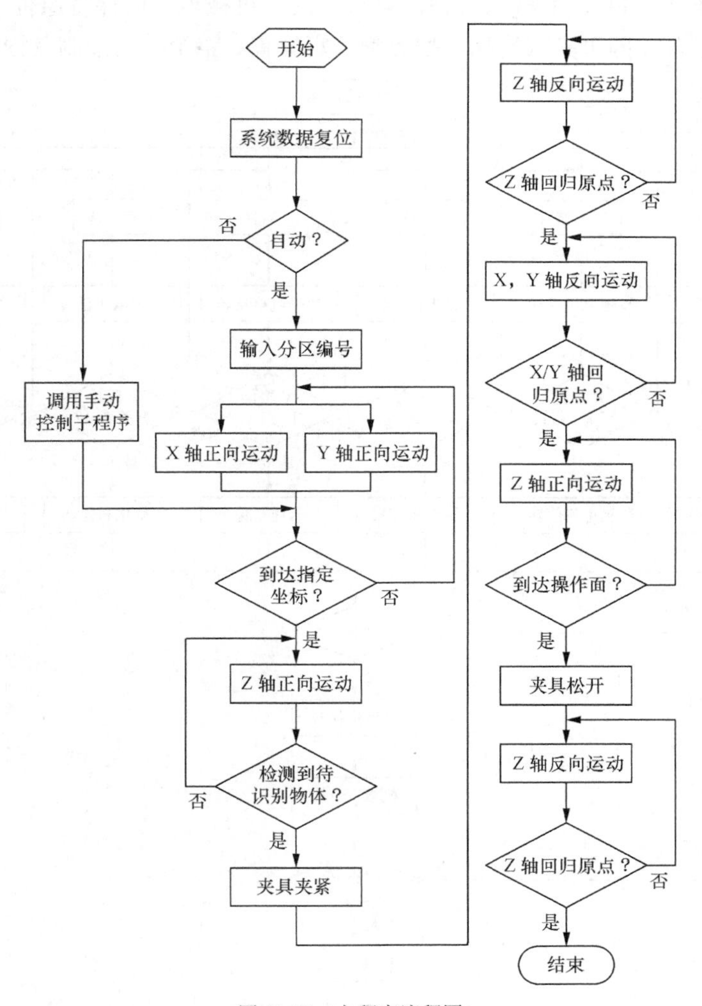

图 11-28 主程序流程图

根据控制要求，设计如图 11-29 所示的控制界面，其详细介绍如下。

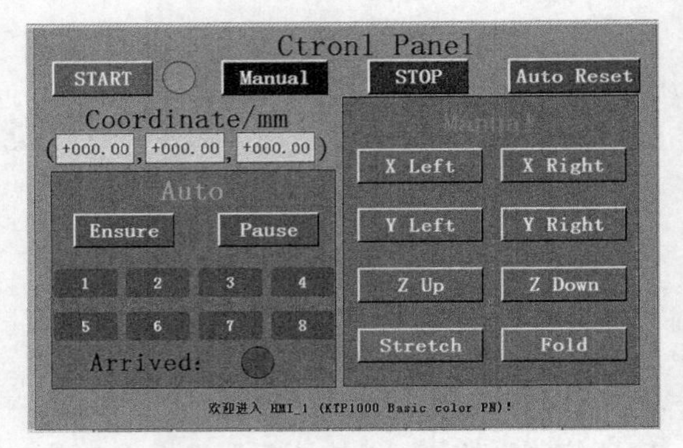

图 11-29　三轴运动控制界面图

按下“START”，系统上电，程序开始运行；按下“STOP”，系统断电，程序停止运行。系统默认为手动控制模式，即可以控制面板右边的方框内的相应按钮。在手动模式下，按下“X Left”，X 轴向左移动，点按一次移动 0.5mm，长按则连续运动；按下“X Right”，X 轴则向右运动，同样点按一次移动 0.5mm，长按则连续运动；按下“Y Left”，Y 轴向左移动，点按一次移动 0.5mm，长按则连续运动；按下“Y Right”，Y 轴则向右运动，同样点按一次移动 0.5mm，长按则连续运动；按下“Z Up”，Z 轴向上移动，点按一次移动 0.5mm，长按则连续运动；按下“Z Down”，Z 轴则向下运动，同样点按一次移动 0.5mm，长按则连续运动；按下“Stretch”，机械爪松开，再按一次，机械爪失电保持原位；按下“Fold”，机械爪合拢，再按一次，机械爪失电保持原位。通过三轴的运动和机械爪的合拢松开，即可夹取物品，摆放到一定位置。整个手动控制流程如图 11-30 所示。

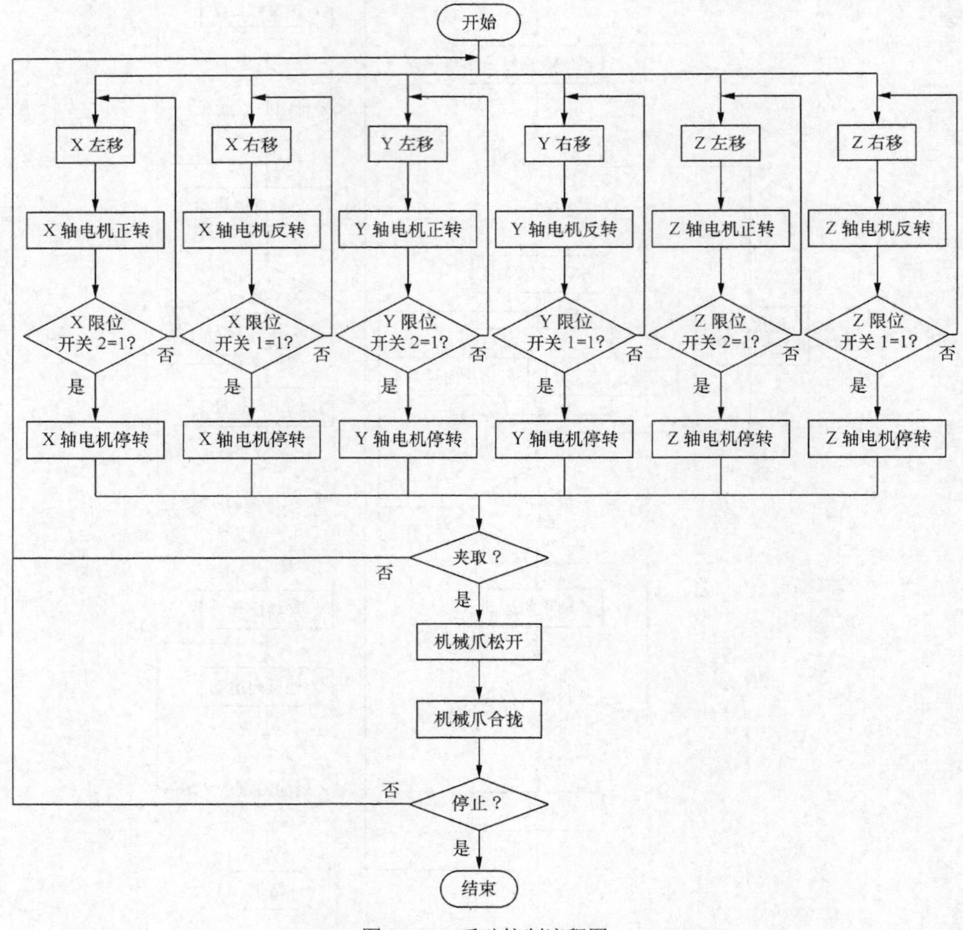

图 11-30　手动控制流程图

按下"Manual"，则变为"Auto"，即变为自动控制模式。在自动控制模式下，按下"Ensure"，三轴即自行运动，并按照图 11-31 所示的路径分区扫描操作平台，若按下下面的"1"至"8"分区按钮，则会直接运行到相应区域进行扫描，若扫描到物体，则"Arrived"后面的绿灯亮，表示扫描到物品，而后会自行夹取摆放。OpenMV 模块跟随 Z 轴扫描相应的区域，在 OpenMV 模块的设置中，需要事先设置好被检测物体颜色的阈值以及被检测物体形状的模板；在扫描过程中，OpenMV 模块会同时进行颜色检测和模板匹配，对于检测到的符合颜色和形状的物体都会输出其中心点像素坐标，与此同时，两组坐标的 X、Y 坐标值相减，当绝对值均小于 15 个像素点时，即为找到目标颜色及形状的物体。

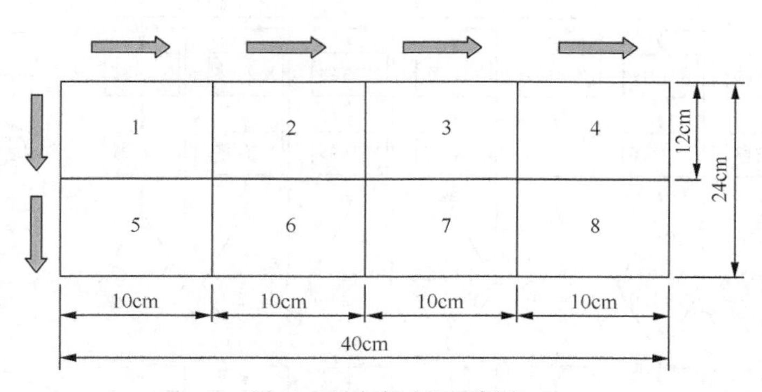

图 11-31　扫描分区示意图

未扫描到物体之前，X、Y 轴丝杆滑台会持续运动，直至两个轴都到达指定位置，X、Y 轴丝杆滑台停止运动，进行下一步操作。X、Y 轴平面运动示意如图 11-32 所示。

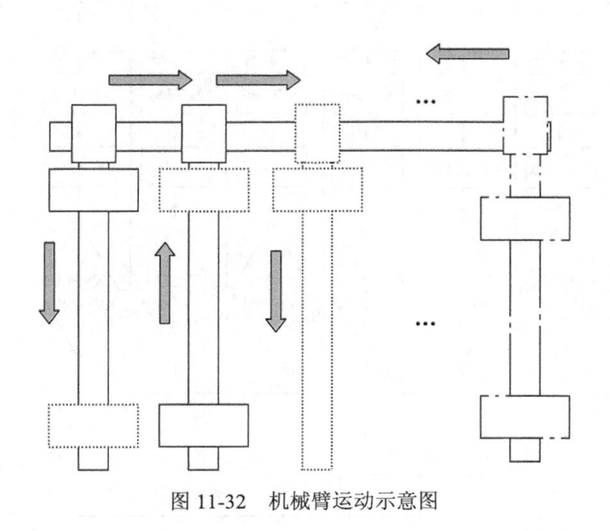

图 11-32　机械臂运动示意图

如果中途需要停止，按下"Pause"，则暂停自动运行的过程。整个自动控制流程如图 11-33 所示。

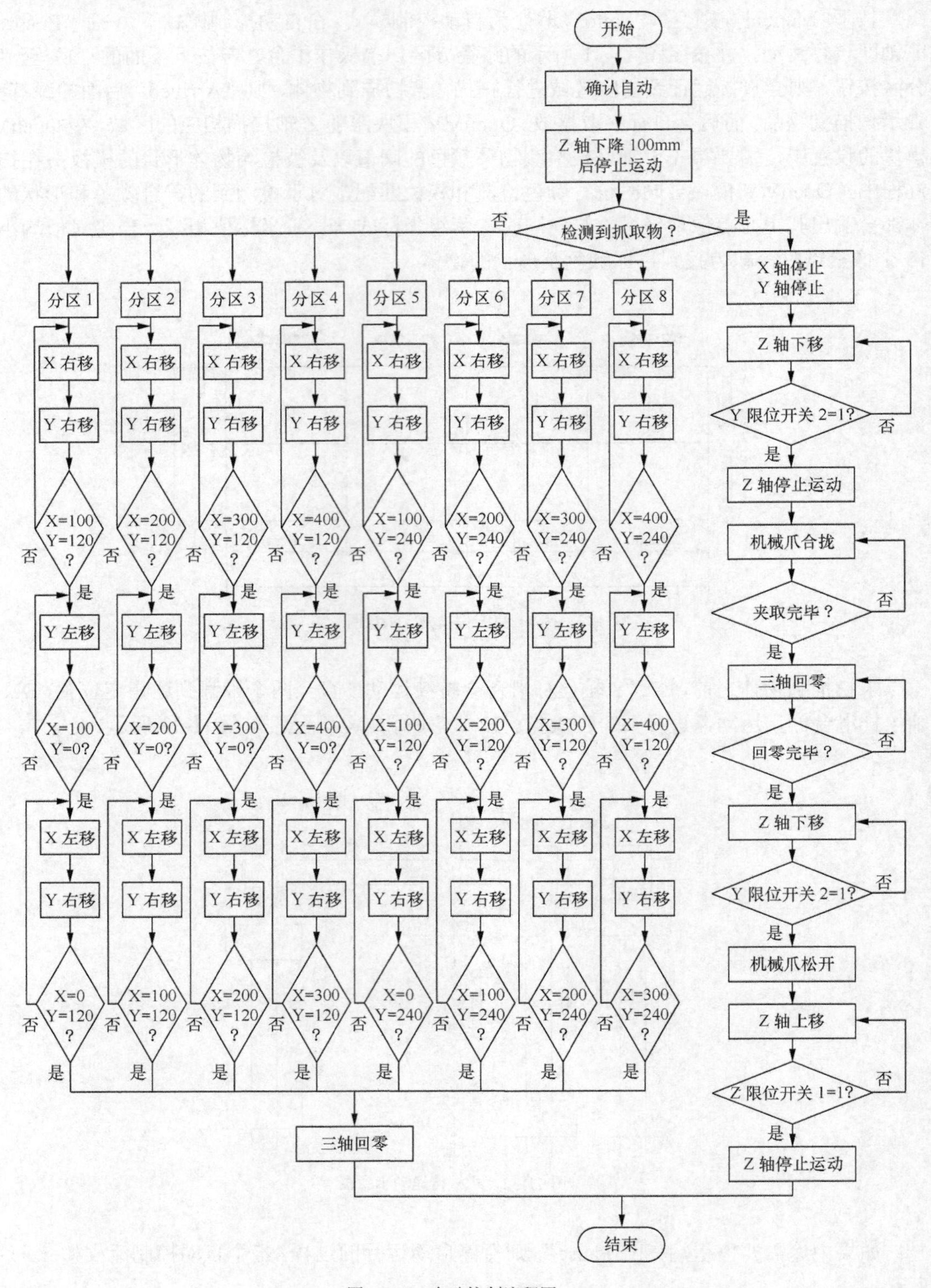

图 11-33　自动控制流程图

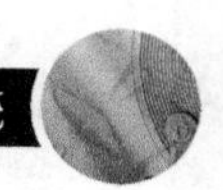

在任何模式下，运行过程中按下“Auto Reset”，将会三轴自动回零为下一次操作提前准备，自动回零过程如图 11-34 所示。

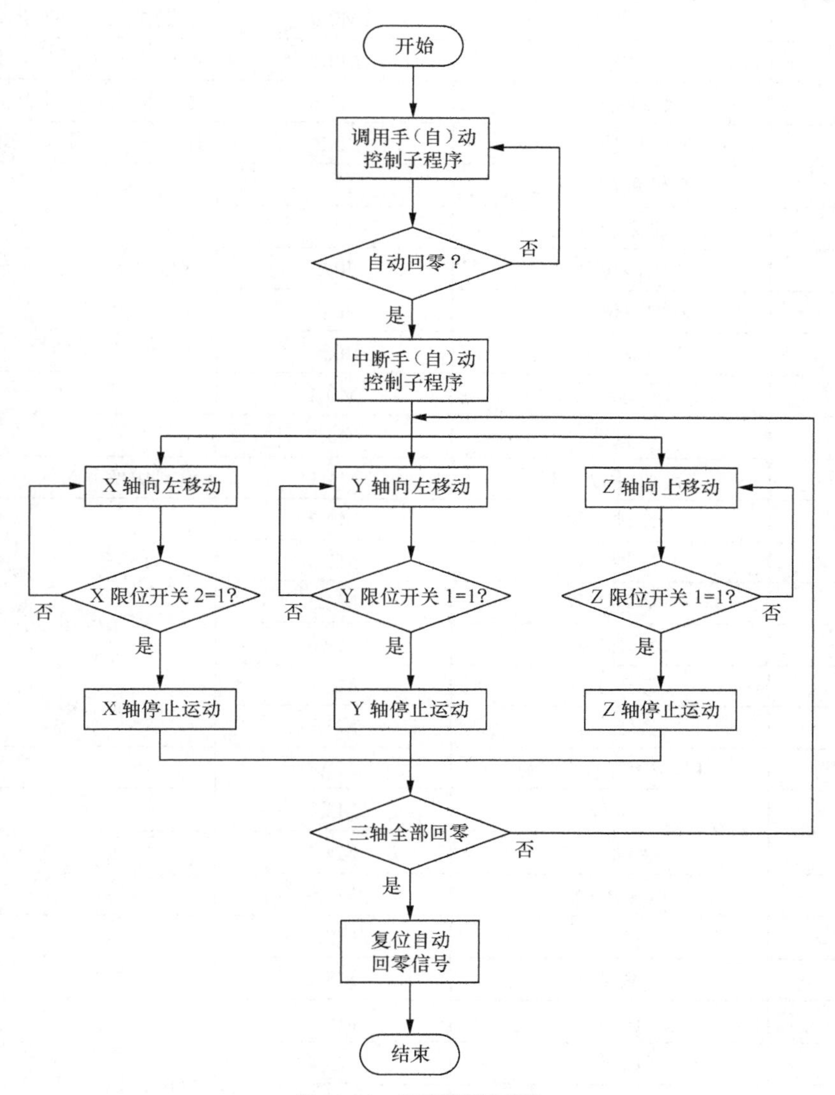

图 11-34 自动回零流程图

回零时会同时回零，但是由于三个轴的行程范围不一致，故而三轴到位的时间不一致。三轴回零时互不影响，各轴回零独立进行，各自到达相应的限位传感器时才会停止。三轴回零完毕，即到达初始位置——零点；故而自动回零也可在校正时使用。

根据以上流程图进行编程测试，也可检验流程图逻辑正确性。若测试表明流程有误，设计时，应根据测试结果修正流程图，两相印证，确保逻辑正确。

11.4.2 系统资源分配

系统资源分配见表 11-4、表 11-5。

表 11-4　　　　输入信号分配表

序　号	名　称	逻辑地址	注　释
1	启动	M0.0	面板输入，同时有实际开关
2	停止	M0.1	面板输入，同时有实际开关
3	自动回零按钮	M1.6	面板输入，无实际开关
4	X 轴限位开关 1	I0.0	限位开关，限制三轴运动范围
5	X 轴限位开关 2	I0.1	限位开关，限制三轴运动范围
6	Y 轴限位开关 1	I0.2	
7	Y 轴限位开关 2	I0.3	
8	Z 轴限位开关 1	I0.4	
9	Z 轴限位开关 2	I0.5	
10	加速	M0.4	
11	减速	M0.5	
12	自动/手动切换	M1.1	模式切换
13	X 轴左移	M0.2	手动控制按钮（可点动，可长按）
14	X 轴右移	M1.4	
15	Y 轴左移	M2.2	
16	Y 轴右移	M2.6	
17	Z 轴上移	M2.7	
18	Z 轴下移	M3.3	
19	自动控制确认按钮	M1.7	
20	暂停	M3.7	
21	手动夹取	M4.3	手控机械爪夹取
22	机械爪松开	M4.0	
23	区域 1	M5.1	分区按钮
24	区域 2	M5.2	
25	区域 3	M5.3	
26	区域 4	M5.4	
27	区域 5	M5.5	
28	区域 6	M5.6	
29	区域 7	M5.7	
30	区域 8	M6.0	

表 11-5　　　　输出信号分配表

序　号	名　称	逻辑地址	注　释
1	X 轴电机方向	Q2.1	步进电机脉冲和方向信号
2	Y 轴电机方向	Q2.3	
3	Z 轴电机方向	Q2.5	

续表

序　号	名　称	逻辑地址	注　释
4	X 轴脉冲	Q4.0	
5	Y 轴脉冲	Q4.1	
6	Z 轴脉冲	Q4.2	
7	舵机脉冲	Q4.3	
8	PWM1	QW1000	脉冲信号占空比
9	PWM2	QW1002	
10	PWM3	QW1004	
11	PWM4	QW1006	
12	X 轴行进长度	MD144	X 轴坐标
13	Y 轴行进长度	MD158	Y 轴坐标
14	Z 轴行进长度	MD166	Z 轴坐标
15	远程数据	MW30	

11.4.3 系统软件设计

1. 主程序

控制系统主程序负责控制系统的启动、停止以及各个子程序的调用，程序见图 11-35。

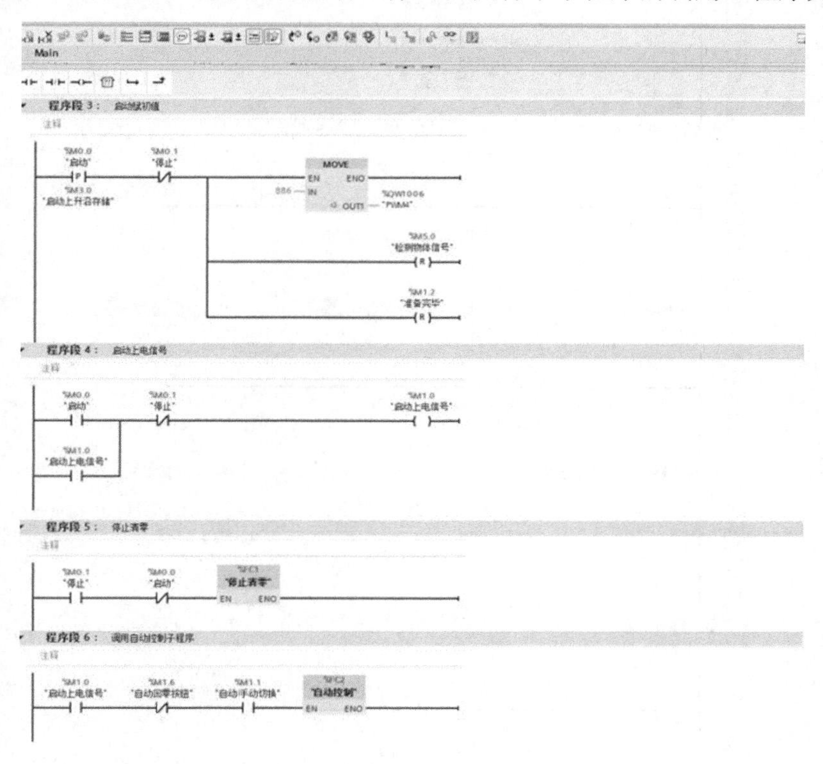

图 11-35　主程序

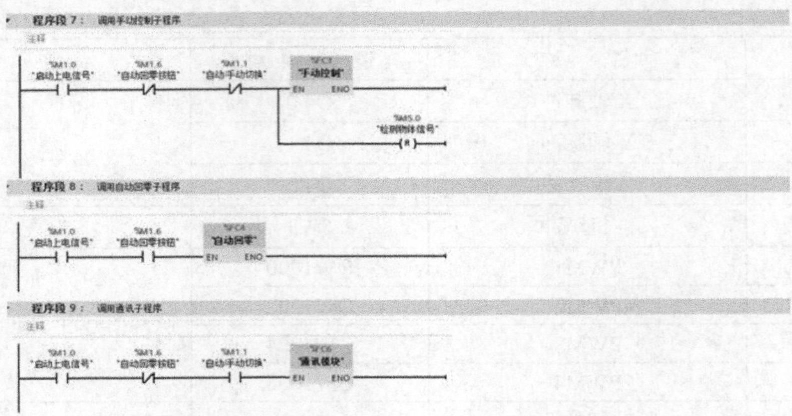

图 11-35　主程序（续）

2. 初始化程序

三轴运动控制系统在初次运行时，需要装载默认参数，进行初始化，使系统进入默认状态。图 11-36 所示为三轴运动控制系统初始化程序。

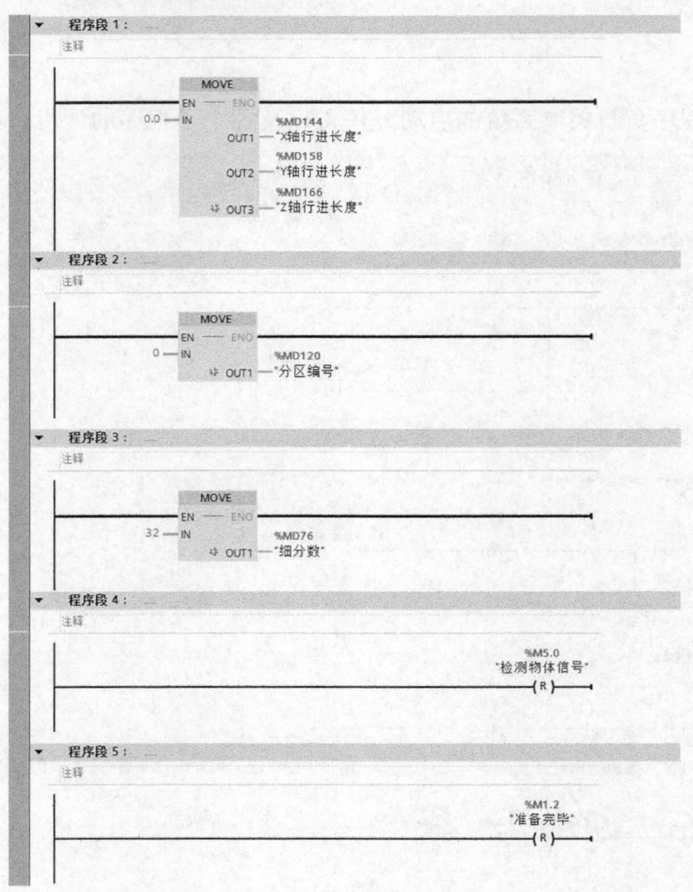

图 11-36　初始化程序

3．定位控制程序

如 11.4.1 所述，本控制系统的基础是闭环控制，所以无论是手动控制还是自动控制，都需要有定位程序反馈各轴实际运动到达的位置，作为下一步执行动作的判断信号。定位控制程序如图 11-37 所示，包括 X 左右移动、Y 轴前后移动以及 Z 轴上下移动的定位。

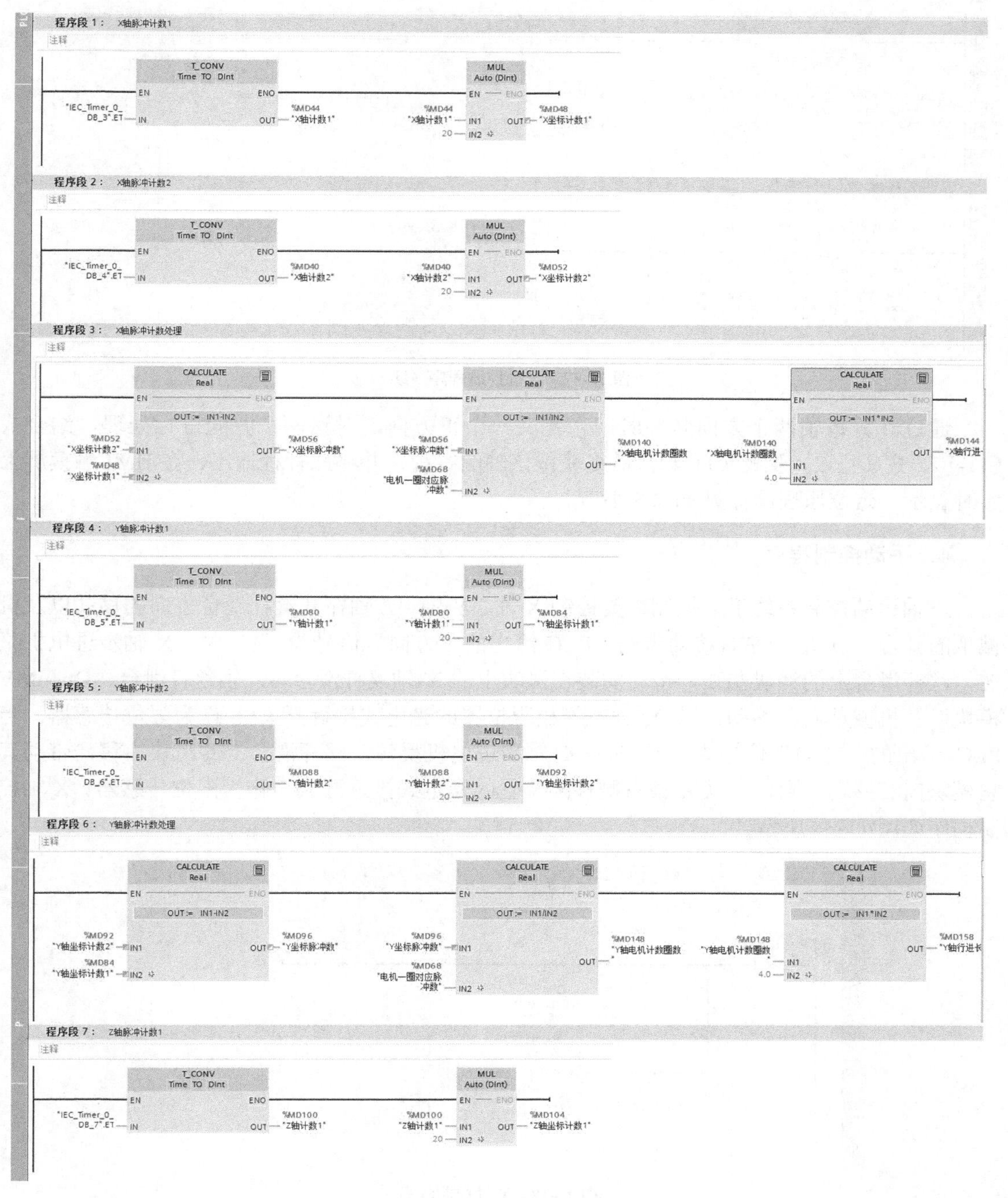

图 11-37　定位控制程序

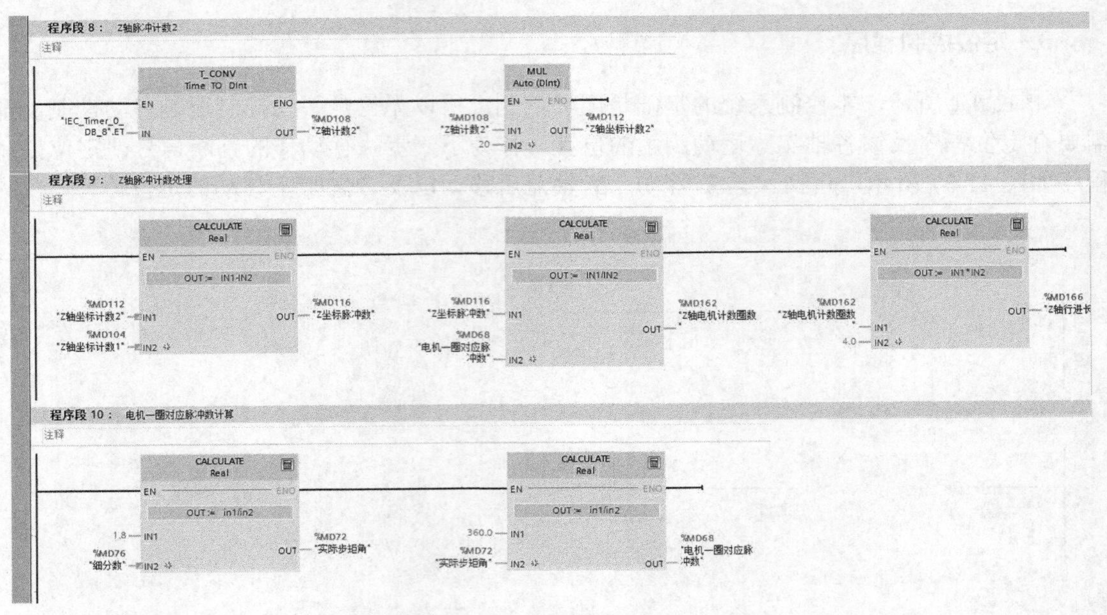

图 11-37　定位控制程序（续）

通过计算每轴两个方向脉冲时间，定义一个正方向，对这两个时间进行处理，结合式（11-1）、式（11-2）及式（11-4），最终获得该轴的行程，并将此行程输出，在HMI触摸屏上实时显示，定位原理具体见11.2.5小节。

4．手动控制程序

三轴运动控制系统手动控制需要控制X轴、Y轴、Z轴在其丝杆滑台方向的移动以及机械爪的开合。以X轴左右移动为例，PLC给出的“方向”信号为“1”时，X轴步进电机正转，丝杆滑台上的滑块左移，带动安装在滑块上的Y轴丝杆滑台、Z轴丝杆滑台、OpenMV模块以及机械爪向左移动，以X轴左侧极限位置的光电式接近开关1作为限位传感器。当PLC给出的“方向”信号为“0”时，X轴步进电机反转，丝杆滑台上的滑块右移，带动其它模块向右移动，同样，以X轴右侧极限位置的光电式接近开关2作为限位传感器。X轴控制程序如图11-38所示。

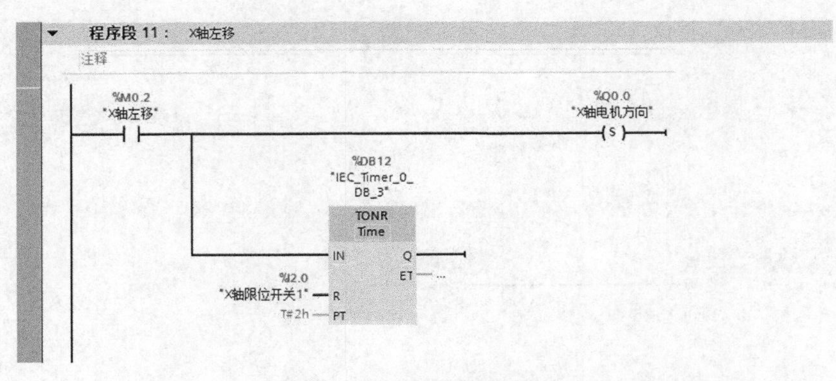

图 11-38　X轴控制程序

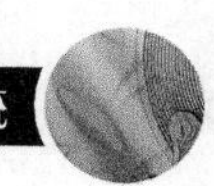

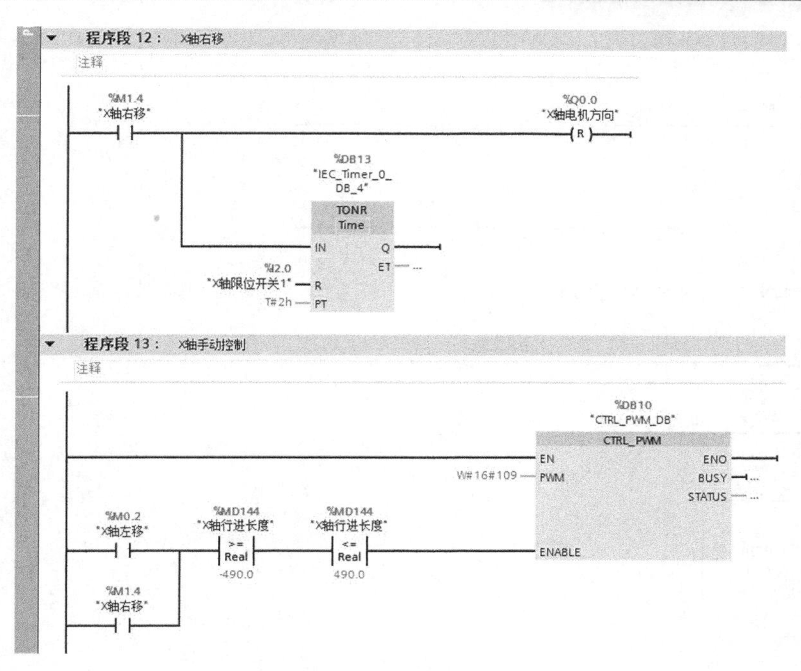

图 11-38　X 轴控制程序（续）

Y 轴及 Z 轴控制原理及程序与 X 轴类似，区别在于控制各电机的 PWM 波信号以及各轴运动范围，X 轴运动范围为 0～500mm，Y 轴运动范围为 0～400mm，Z 轴运动范围为 0～300mm。设计时，做出相应调整即可。

手动控制的另一个重要控制是对机械爪的控制，其控制原理见 11.3，需要通过改变输出到舵机的 PWM 波的占空比来改变机械爪开合角度。为方便夹取，以机械爪完全合拢定义为 0°，一次信号打开 15°，连续信号则持续打开，上限值为 90°，程序如图 11-39 所示。

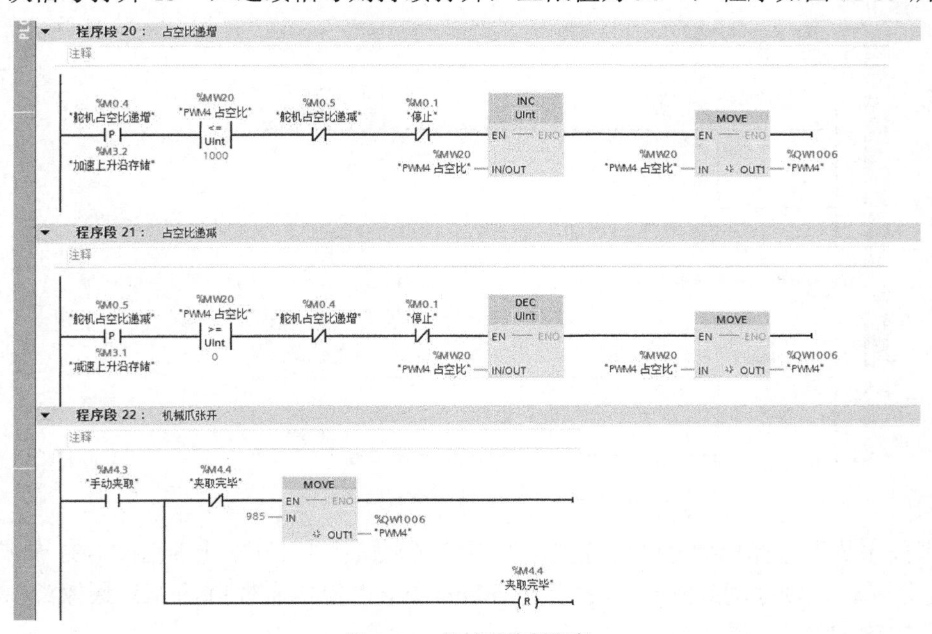

图 11-39　机械爪控制程序

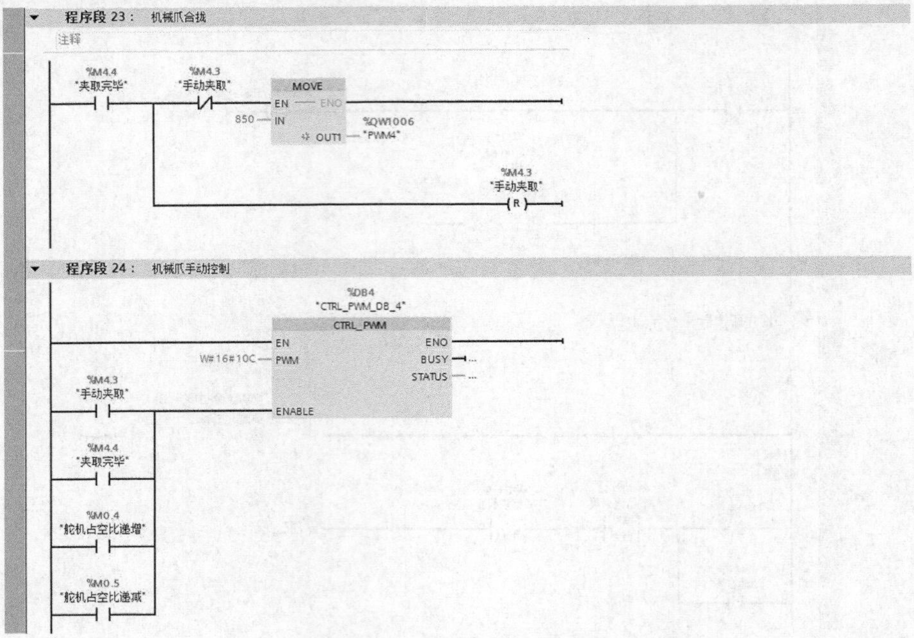

图 11-39 机械爪控制程序（续）

5. 自动控制程序

三轴运动控制系统自动控制程序分为参数初始化、选区、X 轴运动自动控制、Y 轴运动自动控制、Z 轴运动自动控制、机械爪自动控制、未扫描到目标定义、清零复位等 8 个部分。

参数初始化负责每次自动控制的自行校正以及“暂停”自动控制，程序如图 11-40 所示。

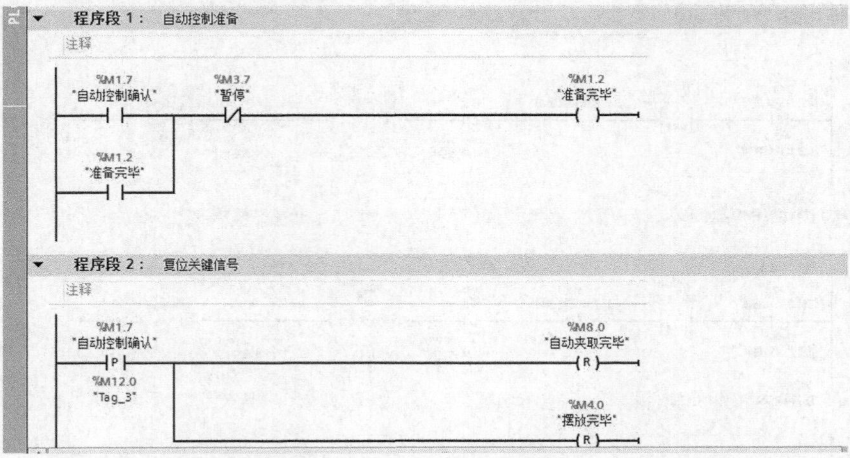

图 11-40 自动控制参数初始化程序

选区程序负责选择扫描分区的位置，若不定义则默认为“0”，按照图 11-31 轨迹依次扫描；选定分区后 Z 轴移动到操作平台上方 150mm 处，以便扫描时 OpenMV 摄像头稳定工作，具体程序如图 11-41 所示。

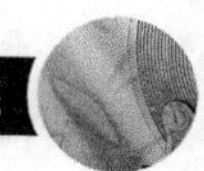

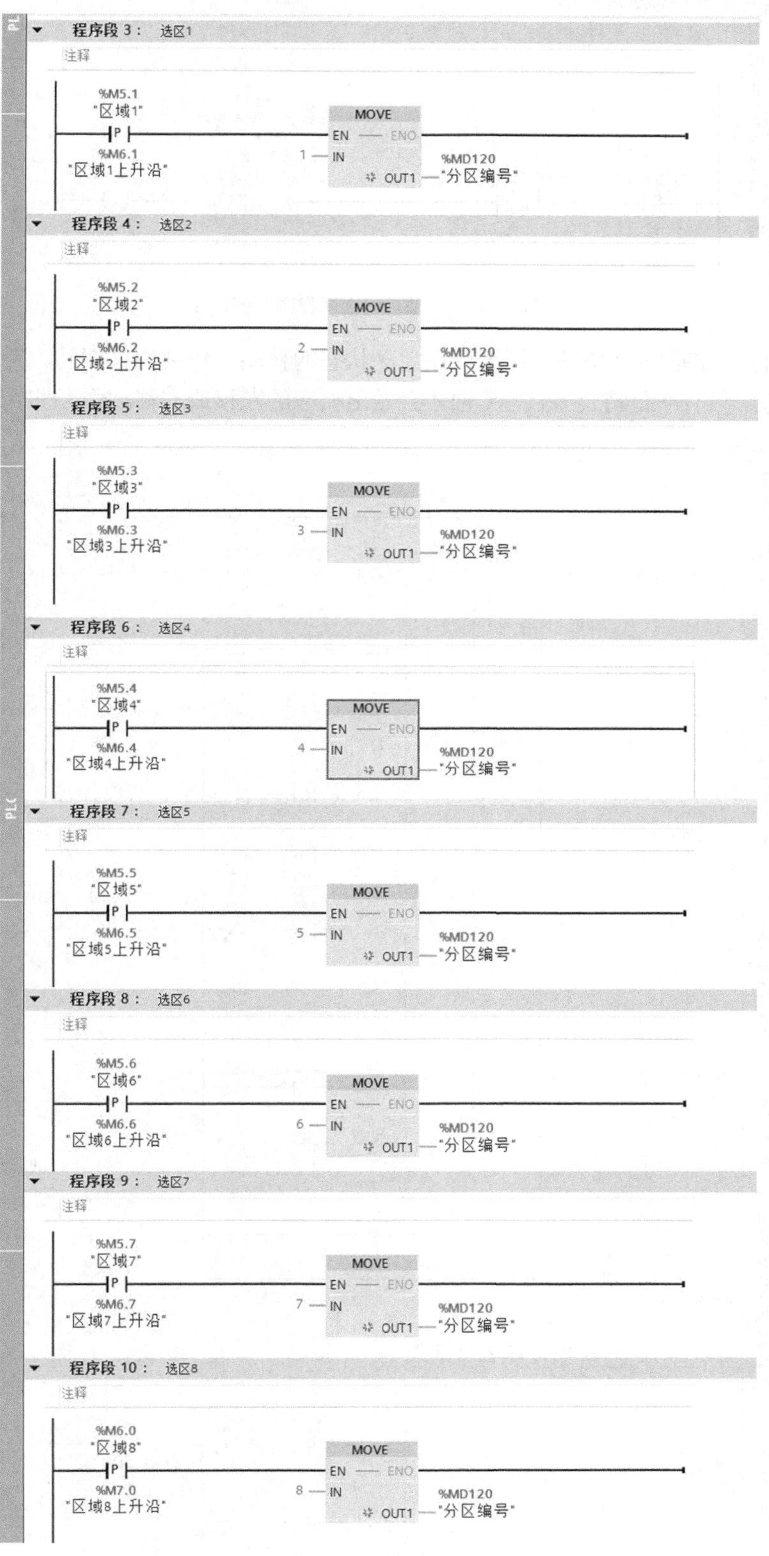

图 11-41　自动控制选区程序

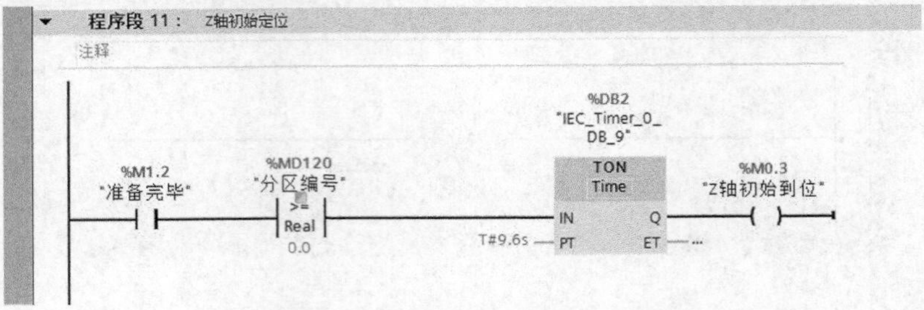

程序段 11： Z轴初始定位

注释

%DB2
"IEC_Timer_0_DB_9"

%M1.2
"准备完毕"

%MD120
"分区编号"
>=
Real
0.0

TON
Time
IN Q
T#9.6s — PT ET — ...

%M0.3
"Z轴初始到位"

图 11-41 自动控制选区程序（续）

X 轴运动自动控制负责 X 轴丝杆滑台在自动状态的移动，包括扫描期间、夹取摆放期间以及回零期间的移动，只有满足特定条件，X 轴才会做出相应的左移或右移动作，程序如图 11-42 所示。

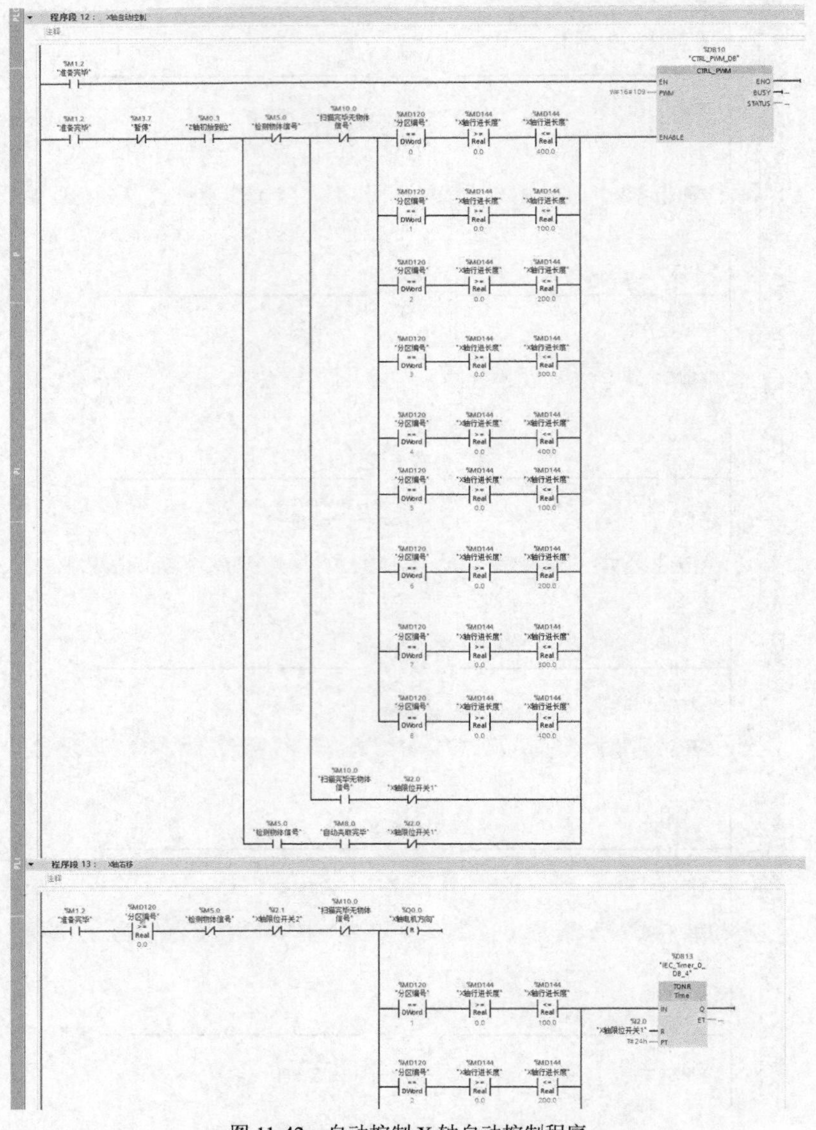

图 11-42 自动控制 X 轴自动控制程序

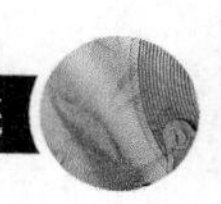

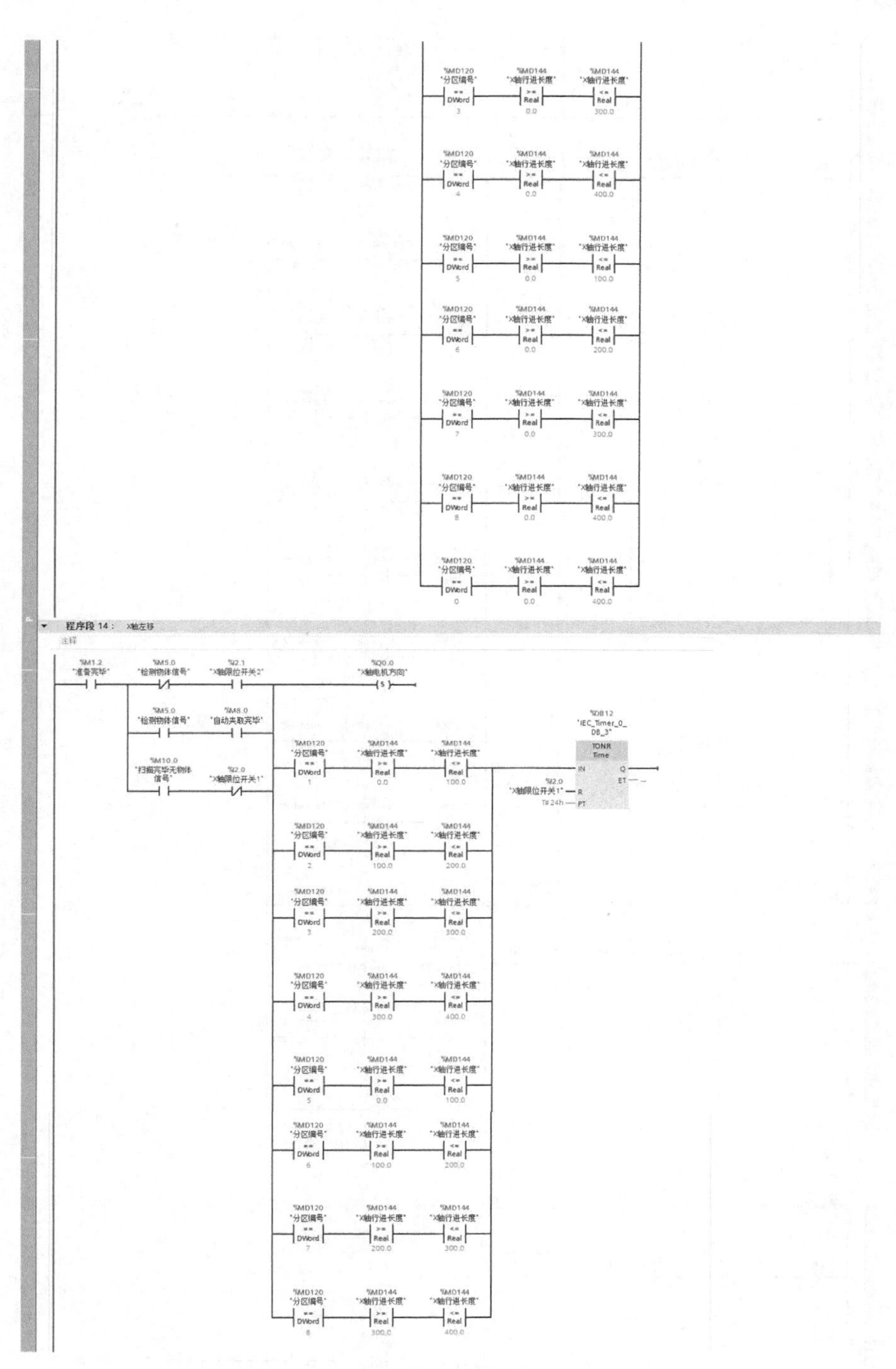

图 11-42 自动控制 X 轴自动控制程序（续）

Y 轴运动自动控制负责 Y 轴丝杆滑台在自动状态的移动，同样包括扫描期间、夹取摆放期间以及回零期间的移动，但是参照分区轨迹图 11-31 可知 Y 轴在扫描时只需要分成两个部分即可，比 X 轴动作少一些，程序如图 11-43 所示。

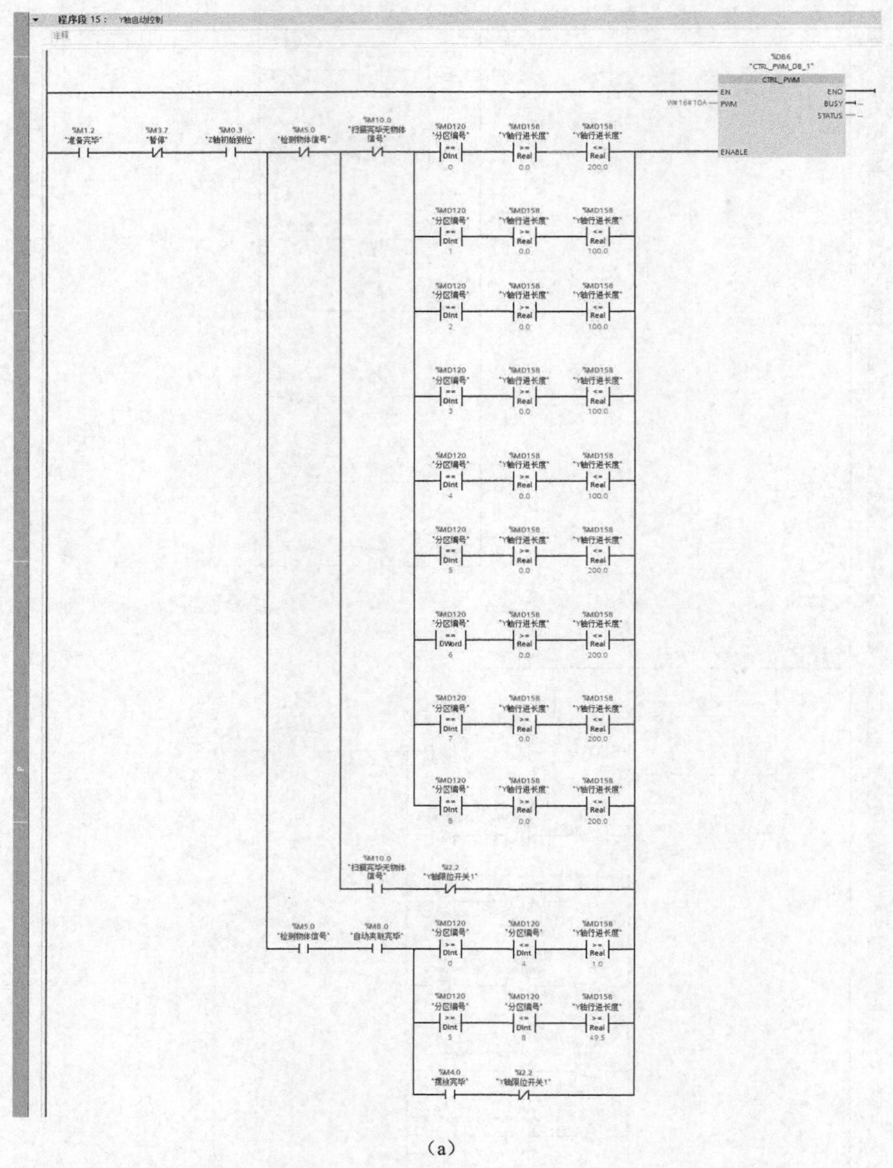

（a）

程序段 16： Y轴右移

图 11-43　自动控制 Y 轴自动控制程序

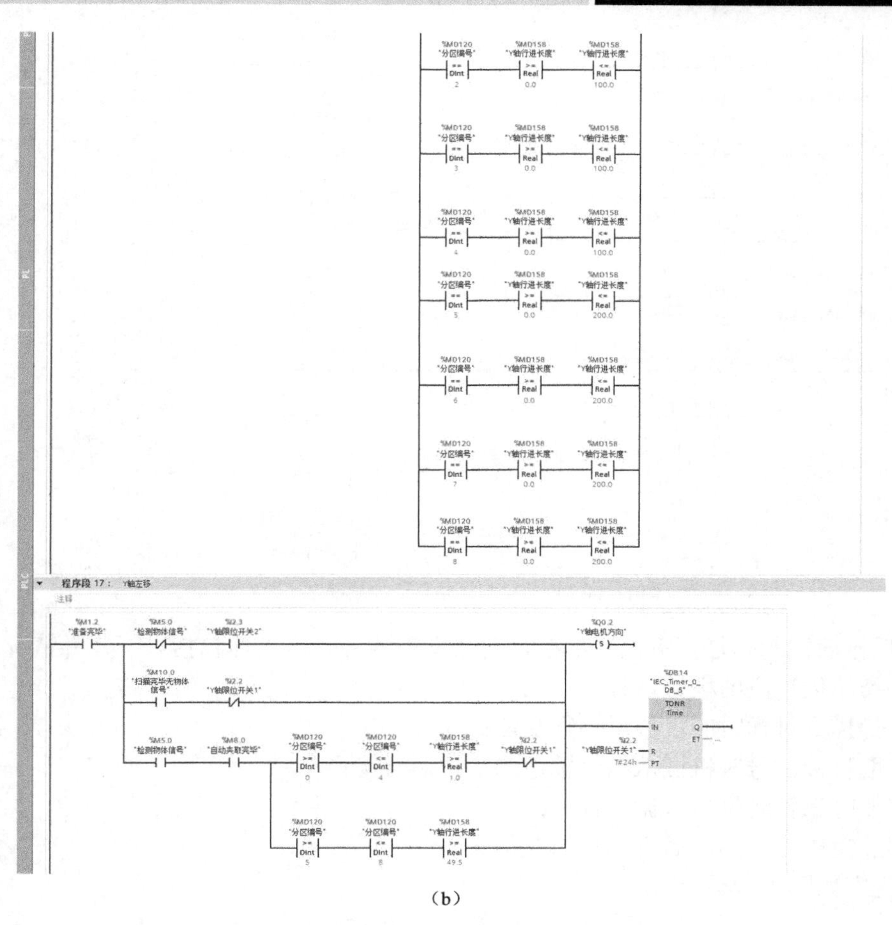

（b）

图 11-43　自动控制 Y 轴自动控制程序（续）

Z 轴运动自动控制负责 Z 轴丝杆滑台在自动状态的移动，包括分区阶段、夹取摆放期间以及回零期间的移动，比 X、Y 两轴动作少一些，程序如图 11-44 所示。

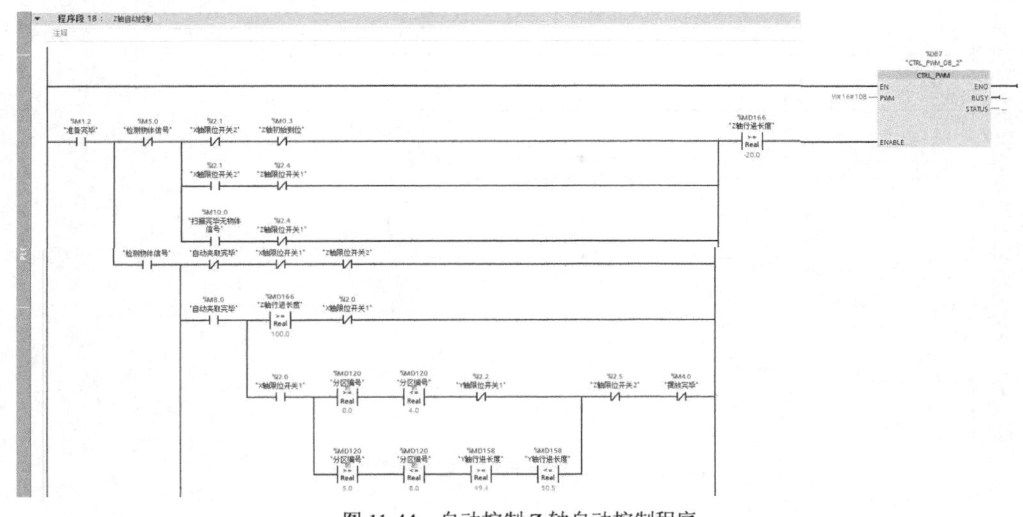

图 11-44　自动控制 Z 轴自动控制程序

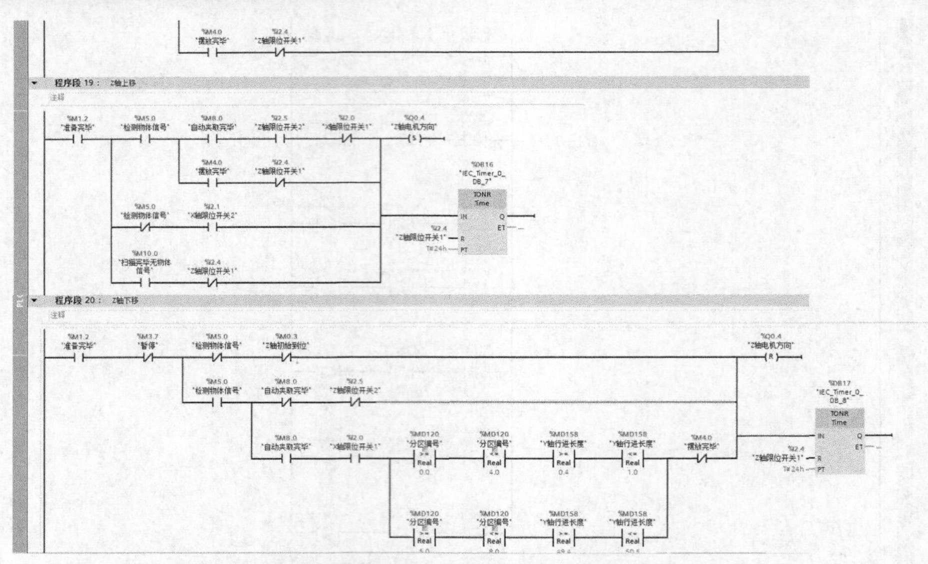

图 11-44　自动控制 Z 轴自动控制程序（续）

机械爪自动控制则是负责机械爪在自动状态下的开合，具体包括以下几种情况。

1）在初始化阶段的机械爪打开；

2）未扫描到目标时的机械爪自行复位；

3）获取目标信号时机械爪在三轴运动到位后合拢；

4）摆放时三轴到位后机械爪打开；

5）摆放完毕三轴回零后机械爪的复位。

具体程序如图 11-45 所示。

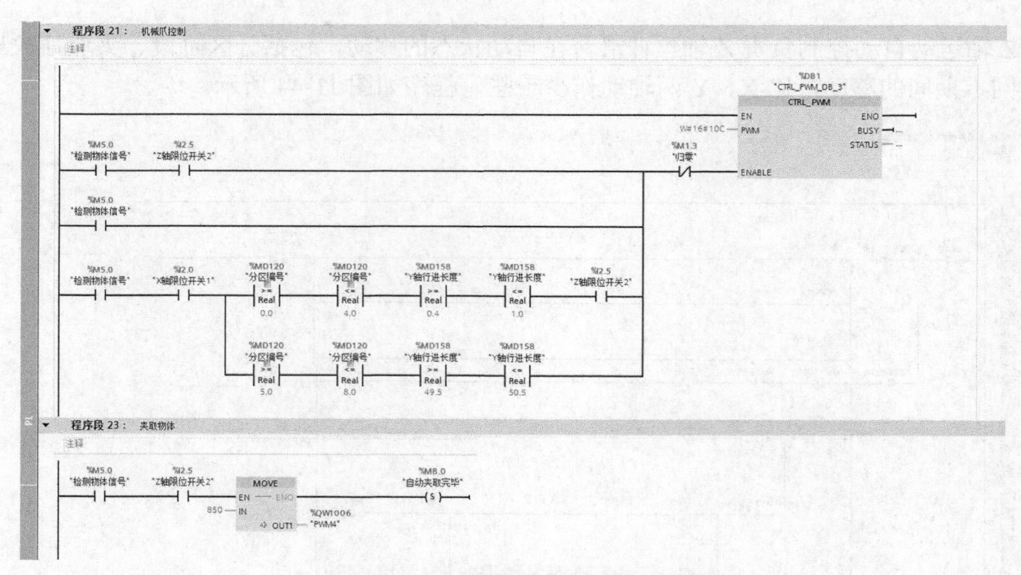

图 11-45　自动控制机械爪自动控制程序

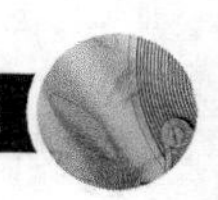

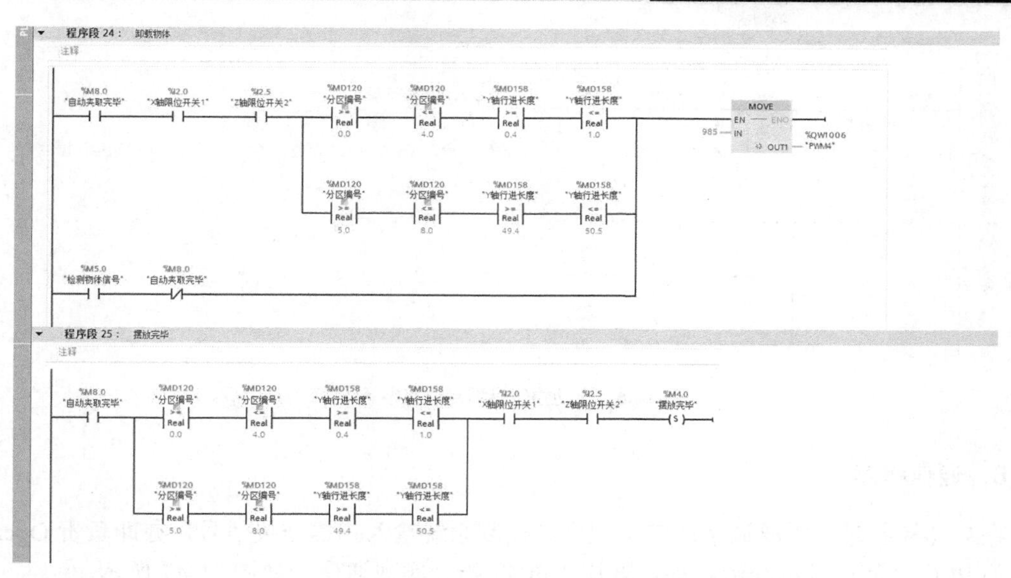

图 11-45　自动控制机械爪自动控制程序（续）

当扫描完整个操作平台扫描区域，若仍未扫描到目标，则给出相应信号，自动控制程序执行另一支路，同时触发复位和回零信号，详细程序如图 11-46 所示。

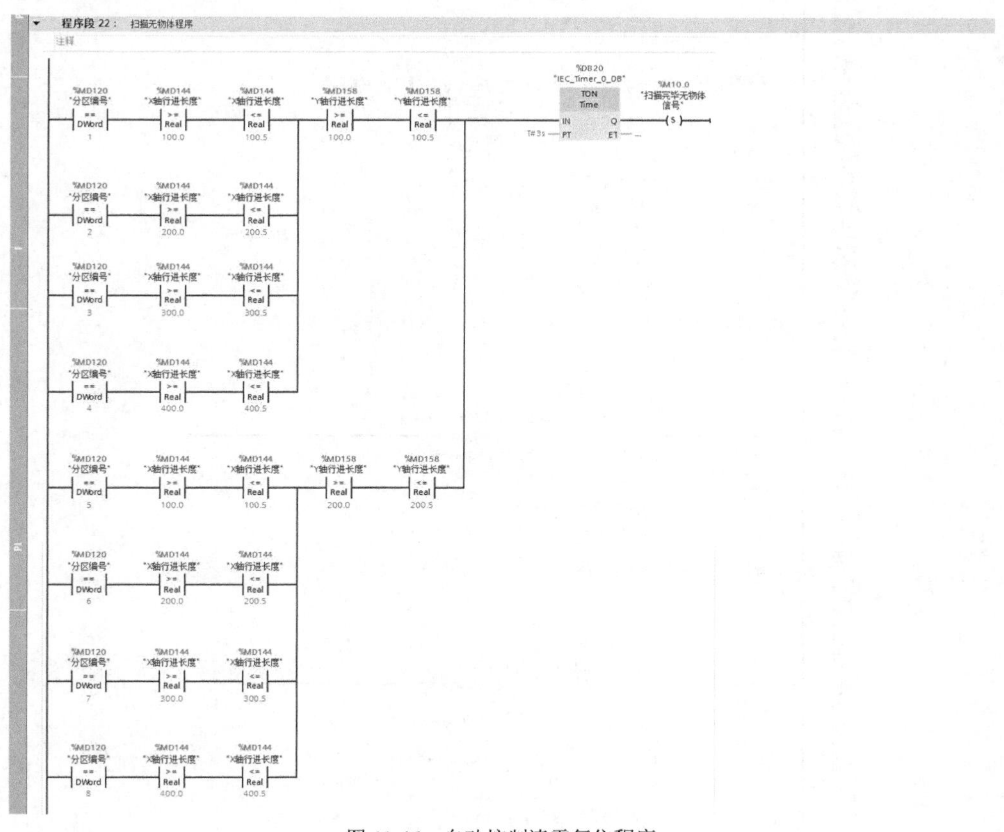

图 11-46　自动控制清零复位程序

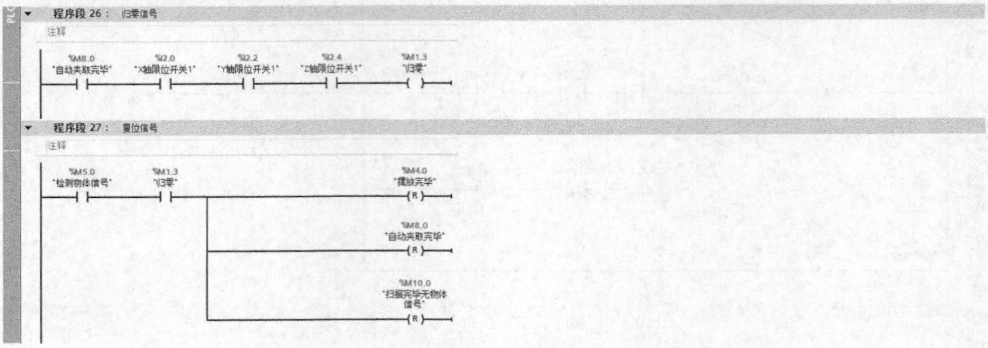

程序段 26： 归零信号

注释

%M8.0 "自动夹取完毕" %I2.0 "X轴限位开关1" %I2.2 "Y轴限位开关1" %I2.4 "Z轴限位开关1" %M1.3 "归零"

程序段 27： 复位信号

注释

%M5.0 "检测物体信号" %M1.3 "归零" %M4.0 "摆放完毕" %M8.0 "自动夹取完毕" %M10.0 "扫描完毕无物体信号"

图 11-46　自动控制清零复位程序（续）

6．通信程序

在自动控制时，需要调用通信子程序给控制系统输入扫描结果信号，亦即负责 OpenMV 模块与 PLC 之间的数据交流程序，选用“PtP”指令实现通信，如图 11-47 所示。

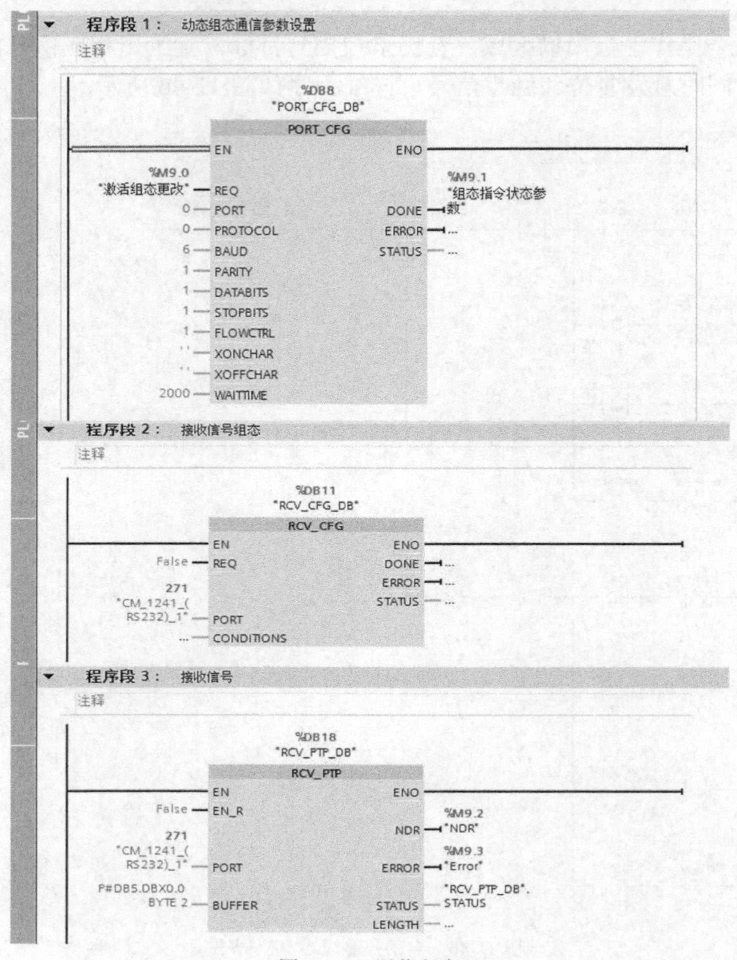

图 11-47　通信程序

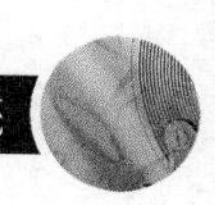

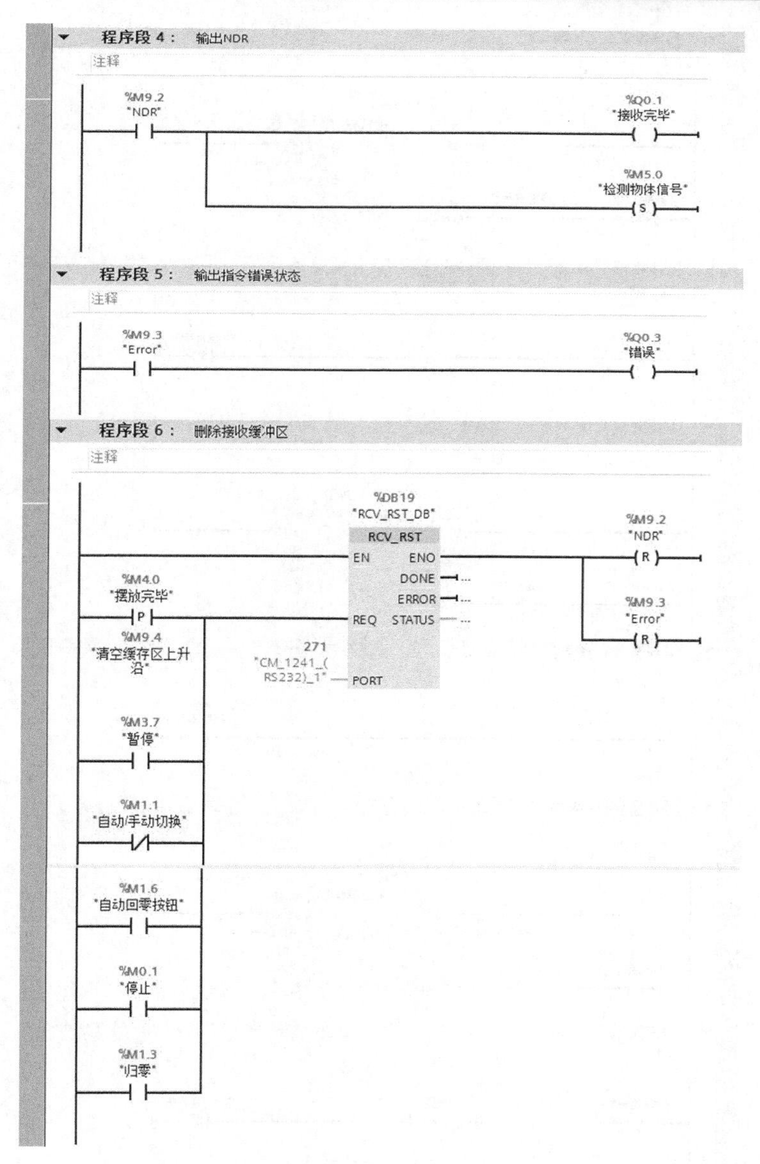

图 11-47 通信程序（续）

7．自动回零程序

如上文所述，无论是出于校正或者其他操作目的，操作者在任何状态下均可使控制系统自动回零，即自动回零程序优先级高于手动控制、自动控制等程序，具体程序见图 11-48。

图 11-48 自动回零控制程序

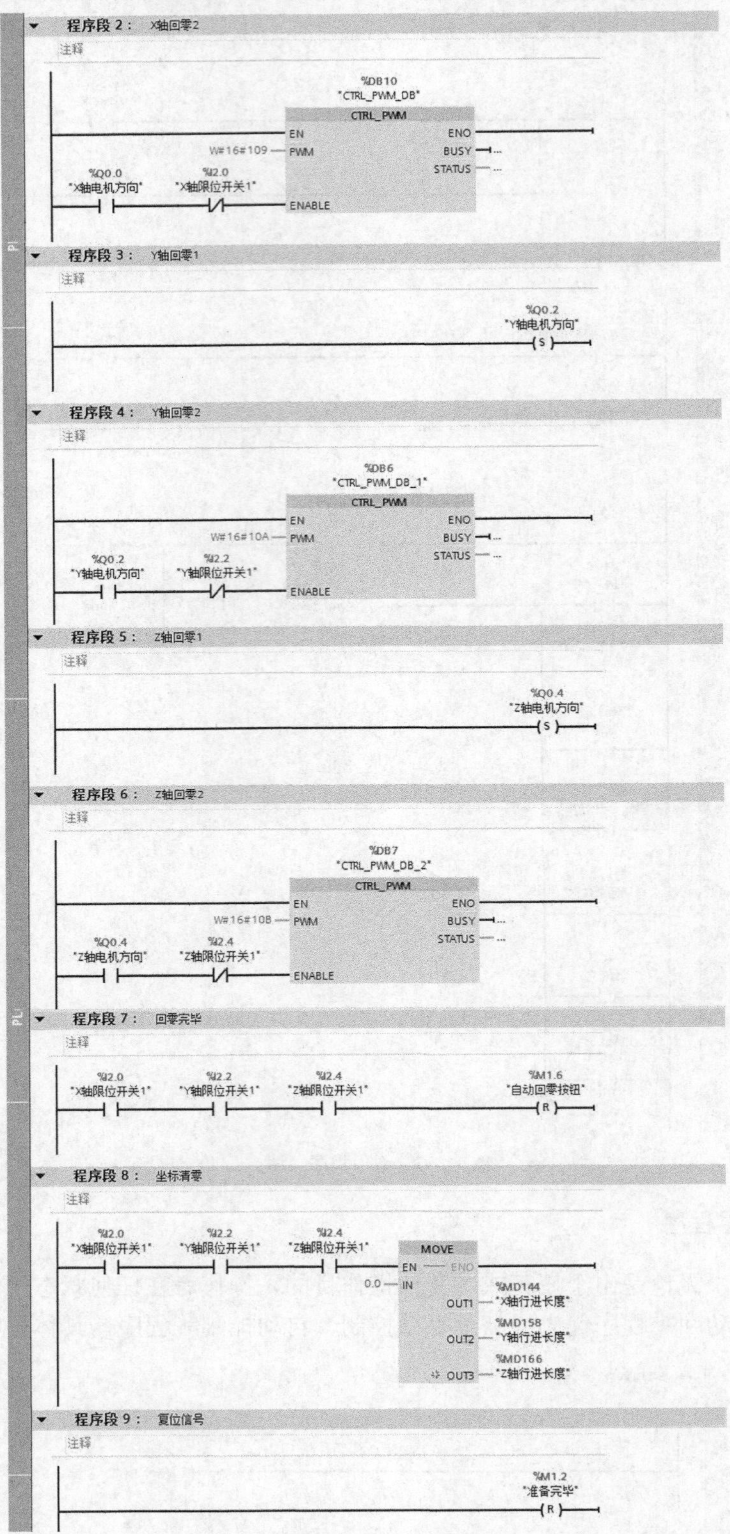

图 11-48　自动回零控制程序（续）

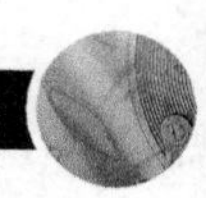

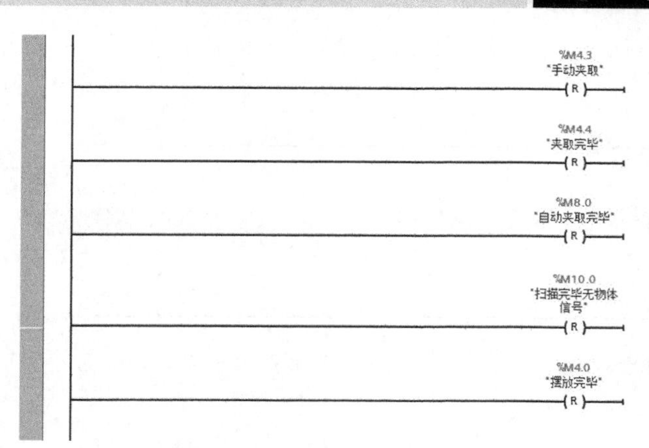

图 11-48　自动回零控制程序（续）

8. 清零程序

当程序运行一段时间或者出现故障情况时，为校正控制系统，清除上次设置的影响，需要对整个系统的关键参数进行清零复位。图 11-49 所示即为三轴运动控制系统清零程序。

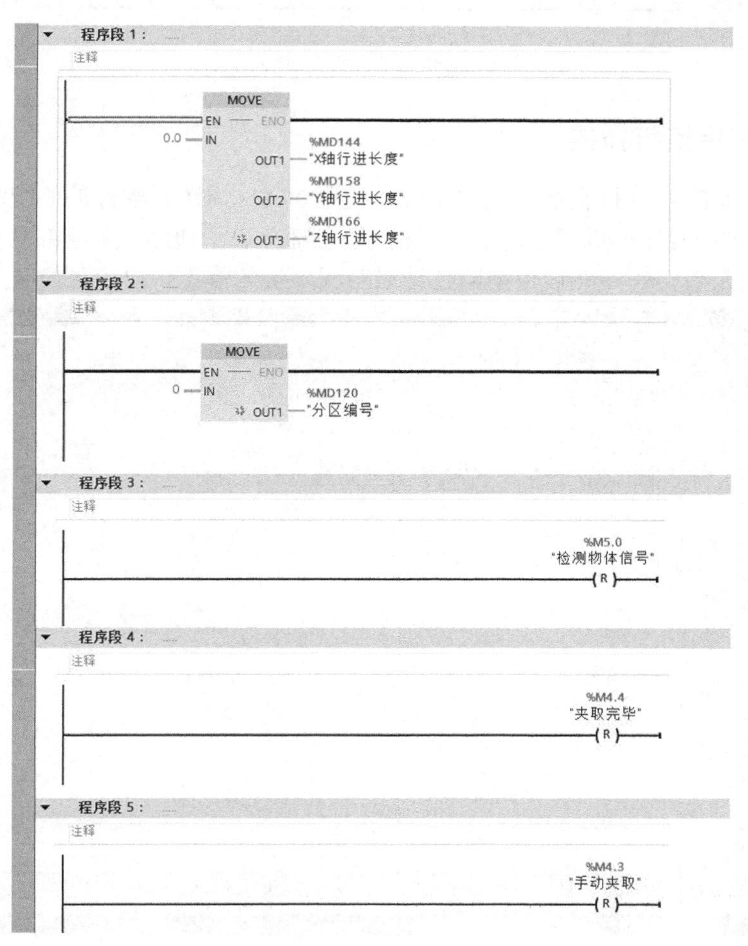

图 11-49　清零程序

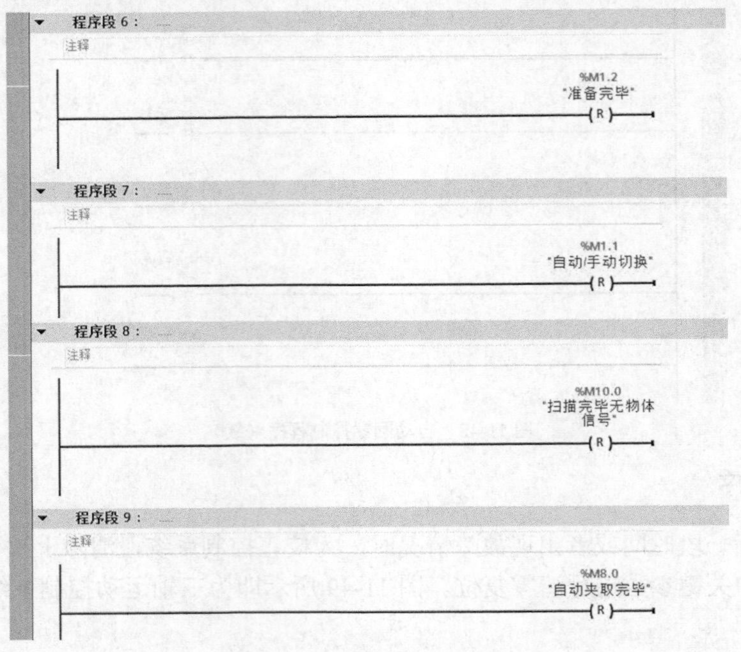

图 11-49 清零程序（续）

11.4.4 程序运行监控

S7-1200 系列 PLC 支持在线编程和监控，使用 TIA（博图）软件的监控功能即可实时检测程序效果，如图 11-50、图 11-51 所示，图中绿色部分表示通路，灰色部分表示短路，可据此判断程序逻辑是否正确，然后根据监控结果对程序进行修正，以满足设计要求。

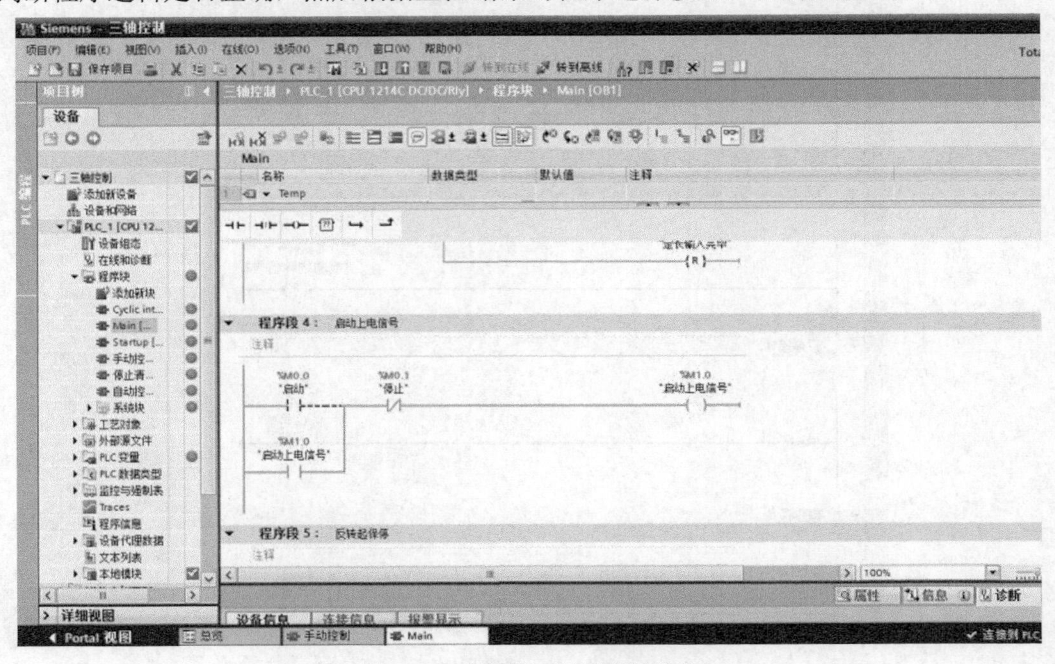

图 11-50 主程序运行过程监控结果

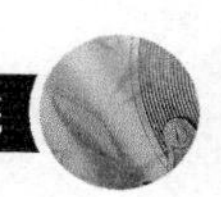

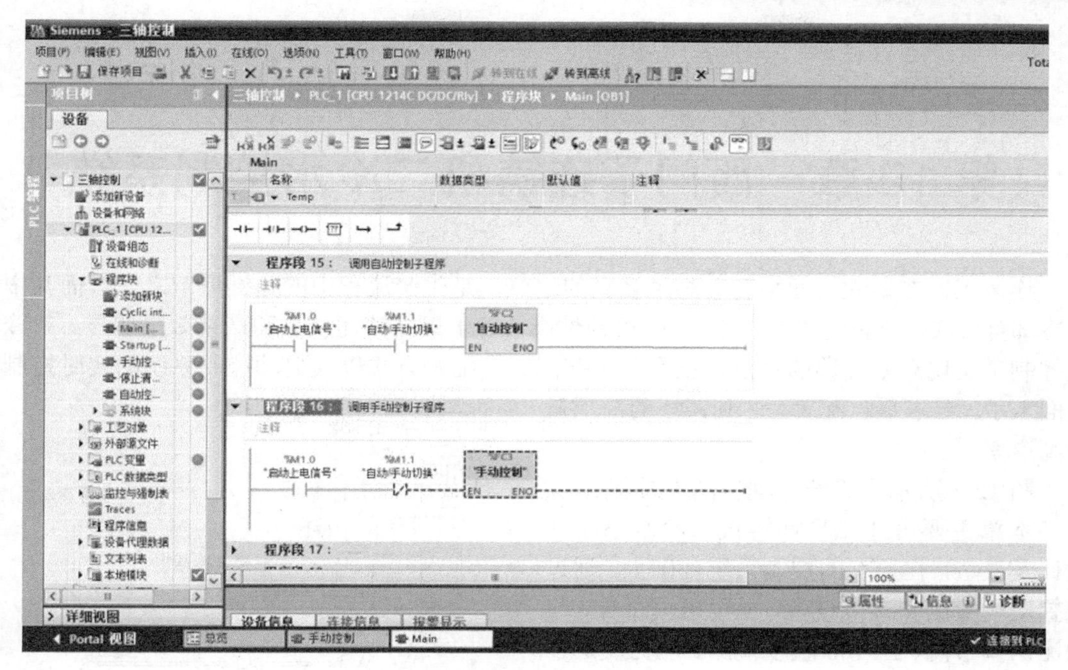

图 11-51 调用子程序监控结果

11.5 本章小结

本章通过对 PLC 三轴运动控制系统的设计，简要介绍了三轴运动控制系统的组成及控制工艺，详细讲解了三轴运动控制系统的硬件和软件控制系统的设计，并重点阐述了 PLC 控制步进电动机的方法以及 S7-1200 的脉冲发生器功能指令的组态及应用方法，同时着重介绍了设计软件程序时应注意的流程和方法，设计流程及软件编程是相辅相成的，两者可以互相作为修正改进的参考。

第 12 章　西门子连铸机二冷水控制系统

连铸工艺在钢铁工业中有着举足轻重的地位，是生产流程中的关键环节之一，而其中二次冷却部分（以下简称“二冷水”）的可控性高，对于提高铸坯质量和产量效果明显。二冷水的控制是实现高效连铸的重点，主要从工艺配置、配水方式以及自动控制系统的实时控制三方面入手，寻求最佳配置，达到铸坯的高质量和高产率。

图 12-1 所示为连铸过程的基本过程。

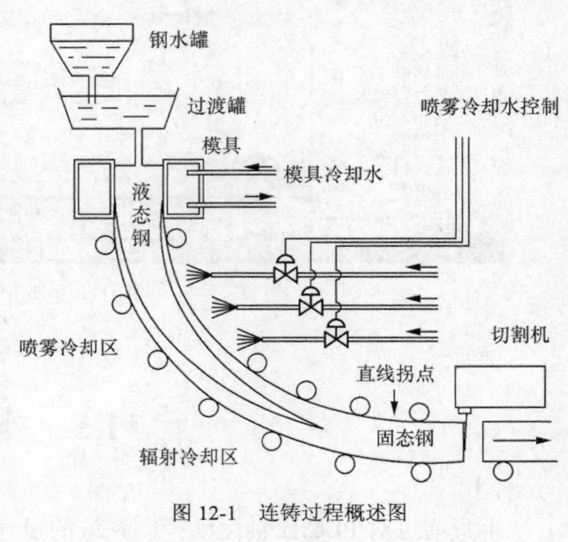

图 12-1　连铸过程概述图

本章主要讲述弧形连铸机二冷水系统的设计及改造，在原有的控制系统基础上，通过配置现场检测和调节设备，如电磁流量计、气动比例调节阀、PT100 温度检测、压力变送器和位置传感器等检测元件和执行元件，实时采集现场信号送至 PLC。同时增加 PLC 内部的 PID 功能模块，以水管的实际流量作为反馈量，完善 PLC 程序，使系统由原来较为简单的开环控制系统升级为闭环控制系统，以实现对水量的精确控制，获得铸坯最佳冷却效果，满足生产工艺需要，降低漏钢率，提高铸坯外形质量。采用西门子 S7-300 PLC 进行相应程序设计，用 HMI 开发软件西门子 WinCC 设计二冷水工艺画面，通过 MPI 连接画面和程序，对设计系统进行仿真测试。

12.1　连铸机二冷水系统简介及工艺流程分析

连铸，即连续铸钢，是在钢铁厂生产各类钢铁产品过程中，使用的一门将钢水直接浇铸成型的先进技术。与传统的模铸法相比较，连铸技术优势显著，简化了从钢液到钢坯的生产流程，能大幅提高金属收得率和铸坯质量，节约能源等。连铸的具体流程为：钢水不断地通过水冷结晶器，凝成硬壳后从结晶器下方出口连续拉出，经喷水冷却，全部凝固后切成坯料。

12.1.1　连铸机二冷水系统简介

铸坯从结晶器进入二冷区，仍有大部分钢水没有凝固，因此位于二冷区的铸坯必须经过冷却水进一步冷却，来达到完全凝固。二冷水控制是连铸控制系统的重要组成部分，其控制质量直接影响着铸坯的内部和外部质量，例如内部裂纹、表面裂纹和铸坯鼓肚等缺陷均与配

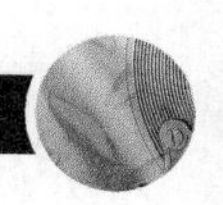

水质量有关。

目前二冷水的控制方法主要有人工配水、比例控制、参数控制、温度反馈控制、理论模型控制以及人工神经网络控制等。国内主要为人工配水和比例控制。配水方法有静态配水和动态配水。

二次冷却是将雾化的水直接喷射到高温铸坯的表面，加速其热量的传递，使铸坯得以迅速凝固。根据钢种、铸坯断面尺寸、拉速和工艺参数对二次冷却的总水量及各段水量的分布进行实时地控制和调节，通过计算机模拟凝固过程以求得二次冷却区最佳冷却水分配，以期得到较高的生产率和良好的铸坯质量。

二次冷却控制系统是连铸机生产过程中一个非常关键的环节，传统的二次冷却控制系统由工艺人员按钢种、断面及拉速的不同，根据一定的冷却强度设计配水表，人工调整水量，达到冷却控制的目的。因人为因素影响，特别是拉速变化时水量控制会产生滞后，难以保证铸坯的产量和质量，甚至由于配水量的不适还可能会造成生产事故。在生产负荷日益加重的今天，由于二次冷却控制不当，出现了一些铸坯缺陷：内部裂纹、铸坯菱变（脱方）、铸坯鼓肚、表面裂纹，严重影响了钢坯的质量。故需对其控制系统进行改造，以提高系统的控制精度及可靠性。

冷却水经连铸机处理后，经过滤器送到配水室，再通过配水室的管道过滤器进入二冷配水区，从二冷配水区的总管上分为 5 个支管 26 个回路进入二冷水各水管。二次冷却装置由三段组成，即足辊段、I 段、II 段，共分为 13 个区，足辊段对应的是 0、1 区，I 段对应 2～7 区，II 段对应 8～13 区。除 0、1 区各自对应一个回路外，2～13 区的每个区对应两个回路，一个回路对该区的内弧供水，另一个回路对外弧和两侧供水。进入支管的冷却水再通过电磁流量计和气动比例调节阀调节进入各回路的喷嘴，直接喷射到铸坯表面对铸坯进行冷却。带氧化铁皮的回水通过铁皮沟进入水处理系统，经处理后再循环供二冷水各区使用。

12.1.2 连铸机二冷水系统工艺流程分析

连铸二次冷却的作用是在板坯离开结晶器后连续地对其表面进行冷却，以使板坯的表面温度按铸流方向均匀下降冷却，促使坯壳迅速凝固变厚，从而达到板坯固化的目的。合理地分配和控制二冷水水量，对保证铸坯质量和提高生产效率有着重要的作用。

1. 影响因素

在二冷区中，喷淋冷却水带走了铸坯传热量的 60%左右，冷却作用占主导地位。其中 55%左右的热量是由冷却水滴汽化带走的，剩下 5%则是由水滴吸收铸坯表面热量升温流带走的。

二冷系统的影响因素有很多，除浇注钢种、拉坯速度、断面尺寸外，也应考虑到冷却水流量，平均水滴直径和速度、冲击角度和润湿程度等，喷嘴的特性、锥形、距铸坯表面的距离、排布等也对二冷传热有很大影响。

2. 优化原则

二冷的目的是使铸坯离开结晶器后接受连续冷却并在尽可能短的时间内达到完全凝固，以提高铸机的生产能力。同时在二冷过程中，控制铸坯的表面温度处于要求范围内且波动最小，以获得良好的内外部质量。因此从铸坯产量和质量两方面来考虑在一定铸机条件下的二冷优化原则：

（1）铸坯冷却强度合适

二次冷却区铸坯凝固的动力来自于铸坯内外温度差。在铸坯内部，固—液交界面的温度是大致不变的，因此降低铸坯表面温度可提高凝固前沿的推进速度，同时加快凝固，缩短液相穴。但增加冷却强度是有限的，因为凝固坯壳的热阻决定了铸坯中心热量的放出速度，当二次冷却所增加的强度正好满足铸坯热量放出的最大速度时，继续增加二次冷却强度将不再保持铸坯由内到外均匀的温度梯度，反而只能引起铸坯表面及次表面温度的急剧下降，造成局部过大的热应力而导致内部裂纹产生。对于裂纹敏感性钢种，要特别注意这点。

（2）均匀冷却

在保证冷却强度的条件下，避免局部铸坯表面温降过剧使温度应力陡增而引起表面裂纹，一般要求拉坯方向温差<200℃/m，而铸坯表面横向温差<100℃/m。在铸坯宽度及浇铸方向上，铸坯表面温度变化均匀，表面温度回升为100～150℃。

（3）高效率冷却

以高的喷淋水汽化量来实现高效率冷却，未汽化的水在支承辊之间停留时间尽可能短。

（4）铸坯表面温度限制

整个二冷区铸坯表面温度<1100℃，以保证坯壳有足够的强度，使之在支承辊之间形成的鼓肚量最小；但要避免在钢的低温脆性区（700～900℃）进行矫直，通常使矫直点处铸坯表面温度>900℃；同时又希望切割后的铸坯温度>1000℃，以利于热送或直接扎制。

3．有关铸坯表面温度

钢水进入结晶器后，由于结晶器的冷却作用，钢水形成初期坯壳；随着坯壳的向下移动，坯壳加厚，并使其表面温度不断下降；在结晶器出口即二冷区入口处，形成铸坯表面第一个温度点。

铸坯出结晶器后，由于二冷区的冷却强度低于结晶器的冷却强度，即铸坯从表面到内部存在的温度梯度，热流从铸坯内部流向表面，使铸坯表面温度有所上升，表面温度上升到最高点，形成铸坯表面最高温度点。

由于二次冷却，铸坯表面温度由最高点再缓慢下降，直到铸坯出二冷区。同样的原因，在空冷区铸坯表面温度会有所回升，因此在二冷区出口处形成铸坯表面第二个低温度点。把铸坯表面两个低温度点和铸坯表面最高温度点连成曲线，就产生了完整的铸坯在二冷区的表面温度曲线，如图12-2所示。

二冷配水时，应使矫直时连铸坯的表面温度避开脆性“口袋区”，控制在钢延性最高的温度区，尽量使铸坯表面的实际温度与铸坯表面的目的温度接近，以避免铸坯出现各种裂纹缺陷。对于低碳钢，矫直时，连铸坯表面温度应大于900℃。

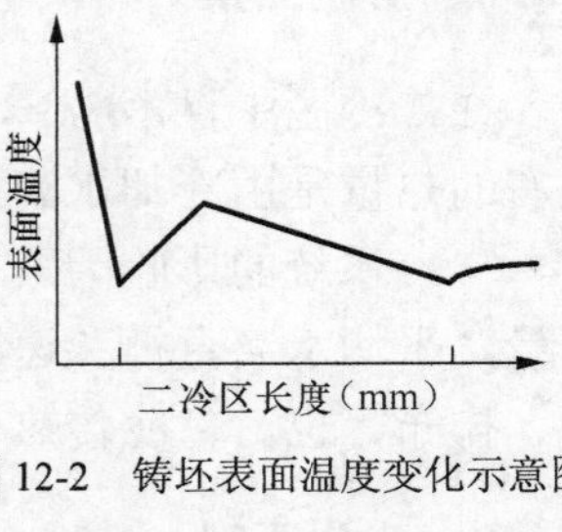

表面温度

二冷区长度（mm）

图12-2　铸坯表面温度变化示意图

4．二冷水量分配

大部分的理论计算和实践结果都证明：铸坯在二次冷却的凝固是服从平方根规律的。在凝固过程中，从铸坯中心传到坯壳再传到铸坯表面的热量上，主要是由喷射到铸坯表面的水滴带走的，随着坯壳厚度的增加，传到铸坯表面的热量减小，所以冷却水量也随之减少，服从以下的关系：

$$Q \propto \frac{t \times L}{\sqrt{V_C}} \tag{12-1}$$

式中，Q—冷却水量；t—凝固时间；L—液相穴长度；V_C—拉速。

在生产中，板坯变形严重，将影响正常生产甚至造成堵坯而被迫断浇，很可能是因为铸坯内外弧水量分配比例不当，内弧过冷，出二冷区后铸坯回温造成的。对弧形连铸机，喷射到内弧表面的冷却水能在铸坯中滚动停留，而喷射到外弧表面的冷却水会迅速流失，故随着铸坯越来越趋于水平，各冷却段的内外弧的水量差别越来越大。通过在圆弧下半段尤其是进入水平段前后对冷却段的内外弧的水量分配比例进行调解，内弧水量约为外弧水量的三分之二到三分之一。并且对铸机水平段的设备冷却水进行调整，内外弧分开控制，减少内弧水量，加大外弧水量，这样铸坯变形问题可得到有效控制。

故二冷区内外弧水量的分配不能都采用对称喷水，二冷圆弧的上半段基本可按对称喷水。当铸机进入下半段时，尤其是进入水平段前后，喷射到内弧表面的冷却水不但能在铸坯上滚动，甚至停留。

此外，在计算各段二冷水量时必须考虑每个喷嘴的流量特性，只有实际流量大于喷嘴的最小雾化流量时才能保证喷嘴工作时的雾化特性。故在各冷却段，可根据喷嘴特性，按各段具体情况设置最大喷淋量和最小喷淋量。设置最大喷淋量，是为了防止该喷淋段水量过大，引起铸坯过冷和合理使用冷却水；设置最小喷淋量，是为了避免喷嘴在雾化不良的工况下工作。当实际流量小于最小喷淋量时，系统应自行关闭该喷嘴，并将其水量分配到该段其他喷嘴中去，保证该段总的水量不变。当计算发现超过最大喷水量时，系统亦可将多余的水分配到其他各段，或自动打开后面未投入工作的喷淋冷却段。在整个过程中，应始终维持总比水量不变。

在实际工业中，通过更换水表进行强冷，以期望改善铸坯表面的裂纹问题，却又引起了铸坯的内部质量缺陷。通过研究证实只靠改变冷却强度是不行的，必须改变二冷区各段的配水比例，使铸坯的表面温度与目标表面温度接近。在结晶器出口处即二冷区开始处，是铸坯表面的第一个低温度点，此处不宜冷却太强。如果这一段的喷淋强度过大，不仅二冷水冷却的有效利用率会降低，还会造成铸坯表面的温度较低，在通过二冷 I 段时，如果喷淋强度仍然过大，会使得通过二冷 I 段的铸坯出现“黑印”。即要尽量避开如上图所示的口袋区。

这种情况下，可对二冷配水进行如此优化：（1）拉速较大时，比水量适当减小；拉速较低时，比水量适当增加；（2）将前面冷却区的水量分配比例适当减少，而将后面冷却区的水量分配比例适当增加。适当减少前面冷却区的水量分配比例，除了能有利于减少表面裂纹外，还能减少柱状晶发达程度，减少凝固搭桥，有利于凝固补缩，减轻中心裂纹。适当增加后面冷却区的水量分配比例，这是因为，一方面末端强冷可减少铸坯鼓肚量，而由铸坯鼓肚量引起的铸坯变形量超过了钢的延伸率时，就会产生内部裂纹，这时强冷并不是为了加快凝固速度，而是为了获得一个更低的坯壳外表温度，增加坯壳的机械强度，而克服钢水静压力引起的坯壳变形；另一方面，末端强冷加快铸坯表面降温，当铸坯表面温降大于中心的温降时，铸坯会产生一个压缩力，产生与机械应力压下类似的作用，提高铸坯中心致密度，避免中心缩孔的产生。

故二冷水量在各个二冷区的分配应沿着铸机高度从上向下逐步递减，且不同区或同一区的内外弧、两侧的水量也应有所不同。图 12-3 是铸坯冷却强度随二冷区长度逐步递减的示意图。其中，足辊段——0、1 区；I 段外——2～7 区外弧；I 段内——2～7 区内弧；II 段外——8～13 区外弧；II 段内——8~13 区内弧。

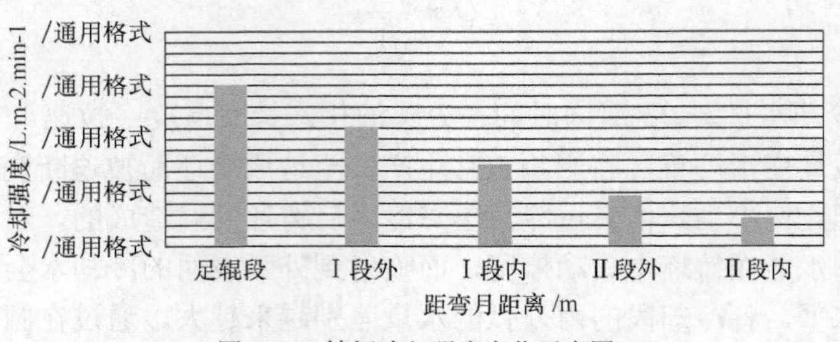

图 12-3　铸坯冷却强度变化示意图

12.2　相关知识点

12.2.1　PID 闭环控制基本原理

对二冷水配水系统进行基于西门子 S7- 300 PLC 的改造，重点是通过 S7 程序自带 PID 模块对调节阀进行控制，达到控制流量的目的。

系统首先建立设定流量值的配水模型。PLC 根据钢种、断面等和变频器拉速反馈信号、拉速与水量的配水公式（2），自动计算出连铸坯在不同区段的流量设定值——理论水量（Q_i），将此值作为 PID 调节器的给定值 SP。

流量变送器将其检测元件检测到的流量信号变换成调节器所能接收的信号，送入调节器，作为实际水流量 PV。

S7 程序自带的 PID 调节器是控制系统的指挥机构，它根据配水模型，对测量值和给定值的偏差值（|反馈值—给定值|，即|PV—SP|）进行 PID 运算，给出一个输出量 CV，并发出操作指令，控制执行器——调节阀动作，闭环 PID 控制调节阀，使得偏差值逐渐减小，将测量值（即二冷水流量）控制在给定值附近，实现连铸机二冷水稳定、快速、准确地配水，如图 12-4 所示。

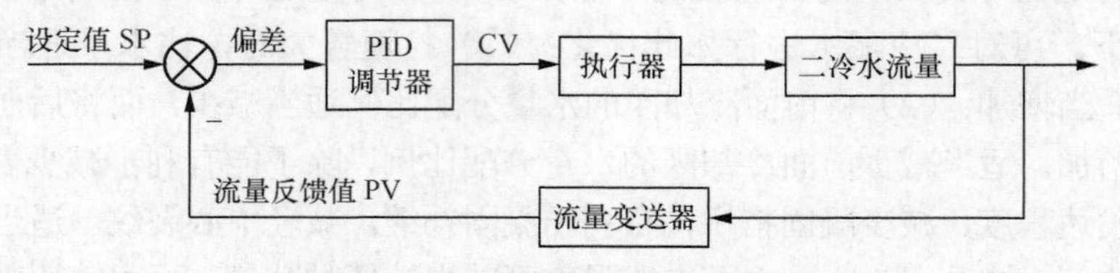

图 12-4　连铸机二冷水配水控制原理

12.2.2　PID 控制的参数整定

1．PID 算法基本原理

在过程控制中，按误差信号的比例、积分和微分进行控制的调节器，简称 PID 调节器。它具有原理简单、易于实现、鲁棒性强、适用面广等优点，使用中不需精确的系统模型，是

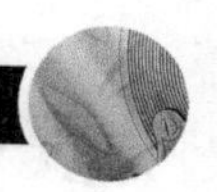

一种技术成熟、应用广泛的模拟调节器。PID 控制器由比例单元（P）、积分单元（I）和微分单元（D）组成，假设系统的误差为 $e(t)$，其输入 $e(t)$与输出 $u(t)$的关系为：

$$u(t)=K_p\left[e(t)+\frac{1}{T_i}\int_0^t e(t)\mathrm{d}t+T_d\times\frac{\mathrm{d}e(t)}{\mathrm{d}t}\right] \tag{12-2}$$

式中，$u(t)$ 为控制量（控制器输出）；$e(t)$ 为被控量与给定值的偏差（即：$e(t)=r(t)-y(t)$；K_p 为比例系数；T_i 为积分时间常数；T_d 为微分时间常数。

它所对应的连续时间系统传递函数为：

$$G(s)=\frac{U(s)}{E(s)}=K_p\left(1+\frac{1}{T_i\times s}+T_d\times s\right) \tag{12-3}$$

比例控制是一种最简单的控制方式，其调节器的输入与输出信号成正比关系，误差越大则控制作用也越大。当只有比例控制时，系统输出存在稳态误差，增大 K_p 可以加快系统的响应速度和减少稳态误差，但过大的 K_p 有可能加大系统超调，产生振荡，以致系统不稳定。

为了消除稳态误差，在控制器中必须引入积分项。积分项对误差取时间的积分，随着时间的增加，积分项会增大。如此，即便误差很小，积分项也会随着时间的增加而增大，它推动控制器的输出增大使稳态误差进一步减小，直到等于零。增加 T_i 即减少积分作用，有利于增加系统的稳定性，减小超调，但系统静态误差的消除也随之变慢。T_i 必须根据对象特性来选定，对于管道压力、流量等滞后不大的对象，T_i 可选的小一些；对温度等滞后较大的对象，T_i 可选的大一些。

在 PI 调节器再加入微分作用，构成 PID 调节器。微分环节加入后，可在误差出现或变化瞬间，按偏差变化的趋向进行控制。微分时间常数 T_d 的增加即微分作用的增加，将有助于加速系统的动态响应，使系统超调减小，系统趋于稳定。但微分作用有可能放大系统的噪声，减低系统的抗干扰能力。理想的控制器不能物理实现，只能采用适当的方式达到近似效果。

在控制系统中，执行机构采用的是调节阀，则控制量对应阀门的开度，表征执行机构的位置，此时控制器采用数字 PID 位置式控制算法。采用矩形法进行数值积分，即以求和代替积分，以差分代替微分，可得到数字形式的 PID 控制规律，如下：

$$u(k)=K_p\left[e(k)+\frac{1}{T_i}\sum_{i=0}^{k}e(i)T+T_d\times\frac{e(k)-e(k-1)}{T}\right] \tag{12-4}$$

若 T 足够小，则上式可相当精确的逼近模拟 PID 控制规律。

2．PID 在控制系统中的作用

采用 PID 算法对水管中的水流量进行实时地控制，可以使流量稳定在设定值附近，实现精确地控制系统水量，使得铸坯能够达到良好的冷却效果。当实际流量值远远低于设定的流量值时，PID 模块输出 100%满功率的信号，送给调节阀，增加阀门开度，保证各区流量的及时和准确供应；当实际流量值接近设定流量值时，PID 模块输出的信号慢慢变化，将最小的信号送给调节阀，使得调节阀控制阀门开度变慢；当实际流量值达到设定值时，PID 模块输出信号为零，阀门保持开度，不动作。

整个控制系统的结构以及信号关系如图 12-5 所示。从此结构图中可以看到，PLC 在整个系统中完成 PID 控制器的设计和模拟信号的转换功能。

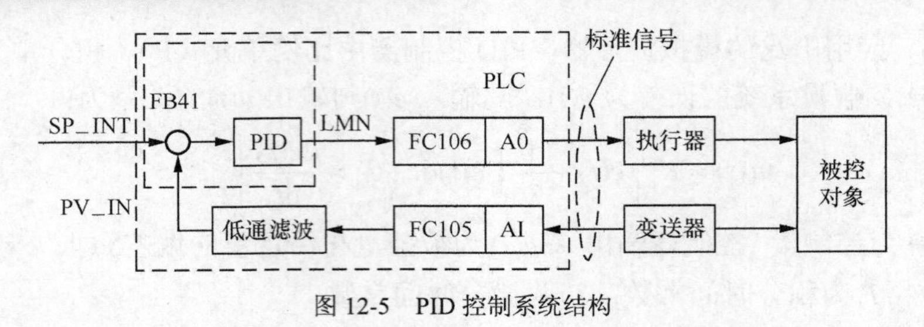

图 12-5　PID 控制系统结构

3. 数字 PID 调节器的参数整定

PID 的参数整定必须根据工程问题的具体要求来考虑。在工程过程控制中，通常，我们会要求保证闭环系统的稳定，对给定量的变化能快速地跟踪，超调量小。在不同干扰下系统输出能保持在给定值附近，控制量尽可能的小，在系统的环境参数发生变化时，控制应保持稳定。而一般情况下，很难同时满足这么多要求，我们必须根据系统的具体情况，在满足主要的性能指标前提下，再同时兼顾其他方面的要求。

（1）PID 调节器参数对系统性能的影响

1）放大倍数 K_p 对系统性能的影响

- 对系统动态性能的影响

K_p 增大，系统就会相对灵敏，响应速度加快。K_p 太大，衰减振荡次数增多，增长调节时间；K_p 太小又会使系统的响应速度变得缓慢。K_p 的选择一般以输出响应产生 4:1 衰减过程为宜。

- 对系统稳态性能的影响

在系统达到稳定性的前提下，加大 K_p 可减少稳态误差，但却不能消除稳态误差。故 K_p 的整定主要依据的是系统的动态性能。

2）积分时间 T_i 对系统性能的影响

- 对系统动态性能的影响

T_i 通常影响系统的稳定性。T_i 太小，系统就达不到稳定。T_i 偏小振荡次数较多；T_i 太大，系统的动态性能变差。T_i 较适合时，系统的过渡过程就会比较理想。

- 对系统稳态性能的影响

T_i 有助于消除系统稳态误差，提高系统的控制精度。但若 T_i 太大，积分作用太弱，则不能减少稳态误差。

3）微分时间 T_d 对系统性能的影响

- 对系统动态性能的影响

T_d 的增加，可改善系统的动态特性，如超调量减少、调节时间缩短、允许加大比例控制、使稳态误差减少以及提高控制精度。但同时，微分作用的增加有可能放大系统的噪声，降低系统的抗干扰能力。

- 对系统稳态性能的影响

T_d 的加入，可在误差出现或变换瞬间，按偏差变化的趋向进行控制，它引进一个早期的修正作用，有助于增强系统的稳定性。

（2）采样周期的选定

根据香农采样定理，采样周期 $T \leqslant \pi/\omega_{max}$。而因为被控对象的物理过程及参数变化比较

复杂，使得模拟信号的最高频率 ω_{max} 很难确定。对于连续系统来说，采样周期越短越好，这样不仅控制性能好，而且可以采用模拟 PID 参数的整定方法，从而达到系统控制的品质要求。但 T 过短，执行机构来不及反应，仍然达不到控制目标。另外，从控制系统的抗干扰能力和快速响应的要求来看，采样周期适当长点，可以控制更多回路，保证每个回路都有充足的时间完成必要的运算。故综合采样周期的选取和 PID 参数的整定来考虑，T 的选取应考虑以下因素。

1）扰动信号

如果系统的干扰信号是高频的，则应适当选择 T，使得干扰信号的低频处于采样器频带以外，从而使系统具有足够的抗干扰能力。如果系统的干扰信号是频率已知的低频干扰，为了能够采用滤波的方法排除干扰信号，选择采样频率时，应使它与干扰信号的频率保持整数倍的关系。

2）对象的动态特性

采样周期应比对象的时间常数小得多，否则，采样信号无法反映瞬变过程。通常来说，T 的最大值受系统稳定条件和香农采样定理的限制而不能太大。若被控对象的时间常数为 T_d，纯滞后时间常数为 τ，当系统处于主导位置时，可选 $T \approx \tau$ 。

3）计算机所承担的工作量

如果控制回路较多，计算工作量较大，则采样周期长点；反之可短点。

4）对象所要求的控制品质

通常，在计算机运算速度允许的情况下，T 短，控制品质高。当系统的给定频率较高时，T 相应减小，使得给定的改变能迅速得到反映。当采用数字 PID 控制器时，积分作用和微分作用都与 T 有关。T 太小，积分和微分作用都将不明显。

5）计算机 A/D、D/A 转换器性能

计算机字长越长，计算速度越快，A/D、D/A 转换器的速度越快，此时 T 可减小，控制性能也较高。但对计算机硬件有所要求，应适当根据实际情况选择。

6）执行机构的响应速度

通常，执行机构惯性较大，T 能与之相适应；反则执行机构响应速度较慢，T 太小就没有意义了。

综合上述因素，影响采样周期的选择的因素较多，必须视具体情况和主要要求做出选择。在工程上经常采用经验法来选定采样周期。如表 12-1 所示，当被控量为流量时，采样周期选择范围为 1～5s，优选 1～2s。但生产过程变化多端，实际采样时间要经过现场调试后确定。

表 12-1　　常见对象采样周期选择的经验数据

被控量	采样周期/s	备注	被控量	采样周期/s	备注
流量	1～5	优选 1～2s	液位	6～8	优选 7s
压力	3～10	优选 3～5s	温度	15～20	取纯滞后时间常数
成分	15～20	优选 18s			

（3）PID 参数的整定方法

PID 参数的整定可按模拟调节器的方法来进行，通常采用理论设计法和实验确定法。前者需要有被控对象的精确模型，然后采用最优化的方法确定 PID 的各参数。但实际复杂问题的模型一般难以建立，故一般选择实验确定法来整定 PID 参数。具体方法如下：

1）试凑法

试凑法是通过计算机仿真或实际运行，观察系统对典型输入作用的响应曲线，根据各调节参数（K_p、T_i、T_d）对系统响应的影响，反复调节试凑，直到满意为止，从而确定各参数。试凑时，可参考 PID 各参数对控制系统性能的影响趋势，实行先比例、后积分、再微分的反复调整。

首先，只整定比例系数。将 K_p 由小变大，使系统响应曲线略有超调。若此时系统无稳态误差，或稳态误差已小到允许范围内，并认为响应曲线已属满意，则只需用比例系数 K_p 即可，这时的 K_p 即为最优比例系数。

然后，若在比例调节的基础上，系统稳态误差太大，则必须加入积分环节。整定时，先将第一步整定的 K_p 略微缩小，可为原值的 0.8 倍，再将积分时间常数 T_i 设置为一较大值并连续减小，在保持系统良好动态性能的前提下，消除稳态误差。反复进行此步，改变比例常数 K_p 和积分时间常数 T_i，直至响应曲线较好。

最后，如果只用 PI 调节器的情况下，消除了稳态误差，但系统动态响应经反复调整后仍不满意，可加入微分环节，构成 PID 调节器。整定时，先将微分时间 T_d 设定为零，再逐步增大 T_d 并同时进行前两步的操作。如此逐步凑试，直至出现满意的结果。

被调量参数调节范围具体可参考表 12-2。

表 12-2　　一些常用被调量的 PID 调节参数

被控量	特点	K_p	T_i	T_d
流量	对象时间常数小，并有噪音，故较小，较短，不用微分	1～25		
温度	对象为多容系统，有较大滞后，常用微分	1.6～5	3～10	0.5～3
压力	对象为容量系统，滞后一般不大，不用微分	1.4～3.5	0.4～3	
液位	在允许有带差时，必用积分，不用微分	1.25～5		

2）工程整定法

工程整定法由经典频率法简化而来，简单易行，适用于现场应用。通常有以下两种方法。

- 临界比例法

适用于能自平衡的被控对象。首先选定一个足够短的采样周期，用比例调节器构成闭环使系统工作。逐渐加大比例系数 K_p，直到系统发生持续等幅振荡，即系统输出或误差信号发生等幅振荡，记录此时的 K_p、临界比例度 K_r 和临界振荡周期 T_r。按下面的经验公式得到不同类型调节器参数。

P 调节器：$K_p=0.5K_r$

PI 调节器：$K_p=0.45K_r$，$T_i=0.85K_r$

PID 调节器：$K_p=0.6K_r$，$T_i=0.5K_r$，$T_d=0.12K_r$

具体使用中，可将上述方法扩充，引入控制度的概念。即

$$控制度=\frac{\int_0^\infty e^2\mathrm{d}t(数字控制)}{\int_0^\infty e^2\mathrm{d}t(模拟控制)} \quad (12\text{-}5)$$

控制度仅仅是表达控制效果的物理概念。当控制度为 1.05 时，可认为数字控制与模拟控

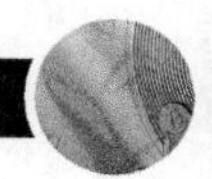

制效果相当；当控制度为 2.0 时，则认为数字控制器效果差。具体可按表 12-3 整定参数。

表 12-3　　按临界比例法整定参数

控制度	控制规律	T	K_p	T_i	T_d
1.05	PI	$0.03T_r$	$0.53K_r$	$0.88T_r$	—
	PID	$0.014T_r$	$0.63K_r$	$0.49T_r$	$0.14T_r$
1.2	PI	$0.05T_r$	$0.49K_r$	$0.91T_r$	—
	PID	$0.043T_r$	$0.47K_r$	$0.47T_r$	$0.16T_r$
1.5	PI	$0.14T_r$	$0.42K_r$	$0.99T_r$	—
	PID	$0.09T_r$	$0.34K_r$	$0.43T_r$	$0.20T_r$
2	PI	$0.22T_r$	$0.36K_r$	$1.05T_r$	—
	PID	$0.16T_r$	$0.27K_r$	$0.40T_r$	$0.22T_r$
模拟调节器	PI	—	$0.57K_r$	$0.83T_r$	—
	PID	—	$0.70K_r$	$0.50T_r$	$0.13T_r$
临界比例度	PI	—	$0.45K_r$	$0.83T_r$	—
	PID	—	$0.60K_r$	$0.50T_r$	$0.125T_r$

- 阶跃响应曲线法

让系统处于手动操作的开环状态下，将被控量调节到给定值附近，并使之稳定下来。然后突然改变给定值，给对象一个阶跃输入信号，并记录下被控量在阶跃输入下的整个变化过程曲线。在阶跃响应曲线的拐点处作切线求得滞后时间 τ，被控对象时间常数 T_r，然后根据表 12-4 求得各参数。

表 12-4　　按阶跃响应曲线法整定参数

控制度	控制规律	T	K_p	T_i	T_d
1.05	PI	0.1τ	$0.84T_\tau/\tau$	3.4τ	—
	PID	0.05τ	$1.15T_\tau/\tau$	2.0τ	0.45τ
1.2	PI	0.2τ	$0.78T_\tau/\tau$	3.6τ	—
	PID	0.16τ	$1.0T_\tau/\tau$	1.9τ	0.55τ
1.5	PI	0.5τ	$0.68T_\tau/\tau$	3.9τ	—
	PID	0.34τ	$0.85T_\tau/\tau$	1.62τ	0.65τ
2	PI	0.8τ	$0.57T_\tau/\tau$	4.2τ	—
	PID	0.6τ	$0.6T_\tau/\tau$	1.5τ	0.82τ
模拟调节器	PI	—	$0.9T_\tau/\tau$	3.3τ	—
	PID	—	$1.2T_\tau/\tau$	2.0τ	0.4τ
临界比例度	PI	—	$0.9T_\tau/\tau$	3.3τ	—
	PID	—	$1.2T_\tau/\tau$	2.0τ	0.5τ

12.2.3 PID 功能块指令

SIMATIC S7-300 是一种通用型的 PLC，适合自动化工程中的各种应用场合，是主要面向制造工程的系统解决方案。它具有模块化、无风扇结构、易于实现分布式的配置以及易于掌握等特点。S7-300 由多种模块部件组成，同时各种模块能以不同方式组合在一起，这样使得控制系统的设计更加灵活，以满足不同的应用需求。各模块被安装在 DIN 标准轨道上，并用螺丝固定。背板总线集成在各模块上，通过总线连接器插在模块的背后，使背板总线联为一体。

针对流量的控制，可选用 S7-300 PLC 的标准程序功能块 FB41“CONT_C”(连续控制器)，来实现连续的 PID 控制，其控制算法固定，采用的是标准位置式 PID。FB41 被称为连续控制的 PID，用于控制连续变化的模拟量，与 FB42 的差别在于后者是离散性的，用于控制开关量。可通过参数打开或关闭 PID 控制器来控制系统。功能块 FB41 的梯形图如图 12-6 所示。“CONT_C”的块图如图 12-7 所示。

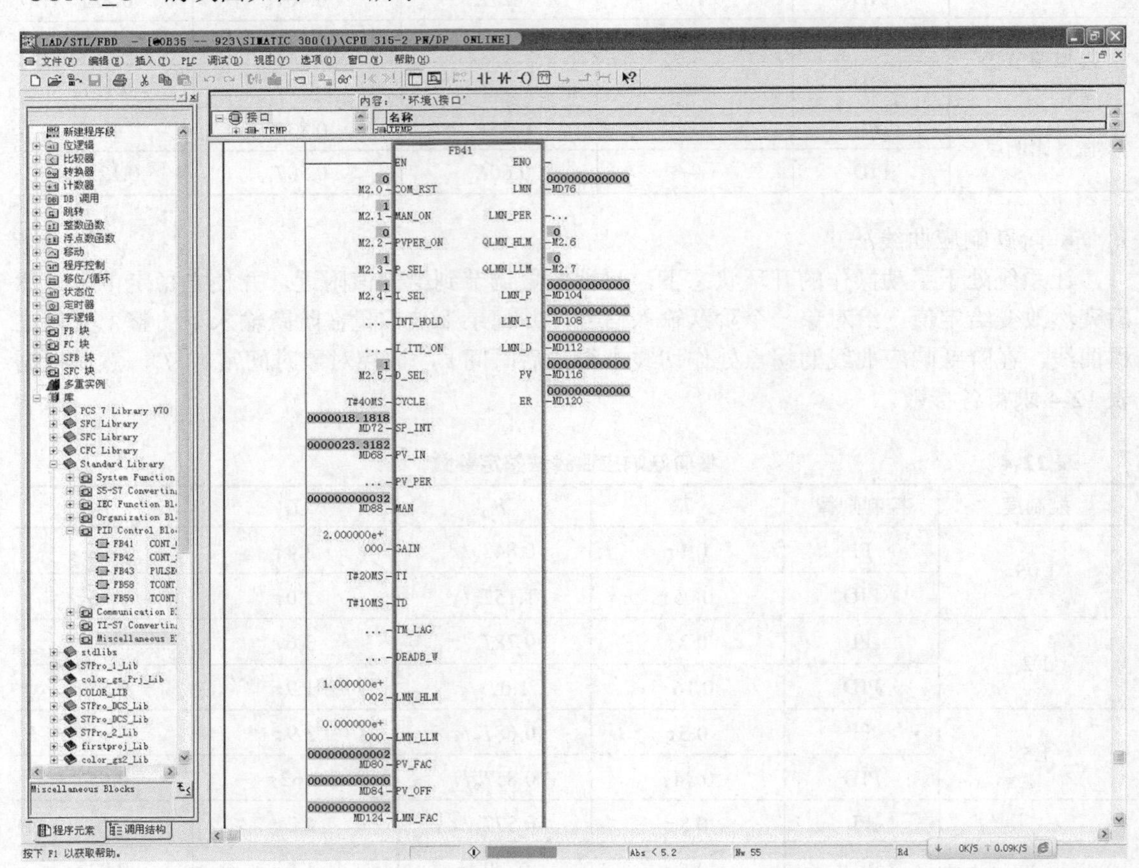

图 12-6 功能块 FB41 梯形图

设定值 SP_INT 和过程值 PV_INT 比较得到偏差，比例、积分、微分 3 部分作用并联，可通过使能开关 P_SET、I_SET、D_SET 单独激活或者取消相应的作用。*GAIN* 为比例增益，TI 和 TD 分别为积分时间常数和微分时间常数。开关量参数 MAN_ON 还可以提供手动模式和自动模式的选择，如在手动模式（MAN_ON 为 1）下，由手动输入。

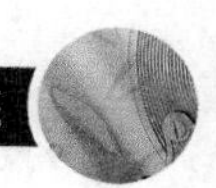

CONT_C 框图

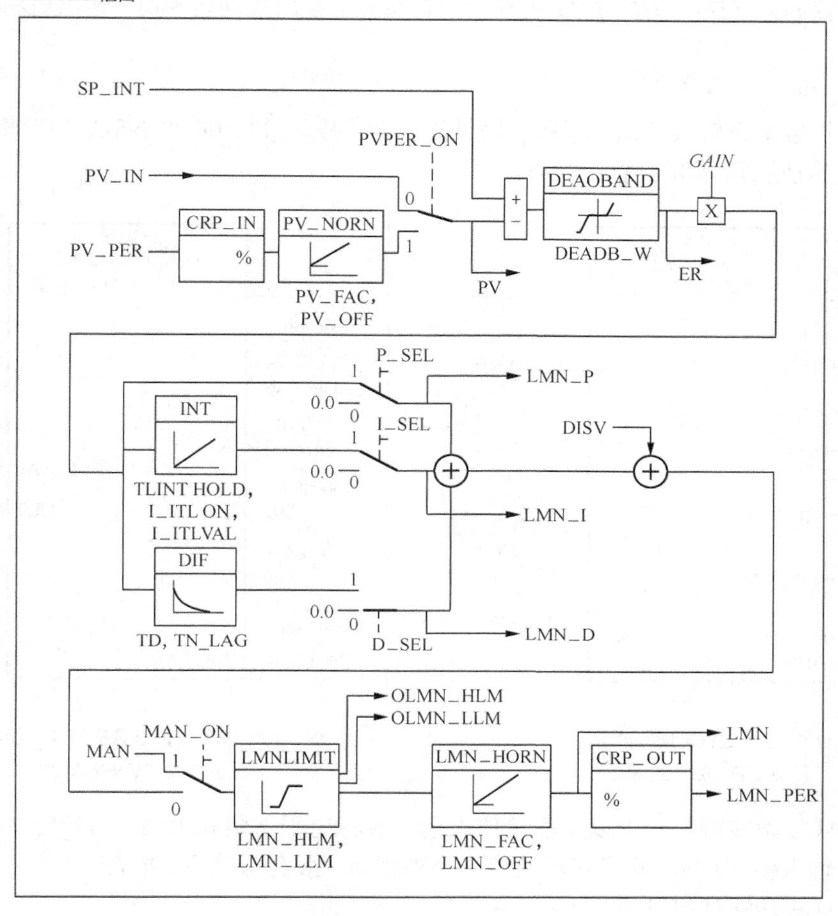

图 12-7　CONT_C 框图

FC105、FC106

（1）FC105

输入过程量量程转换可由 S7-300 提供的功能程序块 FC105“SCALE”来实现，如图 12-8 所示，其功能具体可参考表 12-5。

SCALE 功能接收一个整型值（IN），并将其转换为以工程单位表示的介于下限和上限（*LO_LIM* 和 *HI_LIM*）之间的实型值，将结果写入 *OUT*。SCALE 功能使用式（12-6）计算出过程实际值：

$$OUT=\left[\left((FLOAT(IN)-\frac{K_1}{K_2-1}\right)\otimes(HI\_LIM-LO\_LIM)\right]+LO\_LIM \qquad (12\text{-}6)$$

式中，常数 K_1 和 K_2 根据输入值的极性是 BIPOLAR 还是 UNIPOLAR 来设置。双极性时，K_1=–27648.0，K_2=+27648.0；单极性时，K_1=0，K_2=+27648.0。

如果输入整型值大于 K_2，输出（*OUT*）将钳位于 *HI_LIM*，并返回一个错误；如果输入整型值小于 K_1，输出将钳位于 *LO_LIM*，并返回一个错误。

通过设置 $LO\_LIM > HI\_LIM$ 可获得反向标定。使用反向转换时，输出值将随输入值的增加而减小。

（2）FC106

输出过程量量程转换可由 S7-300 提供的功能程序块 FC106 "UNSCALE"来实现，如图 12-9 所示，其功能具体可参考表 12-6。

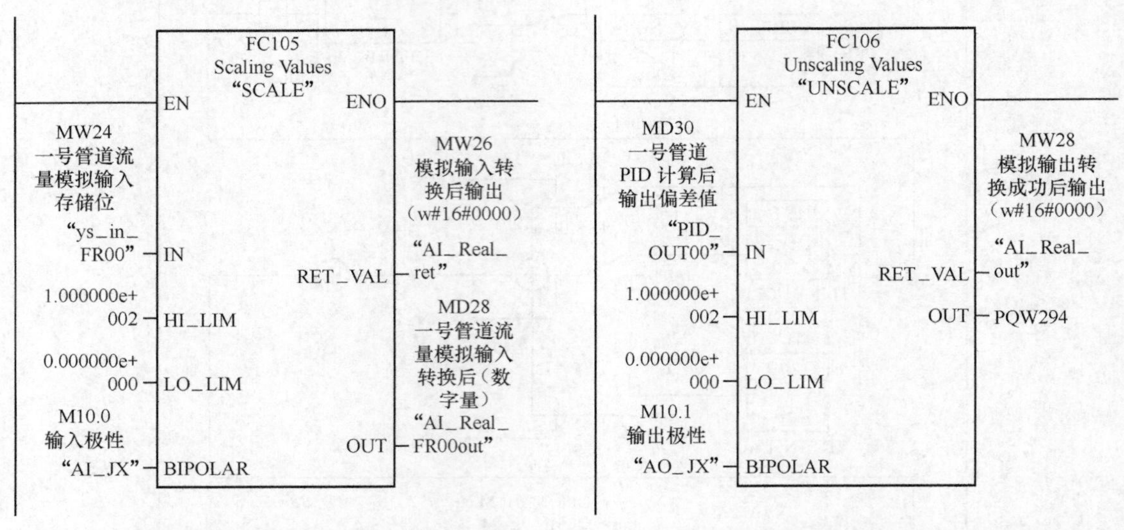

图 12-8　输入过程量量程转换功能程序块 FC105 "SCALE"

图 12-9　输出过程量量程转换功能程序块 FC106 "UNSCALE"

UNSCALE 功能接收一个以工程单位表示、且标定于下限和上限（*LO_LIM* 和 *HI_LIM*）之间的实型输入值（*IN*），并将其转换为一个整型值。将结果写入 *OUT*。

UNSCALE 功能使用以下等式：

$$OUT = \left[\frac{(IN - LO\_LIM)}{HI\_LIM - LO\_LIM} \times (K_2 - 1) \right] + K_1 \tag{12-7}$$

同上 FC106 根据输入值是 BIPOLAR 还是 UNIPOLAR 设置常数 K_1 和 K_2。

如果输入值超出 *LO_LIM* 和 *HI_LIM* 范围，输出（*OUT*）将钳位于距其类型（BIPOLAR 或 UNIPOLAR）的指定范围的下限或上限较近的一方，并返回一个错误。

表 12-5　FC105 功能表

序号	参数	说明	数据类型	存储区	描　述
1	EN	输入	BOOL	I、Q、M、D、L	使能输入端，信号状态为 1 时激活该功能
2	ENO	输出	BOOL	I、Q、M、D、L	若功能执行无误，该使能输出端信号状态为 1
3	IN	输入	INT	I、Q、M、D、L、P、常数	欲转换为以工程单位表示的实型值的输入值
4	HI_LIM	输入	REAL	I、Q、M、D、L、P、常数	以工程单位表示的上限值
5	LO_LIM	输入	REAL	I、Q、M、D、L、P、常数	以工程单位表示的下限值

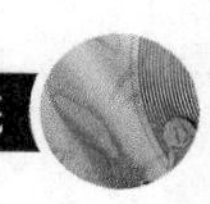

续表

序号	参数	说明	数据类型	存储区	描　　述
6	BIPOLAR	输入	BOOL	I、Q、M、D、L	信号状态为 1 表示输入值为双极性；信号状态 0 表示输入值为单极性
7	OUT	输出	REAL	I、Q、M、D、L、P	转换的结果
8	RET_VAL	输出	WORD	I、Q、M、D、L、P	若指令执行无误，将返回值 W#16#0000。对于 W#16#0000 以外的其它值，参见“错误信息”

表 12-6　　FC106 功能表

序号	参数	说明	数据类型	存储区	描　　述
1	EN	输入	BOOL	I、Q、M、D、L	使能输入端，信号状态为 1 时激活该功能
2	ENO	输出	BOOL	I、Q、M、D、L	若功能执行无误，该使能输出端信号状态为 1
3	IN	输入	REAL	I、Q、M、D、L、P、常数	欲转换为整型值的输入值
4	HI_LIM	输入	REAL	I、Q、M、D、L、P、常数	以工程单位表示的上限
5	LO_LIM	输入	REAL	I、Q、M、D、L、P、常数	以工程单位表示的下限
6	BIPOLAR	输入	BOOL	I、Q、M、D、L	信号状态 1 表示输入值为双极；信号状态 0 表示输入值为单极
7	OUT	输出	INT	I、Q、M、D、L、P	转换结果
8	RET_VAL	输出	WORD	I、Q、M、D、L、P	若指令执行无误，将返回值 W#16#0000。对于 W#16#0000 以外的其它值，参见“错误信息”

12.2.4　I/O 模块

PLC 的对外功能，主要是通过各种 I/O 接口与外界联系的，按 I/O 点数确定模块规格及数量，I/O 模块可多可少，但其最大接受 CPU 所能管理的基本配置的能力，受最大的底板或机架槽数限制。I/O 模块集成了 PLC 的 I/O 电路，其输入暂存器反映输入信号状态，输出点反映输出锁存器状态。

PLC 的 I/O 模块有开关量 I/O 模块、模拟量 I/O 模块、各种特殊功能模块等。

二冷水工艺的 I/O 分配见表 12-7。

表 12-7　　二冷水工艺 I/O 点表

编号	名称	描述	类型	单位	量程	功率	IO 统计				电气特性
							DI	DO	AI	AO	
1	TR0-Z	足辊段（0～1 区）二冷水支管 1 温度检测	PT100 温度检测器	℃	零下 200～850	<1 W			√		4～20mA
2	TRout-I	I 段（2～7 区）外弧二冷水支管 2 温度检测	PT100 温度检测器	℃	零下 200～850	<1 W			√		4～20mA
3	TRout-II	II 段(8～13 区）外弧二冷水支管 3 温度检测	PT100 温度检测器	℃	零下 200～850	<1 W			√		4～20mA

续表

编号	名称	描述	类型	单位	量程	功率	IO统计				电气特性
							DI	DO	AI	AO	
4	TRin-II	II段（8～13区）内弧二冷水支管4温度检测	PT100温度检测器	℃	零下200～850	<1 W			√		4～20mA
5	TRin-I	I段（2～7区）内弧二冷水支管5温度检测	PT100温度检测器	℃	零下200～850	<1 W			√		4～20mA
6	PR0-Z	足辊段（0～1区）二冷水支管1压力检测	压力变送器	MPa	最小0～50kPa 最大0～70MPa	≤1W			√		4～20mA
7	PRout-I	I段（2～7区）外弧二冷水支管2压力检测	压力变送器	MPa	最小0～50kPa 最大0～70MPa	≤1W			√		4～20mA
8	PRout-II	II段（8～13区）外弧二冷水支管3压力检测	压力变送器	MPa	最小0～50kPa 最大0～70MPa	≤1W			√		4～20mA
9	PRin-II	II段（8～13区）内弧二冷水支管4压力检测	压力变送器	MPa	最小0～50kPa 最大0～70MPa	≤1W			√		4～20mA
10	PRin-I	I段（2～7区）内弧二冷水支管5压力检测	压力变送器	MPa	最小0～50kPa 最大0～70MPa	≤1W			√		4～20mA
11	FRC-Z	足辊段（0～1区）二冷水支管1流量检测	智能型电磁流量计	m/s	0.01～10	<20W			√		4～20mA
12	FRCout-I	I段（2～7区）二冷水支管2流量检测	智能型电磁流量计	m/s	0.01～10	<20W			√		4～20mA
13	FRCout-II	II段（8～13区）二冷水支管3流量检测	智能型电磁流量计	m/s	0.01～10	<20W			√		4～20mA
14	FRCin-II	II段（8～13区）二冷水支管4流量检测	智能型电磁流量计	m/s	0.01～10	<20W			√		4～20mA
15	FRCin-I	I段（2～7区）二冷水支管5流量检测	智能型电磁流量计	m/s	0.01～10	<20W			√		4～20mA
16	FRC-0	0区二冷水分水管流量检测	智能型电磁流量计	m/s	0.01～10	<20W			√		4～20mA

续表

编号	名称	描述	类型	单位	量程	功率	IO统计				电气特性
							DI	DO	AI	AO	
17	FRC-1	1区二冷水分水管流量检测	智能型电磁流量计	m/s	0.01～10	<20W			√		4～20mA
18	FRCout2	2区外弧二冷水分水管流量检测	智能型电磁流量计	m/s	0.01～10	<20W			√		4～20mA
19	FRCout3	3区外弧二冷水分水管流量检测	智能型电磁流量计	m/s	0.01～10	<20W			√		4～20mA
20	FRCout4	4区外弧二冷水分水管流量检测	智能型电磁流量计	m/s	0.01～10	<20W			√		4～20mA
21	FRCout5	5区外弧二冷水分水管流量检测	智能型电磁流量计	m/s	0.01～10	<20W			√		4～20mA
22	FRCout6	6区外弧二冷水分水管流量检测	智能型电磁流量计	m/s	0.01～10	<20W			√		4～20mA
23	FRCout7	7区外弧二冷水分水管流量检测	智能型电磁流量计	m/s	0.01～10	<20W			√		4～20mA
24	FRCout8	8区外弧二冷水分水管流量检测	智能型电磁流量计	m/s	0.01～10	<20W			√		4～20mA
25	FRCout9	9区外弧二冷水分水管流量检测	智能型电磁流量计	m/s	0.01～10	<20W			√		4～20mA
26	FRCout10	10区外弧二冷水分水管流量检测	智能型电磁流量计	m/s	0.01～10	<20W			√		4～20mA
27	FRCout11	11区外弧二冷水分水管流量检测	智能型电磁流量计	m/s	0.01～10	<20W			√		4～20mA
28	FRCout12	12区外弧二冷水分水管流量检测	智能型电磁流量计	m/s	0.01～10	<20W			√		4～20mA
29	FRCout13	13区外弧二冷水分水管流量检测	智能型电磁流量计	m/s	0.01～10	<20W			√		4～20mA
30	FRCin2	2区内弧二冷水分水管流量检测	智能型电磁流量计	m/s	0.01～10	<20W			√		4～20mA
31	FRCin3	3区内弧二冷水分水管流量检测	智能型电磁流量计	m/s	0.01～10	<20W			√		4～20mA

续表

编号	名称	描述	类型	单位	量程	功率	IO 统计				电气特性
							DI	DO	AI	AO	
32	FRCin4	4 区内弧二冷水分水管流量检测	智能型电磁流量计	m/s	0.01～10	<20W			√		4～20mA
33	FRCin5	5 区内弧二冷水分水管流量检测	智能型电磁流量计	m/s	0.01～10	<20W			√		4～20mA
34	FRCin6	6 区内弧二冷水分水管流量检测	智能型电磁流量计	m/s	0.01～10	<20W			√		4～20mA
35	FRCin7	7 区内弧二冷水分水管流量检测	智能型电磁流量计	m/s	0.01～10	<20W			√		4～20mA
36	FRCin8	8 区内弧二冷水分水管流量检测	智能型电磁流量计	m/s	0.01～10	<20W			√		4～20mA
37	FRCin9	9 区内弧二冷水分水管流量检测	智能型电磁流量计	m/s	0.01～10	<20W			√		4～20mA
38	FRCin10	10 区内弧二冷水分水管流量检测	智能型电磁流量计	m/s	0.01～10	<20W			√		4～20mA
39	FRCin11	11 区内弧二冷水分水管流量检测	智能型电磁流量计	m/s	0.01～10	<20W			√		4～20mA
40	FRCin12	12 区内弧二冷水分水管流量检测	智能型电磁流量计	m/s	0.01～10	<20W			√		4～20mA
41	FRCin13	13 区内弧二冷水分水管流量检测	智能型电磁流量计	m/s	0.01～10	<20W			√		4～20mA
42	PD-Z	足辊段（0～1 区）二冷水支管 1 流量调节	气动比例调节阀	mbaR	0.5～120					√	4～20mA
43	PDout-I	I 段（2～7 区）二冷水支管 2 水管流量调节	气动比例调节阀	mbaR	0.5～120					√	4～20mA
44	PDout-II	II 段(8～13 区）二冷水支管 3 流量调节	气动比例调节阀	mbaR	0.5～120					√	4～20mA
45	PD-in-II	II 段(8～13 区）二冷水支管 4 流量调节	气动比例调节阀	mbaR	0.5～120					√	4～20mA
46	PDin-I	I 段（2～7 区）二冷水支管 5 流量调节	气动比例调节阀	mbaR	0.5～120					√	4～20mA

续表

编号	名称	描述	类型	单位	量程	功率	IO 统计				电气特性
							DI	DO	AI	AO	
47	PD-0	0 区二冷水分水管流量调节	气动比例调节阀	mbaR	0.5～120					√	4～20mA
48	PD-1	1 区二冷水分水管流量调节	气动比例调节阀	mbaR	0.5～120					√	4～20mA
49	PDout2	2 区外弧二冷水分水管流量调节	气动比例调节阀	mbaR	0.5～120					√	4～20mA
50	PDout3	3 区外弧二冷水分水管流量调节	气动比例调节阀	mbaR	0.5～120					√	4～20mA
51	PDout4	4 区外弧二冷水分水管流量调节	气动比例调节阀	mbaR	0.5～120					√	4～20mA
52	PDout5	5 区外弧二冷水分水管流量调节	气动比例调节阀	mbaR	0.5～120					√	4～20mA
53	PDout6	6 区外弧二冷水分水管流量调节	气动比例调节阀	mbaR	0.5～120					√	4～20mA
54	PDout7	7 区外弧二冷水分水管流量调节	气动比例调节阀	mbaR	0.5～120					√	4～20mA
55	PDout8	8 区外弧二冷水分水管流量调节	气动比例调节阀	mbaR	0.5～120					√	4～20mA
56	PDout9	9 区外弧二冷水分水管流量调节	气动比例调节阀	mbaR	0.5～120					√	4～20mA
57	PDout10	10 区外弧二冷水分水管流量调节	气动比例调节阀	mbaR	0.5～120					√	4～20mA
58	PDout11	11 区外弧二冷水分水管流量调节	气动比例调节阀	mbaR	0.5～120					√	4～20mA
59	PDout12	12 区外弧二冷水分水管流量调节	气动比例调节阀	mbaR	0.5～120					√	4～20mA
60	PDout13	13 区外弧二冷水分水管流量调节	气动比例调节阀	mbaR	0.5～120					√	4～20mA
61	PDin2	2 区内弧二冷水分水管流量调节	气动比例调节阀	mbaR	0.5～120					√	4～20mA

续表

编号	名称	描述	类型	单位	量程	功率	IO 统计				电气特性
							DI	DO	AI	AO	
62	PDin3	3 区内弧二冷水分水管流量调节	气动比例调节阀	mbaR	0.5～120					√	4～20mA
63	PDin4	4 区内弧二冷水分水管流量调节	气动比例调节阀	mbaR	0.5～120					√	4～20mA
64	PDin5	5 区内弧二冷水分水管流量调节	气动比例调节阀	mbaR	0.5～120					√	4～20mA
65	PDin6	6 区内弧二冷水分水管流量调节	气动比例调节阀	mbaR	0.5～120					√	4～20mA
66	PDin7	7 区内弧二冷水分水管流量调节	气动比例调节阀	mbaR	0.5～120					√	4～20mA
67	PDin8	8 区内弧二冷水分水管流量调节	气动比例调节阀	mbaR	0.5～120					√	4～20mA
68	PDin9	9 区内弧二冷水分水管流量调节	气动比例调节阀	mbaR	0.5～120					√	4～20mA
69	PDin10	10 区内弧二冷水分水管流量调节	气动比例调节阀	mbaR	0.5～120					√	4～20mA
70	PDin11	11 区内弧二冷水分水管流量调节	气动比例调节阀	mbaR	0.5～120					√	4～20mA
71	PDin12	12 区内弧二冷水分水管流量调节	气动比例调节阀	mbaR	0.5～120					√	4～20mA
72	PDin13	13 区内弧二冷水分水管流量调节	气动比例调节阀	mbaR	0.5～120					√	4～20mA
73	PT-0	0 区二冷水分水管水压检测	压力变送器	kPa	0～0.1～51370	≤1W			√		4～20mA
74	PT-1	1 区二冷水分水管水压检测	压力变送器	kPa	0～0.1～51370	≤1W			√		4～20mA
75	Ptout2	2 区外弧二冷水分水管水压检测	压力变送器	kPa	0～0.1～51370	≤1W			√		4～20mA
76	Ptout3	3 区外弧二冷水分水管水压检测	压力变送器	kPa	0～0.1～51370	≤1W			√		4～20mA
77	PTout4	4 区外弧二冷水分水管水压检测	压力变送器	kPa	0～0.1～51370	≤1W			√		4～20mA
78	PTout5	5 区外弧二冷水分水管水压检测	压力变送器	kPa	0～0.1～51370	≤1W			√		4～20mA

续表

编号	名称	描述	类型	单位	量程	功率	IO 统计				电气特性
							DI	DO	AI	AO	
79	PTout6	6 区外弧二冷水分水管水压检测	压力变送器	kPa	0～0.1～51370	≤1W			√		4～20mA
80	PTout7	7 区外弧二冷水分水管水压检测	压力变送器	kPa	0～0.1～51370	≤1W			√		4～20mA
81	PTout8	8 区外弧二冷水分水管水压检测	压力变送器	kPa	0～0.1～51370	≤1W			√		4～20mA
82	PTout9	9 区外弧二冷水分水管水压检测	压力变送器	kPa	0～0.1～51370	≤1W			√		4～20mA
83	PTout10	10 区外弧二冷水分水管水压检测	压力变送器	kPa	0～0.1～51370	≤1W			√		4～20mA
84	PTout11	11 区外弧二冷水分水管水压检测	压力变送器	kPa	0～0.1～51370	≤1W			√		4～20mA
85	PTout12	12 区外弧二冷水分水管水压检测	压力变送器	kPa	0～0.1～51370	≤1W			√		4～20mA
86	PTout13	13 区外弧二冷水分水管水压检测	压力变送器	kPa	0～0.1～51370	≤1W			√		4～20mA
87	PTin2	2 区内弧二冷水分水管水压检测	压力变送器	kPa	0～0.1～51370	≤1W			√		4～20mA
88	PTin3	3 区内弧二冷水分水管水压检测	压力变送器	kPa	0～0.1～51370	≤1W			√		4～20mA
89	PTin4	4 区内弧二冷水分水管水压检测	压力变送器	kPa	0～0.1～51370	≤1W			√		4～20mA
90	PTin5	5 区内弧二冷水分水管水压检测	压力变送器	kPa	0～0.1～51370	≤1W			√		4～20mA
91	PTin6	6 区内弧二冷水分水管水压检测	压力变送器	kPa	0～0.1～51370	≤1W			√		4～20mA
92	PTin7	7 区内弧二冷水分水管水压检测	压力变送器	kPa	0～0.1～51370	≤1W			√		4～20mA
93	PTin8	8 区内弧二冷水分水管水压检测	压力变送器	kPa	0～0.1～51370	≤1W			√		4～20mA
94	PTin9	9 区内弧二冷水分水管水压检测	压力变送器	kPa	0～0.1～51370	≤1W			√		4～20mA
95	PTin10	10 区内弧二冷水分水管水压检测	压力变送器	kPa	0～0.1～51370	≤1W			√		4～20mA
96	PTin11	11 区内弧二冷水分水管水压检测	压力变送器	kPa	0～0.1～51370	≤1W			√		4～20mA
97	PTin12	12 区内弧二冷水分水管水压检测	压力变送器	kPa	0～0.1～51370	≤1W			√		4～20mA

续表

编号	名称	描述	类型	单位	量程	功率	IO统计				电气特性
							DI	DO	AI	AO	
98	PTin13	13区内弧二冷水分水管水压检测	压力变送器	kPa	0～0.1～51370	≤1W			√		4～20mA
99	SB00in	0区入口处铸坯所在辊道位置检测	位置传感器	mm	0～1000	1W	√				4～20mA
100	SB01in	1区入口处铸坯所在辊道位置检测	位置传感器	m	0～1000	1W	√				4～20mA
101	SB02in	2区入口处铸坯所在辊道位置检测	位置传感器	m	0～1000	1W	√				4～20mA
102	SB03in	3区入口处铸坯所在辊道位置检测	位置传感器	m	0～1000	1W	√				4～20mA
103	SB04in	4区入口处铸坯所在辊道位置检测	位置传感器	m	0～1000	1W	√				4～20mA
104	SB05in	5区入口处铸坯所在辊道位置检测	位置传感器	m	0～1000	1W	√				4～20mA
105	SB06in	6区入口处铸坯所在辊道位置检测	位置传感器	m	0～1000	1W	√				4～20mA
106	SB07in	7区入口处铸坯所在辊道位置检测	位置传感器	m	0～1000	1W	√				4～20mA
107	SB08in	8区入口处铸坯所在辊道位置检测	位置传感器	m	0～1000	1W	√				4～20mA
108	SB09in	9区入口处铸坯所在辊道位置检测	位置传感器	m	0～1000	1W	√				4～20mA
109	SB10in	10 区入口处铸坯所在辊道位置检测	位置传感器	m	0～1000	1W	√				4～20mA
110	SB11in	11 区入口处铸坯所在辊道位置检测	位置传感器	m	0～1000	1W	√				4～20mA
111	SB12in	12 区入口处铸坯所在辊道位置检测	位置传感器	m	0～1000	1W	√				4～20mA
112	SB13in	13 区入口处铸坯所在辊道位置检测	位置传感器	m	0～1000	1W	√				4～20mA

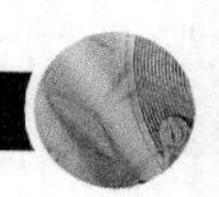

续表

编号	名称	描述	类型	单位	量程	功率	IO 统计				电气特性
							DI	DO	AI	AO	
113	SB00out	0 区出口处铸坯所在辊道位置检测	位置传感器	m	0～1000	1W	√				4～20mA
114	SB01out	1 区出口处铸坯所在辊道位置检测	位置传感器	m	0～1000	1W	√				4～20mA
115	SB02out	2 区出口处铸坯所在辊道位置检测	位置传感器	m	0～1000	1W	√				4～20mA
116	SB03out	3 区出口处铸坯所在辊道位置检测	位置传感器	m	0～1000	1W	√				4～20mA
117	SB04out	4 区出口处铸坯所在辊道位置检测	位置传感器	m	0～1000	1W	√				4～20mA
118	SB05out	5 区出口处铸坯所在辊道位置检测	位置传感器	m	0～1000	1W	√				4～20mA
119	SB06out	6 区出口处铸坯所在辊道位置检测	位置传感器	m	0～1000	1W	√				4～20mA
120	SB07out	7 区出口处铸坯所在辊道位置检测	位置传感器	m	0～1000	1W	√				4～20mA
121	SB08out	8 区出口处铸坯所在辊道位置检测	位置传感器	m	0～1000	1W	√				4～20mA
122	SB09out	9 区出口处铸坯水所在辊道位置检测	位置传感器	m	0～1000	1W	√				4～20mA
123	SB10out	10 区出口处铸坯所在辊道位置检测	位置传感器	m	0～1000	1W	√				4～20mA
124	SB11out	11 区出口处铸坯所在辊道位置检测	位置传感器	m	0～1000	1W	√				4～20mA
125	SB12out	12 区出口处铸坯所在辊道位置检测	位置传感器	m	0～1000	1W	√				4～20mA
126	SB13out	13 区出口处铸坯所在辊道位置检测	位置传感器	m	0～1000	1W	√				4～20mA

12.3 连铸机二冷水系统基础自动化简介

12.3.1 连铸机二冷水系统检测仪表简介

二冷水自动配水系统包括：检测单元、执行单元、控制单元以及附属管路阀门设施。其中检测单元包含电磁流量计、压力变送器、温度检测、连铸机拉坯速度检测、位置传感器等。

二冷水自动配水系统中需检测的实际模拟量信号主要有：水的实时流量大小、流量调节阀进出口水的压力值、供水温度值等。实际数字信号有位置传感器检测的铸坯位置。对应检测仪表如下。

（1）压力变送器

用于冷却水管道的压力检测。采用管道直接安装式，方便检修和日常维护。压力检测元件通常有两种形式：电阻器式远程压力表、压力传感变送器。压力传感器采用压电元件作为传感器件，将压力信号转换成电信号，并配合外围电路传送给控制单元及显示屏显示压力值。而电阻器式远程压力表虽然结构简单、价格便宜，但使用寿命短、精度受基准电源影响较大，不适合压力变动频繁的场合。可选择标准控制电信号 4～20mA。

（2）PT100 热电阻

用于冷却水温度检测。考虑管道中介质的流向，采用顺流斜插安装。这种安装主要是考虑在不影响测量精度的前提下，延长仪表使用寿命。其输出信号可以直接连接至 PLC 相对分度规格的输入模块接口，也可以通过信号转换变送器将阻值信号转换成电压及电流信号输出给控制单元。可选择标准控制电信号 4～20mA。

（3）电磁流量计

用于冷却水流量检测。优点是安装所需直管段较短，产生的不可恢复压力损失也很小。它是通过检测流经固定电磁场的液体产生的电信号的强弱，得出流量值。当调节阀关闭，无流量状态仍须保证流量计内部水充盈，所以对于电磁流量计在管路中的安装位置及方式有严格的要求。可选择标准控制电信号 4～20mA。

（4）位置传感器

用于实时跟踪铸坯到达位置。选择 ZLDS11X 可测高温物体激光位移传感器。因其具有抗干扰性强、在强光环境下也能得到理想的测量效果等特性，特别适用于高温物体的测量。除此之外，它还具有实时编程功能。同时其先进的激光传感器技术可广泛应用于石油、化工、冶金等行业。它拥有的同步测厚功能，能不借助额外控制器和校准设备，只需将 2 个高温传感器成对安装即可构成测量仪（能自动主从识别），进行厚度、宽度等实时测量。在本设计中，二冷部分每区的进入和出去处都有一个位置传感器，可有效检测到铸坯到达二冷部分的位置，同时也能对铸坯的厚度和宽度进行测量，随时监测铸坯的铸造情况。

12.3.2 连铸机二冷水系统控制执行元件简介

二冷水自动配水系统的执行单元包含气动比例调节阀等。控制单元包含专用电源、控制

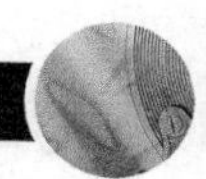

继电元件、控制核心部件 PLC 以及人机界面计算机设备 HMI 所共同组成的 SCADA 系统。

自动配水（气）系统中关键的执行元件是水流量调节阀，常用的流量调节阀分为电动调节阀和气动薄膜阀。电动调节阀是通过微型电动机带动阀芯控制阀门的开度，对接收的控制信号存在一定的响应滞后，但维护方便。而气动薄膜阀通过电信号控制阀体气腔压力从而控制阀芯的开度，对控制信号响应迅速，但其结构复杂，另外需要控制气源作为阀芯的推动力。

本设计采用气动比例调节阀，配备智能定位器，定位器带有阀位反馈功能，能随时将阀门开度反映给 PLC。选择标准控制电信号 4～20mA / 0～10V。

12.4　连铸机二冷水系统控制系统硬件设计

12.4.1　连铸机二冷水系统控制系统硬件选型

S7-300 PLC 是西门子 PLC 近些年主推的 PLC 产品之一，模块化中型 PLC 系统，满足中、小规模的控制要求，被业界广泛使用。

选型要点

S7-300 PLC 的选型原则是根据生产工艺所需的功能和容量进行选型，并考虑维护的方便性、备件的通用性、是否易于扩展、有无特殊功能等要求。选型时具体注意以下几个方面：

有关参数确定。一是输入/输出点数（I/O 点数）确定，这是确定 PLC 规模的一个重要依据，一定要根据实际情况留出适当余量和扩展余地；二是 PLC 存储容量确定，注意当系统有模拟量信号存在或要进行大量数据处理时，其存储容量应选大一些。

系统软硬件选择。一是扩展方式选择，S7-300PLC 有多种扩展方式，实际选用时，可通过控制系统接口模块扩展机架、Profibus-DP 现场总线、通信模块、运程 I/O、PLC 子站等多种方式来扩展 PLC 或预留扩展口；二是 PLC 的联网，包括 PLC 与计算机联网和 PLC 之间相互联网两种方式。因 S7-300PLC 的工业通信网络淡化了 PLC 与 DCS 的界限，联网的解决方案很多，用户可根据企业的要求选用；三是 CPU 的选择，CPU 的选型是合理配置系统资源的关键，选择时必须根据控制系统对 CPU 的要求（包括系统集成功能、程序块数量限制、各种位资源、MPI 接口能力、是否有 PROFIBUS-DP 主从接口、RAM 容量、温度范围等），并最好在西门子公司的技术支持下进行，以获得合理的选型；四是编程软件的选择，这主要考虑对 CPU 的支持状况。

（1）一般特性

S7-300 由多种模块部件组成，同时各种模块能以不同方式组合在一起，这样使得控制系统的设计更加灵活，以满足不同的应用需求。各模块被安装在 DIN 标准轨道上，并用螺丝固定。背板总线集成在各模块上，通过总线连接器插在模块的背后，使背板总线联为一体。

S7-300 可供使用的 CPU 模块的性能档次种类较多且各不相同。标准 CPU 提供范围广泛的基本功能，如指令执行、I/O 读写、通过 MPI 和 CP 模块的通信；紧凑型 CPU 本机集成 I/O，并带有高速计数、频率测量、定位、PID 调节等技术功能。

S7-300 的指令集有 350 多条指令，有伪指令、定时指令、比较指令、计数指令、整数和浮点数运算指令等。CPU 的集成系统功能提供了中断处理和诊断信息等这一类系统功能。另外，这些功能是集成在 CPU 的操作系统中的，节省了很多 RAM 空间。

（2）编程工具

STEP7 是用于西门子 S7-300 PLC 组态和编程的基本软件包。能简单方便地将 S7-300 全部功能加以利用，功能强大，能服务于自动化项目中项目的启动、实施到测试以及服务的每一阶段。STEP7 主要包括以下组件。

1）SIMATIC 管理器，用于集中管理所有工具以及自动化项目数据；

2）程序编辑器，用于以 LAD、FBD 和 STL 语言生成用户程序；

3）符号编辑器，用于管理全局变量；

4）硬件组态，用于组态和硬件的参数化；

5）硬件诊断，用于诊断自动化系统的状态；

6）NetPro，用于组态 MPI 和 PROFIBUS 等网络连接。

工程工具是 STEP7 的可选组件，可面向特定功能，能简化和增强自动化任务的编程，包括 S7-SCL、S7-GRAPH、S7-HIGraph 和 CFC。

S7-300 支持的通讯网络有：工业以太网、PROFIBUS、AS-Interface、EIB、MPI—多点接口和点—点连接。可实现数据通信和过程或现场通讯。

1）数据通信是指可编程控制器相互之间的数据传送，或一台可编程控制器和智能设备之间的数据传送，可由 MPI、PROFIBUS 或工业以太网来完成。

2）过程通讯用来将执行机构和传感器连接到 CPU，其连接可通过集成在 CPU 上的接口或接口模块、功能模块和 CP 来实现。

12.4.2 连铸机二冷水系统控制系统硬件组态

STEP7 软件中的硬件组态就是模拟真实的 PLC 硬件系统，将电源、CPU 和模块等设备安装到相应的机架上，并对 PLC 硬件模块的参数进行设置和修改的过程。硬件组态工具可为自动化项目的硬件进行组态和参数设置，也可对机架上的硬件进行配置，设置其参数及属性。设计中的硬件组态见表 12-8。

表 12-8　　二冷水 PLC 系统硬件配置表

设　备	类　型	型　号	数　量
电源	PS 307 5A	6ES7 307-1EA00-0AA0	1
CPU	CPU314	6ES7 314-1AE01-0AB0	1
通讯卡	CP443-1	6GK 443-1EX11-0XE0	1
模拟量输入	4-20mA	6ES7 335-7HG00-0AB0	5
模拟量输出	4-20mA	6ES7 432-1HF00-0AB0	5
数字量输入	16DI	6ES7 321-1BH81-0AA0	2
数字量输出	16DO	6ES7 322-1BH81-0AA0	2

各个模块在机架上的分布连接如图 12-10 所示。

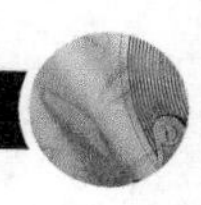

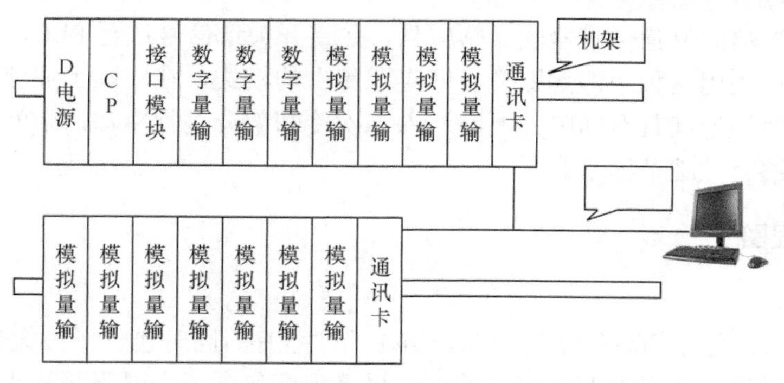

图 12-10 硬件分布图

12.5 连铸机二冷水系统控制系统软件设计

12.5.1 连铸机二冷水系统控制系统软件设计

1. 设计思想

软件部分主要需要设计以下 3 个部分的程序。

（1）系统报警功能

首先针对温度和压力进行报警设置：超高温、超高压和超低压。现场检测元件温度传感器 PT100 检测温度，压力变送器检测压力。每隔一段时间检测元件将采集到的温度和压力信号模拟量（都为 4～20mA）送至 PLC，寄存在设定模拟输入存放位，通过 FC105 进行设定量程的模数转换，将模拟量转换为数字量，并与设定的最大和最小值比较，当超过设定最大值或低于设定最小值时，给报警系统信号进行报警。

（2）管道流量 PID 控制功能

其次主要是通过 S7-300 PLC 的标准程序功能块 FB41“CONT_C”（连续控制器），来实现连续的 PID 控制。当二次冷却部分开始工作时，根据钢种和拉速，PLC 调用配水表给各仪表，给定流量设定值 SP 并送至 FB41 模块，并将 FB41 的比例、积分、微分等各参数进行配置。同样，现场的电磁流量计将检测到的流量模拟信号送至 PLC，通过 FC105“SCALE”转换为数字信号并送给 FB41，为实际流量值 PV。FB41 通过比较 SP 和 PV，进行 PID 整定，并将输出结果送至 FC106 进行数模转换后，将输出的模拟信号送给气动比例调节阀，改变阀门开度，使得实际流量值逐渐接近设定流量值。当实际流量值远远低于或高于设定值时，PID 控制阀门开度；当实际值接近设定值时，PID 控制慢慢减小输出；当实际值达到流量值时，PID 控制输出为零，如此以达到控制流量的目的。

（3）辊道钢坯追踪功能

当二次冷却部分开始工作时，位置传感器就会伴随工作。二冷部分总共有 13 个区。每一区的头端和尾端都安装了位置检测器。当该区的头端，检测到铸坯到达信号时，将送一个开关量信号至 PLC，PLC 控制该区的内外弧和打开两侧的水喷头，进行喷淋；当铸坯离开该区时，位于该区尾端的位置传感器就会感应到，并将开关量信号送至 PLC，PLC 就会控制关闭该区的水喷头。采用这种“即到即开、即走即闭”的模式，在实际工业流程中，特别是双操作模式下，即铸坯连续且有间隔的不断送入二次冷却部分进行冷却，中间的间隔部分适当地开关喷头，能够有效地节约水量。

2．程序流程图

（1）总程序

图 12-11 所示为程序的总体结构框图。OB1 为主程序，同时包含了三大部分：报警程序、喷头控制程序和管道水流量控制程序。其中，报警程序包含了水温报警和水压报警的程序。管道水流量控制程序，主要针对两种钢水进行设计，1#钢水的流量控制程序设计、二冷水支管 1～5 号的流量控制程序设计。

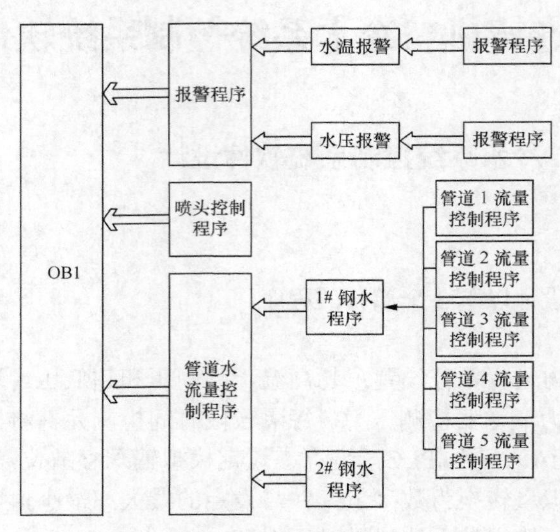

图 12-11　程序总框图

（2）OB1 主程序

图 12-12 所示为 OB1 主程序的流程图。当运行“开始”后，梯形图从上向下一步一步检验。首先，调用温度报警程序、压力报警程序和喷头控制程序，并检查 SB1 是否闭合，若没有按下，设置为 PID 手动运行模式；若按下，设置为 PID 自动运行模式。然后，再检查 SB2 是否闭合，如果闭合，就开启比例、积分、微分计算，同时关闭外部输入。最后调用多种钢水管道流量 PID 计算程序，计算结束后再返回到“开始”，如此循环。

（3）报警程序

图 12-13 为报警程序框图。当 OB1 中调用报警程序后，报警程序开始。首先，检验模拟通道 PIW 是否有模拟信号输入（现场采集的信号输入），没有则“程序等待”中；若有，就将 PIW 通道输入的模拟信号存储在 MWn 存储位上，并通过 FC105 进行 A/D 转换，将 MWn 位上的模拟信号转换为数字信号。然后，比较转换后的数字信号与设定的最大值，若大于最大值，则进行高温报警；若小于最大值，再进行与设定的最小值比较，若小于最小值则进行超低报警，大于最小值，无报警响应，现场正常。

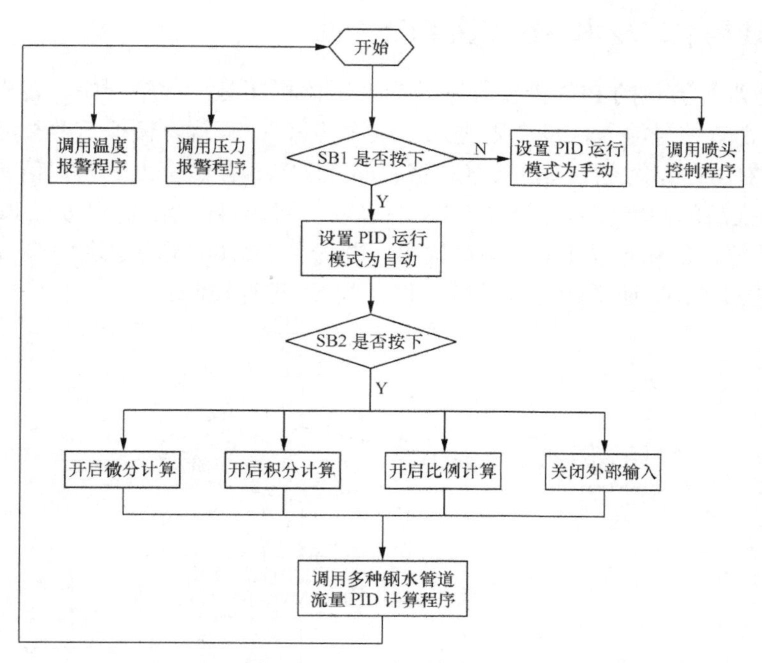

图 12-12　OB1 主程序流程图

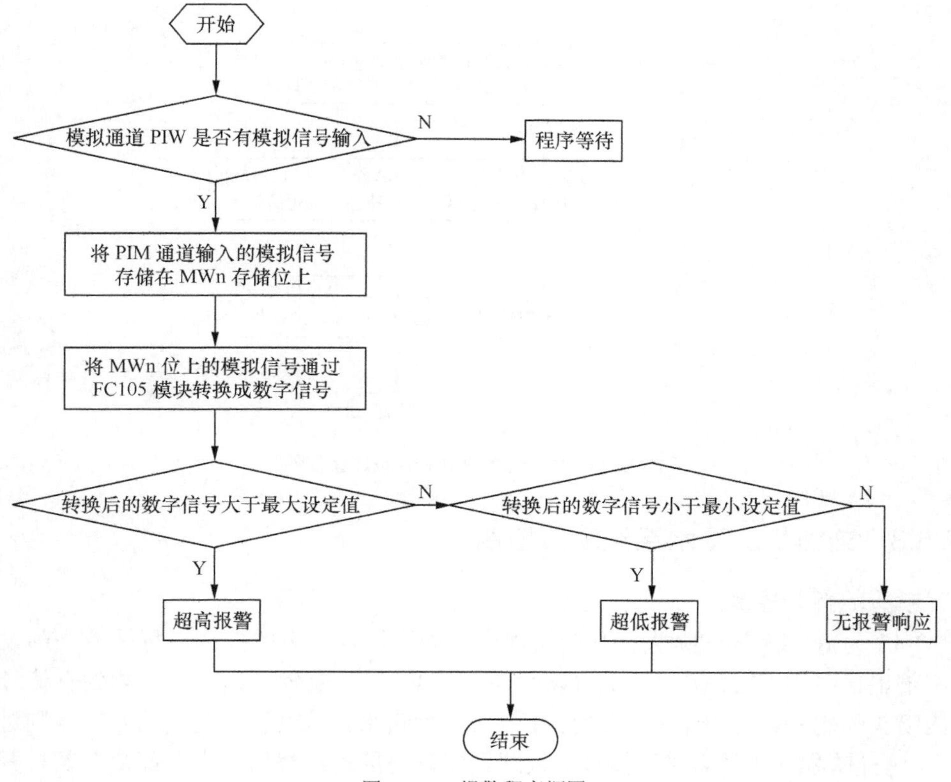

图 12-13　报警程序框图

12.5.2 连铸机二冷水系统流量 PID 控制

图 12-14 为水管流量的 PID 控制程序。当调用该程序时，程序开始。首先，检验模拟输入通道 PIW 是否有信号输入，没有则进入“程序等待”；有就将模拟信号存储在 MWn 存储位上，并通过 FC105 模块进行 A/D 转换，将存储在 MWn 存储位上的模拟信号转换为数字信号。然后，将转换后的数字信号通过 PV_IN 端口输入到 FB41 功能块中进行 PID 计算。最后，PID 功能块将计算后的结果从 LMN 端口输出，并送到 FC106 模块中进行 D/A 转换，转换后的模拟信号再通过 PQW 通道输出到设备（调节阀），进行控制。

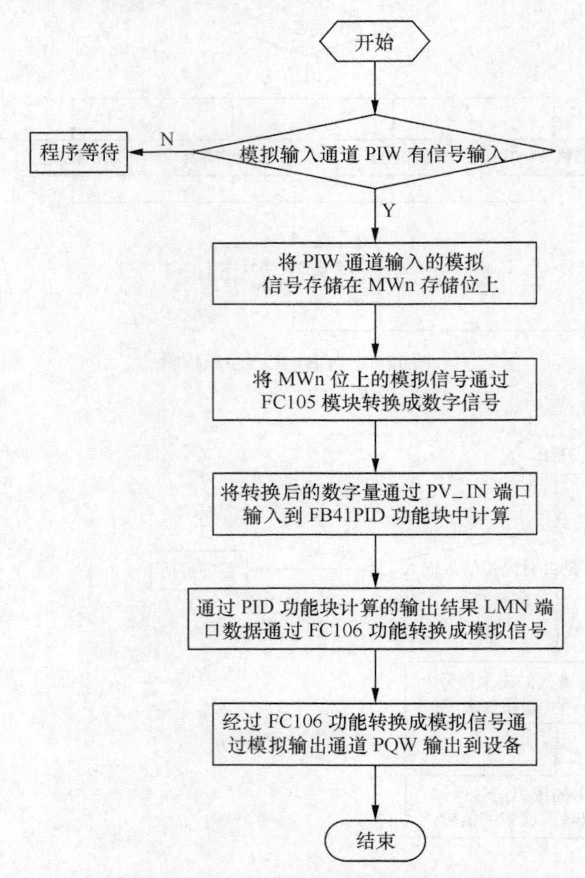

图 12-14　管道流量 PID 控制程序流程图

12.5.3 连铸机二冷水系统喷头控制

（1）喷头的打开控制

图 12-15 为 0～13 区的喷头打开控制程序，即开浇模式下的控制。每区的头部设有位置传感器，输出信号用 SBXXin（XX 为该区序号，0～13）表示。当该区检测到有信号时，对应区域的喷头喷水 Q01 得电，则该区打开喷头进行喷水；若没有检测到信号时，则进入“程序等待”。这样的程序也适合“双操作”模式，即钢坯的连续浇铸。当全部喷头都打开时，二冷部分进入正常浇铸状态。

（2）喷头的关闭控制

图 12-16 为 0～13 区的喷头关闭控制程序，即尾坯模式下的控制。同样，每区尾部设有位置传感器，输出信号用 SBXXout（XX 为该区序号，0～13）表示，结合头部位置传感器，共同控制控制尾坯模式下的喷头关闭。对每一区，先判断 SBXXin 有无信号，若无信号，再查看 SBXXout 有无信号，若也无信号，则关闭该区的喷头；若 SBXXin 有信号，则进入“程序等待”，再查看 SBXXout，若也有信号，也进入“程序等待”。如此，从 0 区到 13 区循环检测。

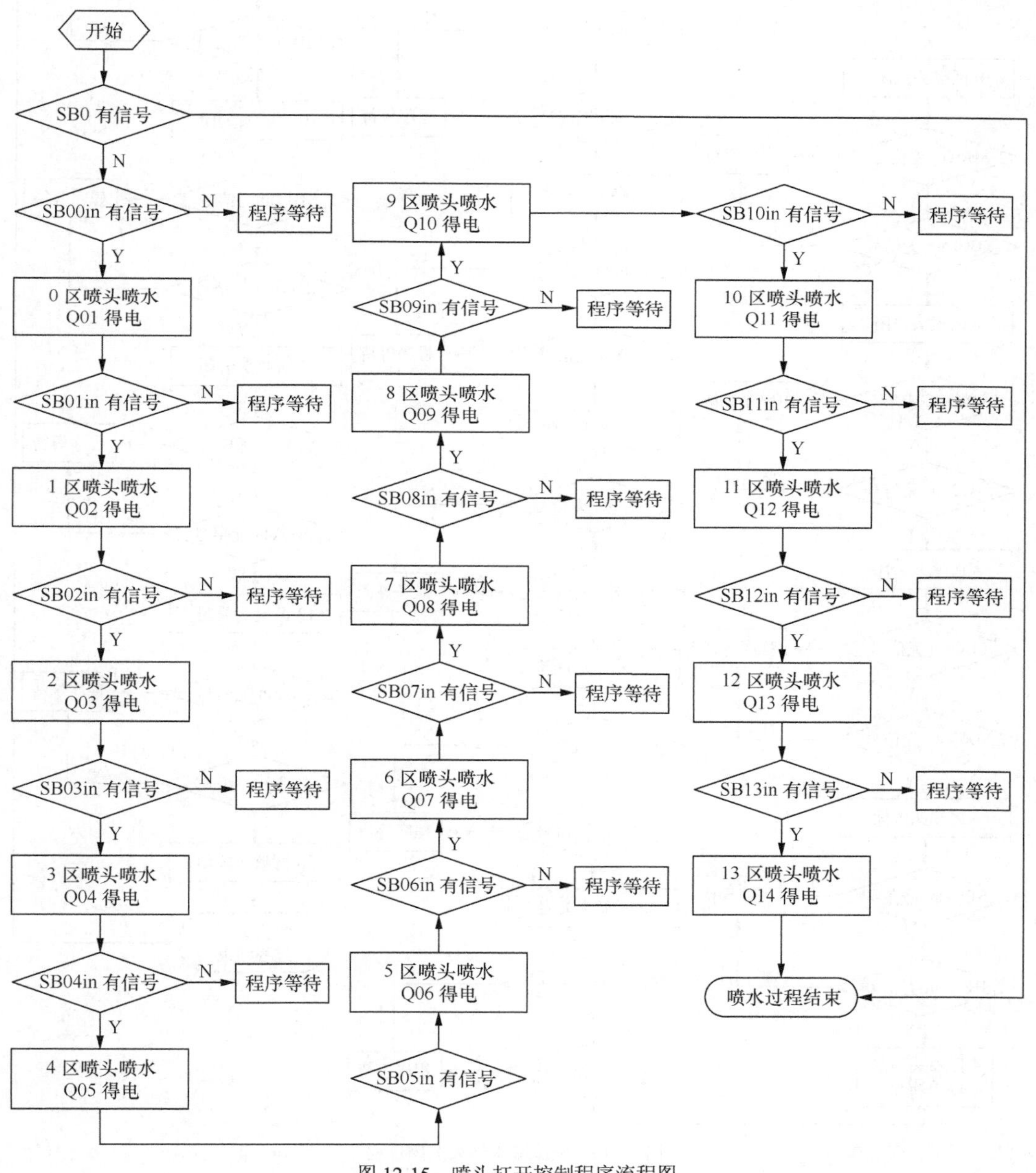

图 12-15 喷头打开控制程序流程图

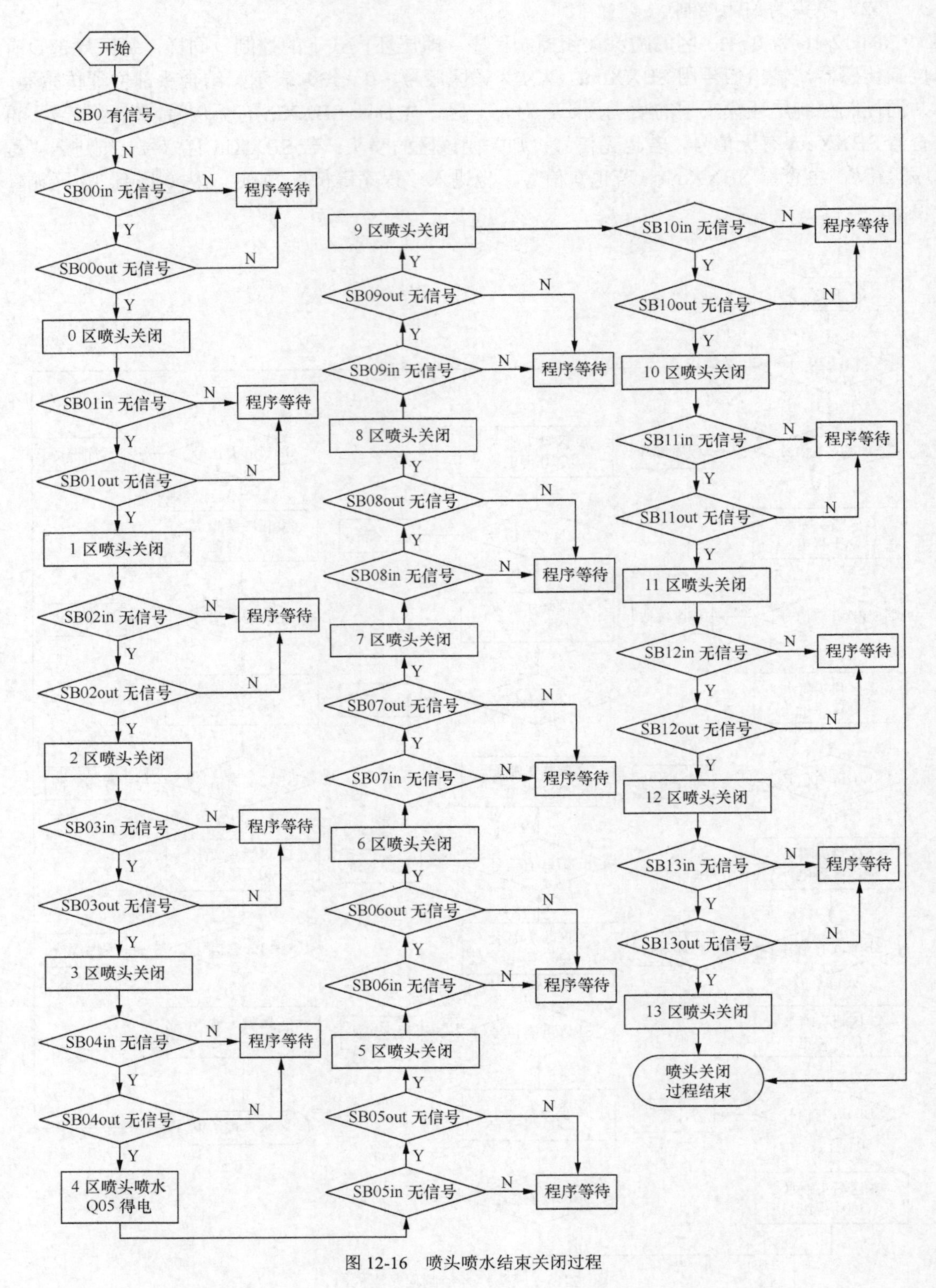

图 12-16　喷头喷水结束关闭过程

12.6 本章小结

本章主要对弧形连铸机的二次冷却部分进行了介绍，包括二次冷却工艺要求的影响因素、优化原则以及配水控制方式及原理，同时提出具体设计中应考虑到的开浇、尾坯、事故等处理方法。该连铸机有两个流，二次冷却部分由三段组成：足辊段，I段，II段。

首先，进行对弧形连铸机的工艺配置。按足辊的分组将二次冷却部分进一步分为13个区，每个区内外弧对应不同的供水回路。选定流量作为闭环控制的反馈量，在每段的水管支管增加气动比例调节阀和电磁流量计；每一流总管处加装水温和水压检测，每一回路水管加装水压、阀门、流量监测，检测信号送至PLC，当温差过大、水压过高或过低，发出报警；辊道上每区头尾增设位置传感器，用以实时检测铸坯位置，打开或关闭该区的喷嘴以控制配水。

然后，假定连铸机匀速拉坯在理想状态下，选择静态配水方式，二冷区工作时，根据钢种和拉速，调用配水表给各仪表。

最后，主要是对二冷水设计的自动控制系统的改造和仿真，在PLC中增加PID调节器，并编写好程序。每隔一定时间进行对现场的流量信号的采集，送入S7-300中的连续控制PID模块FB41中，与流量设定值比较后，进行计算，然后输出控制信号，控制阀门开度，直至流量实际值接近设定值。

参 考 文 献

［1］龚仲华. S7-200/300/400 PLC 应用技术——提高篇. 北京：人民邮电出版社，2008.

［2］向晓汉. 西门子 PLC 高级应用实例精解. 北京：机械工业出版社，2010.

［3］海心，刘树青. 西门子 PLC 开发入门与典型实例. 北京：人民邮电出版社，2009.

［4］刘美俊. 西门子 S7-300/400 PLC 应用案例解析. 北京：电子工业出版社，2009.

［5］S7-300 系统软件和标准功能参考手册. 西门子官方网站.

［6］廖常初. S7-300/400PLC 应用技术. 北京：机械工业出版社，2005.

［7］王占富，谢丽萍，岂兴明. 西门子 S7-300/400 系列 PLC 快速入门与实践. 北京：人民邮电出版社，2010.

［8］邱道尹. S7-300/400PLC 入门和应用分析. 北京：中国电力出版社，2008.

［9］朱文杰. S7-300/400PLC 编程设计与案例分析. 北京：机械工业出版社，2009.

［10］孙同景. PLC 原理及工程应用. 北京：机械工业出版社，2008.

［11］马丁. 西门子 PLC（200/300/400）应用程序设计实例精讲. 北京：电子工业出版社，2008.

［12］S7-GRAPH 编程. 西门子官方网站.

［13］苏昆哲. 深入浅出西门子 WinCC V6[M]. 北京：北京航空航天大学出版社，2004.

［14］刘锴，周海. 深入浅出西门子 S7-300 PLC[M]. 北京：北京航空航天大学出版社，2005.

［15］王维. 连续铸钢 500 问[M]. 北京：化学工业出版社，2009.4

［16］吴国富，万川. 西门子 S7-400 PLC 在厚板坯连铸机二冷水一级控制中的应用[J]. 钢铁研究，2011.4,39(2)：48-54